U0182892

中国近代酒文献丛刊

中国近代酒文献选辑

《申报》卷

薛化松 李玉 主编

本册执行主编 林柏耀

一上册一

社会科学文献出版社
SOCIAL SCIENCES ACADEMIC PRESS (CHINA)

南京大学中国酿造史研究中心　项目成果

南京大学新中国史研究院　　　学术支持

丛书总序

我国先民酿造的主要是白酒，与古代两河流域居民酿制的啤酒和古代波斯人酿造的葡萄酒，并称世界上最古老的三大酒种。中国古代文化史专家柳诒徵先生曾说："古代初无尊卑，由种谷作酒之后，始以饮食之礼而分尊卑也。"从这个意义上说，文明从有酒开始。酒在生活当中，不仅是人的一种物质享受，还是礼仪交往、感情抒发的常见载体，以及民俗活动的重要内容，所以酒在生活当中占据着特殊地位。正因为如此，酿造工艺的演变、饮用方式的变化、对时代生活的影响，乃至在这一过程中企业与行业的发展变迁，都使酒受到人们的日益关注。

可以说中国历史与中国酿酒的历史几乎是同步的，甚至酿造工艺的发展史是长于文明史的，在漫长的发展过程中，形成了独特的风格。不仅是在近代，甚至在更远的过去，在一些富庶地区，酿酒业的发展情况就可以很好地反映当地经济的发展以及当地人民的生活水平，同时酿酒产业也带动了当地经济、政治、文化等各方面的发展，因为酒是与社会经济活动紧密相连的。如汉武帝时期开始实行对酒的专卖，向酿酒行业收取专卖费或酒的专税，酒税或者酒的专卖费还与徭役以及其他赋税形式紧密相连，并作为国家财政收入的重要组成部分，成为国家、富贾以及民众争夺的重点，甚至酿酒税赋的多寡影响到军费、战争，关乎王朝的兴衰。这也大大推动了酿酒业的发展。

中国的酿酒文化凝聚着中国人民的勤劳与智慧，反映了中国历史文化、政治经济的发展与变迁，是历史发展的缩影。中国白酒的发展历程也传递着强烈的文化艺术信息，因此从事白酒行业的人或组织本身就更需要强而有力的历史文化来推进。未来也应立足于中国不同区域的白酒酿造历史所特有的人文特征、社会特征来阐明其历史特性。中国传统酿酒业在近代保持了独特的酿造工艺和千百年来适合中国人的口感，并且不断提高质量。它的发展说明，以酿造业为代表的手工业在近代获得发展。

在以上这些因素的感召下，带着对酿酒企业与行业积累"精神遗产"的追求，更带着对文化传承的向往与热爱，我们着手进行近代以来有关酒的文献的发掘与整理，编纂"中国近代酒文献丛刊"。在近代最有影响和发行时间最长的一些期刊资料中，发现有着"福泉美酒清香美，味占江淮第一家"美誉的洋河酒厂地区旧时有"72 庙，38 坊"之说，较为出名的酒坊有"广泉聚""广全泰""广庆德""广丰源""祥泰""全泰""康泰"等。1929 年出版的《烟酒税史》云：苏北烧酒"沿内河抵浙皖，或沿江至皖赣鄂等省销售者巨，统名苏烧"。1935 年出版的《高粱酒》中亦云："江北之徐沛洋河，出售外省者尤巨，时为繁荣之地，繁华之在。"

"中国近代酒文献丛刊"记录了近代中国酒的酿造对区域经济发展、区域文化构成、社会生活变迁产生影响的历史事件，考证了以洋河、双沟酒为代表的白酒发展成为中国名酒的历史进程，以翔实的史料梳理并论证近代酒史的发展脉络以及区域酒业的特色文化。这套丛书是对近代以来酒文献进行系统整理的探索之作，也是对近代酿造工艺、酿造文化研究所尽的绵薄之力。希望这套丛书能够对当代酒政、酒企起到一定的历史借鉴作用，同时能为酒文化爱好者提供更多信息获取途径。编纂这套丛书前后花费了诸多时间和精力，特别感谢中国酿造史研究中心的诸位专家学者和本企业的研究人员所做的巨大贡献以及中国第二历史档案馆的大力支持。希望此套丛书，能够对酿造文化有更多的探索、更深的研究、更大的推动。

王耀

2020 年 5 月 19 日

本书编辑委员会

编辑体例

1. 本书相关史料在《申报》原版基础之上进行重新编排。文字一律改用简体，并按照现行方式加以断句标点。为便于学界利用，编者将这些史料分为若干部分，每一部分依据时间顺序编排相关内容。

2. 每则史料原则上以原文标题为题名。但如果原标题无法体现该则史料内容，标题由编者另拟，并在标题右上角加星号表示。每则史料下方注明《申报》出处，以备核查。

3. 因部分史料是《申报》某一专题报道中的一部分，所以不相关的内容尽量予以省略，文中出现的"【上略】""【中略】""【下略】"均为编者所加。

4. 原文中的相关名词或人名、概念等，酌加注释，以便阅读。

5. 原文中的异体字一律改成现行通行字。原文错误之字予以勘正，勘正之字用"[ ]"标出。原文疑有缺漏之字，所缺者用"( )"注出。衍生内容以"〈 〉"标出。无法识别的字，根据前后文尽量予以补正，补正之字用"[ ]"标出，无法补正的以"□"代替。

前　言

谁都不会否认，酒是一种神奇而又神圣的液体。明人冯时化所著《酒史》如此写道："酒，酉也。酿之米曲，酉怿而味美也。或曰就也，所以就人性之善恶也。问酒之名义，如是足矣。"中国的白酒从诞生之日起，就注定是一种"有文化"的产品，在其发展过程中，越来越融入中华文明的血液之中，滋养着传统文化的根系。

酒是神圣的，祭祀天地、敬奉祖先，非酒不行；酒是圣洁的，或晶莹透亮，或色泽高雅，令人神往。酒是文学的，中国古代诗词曲赋，随处可以闻到酒香，可谓酒心荡漾、酒意酣畅、酒态百出；酒是政治的，鸿门一宴，惊心动魄，杯酒释兵，四座皆欢；酒是经济的，从小作坊到大企业，产值产能直线上升，从酒榷到专卖，酒税渐成国家财政支柱之一。

中国古代酒文献非常丰富，除了一些著名的"酒书""酒经""酒谱"之外，关于"酒诰""酒赋""酒法""酒令""酒箴"的著述，代有所见，可谓"广博而庞杂"。一些专题著述，近年陆续得到整理重刊，宜宾学院中国酒史研究中心先后推出《中国酒文献集成》和《中国酒文献诗文集成》等丛书，是这方面的集大成之作。

近些年，酒的文化属性也被各大酒厂以及与酒有关的行业组织进行了大肆发挥，各种以"酒文化"为题的宏篇巨制常可见到，当然也不乏研究成果，诸如《中国酒史》《中国白酒史》之类。综观既有的酒史文献出版物以及展陈品，不难发现两大特点：其一，内容偏重古代；其二，突出"文化"主题，其主体内容其实是中国古代"酒文学"，以及当代"酒营销"文化。相形之下，关于近代酒史的资料发掘与整理，进度有限，成果不多。

同其他行业一样，中国酒业在近代加快转型与发展，酒在政治、经济、社会、文化领域的影响越来越大，记录酒业内部演进及外部关系的文献远超古代。例如在爱如生《申报》全文数据库检索题名包含"酒"的文献，共得 6045 条结果，在大成老旧刊全文数据库进行同样检索，共得 600 多条结果。这些文献涉及造酒、卖酒、饮酒、醉酒，以及酒税、酒商标、酒价、酒专卖、酒业管理等各个领域，不仅关乎酒业发展内情，更是考察中国近代酒业经济及其社会功效的重要史料。

有鉴于此，中国酿造史研究中心拟像造酒采收粮食一样，先从整理近现代酿造史料入手，开展前期工作。酿造业包括范围甚广，举凡醋、酱、奶、茶，莫不属焉。中国酿造史研究中心先易后难，由近及远，先将收集整理近现代酒史文献作为工作计划之一，不断发掘以酿酒为中心的中国酿造文化的历史内涵与地域特色。

考虑到近代文献浩瀚无比，本中心计划从材料源头着手，分步爬梳，归纳整理，俾免遗珠之憾。作为该计划的第一步，我们选择了近代中国第一大报《申报》进行文本点校，并依专题进行分类，以使其在保持学术价值的同时，对于当代酒政、酒企有一些历史咨询作用。此后，中心将陆续进行近代其他大报、重要期刊，以及名人著述中与酒有关文献的搜集与整理。

《申报》是近代中国第一大报，办报时间长，社会影响大，举凡政治、经济、社会、文化各方面的大事小情，多所刊载。该报涉酒内容相当丰富，剔除学术价值不大的部分，共整理出百余万字的内容，分为若干专题。

《申报》中的涉酒文献，以反映酒的社会性为主，包括政府方面对酒业的管理、酒业与政府的博弈，以及酒业内部情况等。其报道的酒业消息，多集中在上海及周边的江浙地区，体现了一定的地域特色，这与该报的辐射范围大致吻合。通过这些文献，一方面可以窥探从晚清到民国的酒业生态，另一方面可以检视中国酒政、酒税与酒企的演变。反映酒业社会与政府关系的内容在《申报》中比较多见。从晚清到民国，政府基本以限制、剥夺酒业为其涉酒政策的出发点，尽管在民国时期，以酒业同业公会、酒业联合会为主的酒业社团在对抗政府方面的力量较前有增，但其与政府仍是一种不对等的博弈关系。政府想方设法从酒业中攫取各种税费的报道比比皆是，代表酒业的社团虽然不断提出行业诉求，但面对政府的高压，总是不得不服从。尽管如此，中国酒业在整体上还是不断发展，酒业社团的力量壮大本身就说明了这一点。可以说，中国近代酒业实际上一直处于"抗压"式发展状态，其发展道路自然较为曲折。也应看到，在此过程中，中国酒业的行业管理、卫生标准、技术规范在逐步发生变化，这些在《申报》中也有所反映。可以说，从《申报》也可以稍窥中国酒业的近代发展之路，这也是中国近代政治、经济与社会发展的重要组成部分。

薛化松　李玉

2020 年 7 月

目　录

一　晚清酒政与酒税

| 目 录 |

二 民国酒政与酒税

一 晚清酒政与酒税

论杭州西湖禁止卖酒原由

杭州西湖之在宋南渡时，楼台弦管，辉映一时，号称极盛。我朝□两度□翠华临幸，凉亭燠馆，点缀生新，金碧之光，争胜山水，自庚辛兵燹之后，尽成灰烬矣。厥后建复名胜数处，若平湖秋月、苏公祠、照胆台数处，则在外湖之滨，尤为游人所聚，故茶棚、酒务间有粉饰湖山者。若平湖秋月一处，则亭榭既曲折有致，楼阁尤轩敞可爱，文人墨士辄沽饮其中，以省画槛之携、行厨之挈，亦取其便而已矣。乃有诸无赖子弟，每每不携一杖头钱而辄复狂呼痛饮，并肆苛责，及饮毕后，强令写账，姓名、住址一笔挥成，即以为吾事毕矣，他日过而问之，则瞠目不相识者比比也。前日，忽有某衙门中门役某者，偕数友泛舟于湖，止于平湖秋月亭，呼酒家具佣馔设饮，饮毕，复令写账。而此人者则已写账多次，并未付过一钱者也。酒家不之许，遂大肆咆哮，始而怒詈，继且挥拳，碎其碗碟，摔其瓶瓮，曰："而敢与我崛强，不服写账哉？我不令而卖酒，尔能在湖上设肆哉？"酒家大惧，无可奈何。时也，彭宫保雪岑正寄迹湖上，寓于诂经精舍之第一楼酒家，因往诉冤苦。宫保大怒，饬勇弁往捕之。某闻其走诉彭宫保也，因仓黄遁去。宫保检视其所书之姓名、住址，乃某衙门中之某役也，益怒，径抵书杨中丞曰：蠹役殃民，罪在不赦，此之强赊硬欠，恃势欺人，骂坐挥拳，逞强打店，其为殃民也大矣，可赦乎哉？请即提办以除凶暴云云。中丞得书，即驰使示某官。某官不自怨自艾于用人之误，反似宫保之多事者，然曰："伊以为可杀，则我竟杀与伊看矣！"幕中友阻之曰："是无死法，请杖责之，而令荷校于平湖秋月亭中以示惩儆足矣。"某官遂枷杖而心殊恨恨也，遂语钱塘，令立禁西湖卖酒焉。呜呼！西湖为游赏之区，春季又香市之月，有酒楼以为憩息，一以便游人，一以便香客也，而今乃严禁之，致令湖山减色，徒侣减兴也，岂不惜哉？

(1873 年 5 月 2 日，第 1 版)

租界议抽酒捐

上海西商租界地方，前者工部局先后起捐烟馆及妓馆之初，曾经议及并提酒捐未果。今酒肆日渐多开，工部局复议此捐，是以各该馆主联名具禀会审公堂，请移领事衙门会酌免捐，已由陈司马函致允归美国西总领事会议矣。盖现在各国公事已推西公为首领，因西公授任驻沪最久。至于酒捐一项，若外国人开外国人酒店，早已提捐。工部局固知中外情形迥异，故为迁延，今复准议免，可谓俯顺舆情矣。

（1873 年 10 月 1 日，第 3 版）

酒作近闻

沪上酒作一业，官宪设局抽捐已十余年，各酒作均踊跃输将。春间出酒之时，先赴局呈报，虽新酒不能销售至六月底，照章各先筹垫。历年生意清淡，酒皆减做，捐未稍减，故本埠酒作五十余家，今冬闭歇者约十余家。又因春间浦东某酒作不肯认定章程，局差叠次查捐，置之不问，故局差禀明局员详县追究，如数补捐，加倍议罚。今各酒作正在做酒之际，官宪恐再为偷漏，是以□员巡查。惟每遇作酒之际，坊内甚为严肃面生之人不许出入。然巡查之员往各酒作内查点缸数，各作内因官宪差委，不敢阻挡。今闻数家之酒，因生人看视，其味皆酸，其害非浅。况近年生意甚清，若悉变酸，更难售卖。然因一家而累及众作，深叹贸易之难也。惟望某酒作后勿希图牟利，免各酒作受累无穷也。

（1875 年 11 月 27 日，第 3 版）

卖酒罚银

华人所笃嗜者为烟，西人所酷好者为酒，是以租界向例不准私将外国酒卖与洋人，诚恐因醉滋事也。昨据巡捕头至公堂称：有粤妓馆王氏、林阿瞒两家，不遵禁令，因遣捕访查，付银元二角便得美酒半瓶，实属有意违禁，应照章罚银一百元云云。质之王氏、林阿瞒，俱称实不知情。官因姑念无知，着各罚洋二十元完案。

（1876 年 6 月 6 日，第 2 版）

京都缉私酒

北地烧锅最盛，为贸易中一大宗，而私酒更甚。向例白酒进城，每车税银约二十余两，私酒则多偷漏，既无税，故价亦贱。城中买酒家大半好买私者，以其酒味亦较官沽倍□也。私贩用猪脬盛酒，黠者以小脬套脬口，仅深两寸许，内皆好酒，下则尽清水，无酒味，买家稍不谨即受欺。故始尝之味甚佳，比小脬酒尽，以下皆不堪入口，而卖者亦不再来矣。历年司税者莫可禁止，近闻崇文门税务大加整顿，有偷必觉，已获得私贩不少，而城内之售卖者仍绵延不绝。因复行文司坊访拿，亦缉获多起，送部惩治，大约须成奏案矣。

（1876 年 10 月 28 日，第 2 版）

禁花禁酒

【上略】

蠡市新郭里等处地方，多开酒灶。每逢新米出市，各酒灶彼此囤积不下数千万石，盖以之酿酒也。谭太守以其糜费米谷，使民沈湎，突于前月杪将该处酒灶封禁二十余家，谕令各酒灶酿酒一概用秫，不得用米，如违，立即重惩云。欢伯有知，定应气短。

（1877 年 10 月 17 日，第 2 版）

控追酒价

开：萃源酒作之陈韶昌投法公堂控称：吉祥街叶同泰酒店欠酒价一百十余千文，并有酒坛一百个亦未交还，请赐讯追。朱明府准词，传到叶同泰店主叶祝堂诘讯。据叶供："欠萃源酒价并酒坛未还属实，但去冬本欠陈韶昌钱一百六十千光景，岁底曾付伊现洋二十元，又虹口同行某店票一纸，计钱三十千文，期在正月二十五日，讵陈韶昌于初十日即持票取钱，致与该店龃龉。及期，陈又未往收取，当携洋亲到彼处交付，而其票未经检还，除去付过钱洋，尚欠彼钱一百零六千光景。今欠项固应还彼，惟去岁曾托彼代为酿酒，送去米十二石五斗，约计可酿酒四千五百斤，求判将此酒作价扣算。"明府询陈以酿酒之事，答称："有之，但其米系我向认识之铺买就，而价洋叶尚未付。"明府询之叶某，据称："所买米石计洋三十一元有零，曾经付清。"两造各执，明府询可有发票，旋据陈韶昌呈案，明府见票上书口叶同泰，即断口所酿之酒，既叶同泰请为作价扣账，当如所请，按市面约每斤值十八文，今定以十五文一斤核计，有六十余千文，所欠酒坛一百个，作价二十千，又代酿酒费二十千，计其酒上尚多钱二十七千光景。一切统算，着叶祝堂备钱七十千文交还陈韶昌完结。陈执称吃亏不起，难以遵照。明府劝谕再三，仍执如前，明府谓："既不遵断，尔等可自行理处，何必涉讼乎？"一并斥退不理。

（1881 年 3 月 7 日，第 2、3 版）

景寿等奏为严讯贩运私酒拒捕人犯折[*]

奴才景寿，志和跪奏，为拿获贩运私酒拒捕人犯，讯有越城重情，请旨交刑部严讯定拟，仰祈圣鉴事。窃于正月二十五日据海巡禀称：本日在东直门南小街拿得私酒，三马驮正在解送，间忽有二十余人上前拦阻，殴伤巡役，于顺明、成铁、富顺三人抢去私酒二马驮。今仅拿得尹小儿一名，私酒一马驮。等情前来。当即督饬委员提讯，据尹小儿即忠林供：年二十岁，系厢白旗满洲恩典佐领下闲散，在东直门外中街居住。本年正月初十日，雇给东直门内居住之私酒把头高六即高得山驮酒。二十五日，我同李大、李六自高六家驮了私酒三马驮，走至南小街被官人撞见，彼时拒捕，将官人殴伤，李大、李六逃走，将旗人送案。今蒙讯问，这马是高六的，高六是把头，他手下伙计有李大、李六、秀二、福三、伊三，连旗人共十数人。每日一次，李大由东直门外煤铺雇范秃子的车往双桥地方拉酒，天将亮时候，高六们先上城等候酒来，即用绳子由城墙上将酒拉运进城，存在高六家内，分送福三、秀二等处卖去。我给福三送酒，隔两三天一荡。至李大、李六现在逃往何处，福三、秀二、伊三等系何旗人，我均不知道等供。查该犯等，胆敢结党成群，执持器械□城之上，往来无忌，实属藐法已极。相应请旨，将尹小儿即忠林先行解交刑部审讯。其在逃为首之高六，即高得山，系前因贩私经奴才衙门责放之犯，今复聚集多人，身充把头，实属怙恶不悛。伙犯李大、李六、福三、秀二、伊三等，均请饬下步军统领衙门、顺天府五城，一体严拿，按名弋获送部归案严讯，有无别项不法情事，从重定拟。谨恭折具奏，伏乞皇太后、皇上训示遵行。谨奏。奉旨已录。

（1882 年 4 月 24 日，第 9 版）

酒馆齐闭

杭垣城厢内外，各酒馆向有当官名目，归行头一人承应，而行头则每藉此以科派各家，以一报十，任其需索。上月二十三日，为陈隽丞中丞诞辰，闻仁和县署传谕行头，令办面碗三百只听用。乃各酒馆以面碗当令面业中当差，与酒筵无涉，是以概不应付，而行头以为误差，酿成讼事。现闻泳春园主某甲与行头两人皆管押在县署，是以城内外各酒馆一律停闭已经三日矣。日内之治筵请客者，竟无从包办酒席也。

（1882 年 4 月 28 日，第 2 版）

拟禁烧锅 *

天津去岁拟禁烧锅，卒未果行。现粮价日增，又有禁锅之说，盖经某侍御入奏，奉上谕交直隶总督酌量办理者也。现在高粱每担价值银一两四钱，□津船之往牛庄购粮食者，尚未回来，不知有无增减也。

（1884 年 4 月 23 日，第 2 版）

卖酒送官

租界洋广杂货铺兼卖酒者，领有工部局章程，载明不得开瓶零卖与西人。至零卖之酒铺，则另有照会章程。今由西包探沙顺麦根查得虹口地方之仁记、荣记、新仁记、陆顺兴、广祥合等各家有违章零卖情事，为特令西捕不穿号衣，至仁记、荣记等铺饮酒，该铺等即开瓶给饮，由捕回报西包探，将情禀明。翟副领事请黄太守饬传该铺等于昨晨到案，西包探申诉前因，某西捕供亦相同，并称："向该二铺零买酒饮，各给酒资洋三角，尚有西人可为见证。"仁记、荣记二铺之伙同供："兼卖洋酒向不零售，惟老主顾前来取酒时，请饮二三杯，确不收钱。此西捕我未见其来过，即来，亦勿零卖。"西捕又称："曾到该二铺饮酒，见伙计甚多，现在到案者，确未见我。"新仁记、陆顺兴、广祥合等之伙同供："并不零卖洋酒。"翟副领事以仁记、荣记违章零卖洋酒，有西捕与见证人可据，请为判罚。太守谓："该铺等均不承认零卖，今姑各着嗣后不得违章零卖洋酒，如再有前项情事，定干提究。"翟副领事一再争论，始行允诺。

（1884 年 6 月 3 日，第 3 版）

增开烧锅[*]

前数年李傅相因直隶灾歉，奏请将直隶烧锅准减不增。近来户部因筹饷维艰，奏请仍准增开烧锅，以裕国课。闻已奉旨准行，亦饷源之一助也。

（1885 年 1 月 11 日，第 2 版）

都城缉私酒[*]

烧酒为国课之大宗，向不准私入都城，禁令甚严，又有巡役缉捕走私者。初二日，德胜门外某甲身带猪尿脬数枚，盛酒入城，被税课司巡役拿获。甲詈骂相诋，役乃持械拷甲，误伤致命之处，立时毙命，刻将巡役交北城外坊看押。

（1885 年 2 月 6 日，第 3 版）

京师兵丁协拿私酒 *

京师定例，火烧酒不准私自入城，恐有碍国课故也。刻因新定章程减去税课司巡数役，该司堂官恐巡察难周，特知照步军统领衙门，准各门地面兵丁协拿私酒，并驱逐酒滩［摊］，不准售卖，刻已张帖告示矣。

（1885 年 2 月 22 日，第 1 版）

酒坊、烟店须请领税帖 *

温州府李太守接奉明文，内开：温郡所有酒坊、烟店均须请领税帖，方准开张，并限六月内一律领齐，故执是业者闻之莫不皱眉，按此即开源节流之新章也。

（1885 年 4 月 23 日，第 2 版）

酒务抽厘 *

牙务抽厘一事，前因委员办理不善，以致各行呈诉纷纷，大宪俯顺下情，即行改委，不谓其事仍多镠辖。现酒务抽厘已批回本行承充，惟止准向省中各店之开甑者抽收，四乡来货不在此例，以故刻下各店齐往各宪递呈伸诉，一切未悉能邀允准否也。

（1885 年 5 月 15 日，第 2 版）

缉获惯贩私酒人犯 *

崇文门税务海巡访明惯贩私酒人犯下落，率役潜往朝阳门外元老胡同，缉获贩私男妇十余名口，起出私酒，一并解送崇文门税务衙门讯究惩办。

（1888 年 4 月 4 日，第 2 版）

税课司严禁私酒 *

四月中旬清晨，前门外迤东兴隆街，有一官长衣冠齐楚，后随差役甚夥，拥护一车，车中装一极大酒篓，凡遇街头摆酒摊者，急令差役向其索官酒店发票察看，如无发票，或发票日期太远，急呼差役将罐中之酒灌入车中酒篓内，然后厉声向摆摊者云："嗣后如再敢贩卖私酒，定行重惩！"言讫，率役至他处酒摊，亦如前状。观者如堵，然皆莫解其故，有知者谓："前数日，有官酒店十八家联名递禀税课司，因近日京师各街巷酒摊林立，私酒畅销，酒店因此日见衰败，若不早为严禁，恐与税课大有妨碍，故由税课司立派随员寻察街巷也。"

（1888 年 6 月 9 日，第 2 版）

售酒罚洋 *

西包探查得顾和尚所开酒店将高粱酒售与西人，传案请罚。顾供："不敢售与西人，惟邻近有西国饭店，时来叫酒。"蔡太守判罚顾洋十元以儆。

（1890 年 2 月 9 日，第 4 版）

妇人偷运私酒 *

崇文门三条胡同，有二十许之妇人蹀躞，忽有巡役拦住去路。是时，观看者无不诧异，久之妇人窘甚，乃由怀中取出尿泡数枚，巡役□尿泡与妇人同到税课司究办。盖尿泡内装私酒，妇人乃贩私酒者也。税课司作何办理，容俟续闻。

（1890 年 7 月 28 日，第 2 版）

卖酒罚洋 *

西包探同华包探何瑞福查明深夜卖酒各店及小烟馆，开单呈案。蔡太守派差协同包探传到万福来、成大、延生、乾丰源、升振泰等酒店主，盛泰昌、新源昌、霭昌等小烟馆主。该包探禀诉前因，并称："延生酒店前已违章，传案科罚，今系第二次违章，盛泰昌烟馆亦已二次违章，尚有二家烟馆往传未到。"万福来酒店及盛泰昌烟馆等主均称："照章应于十二点钟，例应收市，因届时尚有酒客、烟客未去，不能过于催促。逾限以后，不敢再违。"蔡太守商之梁副领事，判初次违章之万福来、成大、乾丰源、升振泰等酒店，新源昌、霭昌等烟馆，各罚洋二元；二次违章之延生酒店、盛泰昌烟馆各罚洋四元，如再违章，勒令闭□；尚未到案二家，饬再往传□示。

（1890 年 8 月 16 日，第 3 版）

酒价高抬*

崇侍御以直省灾重，粮米缺乏，疏请停止烧锅一年，以济民食，于初六日奉旨准行。初七日，阛阓中业曲糵者骤将酒价高抬，崇文门外，各酒行每车涨银八十两，价较从前逾倍，而城内外大小酒铺亦皆抬价。是日以前，每酒一斤，高者一千一百廿文，次者九百、八百不等。现在，高者昂至三千二百，次者亦昂至三千六七百有奇。军民相顾惊骇，商贩藉以囤积，此后继长增高，伊于胡底？按，光绪初年曾有停止烧锅之令，未见酒价如此昂贵，此次涨价垄断居奇，毋乃太甚乎？

（1890 年 9 月 6 日，第 1 版）

禁止烧酒*

烧酒销场甚广，近奉上谕，以烧锅有碍民食，一律禁止。各酒店一闻此信，无不龙断居奇，每百斤须银九两五钱，有伯伦之癖者不免双锁眉山矣。

（1890 年 9 月 15 日，第 2 版）

酒价飞涨*

崇侍御龄请禁烧锅，以裕民食。七月初五日，恭奉上谕，通饬顺、直两属一律遵行。邸抄于初八日到津，初九日即酒价飞涨不啻倍蓰计。每酒三斤四两谓之一提，向来只售津钱三百六十文，日内竟贵至八百文，而又恃地方官未出示，穷日夜之力赶造。诸酒耗费粮食不知几何，岂非辜负侍御之苦心及我皇上之深仁厚泽哉？

（1890 年 10 月 2 日，第 2 版）

私酒贩淹毙*

东便门苇塘内，初十日淹毙二人，年均在二十以内。传者谓："此二人以贩私酒为生，是日各匿私酒，由城垣坍倒处混入，旋由马道走下，适巡役迎面而来，二人急行趋避，巡役在后跟追，二人恐被缉获，欲躲入荻苇中，仓卒失足，遂致淹死。"觅利未得，遽登鬼箓，其情亦可悯矣。

（1890 年 10 月 6 日，第 2 版）

李鸿章奏为请免口北道停止烧锅片*

李鸿章片。□再准部咨，光绪十六年七月初五日奉上谕："御史崇龄奏灾区甚广，请停烧锅，以苏民困一折。"等因。钦此。转行一体钦遵查禁在案。兹据口北道吉顺宣化府知府汪守正禀称：宣属十州县并张理、独石、多伦三厅本年夏秋雨水调匀，秋收可望丰稔，无一灾歉之区，民间食莜面、小米为大宗。至所产苦高粱一项，味苦而涩，人不能食，向来专供烧酒之用，烧锅就地购取，实系无妨民食。该道属统计，锅户数百家，如令停歇一年，不特穷民坐失生计，且恐商户贪利私烧，吏役藉端讹索，为害非浅。关外地方辽阔，查不胜查，办不胜办，即使饬禁，徒成虚文，难收实效。现值天津、河间、保定等处水灾极重，赈款难筹，拟援照光绪十二年奏案，免其停烧，分别资本大小，每户酌捐数十金，计可得银二万两内外，解津分拨济赈，于灾民殊有裨益等情，请奏前来。臣查烧锅之禁，乾隆年间，直隶督臣孙家淦屡疏剀切上陈，以为无益有损，初谓"宜于歉岁而不宜于丰年"，继且奏称"身亲办理，乃知是书生谬论，饥馑之余，民无固志，失业既众，何事不为？歉岁难禁，似更甚于丰年"等语。孙家淦一代名臣，久任畿疆，体察民情，极为真切，原疏具在，可复按也。况口北道属一府三厅，僻在山北，年谷顺成，并无灾歉，与他属情形迥异，所产苦高粱，另是一种，人不能食，专用酿酒，更与他处地产不同。据该道府确切查明，该属烧锅于民食无妨碍，应请免其停烧，仍令按户酌捐，解津助赈，以拯灾黎。其应纳本年课银，并令照数赴部完交，不准拖欠。除咨部查照外，理合附片具陈，伏乞圣鉴训示。谨奏。

奉朱批："着照所请，该部知道。"钦此。

（1890 年 11 月 5 日，第 12 版）

求免酒捐

黄酒出于绍兴，名曰绍兴酒。向章就地有缸捐，由绍而至杭州则有过塘、落地二捐，统计每坛约捐钱百余文。兹绍郡绅士以育婴堂经费不敷，禀诸宪辕创立酒捐名目，每坛加收钱十七文，取诸杭州各酒铺，其局则设在萧山东门外。盖酒之渡江而来，必道经是处也。省城各酒铺俱不满，于意联名具禀藩辕求免。许星台方伯饬绍兴府查明禀复，刻尚未知若何办理也。

（1890 年 12 月 9 日，第 2 版）

德福奏为请免饬禁口外烧锅折*

奴才德福跪奏，为请将口外烧锅情形据实声明，叩恳天恩，请免饬禁，及现拟办法恭折具陈，仰圣鉴事。窃查本年直隶灾区甚广，御史崇龄奏奉上谕："着直隶总督、顺天府府尹严饬各属停止烧锅一年，以平粮价。"等因。钦此。钦遵。并经户部行知，当经转饬钦遵在案。兹据承德府知府启绍禀称：查热河所属地方，自入夏以来，大雨时行，田禾畅茂，虽近河地亩间被冲刷，不过十之一二，统计收约在七分以上。伏思口外地方，兵民食计攸关，固应以粟谷为至要，而其尤易丰收，民不常食者，惟黍粱、杂豆、苦荞、油麦等项，每值秋稼登场，全赖烧户销售而咨民用。兹禁停烧，亟宜谨遵办理，以济贫民。然口外殊与内地情形不同，若不因

013

地制宜，则意在利民，转以病民。若遽尔停烧，粮价则必日减，即令移粟于灾区，而道里无遥，转运维艰，则灾区无补救之益，口外竟有谷贱伤农之势。况各属开设烧锅二百余家，雇觅造酒之人，名曰"糟骸"，均系外来无业游民，每家少者十余名，多者三四十名，统共约计不下六七千名，此历来已久烧锅之实在情形。遽尔停烧歇业一年，恐因停荒闭，若辈糊口无资，必致流离失所，为匪为盗，其患实有不堪设想。且采办买热河并古北口两处兵米，历久章程均系借资烧户之力，若遽尔停止，不时烧户坐失生计，且恐顾末而失本，并于地方一切情形诸多未便。溯查光绪三年，直属歉收，曾经直隶督臣李鸿章奏请饬禁顺直各属烧锅，并未言及承德府各厅州县，亦正为此也。此次顺直水灾，自应援照光绪三年，直属停烧，未及口外，事同一律。可否仰恳天恩俯准，免其停烧，以安地方。如蒙俞允，烧锅免停，而酒利必厚，拟令各烧户量力捐输，多则捐银五六十两，少则三四十两，一俟集有成数，解归顺直灾区助赈，以资接济。如此办理，则灾民可以济急，烧户亦不致失业矣。是否有当，未敢擅使，理合□情，会同直隶督臣李鸿章恭折具奏，伏乞皇上圣鉴，训示遵行。谨奏。

　　奉朱批："着照所请，该部知道。"钦此。

（1890 年 12 月 23 日，第 11 版）

户部为批驳裕增号烧锅更换字号事*

　　户部为批驳事。贵州司案呈：光绪十七年正月二十五日，据滦州商户田可仁呈称：窃商前于咸丰三年十月间领照，在州开设裕增号烧锅，按年交课无欠。商因事辞退，请商张秀岩接充，改为泰增号，并将十七年课银三十两赴部呈交，更换执照等因。据此，查本部于十六年四月间具奏直顺各属烧锅停止新开折内声明，各烧锅有因铺伙更替，呈请更换商名，并不更换字号者，如查无积欠课项，应准其换领执照等因。奏准通行遵照在案。今据滦州商户田可仁呈称：在本州开设裕增号烧锅，因事辞退，请商张秀岩接充，并改泰增号等情。本部查更换字号与奏案不符，相应批示该商遵照，并将大照、部收各一张给还该商收执。

（1891 年 3 月 23 日，第 1 版）

户部为出示晓谕烧锅课银照旧例办理事 *

户部为出示晓谕事。照得光绪十六年七月初五日奉上谕："御史崇龄奏灾区甚广，请停烧锅，以苏民困一折。本年大雨成灾，粮价昂贵，各处烧锅耗粮甚多，诚恐有妨民食，着直隶总督、顺天府府尹严饬各属停止烧锅一年，以平粮价，而济贫民。"钦此。经本部行文转饬各属一体钦遵在案。嗣经一年期满，于十七年七月十一日本部奏明照常烧造，奉旨允准，复经行文直隶总督、顺天府府尹查照办理亦在案。查直顺所属州县，烧锅既已照常烧造，所有征收课银，本部皆照旧例办理，并无增加。该商户等自行遵照例定课银三十二两之数，按年完交，毋得拖欠迟延，致干咎戾。倘有射利匪徒在外招摇，从中包揽，或串通胥吏人等别立名目，藉端勒索，准由商户赴部指名呈控，本部定行从严究办不贷。

（1891 年 9 月 25 日，第 2 版）

御史讷清阿奏为蒙古藩王私开烧锅请饬查严禁折 *

御史讷奏蒙古藩王私开烧锅请旨饬查严禁折。江西道监察御史奴才讷清阿跪奏，为蒙古藩王私开烧锅，请旨饬查严禁，恭折仰祈圣鉴事。窃维私立烧锅一项，例禁綦严，为其上侵国课，下妨民食。上年直省被水成灾，奉旨暂止烧锅一年，仰见朝廷轸念民生之意，无微不至。乃奴才风闻蒙古敖罕札萨克王达木林达尔达克于本年正月间，在热河承德府建昌县哈喇都哈地方私立烧锅二座，且盗买该处常平仓谷，并不报明该管府县交纳税课。即民间所存粮米，亦恃势强购。小民受累，有赴都统衙门暨府县控告者，皆畏其势大，莫敢传质。现又于附近各镇店意欲多立烧锅，且有指俸由理藩院借银作为成本之事。伏思该藩身膺王爵，世受国恩，值此歉岁，反私立烧锅，希图渔利，至妨民食，而常平仓谷乃备荒要需，岂容少有侵蚀？拟请旨饬下理藩院确切查明严禁，以恤民隐而重积储。谨恭折具陈，是否有当，伏乞皇上圣鉴，训示施行。谨奏。

（1891 年 10 月 27 日，第 11 版）

恩承等奏为遵旨查明蒙古藩王私开烧锅折 *

经筵讲官太子少保大学士管理理藩院事务都统臣恩承等谨奏为遵旨查明复奏事。光绪十七年三月初九日，由军机处交出本日军机大臣面奉谕旨御□："讷清阿奏蒙古藩王私开烧锅，请饬查禁一折，着理藩院查明具奏。"钦此。钦遵。交出到院。臣等查该御史原奏内称"蒙古敖罕札萨克王达木林达尔达克于本年正月间，在热河承德府建昌县哈喇都哈地方私立烧锅二座，且盗买该处常平仓谷，并不报明该管府县交纳税课。民间所存粮米，亦恃势强购。小民受累，有赴都统衙门暨府县控告者，皆畏其势大，莫敢传质，又于附近各镇店意欲多立烧锅"各节。臣等查该御史所称"敖罕札萨克王，系昭乌达盟敖罕札萨克多罗郡王达木林达尔达克，在热河建昌县私立烧锅二座，盗买该处常平仓谷，不报府县交课，民间粮米强购，小民赴都统暨府县控告，皆畏其势大，莫敢传质"等语是否属实，远在千里，臣院无从得知，拟请饬下热河都统就近逐细详查，奏明办理。若果有私立烧锅及盗买仓谷等项情事，应由该都统立即饬令赶紧停烧关闭，以重民食。至常平仓谷，亦应令其如数赔补，勿得稍有拖欠，以符定制。又原奏内称"且有指俸由理藩院借银作为成本，该藩身膺王爵，值此歉岁，希图渔利"一节。臣等查该王上年具呈，因伊先祖坟茔年久失修，恳请支借俸银五年，经该盟长查明报院，虽与例案相符，惟因近畿一带被水成灾，内外筹拨各处放赈，当此需款浩繁之际，自应先其所急，业由臣等酌拟暂缓奏借俸银，于上年八月间札行该旗遵照在案，是该王并未借有俸银作成本之实在情形。所有该御史奏参该王各节，遵旨复陈，并请旨饬下热河都统就近详查，据实具奏各缘由。谨恭折复奏，伏乞皇上圣鉴，训示遵行。谨奏请旨。

(1891 年 10 月 27 日，第 11 版)

德福奏为烧锅输捐银两数目片 *

德福片。再，去岁因直属灾区甚广，经御史崇龄奏奉上谕："着直隶总督、顺天府府尹严饬各属停止烧锅一年，以平粮价。"等因。钦此。钦遵。随经户部咨行前来。奴才当因口外与内地情形不同，若遽行停止，不特烧户坐失生计，且恐诸多未便，奏恳天恩，准免停烧，拟令各烧户量力捐输，多则捐银五六十两，少则三四十两，一俟集有成数，解归顺直灾区助赈等情奏。奉朱批："着照所请，该部知道。"钦此。钦遵。遂转饬所属府厅州县一体遵照，并经承德府知府启绍拣派委员分往各处，帮同劝办，以资接济。去后，旋据该府详各厅州县会同委员禀复：该烧锅等均能激发天良，踊跃输将，惟因各处情形不同，烧锅之大小各异，是以捐数未能划一，多则每一家捐至一百五十两之多，少则每一家捐至二三十两不等。统计一府一厅一州五县，共合捐输银一万六千六百五十两三分、京钱三百吊，取具烧锅，并印委各员印甘各结，呈送前来。经奴才将各烧锅捐输数目刷印告示，派委驻防官弁分往府厅州县地方张贴，务使家喻户晓，以昭核实。嗣据各烧锅出具与原捐数目相符戳记甘结，奴才核与前报，均属相同。除将此项银两咨明直隶督臣李鸿章，以资赈需外，所有烧锅捐输银两数目缘由，理合附片陈明，伏乞圣鉴。谨奏。

奉朱批："此项银两，即着解交户部。"钦此。

（1891 年 12 月 3 日，第 12 版）

烟酒抽厘

江西采访友人云：烟酒加征一事，久列报章，今果见诸施行，已由牙厘总局大张告示，略谓：钦奉谕旨："户部奏需饷孔殷，请将烟酒两项厘税加重。"抄折。钦遵。转移到局。查原奏内有西例烟酒税最重，以其耗民财而非日用所必需，即以重征寓禁止之意。今中国酿酒遍天下，所耗粱秫甚多，烟则兰花条丝等名目不胜枚举，民间多种一亩烟草，即少种一亩禾黍，于民食殊有关系。应仿西例，重抽税厘，议立章程筹办等因。江省自应钦遵办理，业经本总局查照。前奉部议，加抽二成糖厘，新章将烟酒两项，无论何等名色，应自本年十一月起，仍由经收二验满票之卡，按照十分数目，统加二成厘金，所收厘金，另款存储候拨，详奉抚宪批准一体遵办。除通饬各局卡遵照办理外，合行出示晓谕，为此示仰商贩人等一体知悉：烟酒两项并非日用所必需，加抽厘金，既无损于民生，实有益于国计。嗣后尔等贩运烟酒遇卡，自本年十一月起，无论何等名色，应由经收二验满票之卡，一并加抽二成厘金，听候填给厘票放行，此外各卡均不重抽。该商等食毛践土，具有天良，务须仰体时艰，急公奉上，慎勿隐瞒偷漏，致干科罚。

（1895 年 12 月 23 日，第 2 版）

烟酒征税

湖北采访友人云：烟、酒二物，西国征税最苛，计岁入税金，莫名厥数。我朝圣圣相继，恪守前规，务以厚民薄税为念。乃自中日失和后，新募各军糜饷浩大，致令内帑空虚。嗣经部臣会议，仿行泰西之例，征取烟酒两项税金，藉补国用之不足，业蒙皇上俞允，部中遂移文二十一行省一律遵行。湖北巡抚谭敬甫中丞业已接奉部文，转饬各府州县厘局，无论各项烟、酒，一体征税。除饬示各府州县厘局外，恐商民未能周知，因复缮成示谕，遍贴街衢。

（1896 年 2 月 4 日，第 1 版）

禁止市上熬糖做酒[*]

现因米谷稀少，价值昂贵，地方官先事预防，出示禁止市上熬糖做酒。如违，立拿照惩，亦惜谷之一法也。

（1896 年 2 月 22 日，第 2 版）

不得收买私酒[*]

都门访事人函云：日前某门外有海巡人等，将街上所有大小酒摊之烧酒一概用桶折去，既而崇文门税务出有告示一道，其文曰：钦命督理崇文门商税事务正副堂宗室麟熙为传谕事。照得私酒一项，久干例禁，私卖私买，厥罪惟均。从前贩运囤留各犯，俱经送部，拟以军流在案。本部堂莅任以来，体察税务亏短情形，当以私酒为最。现访闻各城著名贩私头目并私运之徒，更不计其数。若无私买之处，其私卖何得如是之甚？现已严饬海巡等密派妥役按名查拿，严禁偷漏，一经送案，定即尽法惩治。因恐愚民陷于无知，贪利收买，合行再为传谕铺户等知悉：嗣后不得收买私酒，倘私贩到案，究出供送某铺，定即按名查究，照例从严治罪，决不完〔宽〕贷，毋谓谕之不早也。凛之！慎之！毋违。特示。

（1896 年 4 月 30 日，第 2 版）

户部为遵旨催令欠课烧锅商户赶紧赴部完课事*

户部为遵旨事。贵州司案呈本部核销光绪二十一年份抽收烧锅课银数目一折，奉旨："依议。"钦此。相应抄单札行直隶、顺天各属府厅州县一体遵照办理。再，查直顺两属各烧锅商户应交课税银两，经本部于上年九月间移咨直隶总督、顺天府府尹转饬各属催令各商户将未完课银赶紧赴部完交，并牌仰各府厅州县遵照办理。除半年一次照例造册呈报外，迅将所属各烧锅家数、商名、字号分晰完交课银年份，造具清册，送部核办等因。行知在案。迄今半年有余，各府厅州县未能一律造册送部，虽各商户渐有补交课银者，而积欠未完之家仍复不少。现当本部需款孔殷之际，若不及早饬催，恐积欠愈多，尤难完缴。相应将本部清查底簿截至本年六月底止，分开清单，再行牌仰直顺所属各府厅州县按照单开催令欠课各商户赶紧赴部完课，毋得延欠。并查明境内有无影射私开商户，于文到一月内据实详细声复，造册报部。仍不得任听差役藉端需索，致滋扰累可也。须至札者。

（1896 年 9 月 23 日，第 2 版）

限催酒捐

办理闵行厘卡即补县梁明府奉淞沪厘捐牙帖总局宪札饬，筹劝西南各乡酒作坊捐。闵行等处各作坊均已认缴，惟华亭县境之莘庄，及华上毗连之朱家行数镇，有恒源等五酒作坊，藉口于松属各处，未曾办齐，迁延观望，捐不认缴。梁明府恐误要公，禀复局宪，经福观察批示，略谓：此项酒捐奉大部奏准，通饬筹办，现在各处均已遵缴，未便任令久延，藉口规避。仰华亭等县各照所辖境内之五作坊传催限缴，毋任再延，致干惩治云云。想恒源等酒作坊从此当不能再有推诿矣。

（1896 年 10 月 24 日，第 3 版）

户部奏为遵旨议奏铁、酒加价折[*]

二月十六日户部谨奏为遵旨议奏事。河南巡抚刘树堂奏：豫省试办煤厘及晋铁、潞酒议抽加价均满一年，请将煤厘照案接办，铁、酒加价等因。一片。光绪廿三年正月初九日，奉朱批："户部议奏。"钦此。钦遵。由关抄出到部。据原奏内称"上年以筹款紧要，请于产煤处所抽收厘金，并晋省行豫之铁斤、潞酒一律议抽加价。现在试办均满一年，铁斤、潞酒共收银九千余两，均全数支销无存，于饷需毫无裨益，请停止免办。其经收之款无多，实因开办之初诸多繁费，兼之局卡林立，均已支用净尽。现在既经停办，请免造报煤厘一项，先经委员在于开封、河南、彰德、卫辉、怀庆等府分设专局五处，济源县设卡一处，以新乡、修武、宜阳、登封、新安、渑池、武安、林县、汤阴各县分属附近之局稽征，禹州由旧设之药材局带征，汝州宝丰县煤窑无几，均责成地方官办理。嗣又将卫辉府一局、济源县一卡裁撤，亦改由各该县兼办。现共存分局四处，计自光绪廿一年五六月间陆续开办起，截至廿二年六月底止，除支销外，实征收银二万三百余两。上年创办之初，支销不无费用。嗣后照案接办，其支销一款，均以酌提一成为率，请照货厘章程，按半年一次造报。所收廿一年份煤厘二万余两，已于本年摊还英德六月一期款内拨用。此后每年所收厘银，请专为协济偿款之用"等语。臣等伏查光绪廿一年五月间，河南巡抚刘树堂奏：开封等府属出煤畅旺之处，饬属试办煤厘，以济饷需。又于廿一年十月间，该抚奏请试办晋省入豫铁斤、潞酒加价，择要设局办理，各等因。经臣部行令将试办情形章程送部，旋据该抚送到铁、酒两项加价章程，并咨称"铁、酒按斤抽收加价制钱二文，设立局卡费用甚巨，请就所收铁、酒加价项下统支一成留作外销，如有不敷，另行筹补"等语，均经臣部核准，并令将铁、酒加价，俟收有成数，专款存储，报部候拨各在案。兹据该抚奏称"煤厘一项，自光绪廿一年五六月间开办起，至廿年六月底止，除支销外，实征收银二万三百余两。嗣后照案接办，其支销一款，均以酌提一成为率，请照货厘章程，按半年一次造报。所有煤厘二万余两，已于摊还英德六月一期款内拨用。此后每年所收厘银，请专为协济偿款之用"等语，臣等公同商酌，应如该抚所奏办理。惟此次开办煤厘，究竟费用支销银若干，未据声叙，应令该抚转饬查明某局卡抽收银若干，动支费用若干，详细报部查核。至晋铁、潞酒加价，既据声称于饷需毫无裨益，自应即行停办。惟光绪廿一年，有该抚奏添铁、酒加价附片内称"现在度支奇绌，亟应有利即兴。此项铁、酒加价，洵属有利无害"等语，是在需款之急，亦为该抚所深知，但使有利可兴，无论收数盈绌，未便概置不办，如果用人得当，似亦无难奏效。此项铁、酒加价，应饬该抚查核情形，但能于事有益，随时奏明开办，以资接济。至所收加价银九千余两，该抚请全数支销局费，免其造报之处，与该抚原咨"局费统支一成，如有不敷，另行筹补"之语不符，碍难照准。且查该省并非无可筹补之款，即如上年九月该抚奏报善后支应局外销平余案内实存银八千一百廿二两零，何以不由此款项下筹补？应请饬下河南巡抚迅将晋铁、潞酒抽收加价银两核明确数，除提一成支销局费外，应存九成银两若干，即由该省外销平余实存项下如数提还专款外，报部候拨。倘有不敷，再由该省设法筹补，毋任短欠，以重公款。所有臣等遵旨议奏缘由，合恭折具陈，伏乞皇上圣鉴。谨奏。

奉旨："依议。"钦此。

（1897 年 4 月 1 日，第 1、2 版）

催缴盐课

盐课关系国帑，自应早为完纳。近接京师访事友抄示户部札文云：本部核销光绪二十二年份抽收烧锅课银数目一折，奉旨："依议。"钦此。又查直顺两属各烧锅商户应交课税银两，前经本部移咨直隶总督、顺天府府尹转饬各属催令各商户将未完课银赶紧赴部完交，并牌仰各府厅州县遵照办理。除半年一次照例造册呈送外，迅将所属各烧锅家数、商名、字号分晰完交课银年份，造具清册，送部核办等因。行知在案。嗣于上年六月间，因各府厅州县未能一律造册送部，虽各商户渐有补交课银，而积欠未完之家仍复不少。现当本部需款孔殷之际，若不及早饬催，恐积欠愈多，尤难完缴。本部开单，牌仰各府厅州县催令完缴亦在案。今又届一年，欠课仍复不少，相应再行牌仰直顺所属各府厅州县按户查明，催令欠课各商赶紧赴部完缴，毋得延欠。并查明境内有无影射私开商户，于文到一月内据实详细声复，造册报部。仍不得任听差役借端需索，致滋扰累。须至札者。

（1897 年 9 月 4 日，第 1 版）

江西巡抚德寿奏为查明江西加抽二成茶税、糖厘
及烟酒厘金数目 *

头品顶戴江西巡抚臣德寿跪奏，为查明江西加抽二成茶税、糖厘及烟酒厘金银钱数目，恭折奏报，仰祈圣鉴事。窃查前准军机大臣字寄，光绪二十年八月二十三日奉上谕："户部奏茶叶糖斤加厘、土药行店捐输，均着照所请，认真举办，严饬所属妥慎处理。"等因。钦此。当经行局遵照办理。嗣准军机大臣字寄，光绪二十一年六月初六奉上谕："户部奏需饷孔殷，重抽烟酒税厘，着实力举行，妥速筹办。"钦此。转行遵照。业将各局卡自光绪二十年十月起，征收土药店捐输，并加成茶税、糖厘。又光绪二十一年十一月起，加成烟酒厘金，均经截止二十二年六月止，先后造册，详经奏明各在案。兹据总理江西牙厘局布政使翁曾桂详称：查光绪二十二年七月起至十二月底止，各局卡共收二成茶厘税银二千四百四十两三分二厘，又德兴县解到二成茶税银二千五百二十九两五钱七分六厘，共银四千九百六十九两六钱八厘。又各局卡共收二成糖厘钱六千一百六十八千一百五十文，共收二成烟厘钱一千八百八十八千三百二十一文，共收二成酒厘钱五百一十千一百六十九文，总共收钱八千五百六十六千六百四十文。随时按照市价，以半年均匀牵算，每足钱一千文合易库平银七钱三分八厘，共易换库平银六千三百二十二两一钱八分一毫，内糖厘钱折合银四千五百五十二两九分四厘七毫，烟厘钱折合银一千三百九十三两五钱八分八毫，酒厘钱折合银三百七十六两五钱四厘六毫，茶糖烟酒共合收银一万一千二百九十一两七钱八分八厘一毫，业经悉数汇解藩库，另款存储，听候拨用。合将征收加抽茶糖烟酒税厘数目，开造清册，详情具奏等情前来。臣复核无异，除将清册咨送户部查核外，所有二十二年下半年抽收加成茶糖烟酒厘金银钱数目，理合恭折奏报，伏乞皇上圣鉴训示。谨奏。

奉朱批："户部知道。"钦此。

（1897 年 10 月 17 日，第 12 版）

复奏酿酒织绒折

大学士北洋大臣直隶总督奴才荣禄跪奏，为遵查酿酒、织绒现在筹办大概情形，恭折复陈，仰祈圣鉴事。窃奴才于光绪二十四年五月二十八日承准军机大臣字寄，二十六日钦奉上谕："振兴商务为富强至计，必须讲求工艺，设厂制造，始足以保我利权。王文韶面奏'粤东商人张振勋在烟台创兴酿酒公司，采购洋种葡萄，栽植颇广，数年之后，当可坐收其利。又北洋出口之货，以驼绒、羊毛为大宗，就地购机，仿造呢羽毯等物，亦可渐开利源，前经批准道员吴懋鼎在天津筹款兴办'等语。着荣禄饬令该员吴懋鼎、张振勋等即行照案举办，但使制造益精，销路畅旺，自可以暗塞漏卮。务令该员等各照认办事宜，切实筹办，以收实效，仍将如何办理情形由荣禄随时奏报，将此谕令知之。"钦此。钦遵。当即分别转行遵照。伏查粤商候选道张振勋在烟台创设酿酒公司，业经前督臣王文韶奏明，经部议复，准其专利十五年。嗣后该道张振勋于本年四月间禀报：招集华商股本，置地五百余亩，采购外洋葡萄种六十四万余株，先后运华，仿照西法栽植，酿酒出售，规划经年，甫有头绪，呈送办法章程，复经前督臣王文韶檄饬妥为经理在案。钦奉前因，已行令该道将现在办理情形，及所种葡萄是否得法、能否获利切实具复，应俟复到，再行陈奏。至道员吴懋鼎拟办制造呢绒等物，亦经前督臣王文韶批准有案。兹据该道禀称"自筹资本银二十五万两，先行试办，并托英国商人亲赴外洋购买机器、雇募洋匠，本年十月内，机器可以运到。现拟在津购买地基，建造厂屋，一切办法悉按商务条规，力除浮费，约计明年春间即可开办"等语，当饬该道按照所拟章程，认真筹办，期收实效。窃维中国自与泰西各国通商以来，每年进口货物所值，常浮于出口之数，银钱流入外洋，岁凡数千万两，消耗无形，以致库帑支绌、物力凋敝，自非讲求工艺、振兴商务不足以资补救。酿酒、织绒等事，果能制造精工，销路畅旺，是亦挽回利权之一端，有裨时局非浅。道员张振勋、吴懋鼎于洋务、商情均尚孰悉，办理似可得手。除仍由奴才督饬妥办，随时奏报外，理合恭折具陈，伏乞皇上圣鉴。谨奏。

奉朱批："知道了。"钦此。

（1898 年 9 月 1 日，第 1 版）

包办酒捐

〔本报讯〕武昌访事友人致书本馆云：鄂省大吏前因库储支绌，创设筹饷总局，加抽烟酒糖捐，厘定章程，实力兴办。近闻省垣各酒坊拟举公正商人包定，按日缴钱五十千文，请免零星榷取。湖广督宪张香涛制军韪之，已谕令筹饷总局批准试行，并谓烟、糖各业亦可一律照办云。

（1900 年 1 月 2 日，第 2 版）

鄂省倡议重抽烟、酒、糖三项厘金*

鄂省迩因筹饷维艰，当事者倡议重抽烟、酒、糖三项厘金，而各商人以亏耗太多，未能遵谕。某日邑尊何明府邀集各业首董，谕令善为开导，不识能否恪遵宪章也。

（1900 年 1 月 23 日，第 3 版）

陶庆之积欠酒捐*

〔本报讯〕有陶庆之者，前赴货捐局禀请给谕，在洞庭山马头设立绍酒捐公所，按月呈缴洋银四百余元。现在积欠若干，无力弥补，乘隙远扬。总办林太守饬十六铺地甲前往将公所看守，以便缉陶究追。

（1900 年 4 月 13 日，第 3 版）

江西巡抚松寿奏为查明江西加抽二成茶糖厘、烟酒厘金银钱数目折[*]

江西巡抚臣松寿跪奏，为查明江西加抽二成茶糖厘、烟酒厘金银钱数目，恭折奏报，仰祈圣鉴事。窃查前准军机大臣字寄，光绪二十年八月二十三日奉上谕："户部奏茶叶糖斤加厘、土药行店捐输，均着照所请，认真举办，严饬所属妥慎经理。"等因。钦此。当经行局钦遵办理。嗣准军机大臣字寄，光绪二十一年六月初六日奉上谕："户部奏需饷孔殷，重抽烟酒税厘，着实力举行，妥速筹办。"钦此。转行遵照。业将各局卡自光绪二十年十月起，征收土药店捐输，并加成茶税、糖厘。又光绪二十一年十一月起，加成烟酒厘金，均经截至光绪二十四年十二月止，先后造册，详经具奏各在案。兹据总理江西牙厘局布政使张绍华详称：查光绪二十五年正月起至六月底止，各局卡共收二成茶税银二万一千五百五十八两八分，共收二成糖厘钱五千一百三十八千一百四十五文，共收二成烟厘钱九百四十四千三百八十五文，共收二成酒厘钱四百八十一千三百八十八文，总共收钱六千五百六十三千九百一十八文。随时按照市价，以半年均匀牵算，每足钱一千文合易库平银七钱零三厘七毫，共易换库平银四千六百一十九两二分九厘，内糖厘钱折合银三千六百一十五两七钱一分二厘，烟厘钱折合银六百六十四南［两］五钱六分四厘，酒厘钱折合银三百三十八两七钱五分三厘，茶糖烟酒共合收银二万六千一百七十七两一钱九厘，业经悉数汇解藩库，另款存储，听候拨用。合将加抽茶糖烟酒税厘数目，开造清册，详请具奏等情前来。臣复核无异，除将清册咨送户部查核外，所有二十五年上半年抽收加成茶糖烟酒厘金银钱数目，理合恭折奏报，伏乞皇太后、皇上圣鉴训示。谨奏。

奉朱批："户部知道。"钦此。

（1900 年 4 月 25 日，第 14 版）

长顺等奏为加抽土药税厘并烟酒加半收税折[*]

奴才长顺、成勋跪奏，为遵咨加抽土药税厘，并请将烟酒加半收税，恭折复陈，仰祈圣鉴事。窃前准户部咨议奏筹款六条内，土药税厘就向来征收章程，于原定税厘数目外，再行加收三成，仍令照案一并解部。又烟酒两项，按照从前抽收税厘之数，加征一倍。此外如洋药、土药熬成烟膏，以及洋酒、洋烟卷等项，凡贩自华商，不与洋人相涉者，一律酌议抽厘等因。当经转行遵照去后，兹据户司并各捐局暨各府厅州县先后禀称：本省征收洋土药捐，自光绪十一年试办，洋药每百斤捐银八十六两，土药每十斤原定捐银二两，嗣以变通，拟抵行坐部票，量加银一两二钱，每百斤共征厘银三十二两。又土药税自光绪十六年准总理衙门章程，每卖价市钱一千，抽收钱三十文，按年尽收尽解，历办在案。近来洋药运吉，凡黏有税务司印花者，不再重征，土药仍照旧章办理。兹奉部议，就向来征收原定税厘数目加收三成，除抵□加数不计外，计每十斤应加收厘银六钱，每卖价市钱一千，加收税钱九文。惟吉林近日土药出产较少，实因捐税过重之故。今合原加收数目并计，每百斤应共收厘银三十八两，每卖价一千，共收税钱三十九文，合诸现时土价，每百斤税银亦约四十两零，是土药每百斤共收税厘银钱及八十两，较之他省税厘，未免独重。现拟于本年四月初一日遵照部章加数暂行试办，仍照案一并专款解部，设将来查有窒碍，必须酌减，再请奏明办理。又烟酒两项，他处为嗜好之物，在吉林实为御寒瘴之需，以故妇竖无不嗜者，地气使然，颇难禁止。矧黄烟贩行内地，所过局卡不知凡几，烧酒每年完纳票课，为款已巨，捐税均不宜过重，拟请按照从前收税之数，加半倍征收。前定税则，黄烟每百斤收税银二钱，今加半共收税银三钱；烧酒每百斤收税银四分，今加半共收税银六分。如蒙允准，亦请自本年四月起照所拟章程抽收。至烟膏向不抽厘，洋烟卷系属洋货，将来如何抽收方昭平允，应俟察酌情形，另行议复等情，禀请奏咨前来。奴才等复核无异，除将部议六条内□税契一项认真整顿，酌增数目，另行奏报，并咨户部查照外，所有遵咨加抽土药税厘并烟酒加半税缘由，理合恭折具陈，伏乞皇太后、皇上圣鉴，饬部核复施行。谨奏。

奉朱批："户部知道。"钦此。

（1900 年 6 月 17 日，第 14 版）

加税述闻

天津《国闻报》云：月前盛杏荪京卿由沪到鄂，与湖广总督张香涛制军密商加税一事，所拟章程极为繁细，大致按照欧洲时价合磅，仍前值百抽五，惟子口半税统归洋关并征。洋人服用各物，凡向之免征者，嗣后须一律榷税。烟酒两项，照值倍之。果如所议，则每年各口可增收税银二千三四百万两。至所免洋货厘金，岁约六百万两，以之抵补，当有赢余也。

(1900 年 6 月 21 日，第 2 版)

周宗耀短缴酒捐[*]

〔本报讯〕前者商人周宗耀投货捐局，禀准承揽宁绍酒业捐，认定月缴银若干两。兹因短缴五百余两，由总办林太守拘拿管押勒缴。周递禀声称：职商自认包以来，甫经月余，适值北方肇乱，客货无多，市面顿形清淡，以致收数寥寥，捐款不敷呈缴，禀求退认云云。太守察核所禀，尚属确情，爰将原给示谕吊销，准于七月初一日为始，所有运沪宁绍酒捐，概由局中派人往收，业已出示晓谕矣。

(1900 年 8 月 6 日，第 9 版)

酒肆抗捐

〔本报讯〕福州访事友人来函云：福州酒捐由宏丰库商人陈桂官创议，与绅士叶某禀请地方官开办，上宪已颁发告示，即日开收。不料城内外酒库二十余家一律停止，酒店五百余家亦相率闭门罢市，大小街巷散布匿名揭帖，意图要挟长官。事为海防同知吕司马文起所闻，传谕各酒库执事人，略谓：此次烟酒捐系钦奉上谕特办之件，陈某不过举为领袖，当兹库款支绌，凡属食毛践土者，理宜勉图报效，酌令每年公捐洋银二万元，以五年为限云云。各酒商旋复具禀陈明：数年来米价昂贵，取利甚微，且各酒店积欠甚多，江河日下，此番议捐之款，每大坛纳捐四角，中二角，小一角，再小五十三文，非但无利可取，必至资亏本蚀等情。司马遂减至每年一万圆，酒商仍未首肯，不知此捐将来能否举办也。

（1900 年 10 月 29 日，第 1、2 版）

追缴欠捐

有戚松寿者，前在沪北新闸开设酒作坊，迄已闭歇。货捐局总办林太守查悉，尚欠落地捐一百十千文，至今分文未缴。因即饬差传到，交十六铺地甲裘镇严加看守，以便追偿。

（1900 年 11 月 1 日，第 3 版）

抽收烟酒糖捐[*]

武昌访事友人云：湖广总督张香帅前因库储支绌，抽收烟酒糖捐，派员驰往各府设局。惟安陆、德安二府，收数颇为减色。现值需饷浩烦之际，不得不加意整顿，特札委邓大令寿椿前往清查，以裕度支而重款目。

（1900 年 12 月 19 日，第 2 版）

示征酒税

福州访事友人云：日前福州府徐太守会同福防同知吕司马、闽县王大令、侯官县叶大令发出告示曰：为出示晓谕事。照得土酒一项近来销路甚旺，光绪二十一年间经奉上谕，各省烟酒两项税饷核议举行。现在闽省饷需孔急，柴、纸各税均已次第抽捐。土酒亦生理一大宗，七八月间据陈同慎、魏开贞等先后禀请包办，年缴捐款二三万金不等，由局札府移会厅县查议详办。本府厅县查原禀，每土酒七八大坛为一缸，坛抽四角，是一缸须抽钱三千文，似属太重，恐碍商情。且由外商包办，恐有苛勒骚扰情弊，不若谕令本商承办之为妥。兹据该酒商陈祥春等禀请承领闽侯□城乡等处土酒，大□每坛收捐台伏银二角，中罐一角，小坛三占，于造酒时按坛计缸，照捐集缴，全年共缴捧番一万三千两，按月匀缴等情。奉局宪批准，札府移行厅县，当经饬据该商等先缴押柜台新番银一千两，取具甘结各结，呈送前来，自应准予照办。除详督宪外，札局查照，并由府给发谕戳遵办外，合亟出示晓谕，为此示仰闽侯辖城乡等处酿酒人等知悉：须知此项捐输，各大宪系为海防要需而设，尔等食毛践土，各宜踊跃输将，分别大、中、小各坛，照数完缴，以便该商等随时集缴充饷，毋得观望抗捐，致干查究，各宜凛遵毋违。特示。

后附开办章程：（一）城乡内外，大小酒库各色新旧老酒，及桂花、生红、赛绍兴、万合信、烧刀等名目，每大坛二百四十提，收捐台伏二角；中坛一百二十提，收捐台伏一角；小坛三十提，收捐台伏三占。应计缸按提报捐，由酒捐局查明核实，秉公推捐，匀收集缴，藉裕饷需。如有匿报抗查、抗捐，应准即指名禀请拘究。（二）城乡内外，有往外县盘运土酒发售者，须按坛到局，照章报捐。如漏匿抗报，除补捐外，另再议罚。（三）城乡家酿，凡有盘运售市者，均须按坛到局报捐，违者以抗捐论。（四）城乡内外，以后凡有新开大库及单炊自酿盘运发售者，均须到局报明，照章认捐，违者准指名禀请拘究。

（1900 年 12 月 30 日，第 9 版）

榷酤新政

〔本报讯〕京师访事友人云：京城烧锅一项为税课大宗，崇文门外向立官酒行二十家，凡四乡入城之酒，未经纳税者，例禁綦严。现在各酒行主约期公议，禀请英国驻京统领宝君出示晓谕，凡有贩运烧酒者，须进左安、广渠两门照章报税，方准在市中出售，倘有绕越偷漏之弊，拿获重惩。

（1901 年 2 月 1 日，第 2 版）

示禁私酒

京师访事友人云：近年京城私酒畅销，官酒反日渐疲滞，事经崇文门税课司监督肃亲王、敬榷宪查悉，爰于八月十五日出示悬赏，购拿兴贩私酒匪人，其文曰：钦命督理崇文门商税事务正堂肃亲王、副堂宗室敬为悬赏指拿土棍，以杜私酒事：照得崇文门税课向以烧酒为大宗，京城内外向设酒店二十家，岁销约在五六千车之谱。近来年复一年，日形减色，推原其故，无非私酒充斥已甚，以致官酒反多歇业，蠹国病商，莫此为甚。若不严行拿禁，为患伊于胡底？本爵部堂莅任以来，举凡以前积弊，业已次第剔除，毫不因循瞻顾，想尔远近商民，亦已共见共闻。溯自开关以来，各商贩无不踊跃输将，惟酒税所入仍属寥寥。当经派员密访，悉有著名土棍，胆敢勾串海巡，狼狈为奸，公然于近城内外分设酒局，车装驮运，络绎道途。有黄木厂等处一干匪徒，专事私运，巡役得贿，听其出入，并不查禁。似此通同罔法，殊堪痛恨。除咨行步军统领衙门及顺天府五城一体严拿外，合行出示晓谕，为此示仰各色人等知悉：有能将著名土棍广渠门外黄木厂德九、朝阳门冯家五虎、右安门外关厢赵四、东直门外七姑娘、崇文门外石板胡同私酒德子拿获到案，定行从优给赏，抑或投充眼线因而缉获者，亦必分别给赏，各宜凛遵勿违。切切！特示。

（1901 年 10 月 16 日，第 2 版）

鄂省增榷[*]

汉口访事人云：鄂中大宪因迩来库款支绌，将烟酒糖三项捐输一律增榷三成，其向未设捐局之处，亦皆添设分局，各商踊跃输将，公款当不无小补也。

（1901 年 11 月 27 日，第 3 版）

绍郡榷酤[*]

绍兴访事人云：绍郡酿酒运销各省，推为土产之大宗，应完厘金分别坛大小，自四十文至十二文不等。兹闻省宪奉有部文，酒与烟、茶、糖皆须按照原数加捐三成，以备摊偿洋款，遴委前署衢州府赵渔衫太守为督办，正任南塘通判过小筑别驾为帮办。除创设酒捐专局外，谕令各酒作报明酒缸实数，点计多寡，榷取缸捐。如盐务中捐办酱缸之法，惟尚未见明文耳。

（1901 年 12 月 3 日，第 2 版）

浙省拟重征烟酒税

和议已定，赔款浩繁，大部竭力筹维，念及烟酒非民间日用所必需，拟仿西例，重征其税。日前抚宪任筱沅中丞饬藩司诚果泉方伯委员试办。缘浙人素喜酿酒，而绍兴所出者尤名冠一时，宁波次之，然销场亦颇畅旺。故也某日方伯牌示署前，委前署衢州府赵渔珊太守及候补县杨太令钟俊赴绍兴，候补同知过司马仕升、吴大令跃金赴宁波，分投办理。

（1901 年 12 月 7 日，第 3 版）

整顿酒税

京师访事人云：在京烧酒行店向共二十家，贸易颇称繁盛。近因私酒充斥，暗受厥亏，酒课遂亦因之减色。崇文门税课监督曾出示悬赏，购拿城内外贩私之著名土棍若干人，一时雷厉风行，若辈因渐渐敛迹。日前复谕令已歇之各行店商人仍复旧业，然都城酒价恐从此益高矣。

（1901 年 12 月 17 日，第 2 版）

粤省榷酤

广州访事友人云：日前粤省善后总局宪出示曰：照得钦奉谕旨，振兴新政，将来更张百度，用项正多，亟宜预筹经费，以供要需。酿酒铺户，城乡墟镇所在，皆有运销外洋，为数亦自不少。设甑多寡，各视地方繁简、生意淡旺，经本局通饬各店确查酒甑数目，造册报核。查酒非民间日用必需之物，泰西各国均独重其税，以其隐耗粮食、徒损民财，实以征为禁之意，自可参酌仿办。现定无论酒米杂货各铺，凡设甑酿酒者，皆须领牌缴捐。每甄一个每月缴银二两，全年缴银二十四两，闰月照加。准各甄户加诸酒价，取之买客，于设甄铺户毫无所损。如有熟识酒务之殷实商人，准来局认饷承办，先照所认数目缴存半年，给发示谕开办。应如何因地制宜，并准该商拟章，呈核饬遵。如设甄之铺敢有抗违，准即随时禀官查究。其隐匿漏报，亦即分别议罚，决不使承办者为难。为此牌示诸色商人一体遵照。特示。

（1901 年 12 月 26 日，第 2 版）

酒捐巨款

绍兴访事人云：浙省创办酒捐，以绍郡为出产之大宗。去冬省宪特委赵渔衫太守、程辅堂大令等赴越设局，初约每岁可筹洋银十余万元。及由太守查明运销实数，照章加捐外，复将各作坊造册，传谕按照酱缸之例，以五十缸为限，岁纳印帖一纸，计银五十两。现在统计，每岁可集洋银三十万元之谱，闻此后尚有增无减云。

（1902 年 3 月 1 日，第 2 版）

论直督袁慰帅奏请加收酒捐事

泰西各国税则之轻重，往往视货物之繁简以为衡。其为衣食所资，日用所必备者，则优免关税，以利民生，如绸、布、米、麦之类是也。其并非人生所必需，而人必欲用之，以徇一时嗜好，则其力必系盈余，虽重权之，亦不为过，如烟、酒、茶叶、咖啡之类是也。即以英国而论，从前绸、布、米、麦其税皆重，厥后采议院之议，渐裁各税，而以其税加之烟、酒、咖啡、茶叶之中，而各关收数仍不减于旧者，以酒、烟、咖啡、茶叶之销数甚繁也。中国榷酤之法，创于汉之桑宏羊，昭帝始元六年，又用贤良文学之议罢之。孝宣以后，有时而禁，有时而开。至唐代宗广德二年十二月，诏天下州县各量定酤，酒户随月纳税，除此之外不问官私，一切禁断。宋仁宗乾兴初，言者以天下酒课月比岁增，无有艺极，非古禁群饮节用之意。孝宗淳熙中，李焘奏请：设法劝饮，以敛（民）财。周辉

《杂志》谓：惟恐饮不多而课不羡，榷酤之弊，至于此极，盖甚非先王重本抑末之微意矣！本朝康熙二十八年，盛京旱，禁烧酒糜米谷。乾隆二年，准泰奏：天津关按季差役往东安等六县查税油酒，嗣恐苛求扰累。得旨永行停止。时又议立北五省酒锅□曲禁令，各省督抚复奏，大抵以开行贩者宜禁，而本地零星酿造宜宽，歉岁宜禁，而丰年宜宽。惟陕西省奏称：秦俗本俭，民间祭祀庆吊，不得已而用酒，若禁烧锅，用黄酒专需细粮，转于民生不便，且边地兵民，藉以御寒，势难概禁。甘省则以本非产酒之区，毋庸设禁。乃诏令因地制宜，并定违禁律。五年，御史齐轼以京师九门每日酒车衔尾，复请禁之。奉谕以零星沽卖，不必过为深究，致扰闾阎。十四年，福建布政使永宁请严贩运红曲、红糟之条。嗣后每遇荒歉之岁，必由地方大吏禁止烧锅，年丰则弛其禁，因时势为弛张，固藉以阜民财、节民用，而并非恃榷酤所入，以为挹注之资也。迩者直隶总督袁慰庭宫保以直隶所摊赔款，岁需八十余万，加以办理善后，需用浩繁，爰仿照山东成案，奏请在省城设立筹款局，整顿税捐事宜。以烧锅一业，直省最多，爰于日前奏请加抽酒捐，以裕库款，折中略谓：烧酒一项，为直隶出产之冠，而无落地税捐，商利颇厚，若酌加捐数，责成烧锅代收，既无扰累之虞，亦少偷漏之弊。兹拟每锅售酒百斤抽捐制钱一千六百文，并准其于常价之外，每斤增加十六文发售。在烧锅加价抵捐，既无所损，即店铺照本零售，亦可通行。至民间沽酒，每两多出一文，所费亦甚微末，而合省通年计之，则可集成巨款。其意盖与去年部议所定重征酒厘之意颇属相同，于筹款大有裨益，荩臣谋国，可谓思虑深长。说者谓："南宋时以一隅之地，支持强盛之女真，几有岌岌不可终日之势。而赵开为张浚理财，仅四川一省所供之饷，数倍于全盛之时，而能源源不竭者，其大端亦不过倚恃于榷酤、榷茶数者。然则当库储支绌之际，重税无益之物，以资国用，非特今日泰西所通行，抑亦中国古时之良法也。"

（1902 年 9 月 19 日，第 1 版）

酒税更章

绍兴访事人云：郡中酒税向分大中小，坛大者抽钱七十文，中者抽钱五十文，小者抽钱三十六文。惟以大报中、以中报小之弊，时有所闻。现已改定新章，不分大小，每坛抽印花税洋银二角，如运出浙省，再加二角，较之向章，不啻骤增五倍矣。

（1902 年 9 月 19 日，第 1 版）

榷酤肇事

香港《循环日报》云：有客自粤之江门埠来，言及埠中因官吏征收酒捐，人心不服。十月二十八日，阖市酒米各店一律闭门，乡民之日谋升斗者，见无米可粜，鼓噪异常，有好事者绐之曰："现在县丞衙门运米平粜，每小银钱一枚，可得米六斤，何患巧妇之无米难炊乎？"乡民闻言，一拥而往，市中无赖子，亦尾随其后，顷刻啸聚至数百人，及见事属子虚，立将麒麟门攻破。某二尹出而谕之曰：酒捐由商人某甲承充，非本官之咎也，尔等何得与本官为难？诸人闻言，群拥至甲家，破门直入，将家中所有搜掠一空，屋宇则更付之一炬。甲有叔母家在比邻，亦遭波及。时闹事者、聚观者已集有七八千人，有某乙者承充江门白鸽票捐，本与酒捐无涉，惟素为乡民所恶，乘势往其家，攻破大门，将器物恣情搜括。乙本豪富，乡民搜出珠宝、金银、衣服，约值洋银数千圆，尽举而投诸火，即上祖神主，亦不留存。千总某君，见众怒难犯，驰往公所，与绅士商所以弹压之法。乡民有随往者，被其所部勇丁击破头颅，遂胡哨一声，拥入公所，纷纷将千总殴击。千总惧不敌，谕令数勇护之而奔，乡民或掷以石，或击以弮。洎追回本署，复将衔牌、伞扇尽行击毁。入夜，犹未散归。

（1902 年 12 月 9 日，第 2 版）

榷酤维艰

京师访事人云：烟、酒、茶、糖四项，前已加税。客岁直隶总督北洋大臣袁慰庭宫保以筹饷维艰，奏请将本省所有烧锅每家按年加征厘税若干，期以三年限满停止，奉旨俞允。各烧户以加税、抽厘二者并举，力有难堪，禀请宫保酌免其一，未蒙允准。客腊又集千余家赴户部陈请，亦未如愿。既而芦沟桥税卡见有运往浑河北岸之酒，照章收税，烧锅不肯完纳，由税卡司员禀明崇文门监督，札饬涿州就近查办。州尊某刺史传到境内烧锅数家，谕令遵章办理，烧锅商人声称：税厘重征，力实未逮。刺史再三开导，抗不肯遵，乃令收押，迄今尚未了结也。

（1903 年 4 月 9 日，第 2 版）

河南巡抚陈奏议抽酒价以助饷需片（二十五日）

陈夔龙片。再，据署布政使钟培、署粮盐道胡翔林详称：豫省度支浩繁，库储异常艰窘，欲筹饷源之裕，几无罗掘之才。惟查民间酿酒，本干例禁，古人议行榷酤，亦因多酿伤谷，隐寓禁于征，今欲无□于民，有裨于饷，惟有议增酒税，尚属筹款之一端。近年直隶督臣奏请抽收酒税，以裨饷需，曾奉旨允在案，拟请仿照办理。但豫省贩酒之户，生计式微，非如直隶各属烧锅均以巨资开设，若照直隶每斤抽收十六文，民力实有未逮，转恐窒碍难行。应请分为酿酒、销酒两项：酿酒之户，每酿酒一斤，抽收加价四文；其有境内并不酿酒，而运销他处之酒者，无论来自邻境、来自他省，均于销售之处，每斤抽收加价四文，其征收之法，应归该管各州县经理，不另设局，以节糜费，而免纷抗。现拟先行试办□年，俟奉文准办之日，再行定章，出示征收等情，会详请奏前来。臣查前准户部咨行筹还赔款条陈内，本有"茶、糖、烟、酒四项重征，尚无妨碍"之语。豫省用繁款绌，早在圣明洞鉴之中，自非设法筹维，莫资挹注。该司道议请抽收酒税，虽取之商户，实仍分摊于食酒之人，所征无几，于民生不致相妨，集少成多，于饷需不无小补。即使各业户因兹观望，而少酿一成之酒，即可多余一成之谷，似于民食亦有裨益，详加察核，事属可行。合无仰恳天恩，俯准敕部立案，一面由臣督同司道妥议章程，分饬试办，仍俟试办一年后，察看情形，斟酌办理。除咨部查照外，所有议抽酒价助饷，拟请先行试办缘由，理合附片具奏，伏乞圣鉴训示。谨奏。

奉朱批："知道了。"钦此。

（1903 年 11 月 9 日，第 14 版）

烟酒加捐

松江访事人云：新正某日，郡中接奉京师政务处电文，略言：募兵需饷，库藏支绌，查有烟酒两项非民间要需，不妨核议加捐，以资接济，其余各项货物统将捐则酌量加增，俾成巨款。

（1904 年 2 月 24 日，第 2 版）

河南巡抚陈奏遵旨整顿烟酒两税
分别议办缘由片（二十三日）

陈夔龙片。再，臣承准军机大臣字寄，光绪二十九年十一月初六日奉上谕："百度之兴，端资经费。前经户部通行各省整顿烟酒税，以济要需。乃报解之无多，实由稽征之不力。据直隶总督袁世凯奏称：直隶抽收烟酒两税，计岁入银八十余万两。即着钞录直隶现办章程，咨送各省，责成该将军督抚等一体仿行。并量其省份之繁简，派定税额之多寡。河南、安徽、湖南、陕西、吉林各省，每年应各派二十万两。经此次派定税额之后，各该将军督抚务即遴选妥实明干委员，实力奉行，认真稽征。并明定赏罚，督征不力，惟该将军督抚是问，毋得视为具文也。将此通谕知之。"等因。钦此。仰见朝廷崇本抑末、综核名实之至意，钦悚莫名，臣当即恭录，转行厘税局司道钦遵办理。兹据详复前来，伏查烟酒两税，在水陆交冲、商贾繁盛之地，营销广而制造多，但使经理得人，便可征收巨款。豫省地处中原，习俗安于俭朴，所产皆系粗大烟叶，价值甚低，销售亦寡，且惟禹州、邓州、襄城、河内、上蔡、郏县等数处境内有之。光绪二十二年间，前抚臣奏加烟税，每斤抽收二文，由各州县招行缴纳，有厘局处所兼派委员会办，至今仍不过五六千金。本年火车畅行，商人由鄂来豫购运，率向江汉关请领三联单票，各局验票放行，以致短收甚巨。现虽竭力推广，加重抽收，至多增至一两倍而止，殊难恃为。大宗酒税一项，臣到任后即奏请仿照直隶章程，减则试办，无论自酿以及运自他处，一律按斤抽收四文，责成各州县就地经理。原以豫省贩酒之户，生计皆不殷实，非直省烧锅多以重资开设者可比。加价过多，既恐民力未逮；另设局卡，又惧糜费徒增。定章之初，盖亦几经审慎，迨奉旨允准后，即派员分赴各属，切实详查。合计通省酿售运销酒数，约共一千余万斤，果能照数收足，可得四五万串之谱。惟开办未久，成效尚难逆睹。今既奉谕整顿，拟自明年正月起，再令按斤续加四文，统计抽收八文，仍归各该州县一并经理，以节糜费。虽较直隶之每斤十六文多寡悬殊，而揆诸豫省目下情形，已属不遗余力，能否集有成数，尚无把握。臣谨当督同司道认真考查，各属中如有报解甚多，确著成效者，拟即择尤奏请奖叙。倘有徇情隐匿，征解不实者，亦即分别严参。时时以信赏必罚相提撕，庶人人知所劝惩，而精神为之一振矣。将来如果市面兴盛，商贾辐凑，或者渐有起色，容俟随时体察情形，奏明办理。所有遵旨整顿烟酒两税分别议办缘由，谨附片陈明，伏乞圣鉴训示。谨奏。

奉朱批："户部知道。"钦此。

（1904 年 3 月 11 日，第 13 版）

两广总督岑奏为复查厘务局筹议各节系实在情形物力商情各省互有长短粤东烟酒两项势难加抽奉派片（初五日）

岑春煊等片。再，准军机大臣字寄，光绪二十九年十一月初六日奉上谕："百度之兴，端资经费。现值帑藏大绌，理财筹款，尤为救时急务。前经户部通行各省整顿烟酒税，以济要需。乃报解之无多，实由稽征之不力。据直隶总督袁世凯奏：直隶抽收烟酒两税，计岁入银八十余万两。以直隶凋敝之区，尤能集此巨款，足见该督公忠体国，实心任事，殊堪嘉尚。即着钞录直隶现办章程，咨送各省，责成该将军督抚一体仿行。并量其省份之繁简，派定税额之多寡。直隶一省即照现收之数，每年仍派八十万两；奉天省每年应派八十万；江苏、广东、四川各省每年应各派五十万；山西省每年应派四十万；江西、山东、湖北、浙江、福建各省每年应各派三十万；河南、安徽、湖南、广西、云南各省每年各派十万两；甘肃、新疆应派六万两。通计以上二十一行省，每年派定税额共六百四十万两。殊于国计有裨，仍于民生无损。良以烟酒两项，徒供嗜好之用，并非生计所必需，虽多取之，而不为虐，且可以寓禁于征。东西各国于此两项皆榷税特重，竟亦为此。经此次派定税额之后，各该将军督抚务即遴选妥实明干委员，实力奉行，认真稽征。并明定赏罚，如有收数足额或逾额者，准其将尤为出力人员，量予优奖，以资激励。倘收不足额，亦即分别究惩。督征不力，并惟该将军督抚是问。其直隶经征出力之员，即着该督择尤请奖，以示朝廷有劳必录之至意。各该将军督抚等毋得视为具文也。除奉天、吉林、广西暂行缓办外，将此通谕谕知之。"钦此。遵旨寄信前来。当经钦遵转行，悉心筹议去后，兹据厘务局司道详称：伏查粤东烟酒两项，原定厘则本已不轻，而历次奉文加抽，实已三倍有奇。溯查自光绪二十一年，加抽两倍，约计岁可增银四万余两。二十二年，再加一倍，共加三倍，约共增银六万余两。迨二十七年，因新定赔款分派摊还案内，令将茶、糖、烟、酒四项就现在抽厘数目，再加抽三成，统计每年约可抽银十□万两。准自迭奉加抽以来，北江新产烟叶因厘收过重，商贩避重就轻，大率改用海关三联货单，纳税贩运，以致厘金日形减色。以迭次加抽之款，而所收仅得此数，其为难情形，概可想见。且烟酒两项，粤省本属无多，与奉、直、秦、晋、齐、豫等省烧锅林立，烟草□生，出产既盛，征榷自丰者，大相悬殊。粤省土制烟酒营销不广，自洋酒、卷烟盛行，烟酒两项商业日行凋敝，倘再加抽，恐商力不支，转致原抽之款不能足额，官商交困，于事无裨等情，详请具奏前来。臣等复查厘务局筹议各节，委系实在情形，物力商情，各省互有长短，粤东烟酒两项势难加抽，奉派每年五十万两实无力筹解，万不敢稍涉推诿，谨合词附片具奏，伏乞圣鉴。谨奏。

奉朱批："览。"钦此。

（1904 年 5 月 14 日，第 13 版）

淮安关监督恒奏为所有现办加征烟酒税银
实在情形片（初六日）

恒启片。再，案奉户部札开：烟酒两项，奏奉谕旨，按照正项税银加征一倍，另款解部等因。历经钦遵办理在案。兹查自光绪二十八年十一月十二日起连闰至二十九年十月十一日止，三任合征，一年关满，淮、宿、海三关共加征烟酒税银一千三百三十三两八钱九分七厘，均经存储在库，听候部拨。惟查上年十二月间，准江宁藩司咨奉上谕："通谕各省督抚整顿烟酒税。"等因。钦此。奴才钦遵之下，亦经严饬各关口实力整顿，以期仰副朝廷理财筹款之至意。无如烟酒两项均非该关大宗货物，近年洋河等处所出土酒，又多为洋单侵占，贩运南下，只有近关一带各铺户销售。烟酒为数无多，势难骤增巨款，且一关只征一税，非若厘卡林立，到处抽收，是正税本属无多，加征更难措手。如果税源稍旺，奴才受恩深重，亦何敢稽征不力，自蹈愆尤。除将本届收数造册报明户部外，所有现办加征实在情形，理合附片奏明，伏乞圣鉴。谨奏。

奉朱批："户部知道。"钦此。

（1904 年 6 月 9 日，第 13 版）

安徽巡抚诚奏为遵旨酌提盈余整顿税契并加征烟酒 两税分别拟办折（廿二日）

头品顶戴安徽巡抚奴才诚勋跪奏，为遵旨酌提盈余，整顿税契，并加征烟酒两税分别议办，恭折具陈，仰祈圣鉴事。窃奴才承准军机大臣字寄，光绪二十九年十一月初六日奉上谕："近年来银价低落，各省不甚悬殊，各州县浮收甚多，而应征之田房税契，报解者十不及一。着自光绪三十年始，责成各督抚将所属优缺、优差、浮收款目彻底确查，酌提归公，并将房田税契切实整顿。岁增之款，各按省份派定额数，安徽省每年十五万两。"等因。钦此。又同日奉上谕："直隶抽收烟酒两税，岁入银八十余万两。即着钞录直隶现办章程，咨送各省，一体仿行。并量其省份之繁简，派定税额之多寡。安徽省每年应派二十万两。"等因。钦此。遵旨分别寄信前来。值库储之奇绌，烦宵旰之焦劳，跪诵之余，曷胜愧悚，当即钦遵分行司局，妥议办理，并与司道等详绎谕旨，剀切筹商，总期义尽乎，急公款归于有着。兹据先后详复前来，奴才伏查安徽为贫瘠之区，非江浙膏腴可比，州县缺分，类多清苦。平时办公养廉以外，专赖平余花户以银纳粮，本无钱价盈余可取，间从银便，以钱折纳，按照柜价折征，所余亦属无几。自光绪二十三、二十五、二十七等年，三次共提过银十三万八千余两，州县办公已形竭蹶。至各项差使，仅月领薪水，藉资夫马。即办理厘金，向所称为优差者，□节次裁减酌提，而后亦已实征实解，无可搜罗。然际此外患内忧，饷需万紧，敢不力图报称，共济艰危？而官民交困之余，筹措益难为力，惟有以倡导为激，劝庶聚沙集腋，稍尽微忱。兹由奴才于办公经费项下，每年报效银五千两；布政使联魁，报效银一万两；按察使濮子潼，报效银二千两；徽宁池太广道童德璋，报效银四千两；凤颍六泗道张成勋，报效银三千两；安庐滁和道毓秀暨安庆等八府，共报效银四千三百两。各州县除祁门、绩溪、石埭、凤阳、灵璧、五河、来安缺分极苦，免予提取外，其余怀宁等五十三州县，各按缺分大小、征数多寡，共酌提银五万一千九百余两。以上统共报效、酌提两项，计每年归公银八万二百余两。此外并无别项中饱陋规，无从再行筹取。

【中略】

烟酒两项，在繁盛之区实力稽征，巨款易集。皖省民贫地瘠，市镇萧条，即论省城，尚不如他省之剧［巨］邑，以致货物滞销，既无殷实巨商，又无大宗行栈。烟叶出产，惟宿松等县有之，叶粗价贱，贩运甚稀。若烧锅制酒，向因有妨民食，迭经查禁，开设甚少，市集所售，半皆运自他处，零星贩卖，销数无多。其僻壤偏乡，间有糟坊，大都自酿自卖，名曰"土酒"，资本极微，但供本地零沽之用，与直隶之专重烧锅或大宗贩卖者，情形迥不相同。是以光绪二十五年力整烟厘，加征一倍，岁仅收钱三四千串。前年筹议赔款，举办酒捐，分上、中、下三则，亦仅收银二万七千余□，然已多方设法，不遗余力。今奉严谕整顿，何敢视为具文，第念裕课、恤商事宜兼顾，若照直隶每斤抽收十六文之例，恐商力未逮，失业者多，不特税无可加，且虑于常捐有碍，实非皖省贫瘠之区所能措办。现拟仿照直隶税则，减半征收，将烟酒两项每斤加收钱八文，酌定简明章程，通□各□县先行试办，究能收集若干，殊无把握。奴才谨当督同司局认真考查，实收实解，期于要需有裨。所有遵旨酌提盈余，整顿税契，暨加征烟酒两项分别议办缘由，除咨部查照外，谨会同两江督臣魏光焘恭折具陈，伏乞皇太后、皇上圣鉴训示。谨奏。

奉朱批："户部知道。"钦此。

（1904 年 6 月 24 日，第 12 版）

署江西巡抚夏奏为茶糖烟酒税厘银两业经汇解藩库另款存储拨用合将征收数目具存片（初一日）

再，查光绪二十年八月二十三日奉上谕："户部奏茶叶糖斤加厘、土药行店捐输，均着照所请，认真举办，严饬所属妥慎经理。"又于光绪二十一年六月初六日奉上谕："户部奏需饷孔殷，重抽烟酒税厘，着实力举行，妥速筹办。"各等因。钦此。均经转行钦遵查照在案。兹据总理江西牙厘局布政使周浩详称：查光绪二十八年七月起至十二月止，各局卡共收二成茶税银三千三百四十两八钱七分五厘九毫，又收二成糖厘钱五千四百七十九千三百四十九文，又收二成烟酒厘钱五百九十九千四百一十八文，又收二成酒厘钱一百八十八千一百六十六文，总共收钱二千一百七十六千九百三十三文。随时按照市价，以半多［年］均匀牵算，每足钱一千文合易库平银七钱二分，共易库平银四千四百四十七两三钱九分二厘。茶糖烟酒税厘并计，共收银七千七百八十八两二钱六分七厘九毫，业经汇解藩库，另款存储拨用。合将征收数目造具清册，详请奏咨等情前来。臣复核无异，除将清册咨送户部查照外，所有二十八年下半年抽收加成茶糖烟酒厘金银钱数目，理合附片具陈，伏乞圣鉴。谨奏。

奉朱批："览。"钦此。

（1904 年 6 月 29 日，第 12 版）

两江总督魏等奏为查明江苏省烟酒两项均非大宗出产奏派税数万难足额现拟设法加征尽征尽解折（初六日）

头品顶戴两江总督臣魏光焘、头品顶戴江苏巡抚臣恩寿跪奏，为查明江苏省烟酒两项均非大宗出产，奏派税数万难足额，现拟设法加征，尽征尽解，恭折复陈，仰祈圣鉴事。窃准军机大臣字寄，光绪二十九年十一月初六日奉上谕："百度之兴，端资经费。现值帑藏大绌，理财筹款，尤为救时急务。前经户部通行各省整顿烟酒税，以济要需。乃报解之无多，实由稽征之不力。据直隶总督袁世凯奏称：直隶抽收烟酒两税，计岁入银八

十万两。即着抄录直隶现办章程，咨送各省，责成该将军督抚等一体仿
行。并量其省份之繁简，派定税额之多寡。江苏省每年应派五十万两。"
等因。钦此。即经恭录分行司局钦遵，并将直隶送到章程饬发仿办去后，
兹据江苏两藩司会同宁、苏、沪三厘局司道详称：烟酒两项，江苏与直
隶情形不同。即如烟叶，则除六合一县外，别无产区，各处营销，皆系
来自外省，近因外国纸烟盛行，土刨烟丝销路大减，几至无人过问。酒
则仅只通州所属之泰兴及徐州、海州等处间有糟坊造酒，多系小户，每
户或设地缸四五只至十余只不等，绝无大宗买卖。吴县之木渎一带间造
麦□，仅销本境城乡，从无出运他处者。其外来之烧酒、绍酒等类，销
场亦极零散。曾于光绪二十一年冬遵奉部饬，重征坐贾，并将行商贩运
各项烟酒，昔加二成卡厘。二十五年，复奉部行，按照从前抽收之敷，
再行加征一倍，计宁局每年约共收钱三万余串，苏局收钱二万七千余串，
沪局收钱一万一千余串。此次重加征收，即再增一倍，亦不过六万数千
串，核与饬派额数，尚属大相悬殊。现值振兴商务之时，不能不统筹兼
顾，虽烟酒两项非民间日用所必需，然小民以此营生，取之过苛，恐或
改造而挂用洋牌，或无力而因之歇业，转与原捐有碍。但际此时艰财匮，
何敢不勉力劝办，期裨万一。惟有体察本省情形，略仿直隶章程，实力
筹办加征，尽征尽解，涓滴归公，藉佐度支。除将办法议定章程另行详
办外，详请奏咨前来。臣等复加查核，苏省风俗便于蚕桑，不种烟叶，
各属间酿土酒，并不出运，视他省产烟叶、有烧锅者，本难同论。犹诸
丝绸两项产江浙，他省纵有所产，其数不及江浙之一，则苏省烟酒与他
省丝绸情形，正复相类也。该司局所详为难之处，尚系实情。惟此次整
顿烟酒，按省额派税银，系特奉谕旨饬办之件。臣等共喻时艰，自应于
无可措手之中，设法稽征，以供要需，何敢稍涉推诿。除饬属仿照直隶
现办章程认真举办，并咨户部查照外，谨将江苏奉派烟酒加税，查明万
难足额，现拟设法加征，尽征尽解缘由，理合恭折复陈，伏乞皇太后、
皇上圣鉴训示。谨奏。

　　奉朱批："户部知道。"钦此。

（1904 年 7 月 6 日，第 12 版）

直隶总督袁奏为遵旨查明经征烟酒两税出力
各员择尤请奖折（廿八日）

太子少保北洋大臣直隶总督臣袁世凯跪奏，为遵旨查明经征烟酒两税出力各员，择尤请奖，恭折仰祈圣鉴事。窃臣承准军机大臣字寄，光绪二十九年十一月初六日奉上谕："百度之兴，端资经费。现值帑藏支绌，理财筹款，尤为救时急务。前经户部通行各直省整顿烟酒税，以济要需。据直隶总督袁世凯奏称：直隶抽收烟酒两税，计岁入银八十余万。以直隶凋敝之区，犹能集此巨款。即着钞录现办章程，咨送各省，一体仿行。其直隶经征出力之员，即着择尤请奖。"等因。钦此。仰见朝廷有劳必录，凡在臣僚，同深钦感，遵将直隶筹款办法章程刊刷成本，分咨各省，一体仿办。伏查直隶地瘠民贫，兼以兵荒岁歉，其筹款之难，本在圣明洞鉴。此次遵照部议，烟酒非民间日用所需，重征尚无妨碍，经臣拟定章程，奏准开办。在事各员，均能仰体时艰，实力效集，剔除积弊，涓滴归公，一岁中计征银至八十余万两，接济军需，为直隶自来所仅见。查劝办顺直章程，集银三万两者，准照异常劳绩，保奖一员；集银六千两者，准照寻常劳绩，保奖一员；夫劝令士民输纳银两，酬以实官，经手劝集者，尚复优加奖叙。方直隶劝办烟酒两税，事属创行，一无凭借，而亦能集成巨款。即振捐章程，核计银数请奖，已较劝集振捐为难。惟现当严核保举之秋，臣檄饬该局切实核减。兹据筹款局司道查明，详请奏奖前来。臣复加查核，其请照异常劳绩保奖者，仅只十员，委无冒滥，所有尤为出力之试用知府闵荣爵，请以道员仍留原省补用；候补知县朱端、试用知县谭缉先、坐选安徽南陵县知县孙鸣皋，均请以直隶州知州仍留原省补用；通判章乃方、大挑知县黄行简，均请以知州仍留原省补用；知县侯汝承，请仍以知县归候补班补用；候补知县郭钟秀，请俟补缺后以直隶州用，并加运同衔；候补府经历朱昌棽，请以知县仍留原省补用；分省补用府经历孙建长，请以知县仍分省补用。合无仰恳天恩，俯准照拟给奖，以彰劳勋，而励将来。除出力稍次之涿州知州林际平等十员由臣另行开单，咨部从优议叙，并饬该员等将履历造册，咨部查照外，所有遵旨请奖经征烟酒两税出力人员缘由，理合恭折具陈，伏乞皇太后、皇上圣鉴训示。谨奏。

奉朱批："着照所请，该部知道。"钦此。

（1904 年 7 月 30 日，第 14 版）

山东巡抚周奏为遵旨筹办烟酒税情形折（十三日）

头品顶戴兵部尚书衔山东巡抚臣周馥跪奏，为遵旨筹办烟酒税情形，恭折仰祈圣鉴事。窃臣承准军机大臣字寄，光绪二十九年十一月初六日奉上谕："百度之兴，端资经费。现值帑藏大绌，理财筹款，尤为救时急务。前经户部通行各省整顿烟酒税，以济要需。乃报解之无多，实由稽征之不力。据直隶总督袁世凯奏称：直隶抽收烟酒两税，计岁入银八十余万两。即着钞录直隶现办章程，咨送各省，责成该将军督抚等一体仿行。并量其省份之繁简，派定税额之多寡。山东每年应派三十万两。"等因。钦此。遵旨寄信前来等因。承准此，并准袁世凯钞录直隶现办烟酒税章程，咨送到东，当经分行司局钦遵筹办。兹据筹款局会同藩司将办理情形，详请复奏前来。臣查山东频年灾歉，粮食昂贵，民间种植五谷居多，种烟之地极少。及酿酒之家，亦系时作时辍，并无巨商大贾，然通核计，尚不失为大宗出产。光绪二十七年，前抚臣袁世凯筹议赔款折内声明整顿烟酒杂税，办理山东各项要政，责成筹款局道员朱钟琪会同藩司妥定章程，逐渐经理，是年实收酒捐银三万四千余两。二十八年，收银十一万二千余两。二十九年，收银十一万余两。三年并计，不及三十万两。烟捐一项，尤属寥寥。所收烟酒两项捐银，如津贴各属中小学堂常年经费，购买华德公司铁路股票，兴办农桑工艺诸事，无一不取给于此。上年年底结账，不敷甚巨，以致各项要政多方扩充，酒商犹以捐项太重，百计求减。嗣钦奉谕旨，令照直隶办法，烟酒每斤抽税制钱十六文，酒商闻风畏避，纷纷求免，并有因而歇业者。数月以来，叠经委员会同地方官剀切劝导，谕以所收之税，系加之于买酒之人，于卖户成本无损。而各酒商总以价高销滞、生计顿绌为言，亦属实在情形。现在按照酿酒多寡，遵章订明税数，每年可加酒税银十五万两。至烟税一项，办理尤属不易，即如潍县等处，所产烟叶本属无多，上年每斤仅收制钱一文，尚且啧有烦言，若多至于十六文，民力实有未逮。现在设法教谕，拟照河南办法，每斤暂收制钱三文，秋后派员稽征，每年共多收银一万两，少则数千两。他如烟丝一项，山东并无专店发卖，皆系小本杂货铺带售，过于琐屑，不便抽收。其远省贩来之皮丝烟等项，海关常关均已按则征税，沿途厘卡亦复抽收厘金，为数无多，不侵再行加征。现今烟酒两税并计，姑照丰年统算，每年只能认解银十六万两。至以前本省已捐烟酒之款，实未尽提解部，因现在津贴各府州县学堂以及开办农商工艺等事，碍难停歇。以本地之财办本地之事，绅商尚无异言，不能不酌留余地，以顺民情，而裨新政。惟烟酒两税，皆须秋冬起征，次年春末始能解济，屡与司道悉心筹商，拟从今年秋季起分批解部，仍随时察看情形，如果稍有不敷，由外设法补足。倘遇生意畅旺，征收较多，即当尽将所加之税全数拨解。惟臣窃有鳃鳃过虑者，山东黄河为患，为各省所无，现虽竭力补救，而河身曲狭，堤岸卑薄，若逢异涨，实非人力所能抵御。设有溃决，山东库空如洗，向准截留之京饷漕折，现抵作武卫右军月饷，一旦有事，无款应急，势将束手，恐致不可收拾。臣通盘筹划，倘本省实有急用，尚拟奏请恩施，准予截留，此又不能不预为陈明也。除咨呈军机处、政务处并咨户部查照外，是否有当，理合恭折具陈，伏乞皇太后、皇上圣鉴训示。谨奏。

奉朱批："户部知道。"钦此。

（1904年8月17日，第12、13版）

开办酒捐

金陵访事人云：两江商业，甲于我华。迩者大吏因经费难筹，设法将土产起捐，以资挹注。查得江北泰兴县土产以酒为大宗，爰札委候补县宋大令康恒前往，会同县主，创订捐章。县主某大令随即邀集酒业董事若干人，筹议数次，遵谕缴捐。大令遂来省禀陈，并禀请发给钤记，以昭信守。

（1904年9月5日，第2版）

示榷烟酒

镇江访事人云：本月初二日，镇江下游厘捐总办胡志云太守出示晓谕曰：照得烟酒两业案奉宪札：钦奉上谕，各省重征烟酒税，饬即钦遵办理。奉经由局屡次通饬遵办，至少须按光绪二十五年份续加之数，再增一倍，尽征尽解，藉供要需，亟应赶速劝办。即从本年正月起，一律加征，未便再任观望，名曰征诸业户，实则摊诸吸饮之人。凡在食毛践土，自当仰体时艰，力图报效，勉为其难等因到局。奉此，合亟示谕，仰烟业及酿酒各户赶速赴局，认定数目，并正月至今补缴之捐，一并呈缴本局，专候取结造册详报，毋任再延，致干未便。

（1904 年 10 月 18 日，第 2 版）

安徽巡抚诚奏为皖省烟酒两税前奉谕旨切实办理现已陆续办有就绪片（廿七日）

诚勋片。再，皖省加征烟酒两税，前奉谕旨切实办理，以开办之初，收数尚无把握，当经据情奏明在案。伏念筹练饷兵，正刻不容缓之际，敢不竭力图维。数月以来，迭经督同藩司遴派妥员，分驰各属，悉心筹办，现已陆续办有就绪。合计每年所收，约可得钱七八万串。皖省贫瘠之地，筹此一宗的款，实已力任其艰，于兵饷不无裨益。除俟收数齐集，另折报解暨咨部外，理合附片具陈，伏乞圣鉴。谨奏。

奉朱批："户部知道。"钦此。

（1904 年 10 月 24 日，第 12 版）

庆王拟增烟酒税

十九日，总税务司赫德谒见庆亲王，以政府财政竭蹶，拟增烟酒两税，欲总税务司任其管理之权。（译大阪每日新闻）

（1905 年 2 月 28 日，第 3 版）

示禁违售洋酒

昨日，浦东保甲总巡谢岳松明府饬吏缮发告示数纸，令差保张贴各处，示曰：照得酒之为害，乱性反常，军营之中，尤干禁令。查俄国兵舰停泊浦东，水师提督及带兵官约束军士，纪律严明，不准酗酒行凶，非奉示令，不准出篱笆一步。盖恐其兵丁言语不通，滋生事端故也。周生有一案，前车之鉴，可不惧乎？本总巡访闻有种不肖之徒，专在虹口贩来洋酒，私自售卖于俄舰兵卒，前经饬役严查在案。昨查有俞金生违禁犯案，经役拿获，解案枷示。嗣后如有违示卖酒之人，一经查觉，尤必严加惩处。自示之后，其各凛遵毋违。切切！特示。

（1905 年 3 月 31 日，第 10 版）

天津·直督袁宫保批饬洋商不准在内地开设行铺

总办正太铁路工程局潘观察曾两次面奉直督袁宫保谕，以获鹿县之石家庄并非通商口岸，洋商开设洋酒铺，有违约章，令即转饬地方官严行禁止，如办理不力，严行参处等因。潘观察于五月初二日赴石，密饬获鹿县严大令书勋赶紧遵办。旋据严大令禀复"查得石家庄现有法国人名郎风等三家长驻石家庄，开设酒铺，并卖外国零星食物。又法人白老永及不知姓名一人贩卖洋酒，时常往来无定。并查有华人所开洋货铺两所，一曰'恒德信'，一曰'三合成'，洋人需用之物及洋酒、面包等货俱全"等语。观察以华人既开有恒德信、三合成两铺，洋人需用食物俱全，公司洋人不致无从购觅，本不须洋商接济。且据总工程司面述：郎风因华人向其索账，不但不肯付账，反将不知姓名华人发辫剪去；义人佛尔内洛，近又与洗衣馆华人阿五，不知因何起，□将洗衣馆人头角殴伤甚重，虽未报案，据医生云恐有性命之虞等因。均属不安本分。爰将各铺坐落基址、字号开具清折，呈请袁宫保令法国郎风及尼格拉二家，义国佛尔内洛一家，共计三家洋酒铺，以奉文之日为始，勒限六个礼拜一律关闭，如到期不关，即行由县封禁。又法人白老永等二家，亦请一体知会法领事转饬，勿得再行潜往内地私行贩卖，以致有违约章云云。督宪袁宫保批云：查获鹿县地方并非通商口岸，例不准洋人租赁房屋，开设行铺。兹据该道禀称：查得法国人郎风、义国人佛尔内洛在该县石家荒赁房，开设酒铺，并卖外国零星食物，既与约章不符，并有殴打华人情事，均属不安本分。又尼格拉等虽无劣迹，亦应饬令关闭。应由该道督饬地方官一律严行禁止，勒限六个礼拜一律关闭，如到期不关，即行由县封禁。候札饬津海关道照会法、义两国领事官，务饬如期关闭，免致临时封禁。又法国人白老永等二家贩卖洋酒，往来无定，亦应查禁，并饬津海关道照会□国领事转饬，勿得再行潜往内地私行贩卖，以符约章。折存。此缴。

（1905 年 7 月 26 日，第 10 版）

扬州·酒业加捐闭市

扬郡酒捐定例，向由做酒槽坊认定数目捐纳。现甘泉县白大令忽又禀准厘局，复向卖酒店每斤加捐四文。经董王钟灏声称：此项酒捐由各酒行收汇槽坊，再由各坊解局，不给凭照，且觉周折。因此各酒铺于上月念四日一律闭市，而酒行冯德茂与亦陈行同和义意见不合，捐未办成，已在甘署互相讦讼。

（1905 年 9 月 3 日，第 3 版）

广东·粤督准咨议办酒税

酒税一项，经咨北开办，着有成效。现由政府咨行粤省仿照办理，以济饷需。粤督详准，拟将各属所领酒甄牌□概行停办，并札善后、厘务两局，将酒税如何办理，参酌情形，妥议详复云。

（1905 年 10 月 2 日，第 4 版）

会衔示禁米谷酿酒

署长沙府潘、长沙县徐、善化县张日昨出有告示，略谓：谷米为养命之源，曲蘗乃戕身之具，欲期有备无患，不能不先事预防。合亟出示晓谕，嗣后造酒之家，宜用膏粱煮酿，不得以米谷麦石，大设烧锅，庶几无碍于酒捐，而亦不妨于民食。自此示谕之后，倘有嗜利之徒，仍用谷米煮酒，滥耗粮食，定即照例拿办。

（1905 年 10 月 17 日，第 3 版）

扬州·酒捐将又起风潮

城内酒业因捐闭市，早志本报，兹闻若辈阮恩霖、王钟灏又分往各乡，向造土酒之烧锅人家挟势苛勒，官捐有时可缓，而私费则一日不能稍缓。由是民怨日腾，聚众闹事之警报迭至，而当局仍充耳不闻，是欲酿成大患也。

（1905 年 12 月 24 日，第 9 版）

奉天财政总局试办酒斤加价章程

一、此次查办酒斤加价，系奉旨饬照直隶章程，每斤加价钱十六文，合东钱一百文。加价出自买主，责成酒商代收。其整买零售者，准其于现行市价外，每斤加价十六文，以免酒商吃亏。惟此事专责成烧行代扣，统限于三十二年正月初一日起捐。

二、此次办理酒斤加价，系从边内及东边外办起，北边外另行办理。此事即责成各界斗秤捐局会同民地方官办理，旗署各员不得干预，并分为四路，各派委员正副各一人，督率稽查，毋许扰累，以期周妥。省城、铁岭、开原为一路；辽阳、海城、盖州、牛庄为一路；新民、广宁、锦州、义州为一路；兴京、岫岩、凤凰城为一路，东边外各属，即归此路；委员捐定之后，即可销差，此稽查委员之四路也。至于烧行开设地段〔段〕不一，应以州县管界为主，以免推诿遗漏。兹由本总局定明，以何州县斗秤局，即管何州县界内之烧锅。

三、边内烧锅每年应缴参票捐银，系属部定额征巨款，现在既办酒斤加价，此项参票银两，即从宽酌恤，由官于加价内扣出代交，其余一切有累烧行之杂规，全行豁免，以恤商情。惟烧锅买粮不得专捐卖主。此次酒捐开办以后，应照斗秤捐章，买卖一体抽收，以重税款，而昭平允。

四、烧行既代收加价，自应由官发给门牌执照，作为官行。倘不领此项牌照者，即系私行，一经发觉，从重罚办，并准该烧锅同行禀揭，实则奖励，虚则究办。至执照一项，一年一换，系便为抽查之据，各该行宜妥为藏护，倘有失落等情，准其随时禀请补给。门牌一项，一岁一更，如遇风雨剥蚀，亦准禀请发给。此项牌照系由财政总局刊刻颁发，司巡人等不得需索分文，倘有扰累，准其指名呈控，以凭究办。

五、每烧锅一座，常年销酒若干，应由经管斗秤委员查其近三年之数，酌中定额，以作准则。倘能逾所定之额，核实报捐者，查明确切，即由局禀请督宪，奖给功牌，以示光宠。如有销多报少者，一经查出，从重罚究。或有愿以每日班数之多寡，预计销酒之斤数，按年包纳者，亦听其便。惟不得私行增减班数，倘班数加则捐款亦应照加班数，减则捐款亦应照减，均须先期禀报就近捐局派委复查确实，即于是日按照班数征收。倘有因生意亏折歇业者，亦须先期禀明，准其于歇闭之日停征，以昭平允。倘敢故违，查出倍罚。如该局员司巡人等有藉端勒索，亦准该行户等来省呈控，以凭参办。

六、续开烧锅，应令报明地方官及斗秤局查明班数，发给牌照，始准开设。倘有不请牌照私开者，查出封闭，并将房产器具一并充公，以肃功令。如有需索牌照规费情事，准其呈控，严究不贷。

七、烧行代收此项加价，应即按季交与斗秤捐局，由财政总局制备三联印收，预发各捐局，按照收数填给行户收执。该烧行等应将此项印收妥为收存，以备查考。凡有乡集烧行交款，可托与捐局附近之酒店，通融拨兑，以免解运之烦。又各行如愿托省城值年公会径向财政总局交纳者，亦听其便，即由财政总局掣付印收，并行知该界斗秤局知照。该行户等缴纳捐款，均准按照本界银价，折银交纳，所有一切加平、火耗，种种杂费，概行禁革。如有局中员役需索留难者，准其指控，审实严惩，决不宽贷。

八、按委交款。春季之款，不得逾四月底；夏季之款，不得逾七月底；秋季之款，不得逾十月底；冬季之款，不得逾来年正月底。如逾限不交，即由捐局移县催追，准再予限十日，如再逾限，定即倍罚。倘竟置若罔闻，即由各地方官封禁充公，以重捐款。

九、既经开办酒斤加价，其现在各行店所存之酒，亟须查明，以免牵混加价，转使中饱。除小本营生存酒不及千斤者不计外，应于查办烧锅时，查明各行店现存之酒共若干斤、有无寄囤各处，注明牌照，一律抽捐。此项捐款限三个月内交清，不准稍有蒂欠，姑念其出酒在前，加价在后，准其每斤酌减八文，以示体恤。惟各该员等查办之时，勿得稍有扰累，倘敢藉此讹诈，一经发觉，严行参办。

十、现在既办酒捐，各捐局事务较繁，应暂于所交捐款内提一成五，为本总局及各该局办公之用。

十一、如有军民人等、差役、棍徒有藉口涨价、混相争扰者，准各行户等扭送地方官，严行究办，以恤商民。

十二、如有未尽事宜，随时饬知更正。（丙）

（1906 年 4 月 23 日，第 9 版）

户部奏为核复直隶筹款局光绪二十九年份第一案征收烟酒税捐收支款项分别准驳折

户部谨奏，为核复直隶筹款局光绪二十九年份第一案征收烟酒税捐收支款项，分别准驳，恭折仰祈圣鉴事。据北洋大臣直隶总督袁世凯奏：前因直隶土药、烟酒各项税捐非另设专局，不能望有起色，当在省城设立总局，并四路厅及保定、天津等处设立分局，自光绪二十九年一律起征，所有征收各项税捐及支款章程造册开折报销一折。光绪三十一年十一月二十一日奉朱批："该部知道。"钦此。由内阁抄出到部，并据该大臣将册折送部前来。臣等督饬司员，按册逐款稽核，查册开旧管无项新收，光绪二十九年份，顺直各州县烟酒各税银八十六万五千七百四十一两三钱六分，按册核算数目，符合开除支发总分各局经费银六万四千二百一两三钱八分八厘。查该大臣原奏声叙"各局经费应按一成动支，因是年仅收银八十六万五千有奇，若按一成动支，不敷拨解，是以撙节支用，应俟下届收款有余，再按一成提支"等语。臣部核与奏报局费尚不及一成之数，均属相符，应准照支，惟所支局费系按何平支给，应扣减平银若干，未据声叙，仍令查明声复报部。又解拨常备军饷银十六万两，又拨杂支银二十八万三千八百五十七两七钱一分，核与常备军二十九年报销册内列收银数相符。又解拨武卫右军制造杂械银十一万五千两，核与该军报销列收银数亦符。又解拨武卫右军第七届报销不敷银三万五千九百五十一两二钱八分二厘，查该军第七届报销册内列收银七万六千四十余两，与此次解拨银数不符，应令查明报部。又拨解常备军转运经费银五万两，查与该大臣前奏报拨解银数符合。又解拨常备军加乾银六万两，又陆军改行新章，不敷饷银五万两，核与该大臣奏报该军加添乾银等项应在于烟酒税项下随时拨用各案符合，惟开支细数应俟该军三十一年报销清册造送到日，再行稽核。又解拨藩库凑还洋款银二万两，又解拨订购日本印花票银一万六千七百三十两九钱八分，又解拨工艺局学堂银一万两以上，三款共拨银四万六千七百三十两九钱八分。查前项烟酒加征税银，系奏定专供练兵经费之用，他项不得提拨。现在练兵经费本不敷用，所有册开前项三款提拨银两，臣部未便率准，应令该大臣提补归款，以符奏案。至各局征收制钱，合银未据声注，无从稽核。臣等查烧酒之税为税课之大宗，向来开设烧锅，必须赴部领照，不准私开，近日顺直所管地方私烧之家，亦复不少，果能认真稽核，其应征银两当不止六十余万两。应令该大臣转饬各局即行查明某州县有烧锅几座、是何字号、某号出酒若干斤、每号征银若干两并有无部照，如无部照，行令赴部补领，以便稽查。其烟叶一项，据册称：烟叶、烟丝，照章征收银九万余两。究竟是照何项章程，未据声叙，应令登复送部。至烟土之税，共征银十万二千余两。查二十八年直隶总督奏称"整顿税捐，土药、烟酒各项非设局不能望有起色"等语。又二十九年奏：直隶征收烟酒两税，计岁入银八十余万两。当奉谕旨，令各省仿行各在案。是直隶烟酒税之八十余万，土药一项原不在内。且各省烟酒税无论如何征收，未有将烟土混入其中者。若将烟土混入烟酒税内，土膏统捐又从何办理？今册内又称"烟土"二字，殊不知烟酒加税，即烟叶、烟丝之烟，非土药、烟土之烟。兹将烟土列入烟酒项下，以图凑成八十余万两之数，未免朦混。应令该大臣将烟土税银即行剔出，仍将烟酒两税筹足八十余万两，以符奏奉谕旨派定之数专案报部，以昭核实。再，近日烟土一项畅行畅销，所征何止十万余两，并令该大臣确切查明，毋任局员舞弊，以重税课，而戒欺朦。恭俟命下，即由臣部行知北洋大臣查照臣部所查各节，转饬各局员赶紧详细登复，送部核办。所有臣等核复直隶筹款局征收烟酒税捐收支各款缘由，理合恭折具陈，伏乞皇太后、皇上圣鉴。谨奏。光绪三十二年二月二十四日。

奉旨："依议。"钦此。

（1906 年 6 月 24 日，第 16 版）

宁波·局委兼办酒捐

甬郡酒捐现已由上峰札委洋广局委员王大令兼办，业于初一日到差，大令特出示晓谕：各贩嗣后如有出口货物，须赴局报明捐税，照章投纳，给领印花，以便查验。若有偷漏情事，一经查出，定将该货充公示罚。

（1906 年 8 月 25 日，第 9 版）

苏州·习艺所拟抽酒捐

川沙厅左司马念慈奉饬建造罪犯习艺所，当查有公所仓房堪以改建，应需修建开办及常年经费，与各绅董商酌就地开办酒捐，拟令各酒坊每出售红白酒一百斤，抽捐钱一百文，充作习艺所经费，即自本年五月份起捐，另派绅董县丞潘其恕经理，按月收缴等情，通禀各宪核示。

（1906 年 9 月 14 日，第 10 版）

扬州·上控酒捐违章重征

甘泉县上年开办酒捐，于造酒各坊按缸收捐外，又于酒行逐担收捐，与定章不符，经萧姓等迭赴金陵厘捐总局、藩司衙门一再控告，未能准理。二月十四日，又赴督辕具禀，奉批：候饬金陵厘局转饬该县将捐册各件录送查核，并饬令照章抽收，毋任违章重征，以舒商困云云。

（1907 年 4 月 7 日，第 11 版）

镇江·派员清查酒捐

　　江苏财政局司道以酒捐一项，各属每多隐匿之弊，因特派员会同地方官，先就镇属四县各乡，劝谕各酒户尽数报捐，以重公款。

（1908 年 1 月 4 日，第 11 版）

苏州·东台抽收酒捐情形

　　东台令安炳耀禀各宪文云：案奉宪札，钦奉上谕，以直隶抽收烟酒税，岁入银八十余万两，经此次派定税额之后，务即实力奉行，认真稽征等因。查前县任内，槽坊一百四家，计解税款一千二百余千。拟即遵照甘邑章程，每斤抽税四文。拟立槽坊执照，会董将前造户数及已闭续开之户每月出酒数目按户填照，分给各槽坊收执。统查槽坊一百十六家，核计每年税钱一千四百余千，应遵宪饬，请发联票开收，并仿照牙税办法，备立税票，载明各户认完钱数，以昭凭信。又准东邑学务处移以师范学堂经费支绌，议于正税四文外，每斤带捐一文，以充学费。当经示谕，并于税票内加戳代收，通禀请示核办。

（1908 年 3 月 19 日，第 10 版）

长沙·禀准酌减酒税

　　湘省自举办烟酒税，所有长、善两县酒作槽坊业经禀准，每岁包缴酒税洋银六千元。旋因省垣酒业生意顿形减少，查系各口岸及各乡酒税未经厘局征收，致各处无税之酒夺去省垣销场。迭由省垣酒业据情禀请减收，并请将各口岸及各乡酒作概由省垣承包，派人收齐汇缴，事经两年，迄未批准。因此省垣酒税以派收无着，积欠颇多，屡经勒限催缴，不特难于清解，而且愈欠愈多。月前复由省垣酒业禀请以三成照缴，并须将各口岸、各乡一并承包，始能将前欠一律解楚 ［清］，嗣后亦随时遵缴云云。现已批准照办，但须按原数以七成照缴，各酒业尚未愿意，大约将来或可以五成照缴云。

（1908 年 7 月 8 日，第 11 版）

宁波·委员守提欠解酒捐

甬府昨接厘饷总局札文云：酒捐为赔款要需，例应年清年款，断不容丝毫延欠。该地方官身任其间，责无旁贷，尤应振刷精神，认真催收，以昭郑重。兹据宁属酒捐委员谢令折开：宁属定、镇、象三厅县欠解酒捐为数至七八千元之巨。阅之殊堪该［骇］异，若不派员提解，尚复成何事体？现委试用知县陈镛赴宁守提等因。夏太守已转饬遵照矣。

（1908 年 9 月 12 日，第 12 版）

广东·合浦县电请禁蒸米酒

合浦县沈大令瑞忠电禀省宪云：县属频年风旱，收成屡歉，加以去年匪乱，民鲜盖藏，本月十二日陡起飓风，越时未久，十七又复狂风骤雨。卑职亲诣各乡查勘，近海潮田虽经收获，山田、陂田正值扬花结实之际，被风吹刮禾稻，损伤或五成、三四成不等，幸本年晚稻茂盛，不致成灾，经将情形邮递在案。然创巨痛深之后，草木皆兵，有谷家深虑荒废，不肯出籴，业经示禁，仍怀观望。县属米石来源，多以海防、广西两处，闻亦同时遭风，来米亦少，米价日涨，亟应维持，以济民食。查蒸酒一月耗米一百四十余万斤，实与民食关系甚重，现经各乡绅民纷纷呈请禁蒸停捐。当此库帑支绌，饷需尤关，本不敢遽行上请，惟民生所系，敢乞恩准于十月初一日起暂停合浦酒捐两月，俾得禁蒸济食，以安民心，地方幸甚。

（1908 年 10 月 31 日，第 10、11 版）

香港拟征酒税

二十八日港电云：香港政府增加售酒执照捐之议业已作罢，拟将港地所用之醇酒，征取入口税以代之，其税率与海峡殖民地实行者相同。惟香港设关征税之举，民间颇不谓然。

（1909 年 9 月 14 日，第 26 版）

武昌·停收酒糖各税原因

鄂督陈制军因据郧阳府程守恩培禀称：郧郡粮价飞涨，推原其故，虽由于年岁之歉收，亦由于酒糖设局征税以后，烧熬肆行。查郧郡六属，每岁所糜之苞谷当在二十万石以外，此特就造酒一项而言，至糖料之需用粮食，当亦不少。际此粮食短绌，价值昂贵之时，即无此漏卮，尚有口无粮，有钱无食。拟请将合属烧熬一律禁止，并请将酒糖各税暂行停收，俟年丰时再行弛禁。陈制军以凶年禁止烧熬，本治标之要务，律有专条，非独今日为然，亦不独郧属应尔。除批示允准外，并饬善后局分饬稽征酒糖税之各筹饷局体察各地粮食情形，是否宜禁烧熬，以维民食，克日禀复到局，汇详核办。

（1909 年 11 月 16 日，第 11 版）

广东·饬查法商火酒是否完税

法商林吗贩运火酒被厘厂扣留一事，昨经法领照会袁督代为辨白。袁督接文后，当札行厘务总局及粤海关税司一体查明具复等因。略谓：法商林吗之火酒三十箱，运往贵州安顺府城，据称经已完纳正半各税，佛山厘厂因何扣留，应饬查明情形，迅速具复，以凭核办。

（1910 年 1 月 22 日，第 11 版）

广东·粤省每年又多得酒捐八十万

烟酒两项非日用所以必需，故外国征税最重，中国近亦屡议加抽，尚未实行。现有商人梁国春等在善后局禀承全省酒捐，已奉批准，复有曾泽昌加饷争承，现奉批示云：昨据商人梁国春等呈请承办全省酒捐，每年认缴饷银八十万元，业经核明批示，饬遵在案，所请应毋庸议，仰即赴局领回银单可也。

（1910 年 3 月 17 日，第 10、11 版）

武昌·黄梅烟酒糖税改归绅办

湖北黄梅县烟酒糖税每年额征钱三千串，由县派司事经收，流弊甚大。嗣经藩台查悉，乃改归武穴镇筹饷局兼办。讵该局接办后，添设分卡，派用司巡，对于商民苛虐勒索，较前尤甚，以致怨声载道。前由该邑附贡生梅宝瑗陈请咨议局据情纠举，当奉鄂督核准，饬令藩司将黄梅烟酒糖税事宜改为官督绅办，以杜弊端，而顺商情。所有添设之分卡，并饬一律裁撤。

（1910 年 9 月 21 日，第 11 版）

杭州·警费不准提拨酒捐

浙省定海厅巡董丁中立以警费不敷，请将酒捐盈余分拨应用，当由宁波府邓太守详请省台示遵。兹奉藩司吴方伯批云：查酒捐正加两项，系为新约赔款及练兵经费之用，先后详咨有案。此次加缴盈余，必须列入财政月报，如果移作城镇巡警之用，将来册报到部，必干驳诘。况司库历年收支相抵不敷甚巨，所有此次盈余，既据查明由沈董认缴，除去支给夫马，每年多收二千六百元，应即饬令随同正加汇解司库兑收。至该厅警费，除契税项下详准每银一两提洋一分五厘外，不敷若干，应由该厅就地设法另筹，不得移动酒捐之款，以符定章，仰即转饬该厅遵照办理云。

（1910 年 9 月 24 日，第 11 版）

安庆·严禁烟酒税员抑勒商民之原因

皖省烟酒税于各州县设立分局，委员征收税捐，多用强迫手段压制商民。凡行户赴局完税，种种抑勒洋价，累及商贩，怨声沸腾，不堪枚举。

前经咨议局议决，呈由皖抚饬查严禁在案。兹闻朱中丞已行知藩司查禁，嗣后倘再查有抑勒情弊，立予严惩不贷，俾重商政而免苛征。

（1910 年 10 月 13 日，第 11 版）

扬州·催缴烟酒捐款

宁藩樊方伯以泰州欠解烟酒两捐为数甚巨，特严札催解云：兹据申报，先将上年冬、腊两月及本年正月捐钱督董收齐批解等情前来。迄今多日，尚未解到，殊堪诧异。且此项捐钱早应按月催收，陆续批解，何以直至委员守提，始称督董收齐，而二月到五月之捐尚待续收？可见该署牧于此事漫不经心，任令董事等挪移延宕，尤属不合。饬自奉批之日起，尽半个月内将五月以前捐款一律催齐报解，并查明此次解款因何迟延，据实禀复。

（1910 年 10 月 20 日，第 12 版）

广东·酒捐抵赌案仍请札局议决

粤省会议厅审查科员昨以咨议局于筹办酒捐一案未敢遽行议决，佥以禁赌期限业经咨议局呈请前宪电奏，奉旨该衙门察核具奏在案。是禁赌期限不日必有明文，抵赌饷之款自应预为筹划。现酒捐一项业已招商承办，须令先行试办，始能确定收数作为经常岁入。若待禁赌实施以后始行开办，绝续之交，不免出入相抵，于禁赌前途转滋阻碍。拟请督院札复咨议局，仍将前案迅即议决，以便该商开办，并声明酒捐所入自抽收之日起，除抵还旧收之酒甑捐外，一律存储，专抵赌饷，决不移作别项之用。

（1910 年 11 月 23 日，第 11 版）

长沙·派员坐提烟酒杂税银两

湘省自征收烟酒杂税以来，各州县皆未能按期缴清，每有蒂欠。兹闻藩司赵方伯以本年各属应发之款均甚急迫，而此项杂税银两，各属所欠约有数万金，亟应追缴，以应急需。爰特札派州县十余员分赴各属坐提，一面严行札饬从速缴清，如敢再行延宕，轻则记过，重则撤参，慎勿以此次札饬作寻常具文视之为要。

（1910 年 12 月 25 日，第 11 版）

广州·札司速定酒捐大局

粤督日昨据省城酒行天泰、醉评等店商人陈祝三等禀称：以商等各店同在省河，各操酒业，本年春间商承酒捐，商等以生理维艰，经集行联禀乞免在案。嗣以此项酒捐拨抵赌饷，商等公义所在，敢不承认？惟是全省之大，百万之饷，商行自问焉有此种能力？事关抵赌要需，万一措缴不前，奚堪设想。关于现办南、番两县甄捐，积欠贻累，可为殷鉴。当经商等缮具投词，呈请商会宣布。昨复集行订议，佥以肩承全省，遗累无穷，用敢禀乞宪恩，准予自固吾圉，既可不失公义，又可自保利权。为此联禀，伏乞俯准划分商等省河界限，俾自行认饷抽缴，庶上不贻误饷需，下可永杜商累等情。当即札行藩司，以该商等无力担负，请划分省河，自行抽缴。核与梁国春等所禀情节相同，惟与许应详等禀各执一词，难保非许应祥等借酒行为名，意图揆承，亟应分别考核，即便归案，迅速妥议，详候饬遵。

（1911 年 1 月 8 日，第 11 版）

杭州·浙藩司严催十府酒捐

浙藩司吴福茨方伯以各属酒捐关系要需，迭次严催罔应，实属不成事体，特于日昨专签严饬：照得各府酒捐，绍属最巨，杭、嘉、湖、宁、温、金、衢、严等处次之。兹查各属捐款，上年既未清缴，本届数亦寥落，显有挪移生息情弊，实属不顾大局。且绍郡酒捐各坊，向系四月缴半，冬月全完，何以迄今仅据解到洋一万元？谓无弊窦，其谁信之。际此新政百端，

059

非财莫举，本年司库艰窘异常，年内应放各种要款约需二百余万，就年内收款核计，出入相抵不敷，仅及其半。如果是项捐款再任延欠，将来贻误要需，各署局能当此重咎否耶？本应委提，姑宽先行严札饬催。札到，该府立即转饬遵照，将前项捐款已收者填批扫解，未收者赶催旺解，立等拨济要需。再敢视同具文，任意宕延，定即委提详惩，以为玩视捐款者戒。

（1911 年 1 月 15 日，第 11 版）

广东·酒捐大局不日当可决定

粤省陈藩司、陈劝业道于十七日亲到总商会筹议酒捐禁赌事宜，康济、永安两公司商人齐到。经司道限期十九日上午十二点前开具殷实保店，并以缴出预饷现银凭单多者准办。日昨广府严守奉司道命，十二点钟莅总商会。康济商人开出保结店二间，按饷现银二十一万元，业经于二月前先缴有案。永安商人开出保结店三间，按饷银单一十六万六千六百六十两，给谕开办即缴。严守即将两公司保结带回，上复司道核夺矣。

（1911 年 1 月 25 日，第 11 版）

查究偷漏酒捐

货捐局总办访悉浦东塘桥镇申祥发酒坊及沪南薛家浜乾昌槽坊均私设造酒作场，漏报厘金，且有宁波人王某冒名包揽。因即派员前往两家，查出酒千余鬈，约计有百余缸之多，当场即传地甲、保甲，谕饬分别看守，听候照章议罚，一面查提王某，从严究惩。

（1911 年 3 月 1 日，第 19 版）

香港决议增加酒税

十六日香港电云：今日议政局决议增加酒税，豫料可增入税洋三十万元，并驳绝将入口供给海陆军所用之酒续行从轻征税之议。

（1911 年 3 月 18 日，第 18 版）

租界增加酒捐之恐慌

英美工部局近拟增加酒捐，业已议定章程，将次宣布。惟公共租界内酒业同行，以年来市面凋敝，房租未减，若再倍加酒捐，更难支持。爰集众会议，举定杨仁良、朱光炎、华荣飞等为代表，于昨日禀恳公共公廨转商工部局总董从缓议加，以恤商艰。孙襄谳阅禀后，即与英副领事翰君略为商议，谕令退去，静候批示。

（1911 年 7 月 25 日，第 18 版）

广东·粤省酒捐官督商办

广东承办全省酒捐康济公司商人梁国春，开办之初，曾经粤藩札委葛令肇兰、刘令德恒监办，嗣因迭被控告，复经委派李令本铭前往查察。兹已禀复，并拟呈改良章程十条，业由粤督核定，并添委陈守柏侯作为官督商办，饬着该商此后务当遵守定章，妥为协办，不得再行闹事，致干退革。兹将督批录下：查阅所拟改良酒捐章程，自第一条至第八条大致尚妥，均可照办。惟第九条"每年于额饷一百万两，给总商津贴公费银三十万两"，语意尚未明晰，应改为"第一年于额饷一百万两外，给总商公费三十万两"，较为醒豁；又第十条"每年收数除正饷一百万两，另给商人三十万两，共银一百三十万两外"，俾清眉目。至畅旺多收之款，前办牌照捐及现办烟丝捐章程均七成归公，三成归商。此项酒捐亦应照办，以七成解缴公家，以三成律[津]贴商人。其应如何分给总商盈余，及作员司杂役等犒赏之处，就三成内酌议派给，禀明立案，并由督办委员随时稽核收数，按月折报，以昭核实，而免烟丝捐。商人藉口其康济公司欠缴饷项，前已查明，截至六月底止，计银二十八万余两，益以闰六月份应缴之数，共有三十余万两之巨，应即饬令迅速清缴，再行遵章办理，以清界限，而重饷需，仰即遵照。此缴。

（1911 年 8 月 19 日，第 11 版）

湖南·免酒税不免烟税

署理南洲厅通判车别驾日昨具禀藩司，谓该厅本年水灾较重，请将烟酒两税分别减免，以恤商艰。黄兼署司以所陈各节量予准行，原无不可，惟两次税款系专拨练兵经费之用，关系极为重要。爰即详加体察，准将酒税一项自奉批之日起至来年六月底为止，从宽免征。其应征烟税，仍应照旧征收，按季汇解，毋得援案请减，致误要需。闻已据情批饬遵照矣。

（1911 年 9 月 23 日，第 12 版）

石龙闹捐近状

事前之疏忽

石龙闹捐风潮现虽平息，惟张督以粤省闹捐之事时有所闻，固由民风刁健，而亦未始非地方官不能先事预防，弭患无形。此次石龙因自治会波累，各捐局情形颇惨，已电饬黄培松志守查明，分别议处，并即将为首滋事之人严办一二，以儆刁风。

绅董之请勘

自治会绅董住屋所有家私什物，尽被毁拆，已详纪昨报。兹查各绅董以匪徒藉闹捐为名，行抢掠之计，非认真查办，殊不足以警浇风，拟联合被毁拆房屋什物各绅，据情禀呈大吏，求为严缉拿办。昨由志广府会同东莞县等亲到曾守信、宁遇吉、钟视南，曾守约、李子登、麦煜芬、陈位锡等住屋，按址勘验。至林殿臣，则以损失无多，禀请免勘云。

酒捐之祸胎

石龙此次闹事，其原因固由自治会绅董提拨庙尝，然亦未始非各捐局抽剥苛刻所致。其最激动人心者，以酒捐为尤甚。石龙一镇耳，酒捐公司竟有二处，一名"饶和公司"，开设在东禄元；一名"全益公司"，开设在豆敫街。各酒户遵纳饷银，彼公司往收，此公司又往收。其公司巡丁身穿号衣，藉势滋扰，皆谓由省城康济总公司承办而来。盖康济内容殊为腐败，总办二人彼此争权，各设分厂，各争经手，故致有一处而设两分厂之事。闻一系马总办经手，一系雷总办经手，意见相持不下，至今仍未解决云。

政界之恐慌

石龙自闹捐后，文武官弁恐慌形状不堪言喻。惟乱事甫定，诸事尚要磋商，彼此往来，在所不免。故东莞县及左堂等出街，必随带营勇，前后拥护，各勇又手持无烟毛瑟枪，如临大敌云。

防卫之严密

石龙自经此次风潮后，刘雄材所管带之续备军，一驻水南头林家祠，一驻新街口及打锁街北帝庙汛地等处，日夜梭巡，异常严密，诚恐不法匪徒潜伏隐处，再滋事端，故附近地方人心均极安谧云。

志广府回省

石龙闹捐，广府志太守于当夜专车前往弹压，风潮稍息，志守即行回省，将弹压情形面禀张督，并云：此次闹事，实系街众一二好事之徒从中鼓噪，以致聚集千余人，拆各捐局，并无匪徒在内藉端滋事，现经一律解散云。

（1911 年 9 月 14 日，第 10 版）

淡水墟大闹酒捐

惠州酒捐，永康分公司前定每埕抽银二毫，嗣减抽银一毫半，现改官督商办，由省派李委员前来，每埕抽足二毫。商民不服，集议抗拒数次后，政界拿办首要，无人为首，故未举行。七月二十八日，归善淡水墟有剪辫人演说，大致谓中国危急，速宜振兴。该墟碧甲司将剪辫人拘回司署，墟人大愤，纠集多人，攻入司署，抛石毁拆，随往毁拆酒捐公司，谓该公司官办后，剥削民膏，将来商业难堪，将虎头牌各物尽毁。驻墟左路巡防第三营到场弹压，始行解散。当时该公司及司署人皆已走避，全墟惊扰，附近各铺均已闭门，闻司署印篆亦已遗失。现该司及酒捐局员均赴惠城禀报，未知此事如何了结也。

（1911 年 10 月 8 日，第 12 版）

苏州通信·酒捐不减

【上略】

苏乡横泾镇烧酒公所董事孔昭晋等具呈都督府请酌减酒捐，奉批云：查横泾烧酒公所，前据该商等包认产地捐二千二百千文，又坐贾捐一千一百千文，实与产销性质相同，非通过税可比。现在省议会议决通过税一律裁撤，向来总捐、认捐之货，减征八折，惟茶糖烟酒不在此列，自应继续征收。兹据该商等藉词减税，碍难照准，仰苏州民政长照会该董，劝谕该商等克日照旧认缴，毋稍稽延。

（1912 年 2 月 4 日，第 6 版）

二 民国酒政与酒税

苏都督对于商捐之指令

苏垣商人毛鸿举、汪鸣钧等具禀都督府，拟承认苏城烧酒捐款，请核准饬遵等情。奉庄都督指令云：此案现据苏州民政长呈复，当以酒商吴万顺等认缴苏城烧酒税，既据查明较之汪鸣钧股实可靠，又经加捐二百二十千文，应仍归该商认税，即经指令遵照办理在案，所请承认酒捐，应毋庸议，仰苏州民政长传谕遵照。此令。

【下略】

(1912 年 3 月 18 日，第 6 版)

苏都督指令一束·酒捐

崇明酒业商人曹同兴等具禀请认酒业捐税等情，奉庄都督指令云：查崇明货物税，业据该民政长呈请，仍令原办各商董减成接认在案。惟业外之人包揽认税，本非正当办法。据呈倪锦泰欠缴税项，控案累累，并请将酒捐按照原数认包。究竟所呈是否属实，该商是否确系本业，共有同业若干家，能否全体允洽，有无捏冒情弊，仰崇明民政长秉公确查，呈候察夺。原呈抄发。此令。

(1912 年 4 月 11 日，第 6 版)

市政厅征收月捐之通告

上海市政厅昨日通告云：照得此次沪南战事发生，商民迁避，市面萧条。凡在本市区域影响所及，同受损失，高昌庙地段逼近，被灾尤巨。现幸兵祸敉平，商民逐渐迁回，安居营业。所有兵灾损失，业奉大总统命令，拨款酌恤行县妥筹善后在案。惟地方公益税，为市区行政开支，应予酌量分别征收，以资挹注。除东、西、南、中各区业经通告，准予豁免七、八两个月月捐后照常征收外，特念高昌庙一带情形不同，应予豁免七、八、九三个月月捐，以示格外体恤。合行通告该处店铺居户，自阳历十月起，所有应纳之地方税，及茶馆、酒肆、纸卷烟店摊等月捐，务各照常缴纳，幸勿逾延，云云。

（1913 年 10 月 13 日，第 10 版）

国务院提议改良烟酒税矣

自国务会议提议烟酒税后，熊总理即属财政部拟稿。部员何福麟、晏才杰同时各拟一稿，送熊总理阅看。闻总理意将删繁就简，使两稿合为一稿，并编定条文，提出国务会议。兹先将何君拟稿节选如下：酒烟具奢侈之性质，为消费物之大宗，各国均重课其税，以示寓禁于征之意。是故由烟酒税或烟酒专卖所收入者，如欧美日本等强国，皆年在数万万或数千万元以上。吾国土地之大、人口之多，甲于全球，其烟酒消费额数，不应较少于各国，然而年得税收统计不及千万元者，何也？则税法之不良，而办理之失当，有以致之。兹欲求一至良极当之方法，以增加烟酒税收，徒规仿各国之成法，未有能见诸实行者。盖各国税务，有完全自主之权，其于关税，均以法定税率实施其保护之政策。故外货输入，任意重课，足以保持内货之价格，而于烟酒课税物件尤为注意之点。是故各国于国内之烟酒，用课税制，可也；用专卖制，可也。而外来之烟酒，决不足以破坏其办法。吾国今日关税税率，则协同规定也。各处租界、外商自制烟酒者，实繁有徒也。于此而言，整理烟酒税法所亟应注意者：（一）内地烟酒课税既重，价格自高，其销路是否不为外来烟酒所夺也；（二）外来烟酒但于新关课正税及子口半税，能否另设法课税，俾价格增高，以保全内地烟酒之销路也。明乎此而后可以策吾国今日之烟酒税法矣。夫中国现行烟酒税法，本无统系之可言，然必欲求一概略之统系，则可断言曰：除专卖法外，各国烟酒税法无一不为吾国所具备，而吾国实无一足以言法也。

改良之策：（一）应划一各省烟酒税之办法；（二）应分别奖励内国烟酒业之发达；（三）应实行烟酒营业税，以为保护政策之代用；（四）新法施行同时，应废除向行一切烟酒税捐厘金等项。持此四目的，而烟酒税之整理可得而并论之，或分论之矣。其可并论者，即经营烟酒事业者，均应重课以单行营业税也。外来烟酒，我国不过能取值百抽七分五之税额而已。本国烟酒税，若超过值百抽七分五之数，即不足以抵制之。但各省现行烟酒税，事不及值百抽七分五者，虽不无其例，而超过值百抽七分五者，实多仍之。则烟酒业日益衰退减之，愈不足以达财政上之目的。今拟行烟酒营业税法，加增营业者之负担，即以加增消费者之负担，亦一种明修栈道、暗渡陈仓之方法也。诚以外货既离洋商之手，零星分配于各贩卖人，外人即不能过问。我自课营业税，其定率之法，依烟酒价格统课百分之二十，更以营业房租及营业人数等，而分定税率。营内国之烟酒贩卖业者，以是课之；营外国之烟酒贩卖业者，亦以是课之。税率一致、办法一律，彼外商将何所藉口而反抗之？其可分论者，课营业税于酒于烟，虽用同一之方法，而以消费税之名义课税，则只及于酒，而不及于烟。盖吾国自制烟丝营销，内地为数有限，自制烟卷见于市上者，更属凤毛麟角。其一般畅行之烟，大半来自外洋；而本国之烟叶，则又以极低之税率，而运出国境。于此而不用一奖励保护之法，行见吾国市场无自制烟丝烟卷之踪迹矣。兹拟不课国内之烟以消费税，则外来之烟合以课新关正税及子口半税之故，其卖价必昂，庶可以稍杀其驱逐国货之势力。若国内酒类与烟之销路正自不同，洋酒尚不能遽夺本国酒之销场，则酒营业税外，并课以消费税，亦无为渊驱鱼，为丛驱雀之弊。但课酒消费税，以课之于制造时为最适宜。盖制酒者居少数，而贩卖者极散漫，酒消费税由制户代纳之，即以加入发贩之价内，于事为至便，于例为可行。故制酒必限定户数，每户必给以官帖，请帖必缴纳帖费。其帖费则自百元以至千元，均各分五等，此制酒认许税也。至课酒消费税，不必以等分，不必以种类分，仍一律依发贩之酒价，至多课以百分之七分五，合之酒营业税率，每价百分不过共课二十七分五，取于民者，不为苛。

总之救济财政，以整顿烟酒税为要图，而整顿烟酒税，以防制外来烟酒为先着。今之烟酒税捐，岁收不及千万元，如上拟以烟酒营业税法施行，合计国内外烟酒所征税额，为数已属甚巨云。

（1913 年 11 月 23 日，第 3 版）

改良关税声中之议增烟酒税

改良关税委员会中，近有会员提议增加烟酒税者，其理由以烟酒税为消费品，各国莫不严重课税，故其收入有至万万元以上者。我国人口之多，数倍于各国，而烟酒一项，只课千万元。际此国家财政困难之时，不可不议增加，以资挹注。惟此事与海关有关系，事前应与总税务司商议者有三端：

一、各国允中国加重烟及饮料之入口关税，至多不过百分之四十。

二、中国实使内地同质之烟及饮料课税，与入口关税同一税率。因达此目的之故，所有税则由海关税务司禀呈中国政府，于值百抽四十之范围内，每年修改一次，务随时伸缩，与内地税则相等。

三、除海关税已为借款担保，尽数交付洋款本利外，所有外人在中国通商口岸制造贩卖烟及饮料所纳之税，中国政府另行积贮，充减债基金，不挪作他用。

（1913 年 12 月 3 日，第 6 版）

江宁烟酒税实行加捐

江宁认捐局长方悦鲁现奉国税厅令，谓烟酒均系消耗品，不在免捐之列，务即设法整顿，接续征收等因。当经集董会议，以烟捐铺少，自易照章续办。惟酒捐铺散漫，续认颇难，况行铺尝有互争捐务，□拟稽征酒捐方法：凡乡镇酒铺及来城之高粮绍兴，仍归督商照章抽取；其城厢各铺户销售土酒，经过各城门酒行，归局扼要稽征，添设分卡，派稽征员及巡丁督同行商，照章征收。所有酒行，认真效劳，自应提成津贴。原认酒捐董桂定之应仍请为酒捐总代表，以资遇事接洽，呈奉厅长指令。所拟办法，系为整顿收入起见，自应准其试办，除将烟捐另加整顿外，并饬转谕行商遵照，倘有隐瞒舞弊，从重惩罚，以杜行铺取巧争执，各等因。查考此项烟酒捐前定章程，该业铺户售卖准其每斤加价钱八文者，系征于食户，于铺户毫无亏损，且为消耗品，中外税则，均应重抽。既准照章加价，从铺代收，从行稽征，办法一律，取诸食户。此种消耗，非养生谷米等品可比。各铺户自不得以生意冷淡，即在货物免捐期内，藉口邀免，抗不纳捐。现须自阳历十二月一日起，接续办理，稽收捐款，缴局汇解，以重税项云云。昨特会同江宁县遵转布告，一体遵照办理矣。

（1913 年 12 月 6 日，第 6 版）

北京电 · 现定之贩卖烟酒牌照税 *

【上略】

现定之贩卖烟酒牌照税，分整卖、零卖二种。整卖年税四十元，零卖分三等：（甲）专售烟酒者，税十六元；（乙）他种商店兼售烟酒者，税八元；（丙）摆摊或负贩者，税四元；均捐执照。烟酒兼卖者，须领两照，纳两税。

【下略】

(1913 年 12 月 27 日，第 2 版)

贩卖烟酒特许牌照税暂行条例

第一条　贩卖烟草或酒类之营业分为左之二种：第一种，整卖营业，凡以烟草或酒类大宗批发与零卖商人者为整卖营业；第二种，零卖营业，凡以贩卖烟草或酒类零星售与小贩者为零星营业，其种类如左：（一）甲种零卖营业，开设一定之店肆，以零卖烟草或酒类为全部或大部分营业者；（二）乙种零卖营业，开设一定之他种店肆兼零卖烟草或酒类者；（三）丙种零卖营业，无一定之店肆，于道旁或沿户零卖烟草或酒类者。

第二条　欲为前条之营业者须向各地方征税机关领取牌照，其牌照由部定式颁发，各省国税厅转给。

第三条　持有前条牌照者每年依左列定额纳税：整卖营业□十元，甲种零卖营业十六元，乙种零卖营业八元，丙种零卖营业四元，兼营整卖与零卖或兼卖烟草与酒类者，须领取两种特许牌照，各依定额纳税。

第四条　前条之税额每年分两期完纳。第一期：一月一日至一月末日；第二期：七月一日至七月末日。新营业者于领取特许牌照时完纳其期之牌照税。

第五条　凡以贩卖烟酒营业者须于店肆明记"整卖"或"零卖"字样，并特许牌照受领之年、月、日及其号数，但丙种零卖营业须将以上事项标明于易见之处。

第六条　特许牌照不得转卖、让与或贷用。

第七条　特许牌照遗失或污损时，得叙明事由，呈请征税机关补给，依前项之规定补领，或更换特许牌照者须纳规税银二角。

第八条　营业者废业时，须将特许牌照缴还征税机关，转报国税厅，将原领证书注销。

第九条　征收机关得向该营业随时检查其牌照。

第十条　无特许牌照者为第一条之营业时，除依第三条之规定缴足税额并补领特许牌照外，处以左列之罚金：（一）初犯者处以一期税额之三倍之罚金；（二）累犯者处以全年税额之三倍之罚金；犯以上者不得复为第一条之营业。前项之规定于兼营整卖与零卖或兼卖烟草与酒类，须领取一种特许牌照者准用之。

第十一条　违反第五条之规定或为虚伪之揭载及拒绝第九条之检验者，处以一元以上三十元以下之罚金。

第十二条　违反第六条之规定者，处以二元以上五十元以下之罚金。

第十三条　本条例自公布日施行。

第十四条　本条例施行前，赋课征收之机关于烟酒各税与本条例所定之税性质不同者，不因本条例施行失其效力。

第十五条　本条例施行前，如第一条之营业者，自本条例施行之日起，须依第二条之规定领取特许牌照。

（1914 年 1 月 3 日，第 10、11 版）

财政讨论会第三次会议详志

财政讨论会开第三次会议，讨论增加烟酒税问题。到者二十二人，王建祖报告，主任、副主任有事不能到会，委托代理赵次长报告，国务总理出席政治会议，委托代理继言。今日议题，略分两层：（一）有害卫生取增税寓禁之意；（二）增加国家财政之收入。增加此税，并非全国人民负担，系就生活程度高上者负担，税法甚善。中国政府拟仿照各国之成例办理，但租界制造烟酒当用何法，方能一律增加。在欧美各国征收烟酒税法有甚美者，足为我中国仿照，请大家讨论说明各国之成法，以备政府采择。马肃以《对于印花税意见说明》一件呈递请赵次长，并言："尚有《法国财政学》，解之有关系烟酒税者，译成汉文，已印成书；又《菲律宾委员烟酒之报告》，前两月出版，俟下次开会时，再行送来。"旋由各洋员顾问及赋税司司长周宏业等，相继发言如下：安诺德谓今日问题，虽为增加内地税，然注重之处，实系在外国居留地与外交上有莫大之关系，且与关税问题有碍。烟酒或由中国内地制造，或由外国进口，或取内地生品在居留地制造、贩卖。若增加税率，当然先由内地办起。若征及居留地之商人，显然于关税上为一附加税，而条约上确有定例，混合征收，非常复杂。欲征此税，莫如直接增加关税，而条约上能否办理，亦不能定。或在中国原料上增加，亦属甚便。各国对于烟酒税之征收，各有所异。烟酒消耗甚多，由于农家妇女不能普通办理，须设法保护农家。且制造团体各有大小，须设法不使大团体压制小团体。第一层为普通之征收，其次采用累进税法。烟税分为两层：一为制造税，一为原料税。视产地之大小而增加其税率，对外国之输进，征收最重。惟中外情形不同，此法中国用之，未必适宜。总之为保护小工业以抵抗大工业，如造酒多者则征税重，造酒少者则征税轻，或者一担以下者免税，一担以上者收十四马克，再多则加十五、十六马克，以至二十马克。凡此种种，皆为保护小工业，以抵制大工业起见。此层在中国，或可采用古德诺谓现在中国对于征收烟酒税应注意二层：（一）主张出产地方收税，然关系外国者，皆有条约；（二）仅征内地出产税，不加关税，势必至将来内地一无出产，而外货来者更多。鄙意须在消耗地方征收，无论在何地，但贩卖者皆须贴用印花，如无印花，则为违犯刑律。出产地万不能征税，如仅征出产地之税，而关税不能多征，则外货将源源而来。如行印花税法，则此等弊即可免。亚丹赞成古德诺氏之说，于防漏税一层，则趋重于警察所言，大旨最要者，用重刑罚，其次为警察得力，三为居留地，全望政府有决心实行。现在外国希望中国事事改良，拟将治外法权交还，但须法堂公正、法律完备方可。白雪利亦赞成古说，惟其意见，则先征烟税，酒税暂缓办理。中国正拟裁厘，修改关税，俟另定新约时，即可增加酒税。陈绎谓："卖烟酒人，须贴用印花，鄙意凡卖烟酒人，须给以执照注册，大约各国均有此例。"赵次长谓："各位所说各国良法，中国亦可采用，俟报告总理后，再议推行之法。"散会时已下午五点四十分钟。

（1914 年 2 月 21 日，第 2 版）

缴纳烟酒牌照税之查催

上海县知事洪君昨日发布告云：案奉国税厅筹备处训令内开：奉财政部训令内开：查贩卖烟酒特许牌照税条例，于本年一月十一日，奉大总统令公布，并经本部订定本条例施行细则，于一月二十九日以部令公布，先后刊登政府公报各在案。兹由本部查照本条例施行细则，制定特许牌照式样及申请书、通告书、收据各定式一并印刷颁发，以资应用。至本条例第四条内载税款，每年分两期完纳，第一期一月一日至一月末日，第二期七月一日至七月末日。

又施行细则第十二条内载"本条例施行前，贩卖烟酒营业者，自民国三年第一期起，依额纳税，领取牌照"各等语，现在已逾第一期规定完税期限，所有本年第一期纳税领照日期，应由该处长于第一期有效期间，即七月一日以前酌量拟定，通饬办理，仍一面呈部备案。其余各项事宜，均即遵照本条例暨施行细则妥速筹办，毋稍延误，并将办理情形随时呈报查核等因。正核办间，又奉部电烟酒牌照税条例业经公布，本部已将牌式邮寄，接到后仰速照式刷印，颁发各属，并饬各属接到牌照即速广张告示。凡有烟酒贩卖营业者，自告示之日起，限一个月以内，照纳全年税额，半数归第二期缴纳，该处长何时将牌照印竣，分发各属，届期先行报部备查为要等因。奉此，查此案前奉大总统令，制定条例，续奉部令，订定施行细则。当经刷印成本，先后通令六十县知事，会同厘税局所各部所辖境内，先行分别调查在案。兹奉前因，复查此项特许贩卖烟酒牌照税奉颁施行细则，各地方经征局署，就原有税局分配，每县指定一处，其无特设税局者，委托县知事署代办等因。本当再饬分配，惟值创办之初，各户观望迁延，在所难免，非由警察随时查催不可。若令厘税局所征收，权力不及，呼应不灵。且厘税局所不尽在城，并有一县而设数局，一局而辖数县者，亦难于分配。自应一律委托县知事代办，以免稽迟，而利进行。遵即由厅布告发县揭示，并将奉发牌照式样八种，由厅印刷盖印，转发所有申请书、罚金通告书、罚金收据，发给式样，即由各县照刊填用。除呈报财政部外，合亟通令该知事即便遵照，赶将发去布告填日揭示。本年第一期纳税领照日期，即自布告之日起，以一月为限。如有隐漏朦混，照章处罚。所需牌照，每种先发二百张，迅即派员协同。巡警先从调查入手，切实办理，毋任遗漏。该县应需牌照若干张，务即备文续领。每期经征税银，于次月上旬分别营业等次，按照本处所发册式造具报告册，连同牌照存根，专款报解，以凭汇案解部。仍将发贴布告日期先行呈报，毋稍延误。切切！此令。并发牌照及各项书表收据式布告等因。奉此，查此案前奉国税厅令，业经派员分赴各市乡，将境内整卖、零卖烟酒店肆各户详确调查在案。兹奉前因，除呈报并函致淞沪警察厅，令行警察事务所饬警一并查催外，合行布告境内整卖、零卖烟酒各店肆一体遵照。自本月一号起，以一月为限，即为第一期纳税领照日期。所有烟酒各店肆，务尽此一月之内，按照施行条例第三条，向本公署附设之贩卖烟酒特许牌照税填具申请书，并照整卖、零卖各项纳税定额，缴足税银，始准将此项特许牌照领回营业。倘有隐漏朦混情事，一经察出，定即照章处罚，决不通融。恐未周知，特此布告。

（1914 年 5 月 6 日，第 10 版）

催纳烟酒牌照税

上海县知事公署烟酒牌照税经办处昨谕催征吏云：照得烟酒牌照税，本限于本月末号为第一期领照截止之期，现在为日无多，期限将届。查得城厢内外以及四乡等处来处领照者，仍属寥寥。查催征吏有督催之责，着令知照城乡各圆〔员〕地保速催该商业等前来领照，毋再迟延，致干逾限处罚。

南商会昨日接上海县洪知事公函云：径启者：敝署前奉国税厅令代办贩卖烟酒特许牌照税事宜，业经布告，并函请劝导在案。时逾半月，照章缴税领照者，尚居多数。创办之初，各商不无观望，亦属情理之常，惟是限期迫促，五月底截止之期转瞬即届，一经逾期，照章即须处罚。深恐各商对于此项定章尚未深悉，转至贻误，用再函请贵会分别敦促各商家，务尽月内，一律照章纳税领照，弗再迟疑，致受罚则。极纫公谊，此布。顺颂公绥。

（1914 年 5 月 21 日，第 10 版）

征收烟酒牌照税之展限

上海县洪知事昨日布告云：照得烟酒牌照税银，原定一月为限，逾限即应处罚，迭经劝谕布告在案。嗣因自五月初一日开办，至五月下旬，查核缴领牌照情形，踊跃申请者固居多数，迁延观望者仍不能免。本应照章处罚，姑念事属创办，电奉国税厅，准予展限半月，以示体恤等因。为此，示仰烟酒业未领牌照各商知悉，须知此次展限，业已格外从宽，应即赶紧备缴税银，于六月十五日以前申请领照营业。倘再迟疑逾限，定即遵照章程，执行罚则，决不再宽，其各遵照。

（1914 年 6 月 11 日，第 10 版）

催缴烟酒牌照税

上海县公署自设立烟酒特许牌照税认捐处派员征收以来，第一期已经逾限，虽到处认捐者不乏其人，而藉词观望者亦复不少。兹经征收员按册查明，未曾认缴捐款各户，于昨日饬吏分往催缴，不准再事迁延。

（1914 年 6 月 19 日，第 10 版）

苏州·饬催烟酒牌照税

吴县知事公署接奉财政厅饬催征收烟酒牌照税文，略云：照得征收贩卖烟酒特许牌照税，前奉部电，自发贴布告之日起，以一个月为限，先收全年之半余，俟七月内再行收清，如有隐漏，即行照章处罚。此系特行新税，上月已先解银二千元，各处事同一律，现将一月限满，既无分文解库，又未将数具报，似此任意宕延，殊属非是。合亟饬催该知事，立即遵照，一体严催，赶将收起税款源源报解，以便汇案详部，毋再籍延。

（1914 年 6 月 24 日，第 6、7 版）

烟店是否卖酒

上海县知事署附设之烟酒特许牌照税认捐处自开办以来，已将第一期抗违不缴之各业分别查明，开明罚单，饬吏送往，着于三日内来处认罚。兹又经该处查得浦东三林塘相近，彭阿宝所开之盛源泰烟店，前虽来处认缴丙种烟照税，然其店内兼营酒业，以其有意取巧，特禀准洪知事，饬派催征吏王春林前往□查属实，即将彭阿宝店中所储之绍酒一罐吊呈到案。洪君以证据确凿，昨已饬派该吏提彭到案讯罚矣。

（1914 年 6 月 30 日，第 10 版）

松江调查烟酒税之真相

自烟酒特许税条例颁行后，松江即已奉令进行。兹复经商会总理闵瑞芝君按类复查，咨复县署，略云：奉贵署公函内开：将境内整卖、零卖烟酒店肆各有若干户，分晰开册，刻日送署，以凭汇册呈报等因。并附有烟酒特许牌照税条例，即由敝会派员调查，列册函报，同时贵署亦派员调查成册。嗣经敝总理与贵知事面商，以贵署查得情形，与敝会函送之调查册不甚相符，不免有遗漏情形。因请将贵署查得之调查册缮本发交敝会，以凭按照该缮本切实核对复查。兹将查得户名、种类重行列册报查，并将与贵署所查不同之点，缕晰陈之：

（一）公署调查整卖兼甲种零卖，将户名分列整卖、零卖二种，内拟令领二项执照者。按条例内载之，整卖系指大宗批发而言，例如烟行、酒栈，每一起必有数箱或数十箱，酒必数十坛或数百坛，是谓大宗批发。松江无大宗批发之烟业，且专卖者只有三家，均系上海零卖之支店。酒业亦无大宗批发，惟间有少数拆卖酒店与直接卖与消费者，其营业范围不甚相悬。现拟劝令该项酒业作为整卖，其余作为甲种零卖。

（二）公署调查甲、乙种零卖，有乙种而列入甲种者。按原调查册中，往往于生意较盛之店，即列入甲种。不知此项店铺之繁盛，专恃他种货物之出售，故以售他种货为原则。而烟酒乃一种附属品，是带卖而非兼卖。

按之条例，乙种零卖中兼卖烟酒之"兼"字，系含有与他货物并卖之意者，已有差别，是不能以店业之衰旺为比例而分甲、乙。

（三）公署调查零星小户，宜加以体恤者。按烟酒两项乃日用品，向无取缔烟酒之条例。是以小街僻巷，设一杂货肆，必有烟酒列其间，取其本轻而易售也。其实销数甚微，现突发取缔条例，强令领照，殊属可悯。敝会现劝令该项小肆，愿续卖者，则领丙种执照，如实在无力者，则令其停售。

以上调查结果，与贵署所查不符之点，均系实在情形。松地商民，自光复以后，去岁又更乱事，凋敝不振，早在贵知事洞鉴之中，贵知事为地方留一分财力，即为国家厚一层税源。重敛苛征，实属非福。敝会固不专为恤商计也，相应咨请贵知事鉴核，按册分别施行。此咨。

（1914 年 7 月 12 日，第 6 版）

第二期烟酒税展缓征收

上海县知事洪伯言君昨出示谕云：照得征收贩卖烟酒特许牌照税，前奉国税厅□以奉财政部饬，每年分二期完纳，第一期一月一日至一月末日，第二期七月一日至七月末日。本年第一期纳税领照日期，即自五月一日布告之日起，本以一月为限，因事属创办，不无观望，详奉国税厅□准，展限半月，依限办竣在案。兹□征收第二期贩卖烟酒特许牌照税银期间，惟查上期税银甫经征竣，若□继续进行□□，两□并征，商力恐有未逮。经本知事详奉财政厅长批准，展缓两月，以九月□日至九月末日为限，明年一月起，遵照规定时期办理，不得援以为例等因。除遵照办理外，合行示谕境内整卖、零卖烟酒各店肆一体遵照。切切！特示。

（1914 年 7 月 29 日，第 10 版）

催缴烟酒牌照税之文告

上海县知事昨出手谕云：案查征收民国四年第一期烟酒牌照税银定章，以一月一日至一月末日为限，贩卖烟酒店铺应于限内纳税。未纳税者，须行文督促，并照章应缴督促之费。如于督促以后，犹不照完，其牌照即失效力，应缴销牌照，作为无牌照营业。其无牌照营业者，应缴足税额，补领牌照，并应处以罚金。定章如此严切，凡有贩卖烟酒店铺，自应依限纳税，免致逾限罚办。合亟出示催缴，为此示仰县属贩卖烟酒各户遵照，迅将本年第一期应纳税银如数缴纳，毋稍延误。特示。

（1915 年 2 月 1 日，第 7 版）

湖北政闻录·限制征收经费

鄂财政厅长日昨通饬各县，略谓：经征烟酒糖税，前经规定准于每月实征烟酒糖税项下开支百分之十五作为征收经费，不准挪移正税在案。此项经费，系坐支性质，各该县每月开支此项经费若干，只须于解文及清册内申明，毋须另具抵批及印领抵解，但不得溢出定额百分之十五以外。近查各县报解烟酒糖税款，遵照前饬办理者固多，其手续错误及支款溢额者亦属不少，是以再行明白饬知各县遵照办理。再，各县报解烟酒糖税款，从前多汇至数月一报，某月某税若干、共数若干，概未详细分列，殊于登记稽核，两有妨碍。此后应详细分月分款，毋得笼统册报，致干驳查。

（1915 年 2 月 23 日，第 6 版）

县知事体恤商人

上海县沈知事查得本署从前应给之烟酒牌照，每逢换照之期，于交纳照费后，须迟至一星期，方可倒换，各乡店铺，往返需时，诸多不便。兹特改为当日缴纳税金，即行价照，故一般乡镇店铺咸乐输将云。

（1915 年 2 月 23 日，第 10 版）

安徽·严查烟酒税

洋酒洋烟一项为入口大宗，刻由烟酒专局加完落地税。但此项税非加之于商人，实加之于吃户。怀宁县朱知事对于洋烟洋酒，稽察最严，但洋烟一物，名目繁多，如三炮台、金钱牌、强盗牌及吕宋烟等，审辨甚难。

倘照普通收税，任听商人弊混，殊非整顿税务之道。闻朱知事刻已严饬司勇，分别等级，认真稽征矣。

（1915 年 3 月 23 日，第 7 版）

绍酒业陈越屏来函

谨启者：近阅报章，政府拟烟酒专卖，如果实行，吾绍酒业之生机可危然。吾绍酒业自行印花税，捐率不均偏重，吾绍（因别处不行印花）营销日渐衰落。光复后，印花加重，而缸照捐又须年换，继之以附加税，重之以牌照税，实已不堪负担。加以年来，咸水进内，制酿时取水工作加增，更属为难。所以苟延残喘者，因各坊多有店肆，设立资本重大，欲罢不能。一归政府专卖，则酒坊只能售诸政府酒店，必向政府买受，势必层层加价，不特营销阻塞，且吾绍数十万人赖此生活者，从此绝矣。而洋酒必乘机推广营销，将来利权外溢，国家大宗收入之捐款，恐亦归于乌有，未识在上者知之否耶？兹特修函上达，伏求贵报登入来函一门，藉此呼吁，以供有识者之研究。

（1915 年 5 月 8 日，第 11 版）

镇江·陈诉设局收税之窒碍

镇江货物税公所赵所长，前派员至西南乡宝堰镇创设新局，征收酒税。该镇商界因之大起恐慌，遂公举代表李澹如赴丹徒县公署递禀，陈诉设局征收有碍商务情形，原禀略谓：宝堰商务向以酒为大宗，酒之来源，系由句容、丹阳、溧阳、丹徒四县运集转行运出。酒税向由商家承包税额，在前清尚有三千余元，嗣后生意锐减，仅有二千余元。即此之数，承包商家已属赔垫不堪。今设局征收，每石加洋七角五分，不惟各商不能承认，即四县之酒，势将不到宝堰，必绕道而往别处，宝堰各商何能存立？加七角五分之税且不能得，更何论二千余元之税云云。章县知事据禀后，以该镇商界倘因设局而酿风潮于地方，必有损失，故已允为设法维持矣。

（1915 年 5 月 9 日，第 7 版）

酒税不允核减

上海税务所钱所长批酱园作酒作代表胡元□禀云：据禀已悉。查酒税加收五成，系奉财政厅遵照部饬所定，详准饬办，全省一律。该业未便托辞推宕，更不能要求核减。着仍遵前谕，自五月份起将应缴认税遵章加足五成，即日缴所，以凭汇解，毋再迁延。切切！

（1915 年 5 月 31 日，第 10 版）

税务公所批示两则

绍酒认商王宝和、章东明禀批：据禀已悉。此项酒税加收五成，系奉财政厅遵照部饬办理，全省一律。该业未便藉词推诿，所请酌量核减，断难准行。仰仍照前谕，自五月份起，照认定之数加增五成，按月清缴，毋再妄渎。

槽坊酒作洪筱楚禀批：据禀已悉。此项作酒税加收五成，系奉财政厅遵照部饬办理，全省一律。且该作等每年所造土酒为数甚巨，所认之数本未认足，岂容藉词推诿。仰仍遵照前谕，自五月份起照认额加增五成，按月清缴，毋再率渎。

（1915 年 6 月 6 日，第 11 版）

兑换所与烟酒税之借箸谈

【上略】

烟酒专卖局之办法：烟酒专卖各省业在开办专局，其办法在取向日之烟酒行而代之。闻其所定抽收之行用，各有不同，有取百分之三十、四十者，有取百分之五十者。而抽收此项专卖行用之烟酒，运销他处，沿途厘金关税，仍不能免除，则与外国之所谓专卖大有不同，税额未免过重。论者莫不虑此举将来或足促洋烟洋酒之畅销，当局不可不详细思之也。

（1915 年 6 月 10 日，第 6 版）

江苏烟酒公卖记

岐逸

　　财政部因预算不敷，百计搜括，以烟酒二项终属消耗品，拟仿外国公卖之法，收为国家专有，于财部设烟酒公卖局，分设各省。然国家一时无此巨大资本，遂变通办理，招商承办。江苏为产酒之区，烟则稀少，部定办法，每省委总办一人，财政厅长为会办，江苏总办已委定高增秩（字幼农，陕西人，前清江苏州县曾任上元县，年四十左右）。

　　部定办法：先委各省总办，给以部令，为筹办烟酒公卖事宜，前往所派省份实地调查作为预备，限两个月筹办竣事，即行呈请总统明令任命。高已奉委月余，尚未出京，已遣派调查员多人来苏，分至各县视察一切。闻其初办系属官督商销，一省划分数区，每区设一分局，派一委员，区内各县知事均负帮办之责。每区招一商人承办，名曰"第几区烟酒公卖分栈"，每区得由承商多设支栈或代理处，其公卖办法系由总局制定。联票及印花票，经分局发与承商，因是商人，须缴押款，不用保证金，名义以避人持公债票为押。设想之深，括财之术，可谓绝顶。其押款大率一千元以至五万元，分栈亦可收支栈或代理处之押款。订立合同，由商自理，官不干涉一区之事，概由一区之承商负责任，而分局委员督察之。

　　公卖之目的，在征收公卖费。所谓公卖费，即系照烟酒原价加价一成或一成半，此原价系将成本、税厘、水脚加算后卖与吃户之价，而非制造之成本，盖公卖费方可得多数。此公卖费概以印花为凭，家酿每年一百斤者，不征公卖费，各项厘金杂税仍旧征收。承商代售印花、代收公卖费者，所收款内扣五厘为经费。印花限于出产之地，既经贴过，运至本省各属，得以自由，出省则再缴销，出之公卖费，亦以印花代之。烟之一项，限于烟叶，既制成烟，不贴印花，因已于烟叶运出时缴过公卖费也。苏省约划分四五区，徐沛、淮海、镇扬、淞沪等，划分之法不限现在地理，而以产烟酒与不产烟酒之地混合而成一区，征费方无不便，承商亦得均匀。闻各区分局委员及承商大致已均委定，高在京业已筹备两月，恐至苏为谋干者所窘也。本月底，高即出京，苏省总局七月当可成立。印花土方运销吾苏，而印花烟、印花酒复惠然而来，诚恐凡百物产，均将变为印花之殖产地矣。

（1915 年 6 月 11 日，第 6、7 版）

广东·举办酒税之波折

南雄酒行致电省垣云龙上将军、巡按使、财政厅、酒税总公所、总商会、报界公会鉴：南雄酒税兴盛公司李应元，又名汉华，恃势勒加银米两宗，除前加三外，再加一五伸算，肆行骚扰，每日到各酒户拿人抢部，不准缴清前饷，不得已歇业。请维持商业，电饬李参谋暂停拿人，实为公便。南雄酒行公叩。支。

又南雄酒税分所来电云：总商会、酒税总公所、报界公会鉴：造酒户新昌和店东尹富群认税一月，于五月二十五来所报销，已写废业书，订限三十一日止税、止沽。六月一日至初四，照常沽酒。经查该店内藏私酒一百三十余埕，即传尹氏来所开导，谓认一月税而价沽数月之酒，显系有意瞒税，劝伊领牌认税，照前完纳，不恃不遵，而且张□异常。本所将人证送交警区理处，诚恐传闻失实，捏造是非，特电陈明缘由，并请登录报端，以免淆乱清听。

分办南始分所李应元、陈锦华等谨启。

利源公司分商承办番禺县属高塘墟等处酒税局，现正设局开办。昨午适为高塘墟期，酒户于贸易畅旺之际，突遇酒税稽查员将各店沽出之酒一律执去，商人与之理论，谓官办时所缴酒赖尚未逾期。而酒税局则谓其瞒税，互相争执，声势汹汹。后有无税之徒百十为群，藉口酒税局欺压商人，立将该局拆毁，并将局内什物当众焚毁，惟无乘势抢掠情事。驻扎附近之福军闻耗，立即督队弹压，维时无赖辈经已远□。现正在查究为首滋事之人惩办。

（1915 年 6 月 14 日，第 7 版）

镇江·酒商加价之筹议

镇郡酒捐已于本月一日先行暂加一倍，将来烟酒公卖事宜，与中央筹议妥洽实行之后，继长增高，固在意中。现闻镇郡各酒商昨在城内酒业公所集议，以捐既增加，成本较重，拟照增加捐数，取给饮户，以免亏累。后复公同筹议，多数主张先行酌加若干，俟后逐渐递增，以免饮户惊诧骤增巨价，有碍行销。想不日即当取决实行矣。

（1915 年 6 月 20 日，第 7 版）

组织烟酒专卖局

苏省烟酒专卖局现由齐巡按使委任高幼农为总局长，来申设立机关，并委任谢惠塘为主任，组织南市局所，以便与该两业商人接洽后，给照专卖。现高局长已经莅沪，暂寓北市，昨赴南商会与总协理商议进行事宜，闻南市局所设在毛家弄云。

（1915 年 6 月 20 日，第 10 版）

烟酒官卖局总办来沪

烟酒官卖局总办高增秩，昨日由宁来沪，即往各公署及南、北两商会接洽一切，并将所带之部颁烟酒官卖章程多份，分送各机关，以资进行。

（1915 年 6 月 25 日，第 10 版）

酒业对于公卖问题之筹商

本埠酒业同人，因烟酒公卖问题妨碍营业，特假城内酱园公所开会集议，已略志前报。兹悉该业中人连日会议，金谓本埠行销之酒，以绍酒为首屈一指，华界各处计有七十余家之多。绍酒一项因是消耗品，故捐税之重，已非各项货物可比。计自绍地装运来沪，已有双印花捐之完纳（每坛计洋四角三分二厘）。迨货到沪，又有落地捐，每坛洋一角。店家售酒，县署复有烟酒牌照税，一年两期，每期以下等计算，至少亦征洋四元。一货四捐，同业已不胜其负担。今又奉文设局公卖，照章每坛计征六角八分，商力有限，实难遵行。经众决定，拟要求烟酒公卖局准将现有存货免予征捐，自今冬新货上市为始，每坛再加印花税一张（每张洋一角二分），至多加至两张，以恤商艰。现正向同业征求同意，以便禀请该局维持云。

（1915 年 6 月 28 日，第 10 版）

征收正税杂税之文告

——烟酒牌照税

【上略】

又出示谕云：案照征收贩卖烟酒特许牌照税，奉饬每年分二期完纳，第一期一月一日起至一月末日为止，第二期七月一日起至七月末日为止。查民国四年，第一期烟酒牌照税现已办竣。兹届开办第二期征收贩卖烟酒特许牌照税银，遵照定章以七月一日起至七月末日为限，务望贩卖烟酒各商于一月限内，赴本公署请领民国四年第二期牌照营业。除详报财政厅厅长外，合行出示晓谕，为此示仰整卖、零卖烟酒各店商遵照，一律自民国四年七月一日（即阴历五月十九日）起至七月末日（即阴历六月二十日）止，赴本公署请领第二期牌照营业。案关部饬，勿稍观望，如有逾限，定干照章罚办。切切！特示。

（1915 年 6 月 28 日，第 10 版）

杭州·筹备烟酒公卖局

浙省烟酒公卖局前经张咏霓厅长拟定七月一日为实行之期。嗣因新旧交替，进行阻滞，新任蒋厅长又以部派公卖局总办尚未到浙，一切设置尚待商议，是以有缓期开办之说。兹闻政界消息，财政部以奉令交部存记之前浙江财政厅征榷科科长汤在衡对于浙省捐务情形熟悉，现已派委汤君即日南下，与蒋焕廷厅长筹备烟酒公卖事宜。

又闻北京烟酒公卖局纽总办近函致屈使，以京师烟酒两类实行官督商销，于产销极盛之区，酌设公卖分局，其他各市镇招商承办分栈，并准各该分栈在承办区域内推设支栈，以便管辖，应请浙省仿办，俾利进行等语。闻屈使以本省烟类产额极少，酒类黄酒产额较多于白酒，二者同属于消耗品，故销数极为发达。现按照烟酒牌照税、印花税而定公卖之标准，已将督同财政厅筹议进行办法，函复总局查照矣。

（1915 年 6 月 29 日，第 7 版）

绍酒业来函

阅贵报所登绍酒业会议公卖问题一事，其中议词，多有未洽。绍酒捐税过重，旧章路庄之酒印花每张洋二角一分六，出运必须双张，计洋四角三分二。今新章六月一号起每坛加倍，拟又加四角三分二，如是两计英洋八角六分四。货到申地，落地捐又加七分，计每坛二角一分。核诸报上之数不符，应请即为更正是荷。绍酒业公启。

（1915 年 6 月 30 日，第 11 版）

广东之印花税与酒税

——酒税风潮之屡起

本月三日，番禺高塘酒税公所，因办理不善，激犯众怒，几遭毁拆。事后，酒税总商刘德谱具禀巡按使谓为黄联、黄林等抗税纠抢所致。而巡按现据番禺县知事胡汝霖详报则称：酒税分商周君义到高塘墟开办酒税，谓各酒家须用公司新票，方为有效。各酒家则谓在官办时购有运票，酒尚未售，故是日运酒到墟发卖，被该公司陆续拿去二百余坛。时值墟期，乡人云集，多不善其所为，以致大动鼓噪，酿成抢毁公司及房东朱威臣药店之事。其时事起仓猝，人众聚集附和，孰为首从，无由得知。并访查周君义承办未久，与地方商民未能接洽，对于酒家换照、缉私两项，过于操切，致生怨望，演成此剧，合将情形详请察核云云。李使据此，当以该县所详，核与酒税总商所禀各节，不甚相符。查该处酒税从前官办时，各酒户纳税甚为踊跃。分商周君义此次前往开办，正宜因势利导，和平妥办，乃竟酿成拆抢巨案，未免失之操切。惟该乡人等，恃众肇衅，实属目无法纪，亟应严拿惩究，以警强横。昨特批厅饬县，迅即会营饬警，查拿滋事人等到案，讯明严办，并查明黄联、黄林等有无纠众情形，分别饬传讯究。自番禺高塘酒税分商因办理不善，几酿风潮后，昨李使又据酒税总商刘德谱报称：合浦县珠江团白龙城酒户陈鸿儒等鼓众抗捐，而联安团之酒户则更撕毁告示，殴伤巡丁云云，亦已由李使电饬该县知事查明究办矣。

（1915 年 7 月 1 日，第 6 版）

部定七月一日开征第二期烟酒特许牌照税 *

【上略】

第二期烟酒特许牌照税，部定七月一日开征。昨日财政厅通饬各县遵照部定限期征收，如有逾限不请领者，查出罚办。

（1915 年 7 月 3 日，第 3 版）

烟酒专卖分局定期开办

烟酒专卖一事，业由省委高幼农君在省设立总局，并在上海南市信泰码头设立分局，委任谢惠塘君经办，定十二号（即阴历六月初一日）开办。闻届时须邀请各当道及南北商会各董赴饮云。

（1915 年 7 月 11 日，第 10 版）

财政部电饬认真征收烟酒及牌照税，江苏 拟划区设立烟酒支栈 *

【上略】

财政部电谓：烟酒税及牌照税现正切实整顿，严饬令各局员认真征收，不准藉口公卖。倘有心存歧视，即是暗中煽阻，定行参办不贷。

【中略】

江苏烟酒公卖局长高增秩现查苏省六十县，以十县为一区，拟划六区，每区设立烟酒支栈一处，按照部章以烟酒两业殷实商户承办，实行官督商办，刻已议定七月内一律筹办成立。

（1915 年 7 月 12 日，第 3 版）

烟酒公卖声中之官商消息

上海烟酒公卖局订于今日开幕，预邀各当道及南北市绅商等赴饮等情，略记昨报。兹悉本埠烟业众商德馨堂等各代表于昨日具呈意见书，请该局长裁夺办理，大旨谓烟酒两项，各国皆视为消耗品，而不嫌税重，惟我国烟业关于生计，情形迥然不同。当此商战时代，我烟叶仍复蹈常习，故不知稍求改良，徒使卷烟盛行，营业失败，利权外溢，几有一落千丈之势。不必远征各处，即上海一埠南市、北市开设水旱烟店者，非兼售卷烟不足以敷开销而固店本。

此外之开烟纸店，以卷烟为主体，而经售水旱烟者，不过略备数种已耳。试观近今外来之卷烟畅销中国者，其获利不知几千万，即包销代售之人，亦无不得厚利而去嗟！我烟叶岂能与各国相颉颃？而况卷烟，则进口一税，取携甚便；水旱烟则各处有捐，销路日滞。过此以往，若不设法维持烟业生计，何以堪此。现公卖既颁章程，同业各抒意见，而其中营业困难情形，敬为我局长分析陈之：

一、水旱烟中之皮丝，福建出产有捐，汕头过境有捐，苏州南京亦有捐。一经公卖，应否能免，商民之希望者一。

二、西烟中之青条，甘省产地有捐，七省过境有捐，销场有捐，落地亦有捐。一经公卖，能否可免，商民之希望者二。

三、旱烟中之烟叶，产地有捐，落地有捐，过境有捐，分销亦有捐。一经公卖，能否豁免，商民之希望者三。

四、烟叶行之售销，内地如广东之净丝潮烟，捐款既同，留难亦多。一经公卖，可否请免，商民之希望者四。

综观以上四种困难情形，已可概见。且上海公卖租界、内地不能一律，窒碍既多，商业更苦。同业等再三思维，际此开办伊始，另捐恐难骤免，内地太觉偏枯，不得已沥陈意见，环请贵局长体恤商艰，俯准减轻经费，以苏民困而维商业，不胜感切待命之至，谨呈。并悉烟业各代表于昨日（十一号）先在南市德馨堂公所内开第三次会议，对于公卖后之办法，提议数条如下：

（一）议烟业近来困难情形，已详于意见书内，现既欲公卖，商业更苦，应请求照章减轻一成，以值百抽十为率。

（二）议产销既归公卖，而过境地方只有验票，不能再收，以免销路阻滞。

（三）议组织分栈机关，烟业各帮以合一为简便，俾得省浮费而归划一。若因办事不便，另订办事分则，并各举经理，以便查考，不至稍有窒碍。

以上三项是否有当，请各同人商酌后，定于明日午后三时答复决定。本埠酒业同人亦迭次在城内公所开会集议，请求烟酒公卖局长设法体恤，减轻捐税，以维营业，并拟与烟业互相联络办理，俾资协助，而便进行。并闻高幼农局长现已来沪考察烟酒两项商业，并组织分局机关，一俟妥定之后，即须北上，禀复财政部长，请示办理。

（1915 年 7 月 12 日，第 3 版）

烟酒税

讷

烟酒为奢侈品，以法理言，宜无不可重征者也。然而商情困难，若此重征之后，本国烟酒势必销行益滞，而外货愈将畅销，不啻驱营本国烟酒业者尽变计以出于他途，究其影响所极，非特困商，并将困税，是重征亦非所宜也。吾因是有感，夫凡百工业制造，不兴捐税亦决无发达之理，取民之道与商民富力不相符，必多意外之障碍，奢侈品之烟酒且然，更遑论其他哉。

（1915 年 7 月 12 日，第 10 版）

烟酒公卖之进行

局长之规划

烟酒公卖省局长高幼农现将划分区域、组织分局事宜规划妥贴，行将详请财政部长核示。闻酌定南京为第一区，淞沪为第二区，苏常为第三区，全省共分七区，业已分别布置并委任分局长主任一切矣。

分局之开幕

昨日为上海烟酒公卖分局开幕之期，午前由分局长谢惠塘东请本埠各当道及各商董等来局同行开幕礼，遂启用省局颁发之钤记。闻上海分局管辖淞沪范围，其钤记上刊有"江苏省第二区烟酒公卖分局"字样，谢局长即移咨沪上各机关并各税务所等查照。

酒商之批词

江苏省第二区烟酒公卖分局昨日发出批示两则如下：高粱烧酒业商王修廷禀请组织分栈，并拟具章程，陈请转详由。批云：据禀及章程已悉。仰候详请省局核定，再行饬遵。此批。绍酒业商马上侯等禀陈酒业困苦情形，可否将公卖费用及公栈押款酌量减轻，俾得量力承充由。批云：据禀已悉。仰候详请省局核定，再行饬遵。此批。

（1915 年 7 月 13 日，第 10 版）

烟酒公卖分局纪事

内部组织定妥：上海烟酒公卖分局业于前日开幕，已纪昨报。兹悉该分局内部秩序亦已组织定妥，计分为稽征、文牍、会计、书记等项，闻各职人员开支甚为简省云。

酒业具禀请求：南北市酒业门类繁多，有烧酒、绍酒、酒作坊、汾酒、药酒及杜酒等分别。兹该业中人闻悉公卖局开幕后，其章程有值百抽二十之说，且沿途经过地段仍有捐税，商情更苦，莫不恐慌四起，已相继联络，具禀该分局长，请求体恤商艰，维持生计。谢分局长据禀后，当即转禀高省局长核夺施行。

（1915 年 7 月 14 日，第 10 版）

归并烟酒捐税征收处

烟酒捐税征收处向附设于上海县公署。此次自奉谕在沪南新泰码头设立烟酒公卖分局后，所有附设县署中之征收机关，已于阴历六月初一日起，由沈知事谕令，归并与公卖分局收征，以一事权。

（1915 年 7 月 14 日，第 10 版）

咨照烟酒公卖分局成立之公文

淞沪警察厅长饬知各区警察署文云：为饬知事，准江苏省第二区烟酒公卖分局局长谢咨开：本分局迭奉江苏烟酒公卖筹备处饬开：上海为通商巨埠，营销烟酒，为数较巨，亟应从速调查，先行成立上海分局，并经划定上海等处为烟酒公卖第二区域，暨颁到木质钤记一个，文曰"江苏省第二区烟酒公卖分局钤记"。兹定于本月十号为本分局成立之期，相应备文，咨会贵厅，请烦查照等因。准此，除分行外，合饬该署一体知照。

（1915 年 7 月 15 日，第 10 版）

财政部现规定印花烟酒契等税报解额数*

【上略】

印花烟酒契等税均系解部专款，财政部现规定报解额数，特电咨齐使，苏省额定年解二百五十万元，务各督责所属认真办理。

（1915 年 7 月 16 日，第 3 版）

缓并烟酒捐税征收处

上海县沈知事前以上海烟酒公卖分局成立，所有本□经征之烟酒牌照税一项，拟即移归该局长经办征税以一事权等情，经纪前报。兹闻谢分局长接高省局长饬知，以各处区域□布分局，公卖手续尚待措置，所有原设各机关之烟酒牌照捐税，应仍暂归各该机关征收，一俟公卖分局章程等布置尽善，即行移归办理。刻由谢分局长据情移复沈知事查照办理矣。

（1915 年 7 月 16 日，第 10 版）

镇江·查明烟酒销数

自烟酒两项政府批准公卖后，闻有王弼臣君拟□承办酒税。查得镇江每年高粱、烧酒两项约有一百余票之多，每票百担，其花酒、绍酒等酒尚不在内。又查得镇埠销烟，每天为数亦巨，王君现拟赴南京，□请承办矣。

（1915 年 7 月 21 日，第 7 版）

烟酒公卖分局之劝导

江苏省第二区烟酒公卖分局长谢惠塘昨饬本埠西烟公所、皮丝公会、旱烟公所、潮烟公会文云：为饬知事，案奉江苏省烟酒公卖事务筹备处批开：据详及抄黏烟业商、西烟公所等原禀均悉。查外烟入口，国货滞销，征捐重叠，生计艰难，自系实在情形。惟辛亥以来，国库空虚，司农仰屋，国家取重于民，原为不得已之举。然家国一体，该局素有爱国热忱，此意亦早共谅。所请产销两地，如征一道，事属可行。经过各省不再重征公卖费，征收之中，仍属恤商之意。至公卖费值百抽五，与部章抵触，断难允准。查部章公卖费征收方法由十分之一以至十分之五，本主任体恤商民，酌中定为十分之二，原为双方兼顾之计，实亦无可再减。仰即勉为其难，组织分栈，以期早日开征，庶免各方观望，有碍商务，该局仰即转饬知照等因。奉此，合行照录饬知，仰该商等即便遵照勿违。

上海烟酒公卖分局长谢惠塘现将酒业请求认税设立分栈之办法，转禀省局长高幼农君拟定。押柜洋一项，应分别绍酒、烧酒两等，酌定绍酒押柜洋一万元，烧酒八千元。嗣由该业纷纷请求轻缴，绍酒只肯四千元，烧酒三千元。谢分局长以与原数悬殊，一再向之劝导，谓上海为商业总□之区，其总机关虽设于南京，但必以上海之第二区之办法为标准，将来各处商家俱听上海各商之成法而行。现虽经请求省局长，尚无一定施行之法对付，希该商等仰体情形，仍须增多押柜银数云云。

（1915 年 7 月 21 日，第 10 版）

烟酒公卖分局之近事

施监督之函复：上海烟酒公卖分局长谢惠塘前曾函致海关施监督，请转达税务司查明外洋进口之烟酒两项每年共有若干，及烟酒牌子、花色等类共分几种，请烦照复以凭转报省局查考等情，迄无函复。日前又行函催，始由施监督照复，以所请查考进口烟酒等牌子一事，二年前亦曾函请税务司查复。惟海关公事纷繁，至今未有确复，须待函催复到后，再往核办云。

【下略】

(1915 年 7 月 22 日，第 10 版)

烟酒业请求未已

本邑烟酒两业日前相继具禀上海烟酒公卖分局，请求核减公卖费，经谢分局长据情转禀省局长高幼农核办。嗣奉批饬，以仅缴十分之二，已属格外体恤，酌中定断，若照部章办法，至多有十分之五，所请核减碍难准行等因。当由谢局长分别饬知在案。兹该两业尚有请求之理由，以故连日分别集议会禀，仍恳核减云。

(1915 年 7 月 24 日，第 10 版)

江苏税务谭（七月二十二日）
——厘税之优劣，酒烟之加征

岐逸

裁厘加税之变象，为现行江苏之货物税。当倡裁厘时，原为加关税至百之一二五起见，迨至施行，究以厘捐为收入大宗，不便骤革，乃变更其名，略取其实，初为统捐，继为货物税。故我国实行者，系变厘为税，与裁厘加税之本旨相距极远。苏省税务一面自属国家岁入之重要部分，同时仍为官僚之窟宅。厘捐之为弊薮，人尽知之，而货物税之内部，较厘捐为尤甚。厘之比较，时有加增，货物税则加税率，此其一。厘之利在贿，究属不雅，税之利虽近贿，而其名甚隐，此其二。加以厘差无一定规则，货物税则章程粗具，较易办事，故厘与税之利益皆同，其弊亦同。官僚宁取税而舍厘，盖以货物税之名近于新，而收入丰于厘也。

比年国家贫困达于极点，各种税目繁如牛毛，因而国民生产力、消耗力均为减缩。去岁之旱，今岁之水，收获复大绌，故征收不易起色。江北厘卡，屡有裁并，则因船货稀少，裁节政费，此种现象为税源枯竭之豫示，主持财政者慎勿专以搜括为能也。

江苏烟酒公卖筹备处业已筹备一月，各项章程规则均未妥贴，商人感情亦有龃龉。此次原为公卖，而变为官督商卖，又变为征收公卖费，实即加收烟酒捐，所云"公卖"，不知何解，而各种捐税一概不减，尤属繁碎。烟酒加捐以济国，用于搜括政策中，尚为上乘。自变为公卖，寄权于商，决定加征十之二，苏局所派调查员多未查明。现闻财政部限苏省公卖栈押款为三十万元，沪一区七万元，宁一区三万元，余二十万元分属五区。部限省设分局五处，尚拟裁并，公卖栈均限八月内成立，各项捐率不日即将统归管辖。闻各省押款，财政部预计当有五百万元之收入云。

（1915 年 7 月 25 日，第 6 版）

江苏第二区烟酒公卖分局批示三则

绍酒业马上侯等禀请酌定公卖费减轻押款由。批：禀悉。该商等所称各节，本分局早经虑及，业于省局长在沪时一再禀商，期与国课、商情双方兼顾，公卖费一节亦经面请核减，当可邀准。至押款数目，前据该业商章玗禀请改为四千元，省局尚未照准。该商欲以二千元为率，碍难据情转详。此批。

绍酒业章玗禀为商情困苦，再求转详省局，仍照前议押款由。批：禀悉。候再据情转详。此批。

【下略】

（1915 年 7 月 25 日，第 11 版）

湖北财政界之鳞爪

——公卖处之开办

【上略】

湖北烟酒公卖经财政部委派前清湖北候补道员王元常来鄂筹办，迭与巡按使、财政厅、江汉道武汉县知事、商会总协理筹商进行手续。王□旧曾在大朝街置有公馆，现即于该屋设立筹办处为省城办公总机关所用，员司并无多人。闻以仿照江苏办法，画为七区，以武汉夏三埠为第一区，首先办理。所有公卖办法，大致参照部章酌定。武汉须设烟酒公栈三处，所有本地制造与外省运来各种烟酒，一概入栈，然后批销。现在初办，拟按照成本，值十抽三，其旧有牌照、厘税、公益捐，仍须照收。闻酒业要求入栈之日即由公家垫发成本，而烟业则以本地刨制之白建、紫建、贡条、原条各丝烟，皆现刨现卖，入栈批销，辗转延搁，恐干枯糜烂，不可吸食，因之不愿承认入栈，磋商多次未决。然筹办员以事在必行，有定八月一日实施之说。

(1915 年 7 月 26 日，第 6 版)

酌减烟酒公卖费

江苏二区烟酒公卖分局成立以来，本埠各商以公费太重，曾一再求减，当由谢分局长转陈商困，请予酌减在案。兹奉省局回文，略谓：已准部电，沪地烟酒公卖费暂收百分之十二，以示体恤，并定于八月一号为开始征收之期云云。

(1915 年 7 月 26 日，第 10 版)

关于烟酒公卖之文告

江苏二区烟酒公卖分局长昨奉江苏财政厅及烟酒公卖事务筹备处颁发示谕云：照得苏省烟酒公卖事宜，业由本处按照奉颁章程筹备进行。入手办法，首在派员分区调查，冀得烟类、酒类产销状况，一面划分区域，设置分局，组织公栈，招商承充。现在各区分局行将次第成立，分栈亦将组织完备。一俟拟定细则，详部核准，应即遵章公布施行。查烟酒两项系属消耗物品，此次开办公卖局，意在官督商销，价格虽由局规定，仍按市面情形。盖必熟计商店成本利益与各项税捐，然后酌加公卖费项。其款虽征之于商，实由消耗烟酒之人间接担负，以公栈为买卖机关交易，有划一之标准征费。粘贴印照，与商店营业无损，复与人民生计无妨，而国之要需，实有裨益。绅商士庶，素明大义，必能热心公益，共体时艰。除俟核定施行细则另行公布外，合先示谕，为此仰商民人等知悉，公卖分栈一经成立，凡烟酒之销售，均应遵章办理。大局所关，切勿稍涉违抗，致干惩罚。

（1915 年 7 月 26 日，第 10、11 版）

县知事公署批示两则

酒业恒义、恒慎、恒升、裕记、裕大和等禀为公卖局章程无牙行权利，禀请批示由烟酒行商准充烟酒分栈经理，已由财政部出示公布。来禀以倒换牙帖为词，牙帖系牙行应领之凭证，否则无所谓行。至以行商充分栈经理，另有组织烟酒公卖分栈及支栈专章。现准江苏第二区烟酒公卖分局函知公卖章程，业已分发各商，着即遵章办理，毋稍观望延误。此批。

【下略】

（1915 年 7 月 26 日，第 11 版）

揭示烟酒公卖章程之大要

上海县知事沈宝昌、江苏第二区烟酒公卖分局长谢宣昨日会衔出示云：案查烟酒公卖事宜，意在官督商销，由省划分区域，设立分局，由局组织分栈，招商承办，规定价格，征收公卖经费。烟酒行商准充分栈或支栈经理，零星市贩并准照旧营业交易，负担经费取偿于消耗烟酒之人，于商无碍，于民无扰，厅即克日照章办理，如有违抗延误，定干惩罚。除烟酒牌照捐仍由县公署征收，其余向有厘税，亦由向有局所经办外，合将开办公卖事宜、章程办法摘要晓谕。为此，仰县属商民一体遵照毋违。特示。

计粘章程于后，计开：

一、烟酒各项税厘及牌照捐章程，应由公卖局代收分拨，现定为不由公卖局代收，一律由向章征收之处照旧收缴。

二、公卖分局于所管区域内，组织烟酒公卖分栈招商承办，由局酌取押款，给予执照，经理公卖事务。

三、烟酒公卖分栈各于区域内有组织公卖支栈之权。

四、组织烟酒公卖分栈及支栈各商，名为"第几区烟酒公卖分栈或支栈经理人"。

五、商人愿充烟酒公卖分栈经理人者，应先将姓名、住址、籍贯、职业等项分别开明，照纳公栈押款，禀由各该管烟酒公卖分局详准省局后，给予执照，方准承充。

六、公栈押款，由烟酒公卖局酌量情形，分别征缴。

七、烟酒公卖分栈及支栈应通知本区域内各商店，须将每月产销烟酒之数量及种类先期估计，投栈报明。

八、烟酒公卖分栈及支栈接到各商店前项报告时，应即前往检查，分别粘贴印照，加盖戳记，并代征公卖费自十分之一以上至十分之五以下，其费额由公卖局定之。

九、贩卖烟酒商店非贴有公卖局检查印照之烟酒一律禁止贩卖。

十、烟酒公卖分栈及支栈代征公卖费，应遵填主管公卖局制订之四联禀单，以一联给予商店，一联存栈，一联缴本管分局，一联解交省局。

以上十条，摘其大要，使商民有所适从，其余详细章程，由本分局酌量办理，随时宣布。

（1915 年 7 月 27 日，第 11 版）

烟酒公卖问题

江苏第二区烟酒公卖分局长谢惠塘君前奉省局长高幼农君饬，于八月一日为始，实行稽征。谢君以松江、上海等处烟酒业尚须调查，头绪纷繁，届期开征，恐难遍及，是以赴省面禀省局长，请予展缓开征，免多里误。兹闻省局长已准如所请，故谢君昨已返沪，从事调查。

烟酒公卖省局长委任上海县公署房捐主任员李辉卿为江苏第二区烟酒公卖分局会办，闻不日即当视事。

江苏第二区烟酒公卖分局昨批函酒业禀云：禀悉。该商所请产销各征一次及经过各省验照放行各节，事属可行，前经详准省局，奉批在案。惟定价一层，系分栈成立后之事，届时本分局自当体察商情，折中酌定押款一万八千元，仰即日缴局，仍候转详省局批示饬遵。

（1915 年 7 月 30 日，第 11 版）

宁镇第一区烟酒公卖栈已奉高局长验准开办 *

【上略】

宁镇第一区烟酒公卖栈业经烟酒两业禀缴押款三万元经理其事。商界开会，公推苏鼎新为烟业正经理，蔡寿山为烟业副经理，汪锦堂为酒业正经理，许钧昌为酒业副经理，已奉高局长验准开办，现正组织一切进行事宜，暂在北货酒业公所为办事地点。

【下略】

（1915 年 8 月 2 日，第 3 版）

杜绝招摇撞骗之文告

江苏烟酒公卖事务筹备处出示云：苏省烟酒公卖事宜自本处筹备以来，访闻有人假托本处调查名义在外招摇，虽于烟酒商业无所影响，而坏人名誉，有淆听闻，不可不慎查。本处派出调查人员，其品行操守，均为本主任素所深信，由友介绍而来者，亦皆端正之士，不至有不谨之行，然后界以责任。本主任宽厚待人，廉介持己，遇有非法行为，不稍假借，合行示谕商民人等一体知悉：嗣后如有以本处调查名义在外招摇者查出，交该管县知事或司□官厅惩办。至组织烟酒公卖分栈押款及公卖价格，均遵循部章，不容上下其手。倘有藉以诈财、欺罔玩法者，该商民均可指名禀讦，或证实函诉。一经查实，决不宽贷。若该商民等通同舞弊，亦即予受同科，其各遵照毋违。特示。

（1915 年 8 月 2 日，第 10 版）

湖北之生计问题

——烟酒公卖之反抗

鄂省烟酒公卖事近经筹办，主任王元常与两帮商董直接磋商多次，以公栈组织之权界诸两帮董，烟酒之公卖费则按十抽二，公栈栈长所应缴之押款，并准于试办一月期间暂免缴纳。该帮董意尚活动，惟各烟酒商人以鄂省烟酒税早已值十抽二，而杂税公益捐尚不在内，今又征值十抽二之公卖费，是共已值十抽五而有余。浙沪各地均无如是之重税，且公卖章程诸多妨碍营业，如私酿查禁之宽泛、丝烟入栈之易霉、公卖价值之难一等项，均为显著之弊。昨已由两帮具禀巡按，情甘将制造烟酒器具及存货，一概售于公家专卖，不愿遵守公卖。闻段巡按以该商等不免误会，已饬武汉两商会妥为开导矣。

（1915 年 8 月 3 日，第 6 版）

酒业第一分栈禀报成立之批词

江苏二区烟酒公卖分局据王修廷禀报第一分栈成立日期，并缴押款，恳请展期开征、颁发执照，暨咨本区各县会示分别组织支栈等情。当于昨日发出批示云：禀悉。酒归公卖，该业商首先承认组织第一分栈，又能克期成立，并缴到押款洋五千元，足征好义急公，争先恐后，为各业倡，深堪嘉许。一号开征，诚如来禀所云，一切手续未备，势难依限遵行。业于本分局长因公晋省时，禀准展至十号实行开征。至本区域内应设各支栈，自应同时进行。候咨行各县署会示晓谕，仍候据情详报省局长，颁给执照，以便转给承充押款存解。

（1915 年 8 月 3 日，第 10 版）

布告烟酒公卖之实行期

江苏第二区烟酒公卖分局出示云：照得本分局奉江苏省烟酒公卖事务筹备处饬委办理第二区烟酒公卖事务，业经出示公布在案。查本区烟酒分栈次第成立，兹经本分局详省核定，限于八月十号一律征收，为此示仰本区烟酒等业商人一体知悉：自示之后，该商等务各恪遵前颁章程，由栈验贴印照，定价公卖，毋许稍有抗违。倘有隐□尝试等情，一经本分局查出，定当按章处罚，决不宽容，勿谓言之不预也，其各遵照毋违。

（1915 年 8 月 6 日，第 11 版）

烟酒公卖分局之函牍

公函：江苏第二区烟酒公卖分局长谢惠塘君致南商会函云：烟酒公卖一事自敝分局开办以来，黄、白、绍酒三业已遵章组织分栈，次第禀报成立。惟烟业中仅据西烟商认缴押款□请承充，其余皮丝、净丝、潮旱烟及烟叶各商至今尚□□□□经□分局详准，定期八月十号实行开征。凡在十号以内承认者，公卖费、产销各征一次过境，不再重征。如逾定期，即定各省及运销各处重叠散收，省局意见如是。敝分局前之所以迭次函劝各商者，职是之故。今开征期迫，皮丝各商仍置若罔闻，用特函请贵会速行劝令克日来局承认，否则自取重叠散收，致令敝分局一片顾恤商艰之诚意归诸泡影，殊为各商不取也。

批示：（一）黄酒业商朱锦康禀请组织分栈并缴纳押款，恳予给照承充，及陈南北市酒业偏枯情形由。批：禀悉。查该商设肆租界，独能勉为其难，遵章组织南北市黄酒业公卖分栈，呈缴押款三千元，具征热心爱国，出于至诚，披览之余，曷胜佩仰。至该商殷殷以南北市商业偏枯，务求本分局设法维持，所见亦甚正大。本分局对于国课商情，自当双方兼顾，姑候酌拟办法，详请省局核示，再行饬遵押款存解。此缴。禀存。

【下略】

（1915 年 8 月 7 日，第 10 版）

烟酒公卖分局批示照录

江苏第二区烟酒公卖分局昨日发出批示两则，照录如下：

（一）太仓县酒商金讲熙禀为愿充烟酒公卖支栈经理，请予核准由。批：禀悉。查部章支栈应由分栈组织，再由分栈转禀本分局核办。细阅该商来禀，于部章似未甚明了，且是否由该县众商公举，未据声明，率行禀请，碍难照准。再，酒有黄、白、绍之别，烟则西烟、皮丝、净丝、烟叶、旱、潮，共分六种，上海烟酒各分栈均由各该业商分别组织，禀中统称烟酒，亦属不合。此批。

（二）土酒业商黄守孚等禀为依据商业习惯，太、嘉两县宜归入第二公卖分局，缕述情形，禀请核转示遵由。此来牍具悉。该商等对于划分区域一节，斟酌地势、人事，洞中肯要。惟现在公卖区域业经省局重行规定，太、嘉、宝三县已划入本区主管，所请转详之处，应毋庸议。此批。

（1915 年 8 月 8 日，第 11 版）

税务公所批示

【上略】

绍酒业认捐商人禀批：据禀已悉。查酒类是商人仍间接取偿于沽客，于各商担负并未增多。至公卖局捐费，系另一问题，何得藉口率请退认。现奉厅饬，酒捐照旧办理，所请应毋庸议。此批。

（1915 年 8 月 10 日，第 11 版）

江苏省烟酒公卖暂行细则

第一章　征收

第一条　本细则所收烟酒公卖费，遵照部订全国烟酒公卖章程第十条，就产销各地市价暂行加收百分之十二，即十分之一分二厘。

第二条　各区公卖价格由分栈或支栈体察市情，计算成本、捐税、利益，按旬规定，经各分局监察所核准，详报省局，刊布通知。市价如有涨落，得随时规定之。

第三条　公卖费按产地、销地烟酒市价，分征其半。产制未运，因无买卖行为，不在此例。

第四条　贩运烟酒应先投栈，报明数量，由栈派人查验，确实核征公卖费，黏贴印照，填发联单，方有运售之效力。

第五条　公卖费由贩运人随时缴清，如有短欠，归分栈照数垫缴。

第六条　本细则所订烟类，除邻省烟丝输入照章检定价格，加贴印照一道征收外，烟草不论本省外省，输入商店时均由栈检查征费，黏贴印照，制成烟丝，不再重征。

第七条　贩运烟酒出省者，应按起运之区市价，由栈核征公卖费百分之十二，黏贴甲种印照，听其运赴他省。

第八条　凡在本省产地贩运烟酒至销地者，应先按产地市价征收一半公卖费百分之六。俟抵销地，再照销地售价另征销地一半公卖费百分之六。但于产地起运时，应觅店保报明，黏贴丙种印照，在［再］于四联凭单内，注明指销地点及保人牌号、姓名，并加盖红戳，限期运到，将商执凭单一联，陈由销地之分栈、支栈转缴省局核销，另由销地分栈或支栈，加贴乙种印照，方准销售。丙照无单独施行之效用，如有酒卖或偷运出省情弊，照本细则第三十二条第二项办理。（未完）

（1915 年 8 月 10 日，第 11 版）

第三区烟酒公卖分局成立

江苏第三区烟酒公卖分局唐慎坊分局长日前来苏组织分局，业已成立，并已奉到钤记，名曰"江苏省第三区烟酒公卖分局之钤记"，当于七月二十四号启用。并由胥门外大街钱义兴酒行主钱维镇缴纳押款三万元，禀请承充三区酒业公卖分栈经理，已奉省局高局长批准饬知矣。

（1915 年 8 月 11 日，第 7 版）

烟酒公卖分局实行开征

昨日（十号）为江苏第二区烟酒公卖分局实行开征之期，预由谢局长将省局所颁之征收暂行规则发给各分栈。所有烟酒两项之价，由各分栈自行规定。现在本邑境内已经成立之分栈计有五六处，均于昨日开征。其余各县之分支栈，闻亦将继续开办云。

（1915 年 8 月 11 日，第 10 版）

关于烟酒公卖之文告

江苏财政厅江苏省烟酒公卖事务筹备处颁贴文告云：照得苏省烟酒公卖一案，前依部饬设立筹备处，经一再示谕招商组织公卖分栈，以期积极进行。所有苏省公卖费率，亦经电奉部准，暂照十分之一分二厘征收，用示体恤在案。查第一、第二、第三等区分栈已据各该处商人先后来处禀请承办，并遵缴经理押款前来。核与定章相符，亟应准予承充，先行开办。兹定八月十日为实行开办之期，所有营销烟酒均应报知公卖，黏贴印照，征收公卖费，方准销售。倘无印照，即以私论，一经查出，立时惩罚，为此示仰烟酒商店人等一体遵照。

（1915 年 8 月 11 日，第 10 版）

烟酒

讠凡

各国烟酒生税之原因有三：一、烟酒非必需品，且生理上有害于人体之健康，课以重税不至增人民之苦痛；二、烟酒虽为一种嗜好品，然不因嗜好之变迁而减少，或杜绝其消费，课以重税，为较有伸缩力之财源；三、烟酒不问社会之文野，而皆为人类所嗜好，消费之范围广，课以重税，则国库可得多额收入。各国重税之原因，既不外此三者，则我国设局之意，亦自必依据于此。然而今日有一特异之点，则外国烟酒之输入是也。各国烟酒商营业发达，不因重税受困。而我国烟酒商独觉疲滞，若岌岌不可终日者，其故不仅在受各方面生计困难之影响。而中国捐税之所以不能与各国一律者，亦不仅在人民富力之厚薄不同，且有种种特殊之原因在也，财政当局宜于此等处重加注意焉。

（1915 年 8 月 11 日，第 11 版）

酒类商店注意

兹奉省局长示：自各该分栈开办之日起，应限十日内，由各分栈或支栈将所辖区域内烟酒商店存货实数彻底查明，逐贴印照，责成各商店依照公卖费率，投栈缴纳清楚，给单承执，方有运售之效力等谕。本分栈遵于八月十号实行开征，务请各商店尽五日内，将所存白酒实数抄交本栈，以便派人查验，粘贴印照，并将应征公卖费投栈缴纳，望勿自误。特此通告。

江苏省第二区烟酒第一公卖分栈

（1915 年 8 月 12 日，第 1 版）

苏州·烟酒公卖分栈成立

江苏第三区烟酒公卖分栈由省分局长委任钱维镇为经理，已于八月十号成立。是日下午二时，行开幕礼，莅会者吴县知事、警厅长代表及各团体、各烟酒同业领袖。当由分栈经理钱君报告成立及开办宗旨，继由江阴、武进、常熟、吴江等处各代表诵读誓祠，并次第演说，终由经理人诵答谢词，至五句钟散会。

（1915 年 8 月 12 日，第 6、7 版）

杭州·公卖局成立后之温绍酒业厄

温属酒商魏光斗等于本月九号致电浙垣当局云：财政厅烟酒公卖局筹备处钧鉴：冬电敬悉。温属实难再加公卖费，情形有三：一、酒成本每百斤只值二元左右，较绍兴只合四分之一，上年印花捐照绍酒率七成征收，已属不得其平；二、门庄每斤原有三十余文市价，除银水折耗，及正、杂税捐外，仅合洋二分三四，贩运又须减，成为全省酒价之最贱；三、自加倍捐后，销数停滞，已形极点，若再办公卖，必至全体失业。以上三项，实情可查。况永嘉产数年仅十余万坛，酿户八十余家，除各园占有多数外，余户不过一二千坛。生意瘠苦如斯，必蒙体恤，不得已环叩核准公卖费暂行展缓。永嘉酿户魏光斗等全体同叩。佳。

自八月一号浙江烟酒公卖局成立后，绍兴酒捐征收局改组为第五区烟酒公卖分局，仍以杨局长为该分局委员，曾将一切办法公布晓谕。兹于八号绍兴城、镇、乡各酒店均于清晨一律停闭，门首标明"维持营业，整顿价目"八字。探其内容，大约此次颁布烟酒公卖局章程，黄酒每百斤应征费洋八角，土酒每百斤六角，烧酒每百斤一元二角。所有从前牌照税、缸捐、印花捐、附捐及现加之捐，仍须照常缴纳。此外凡有存酒，无论是否低货，均应一律照办缴费。由是各酒商谓重叠加捐，虽可取之吃户，而捐率太高，价格必贵，实于营业大有妨碍。且公卖局既系八月一日开办，法律不溯既往，从前存酒似难追认照加，于是相率停歇，筹商维持所有要求，情形与杭垣酒业停市风潮大略相似。自停市后，遂由商会总理与金知事筹商办法，当由金知事允为设法，并转商公卖局杨委员，暂照省办法通融办理。杨君亦无异议，遂于当晚由商会分发传单，知照各酒号一律照常开市，故今日（九号）各酒肆已照常交易矣。

（1915 年 8 月 12 日，第 7 版）

江苏省烟酒公卖暂行细则（续）

第九条　凡输入或产制之烟酒，即在本县境内销售者，应按各该处市价，由栈核征公卖费百分之十二，黏贴乙种印照。

第十条　贩运烟酒已征过产销地完全公卖费，后粘有甲、乙两种照者，如再运往他处，本省区域内不另征收。

第十一条　酒类由产酿之区域贩运至十斤以上，应赴各分支栈照章缴纳公卖费，贴有乙种印照，方能行销。酿户于十斤以下，不准零售。但酿酒之户如有零售之必要，应照本细则第十二条，另设零沽商店，仍严禁私行运贩。

第十二条　凡酒类产酿之区域，零沽商店运酒至十斤以上，应先赴各分支栈报完公卖费，于储器封口处黏贴乙种印照，方准门市零沽，仍由局栈随时检查，不得以私酒混销。

第十三条　凡他处输入烟丝及各种烟类，认为已完公卖费者，零趸听售，但趸售必以有原贴印照为凭。

第十四条　分栈、支栈代征公卖费，应遵部订栈章第十五条，随时填记四联凭单及日记簿，分别缴存。

第十五条　分栈、支栈代征之公卖费款，按旬或五日结总，誊入收解簿内。如有钱款，应照市价折合银元，连同银钱市价单暨截存代征公卖费凭单两联，填用解单，解赴省分局或监察所兑收掣取批回收单为据。征费支栈按五日一次解交分栈，按旬汇解省分局或监察所。

第十六条　分栈代征公卖费，照部订栈章第十七条，准于征起款内，提给该栈二十分之一。但由支栈经理征收之公卖费，其所应提二十分之一，按十成分摊，分栈得三成，支栈得七成，按月由省分局核发，不得坐扣。

第二章　查缉

第十七条　各种印照应黏贴于烟酒包裹，或盛储器具封口处所，并将种类、数量、月、日填明照内。

第十八条　商店输入烟酒征费贴照□，分栈、支栈得依部订栈章第十三条随时检查，如有疑点，立即报由省分局或监察所核办。

第十九条　省分局监察所对于分栈、支栈得依部订稽查章程第六、第八两条，随时派人巡察监视，并有调阅账记、单据之权。

第二十条　省分局监察所派出巡丁，随时发给巡缉印照，如过大宗私运烟酒不服盘查，得持照就近报告所在地军警协助缉捕。

第二十一条　凡贩运整趸之烟酒，如未黏贴乙种印照，及产酿之区贩酒至十斤以上未贴乙种印照者，均以私论。

第二十二条　烟酒包裹或盛储器具上所贴印照，如有涂改舞弊形迹，得干涉之。

第二十三条　贩运私烟、私酒，警察团首约保人等，以及邻近居户均有干涉举发之权。

第二十四条　征收局卡扞查烟酒饬陈公卖局联单，验明是否相符，如有未贴印照，及趋避情事，准即扣留，知会所在区域内公卖局所核办。

第二十五条　省分局所巡丁未能遍设时，依部订局章第九条，应由各县知事及征收局员同负缉私之责，如遇必要时，得照章商由县知事加派警察，帮同办理。（未完）

(1915 年 8 月 12 日，第 10 版)

苏州·纪三区烟酒公卖事

苏省第三区烟酒公卖分局长唐慎坊，奉委筹备及招商组织公卖分栈各情，已纪昨报。兹悉钱君直缴款请办三区烟酒分栈事宜，预先并未与各商接洽。且钱系烧酒业中人，而兼办烟业，故各商多有反对者。兹将各方面详细情形罗列于后：

第三区管理八县定章：每区招商组织分栈，每县组织支栈。钱维镇，号君直，系无锡县人，在苏州胥门外万年桥大街开设钱义兴恒记烧酒行。日前，钱具禀三区分局，缴纳押款洋三万元，请转详省局核准，委充本区烟酒公卖分栈长，其所缴押款仍须分摊于各县支栈。钱奉委后，即于胥门外小日晖桥醴源公所（即三官殿）设立事务所，布告八县烟酒各业，定于八月十号成立，邀各业到所，会议进行方法。是日，到者仅本帮酒业寥寥无几，烟业无一人到场。在钱以为分栈成立，昨已分催各县商人赶紧组织支栈矣。

征收公卖费定章：印花分甲、乙、丙三种。甲种营销外省者，征收百分之十二；乙种行销本省者，征收百分之六；丙种行销本区者，征收百分之十二。各种均带收四厘，为各支分栈局办公经费，由支分栈于各货产销之处，径行按货征收。发贴、印花所收之款，随时项已由省局高局长另拟组织七省水烟公卖局详请财部核示矣。皮丝烟一项亦已划归上海，暂由商董苏稼秋准试办三月。故三区烟业仅有各项旱烟及净丝等类，以烟酒二业比□税率，酒业应占十分之八云。

苏垣烟业向有公所，设于吴殿直巷宣州会馆内，以王纯甫为董事，王董办理有年，素为同业所信任。自钱请办烟酒公卖分栈事发现后，八县烟业纷纷向王董询问事前曾否会商，王董答以事前毫无消息，大众深为诧异。旋经八县烟业各举代表到苏（武进代表徐与道、姚翠廷，宜兴代表查肃甫、王子栋，无锡代表裴子琴、李保同，江阴代表黄梦周、汤杏生，常熟代表祝君琴、姚右箴，吴江代表潘□伯，昆山代表黄子会，吴县代表王良英、施薇星，总代表王纯甫），连日在公所开会集议。金以烟酒公卖事宜，部章有招商组织分栈之语。所谓招商者，原因官厅与各商多所隔阂，故须招本业商人经理，则此项经理人必得本业中众望素孚者，方能称职。今钱乃烧酒业中人，在社会又未办过何种事业，遽充烟酒二业经理人，事关八县商业，责任重大，我烟业万难承认云云。遂当众议决由各代表等列名公禀分局唐局长，请转详省局长，务将烟业一项另立机关，由本业众商公举公正商人承充分栈长，昨日已上禀矣。

钱君直请办分栈事宜，预先亦未与酒业全体商榷，故发表后，酒业中亦有反对者。武进县酒业代表赵某，昨日到苏谒钱，询问详细办法，并询及三万押款是否摊于各支栈。钱云："目下未便宣布。"赵询问至再，钱云："武进支栈须摊四千元，其余每县四千、三千不等。"赵云："支栈有弊，将此项押款没收，理所当然，设或分栈有弊，亦没收此项押款，岂非支栈代人受过？"钱不答，仅嘱赶紧组织支栈云云。赵代表又谒见分局唐局长，告述酒业中绍酒与本地所产黄酒、烧酒情形各别，若统归一支栈办理，诸多隔阂，拟分类分别办理，唐君亦颇然其说。闻赵君已商之同业等，亦拟于日内上禀请示云。

（1915 年 8 月 13 日，第 6 版）

实行烟酒公卖之文告

江苏省第二区烟酒公卖分局出示云：照得本分局烟酒公卖事宜业于八月十号开征在案，各商店当能恪守定章，依数缴纳。其以前存货，现奉省局转到部令，仍须补征。为此示仰本区属境两业各商号知悉，所有该商号存货，应听主管分栈，尽三日内查明具报，毋许隐匿抗违，致干未便。

（1915 年 8 月 13 日，第 10 版）

江苏省烟酒公卖暂行细则（续）

第三章　处罚

第二十六条　省分局所办事人员，如有实心办事成绩显著者，由省局详请奖励或酌与奖金，办理不力或有他项情弊，应依部订稽查章程第十二三四五等条，由省局察酌，分别执行。

第二十七条　分栈、支栈代征公卖费，如有不照定章、私自增减，或巧立名目、额外索费，照部订稽查章程第十七条处罚。

第二十八条　分栈、支栈如有与本区地域内烟酒商店串同舞弊，或将所获公卖费朦蔽侵蚀及其他妨碍公卖种种行为，经省分局所查明属实，应照部订栈章第二十条办理。

第二十九条　分栈、支栈于本区域内商店查获未贴乙种印之烟酒，应报由省分局所察酌情节，照部订栈章第十八条规定罚金范围处以五十元以上五百元以下之罚金。

第三十条　烟酒商店如不受本区域内分栈、支栈检查，应依第二十九条报明省分局所，照章处罚。

第三十一条　烟酒商店与分栈、支栈串同舞弊，除分栈、支栈照本则第二十八条办理外，并将该商店依第二十九条罚金范围分别处罚，情节重者，从严惩治。

第三十二条　私运烟酒，或有舞弊形迹，一经发觉，得依部订稽查章程第十九条，报经主管局察酌罚办。黏贴丙照烟酒，日久不到，即系中□酒卖，或偷漏出省，应照指销地点公卖费半数，着该保人赔纳，托词延宕，依本细则第三十七条办理。

第三十三条　公卖局巡丁及警察、约保、乡镇团首人等查获私烟、私酒，应照部订稽查章程第十一条，报经主管公卖局变价，一半充公，一半充赏，不得私自处理。邻近举发，得于充赏款内提给赏金，无实据妄报者反坐。

第三十四条　征收局卡查获违法之烟酒，经主管局所查实罚办后，应将处罚之款提半给予该局卡之扦巡人等充赏。

第三十五条　征收局之扦巡及知事署之法警暨乡团警察人等，如有徇情贿纵或借故敲诈情弊，察出由省分局转知该管长官，严行处治。

第三十六条　公卖局巡丁如无巡缉执照，在外妄行职权，或地方痞棍冒充巡丁滋扰，得由被害人赴局报告，均随时送交该区域内之县知事或司法官厅，严行惩办。该巡丁等如有贿纵、吓诈情弊查觉，加等严办。

第三十七条　凡烟酒商店受罚金之处分而延宕不缴者，得发交该管区域内之县知事或司法官厅押追。

第三十八条　省分局所收纳罚金，应随时遵填制定之罚金联单，按月解由省局转储金库报部候拨。

第四章　附则

第三十九条　省分局所办事细则，另订之。

第四十条　本细则凡与部订各项章程未经载明或无抵触者，仍适用之。

第四十一条　本细则如有未尽事宜，或须变更之处，仍得随时详请修正。

第四十二条　本细则俟详奉财政部核准之日公布施行。

（1915 年 8 月 13 日，第 11 版）

镇江·烟酒实行公卖

镇郡烟酒公卖事宜，前经高局长委任王君来镇调查，现已查竣，赴省禀复，准备实行。在镇烟酒各商以公卖一经实行，于营业颇多损害，现拟禀请局长，减轻税厘，以恤商艰。

（1915 年 8 月 14 日，第 7 版）

烟酒公卖之进行

江苏第二区烟酒公卖分局于本月十号开征，由谢局长谕令该两业之承认已设分栈者，缴呈押款，一体开征在案。兹悉皮丝、旱、潮烟等业尚未认定，并一再求减押款，谢局长乃向之开导，闻已就范，日内亦将分别认包云。

（1915 年 8 月 14 日，第 10 版）

扬州·烟酒专卖局将成

江都烟酒专卖局前奉省垣总局委任张介人来扬与周知事筹商设局。张莅扬后，借居南河下袁南生住宅为临时办公所，惟以贸然开征，恐蹈前落地税之覆辙，故于未设局前先与该业商董等磋商办法。高、宝、仪、泰各县亦由张亲往接洽，分栈办法均已略有头绪。原限十日开征，现以手续未备，特禀请总局展限十日。其余各县之分支各栈，亦将继续委人前往开办。

（1915 年 8 月 16 日，第 7 版）

烟酒公卖之进行

江苏第二区烟酒公卖分局长谢惠塘因奉省局长饬知，该分局组织完备后，已据呈报。上海县所属各境内之烟酒两业商人，先后担任承认组织分栈、支栈已有四五处。其余皮丝、旱潮烟、净丝等业，亦将呈报，认设分栈，核其开征手续，已十居其八，尚有一二未经妥洽。烟酒业中存货，亦已饬令加贴印照，核实呈报。在上海境内办理尚称得手，但内地松沪两处辖境曾经规划地段，急应从事调查，方能接续开办等因。故已派员前往，分别调查，一面咨请各该处县知事饬属妥为协助，俟该员到境时，务各派警同往协查云。

（1915 年 8 月 16 日，第 10 版）

烟酒公卖区域未便更张

江苏第二区烟酒公卖分局据第一分栈经理王修庭禀请将规定区域窒碍情形转详示遵等情，当于昨日批答云：禀悉。本区区域业经省局规定，详部立案，未便率请更张，所请应毋庸议。

（1915 年 8 月 22 日，第 10 版）

松江·烟酒公卖之近况

自苏省办理烟酒公卖局以来，烟酒商在沪公同决议招商承办，以本行业为限，松江设立公卖局，由酒商公举张受之君为代表，由凌委员详请局长核准在案。近数日内宣传凌委员受客商运动，再详局长易人办理。酒商恐慌殊甚，而告商会总理闵君瑞之，闵君初疑为谣言，一笑置之。乃日昨凌委员奉到公文咨照商会，果有黄商承办松江烟酒税事宜。酒商大动公愤，到商会力恳闵总理维持。未几，凌委员亦来会，闵君延见，即对委员凌君云："黄君投巨万之保证金，目的何在？贵委员不加体察，贸然详请，外间谣言，殆非无因。总之松江商民甚为纯朴，决不肯学奸商之运动，弟已力劝烟酒两商，听候黄商办理。惟本会以保商为天职，将来或有骚扰商民等事，不能不代为伸冤云。"凌委员曰："此上宪以多钱为贵，余不能不怪，张受之君保证金缴得太少云。"

（1915 年 8 月 23 日，第 7 版）

三志租界烟酒增税之干涉

江苏第二区烟酒公卖分局实行开办后，拟即派员至租界各酒店，调查存货，补征印税。而租界各酒商，则以迩来捐税日增，负担已重，闻已联名投局，禀请免议。事为捕房总巡麦高云君所知，以内地税局派人至租界征税，有违定章，故饬包探王润甫向各酒店查询。乃各酒商均否认其事，以故该探即据情禀复，候再查核。兹闻麦总巡自据包探禀复后，以各酒商虽不认有投局递禀之事，然外间人言藉藉，深恐各酒商别有隐情，不肯吐实。因复饬探前往烟酒公卖局密查，究竟有无前项，公禀以凭核夺。

（1915 年 8 月 23 日，第 10 版）

烟酒公卖分局批示二则

金讲熙禀遵加押款，请承办太仓烟酒公卖分栈由。批：禀悉。太、嘉、宝三县土酒公卖事宜，已据李树勋组织分栈，禀请承充。今该商遵加押款，并经公举承办该县烟酒公卖分栈，足征热心。惟一县设一分栈，部章无此办法，仰即与李树勋协商具复，免涉两□，致生争执。此批。

过庆铭等禀公举经理，组织太仓烟酒公卖分栈请核准由。批：禀悉。已于金讲熙禀内明白批示矣。此批。

（1915 年 8 月 24 日，第 11 版）

烟酒公卖分局批示照录

第一分栈经理王修庭禀陈窒碍缘由批：禀悉。查太、嘉、宝三县组织烟酒公卖分栈一事，前据李树勋根据第六条之规定，认为必要禀请承办，并由该商径禀省局，奉批与沪分栈接洽，暨向本分局协商，详处核夺。业经面饬，该商李树勋先与上海各分栈详订细则，接连一气，俾于公卖进行前途不至窒碍，方可照准。来禀所陈各节，本分局早见及此，毋庸该经理鳃鳃过虑也。此缴。禀存。

（1915 年 8 月 26 日，第 10 版）

镇江·筹备烟酒公卖

镇郡烟酒公卖，前由省垣公卖筹备处委任张君来镇调查筹备。张委抵镇以后，与该业董事磋商月余，现已大致就绪。闻分局行将设立分栈，亦已有端倪矣。

（1915 年 8 月 28 日，第 7 版）

烟酒公卖之困难

烟酒公卖分局自在沪设立以来，除一二酒业已有成议外，西烟一业因其开在法租界民国路者居多，南市仅有德隆彰一家，权力不及，颇难解决。该局主任谢惠塘，系绍兴籍，于绍酒业一项尚有把握，而西烟为陕甘帮，更形隔阂。日前总局长高幼农，因系西帮，拟动以同乡感情，特亲自来沪，与该业协商。乃该业中人以事关全体，无人肯出而担任，以致仍无效果。惟该局筹备期间，原定以本月杪为止，现在将次届满，费用已逾三千金，而征税一层，尚未成立，闻谢主任颇为焦急云。

（1915 年 8 月 27 日，第 10 版）

杭州·酒类存货之减征办法

浙绍等处酱酒业商环请将存货减轻征费一节，兹闻浙财政厅与烟酒公卖局筹办处已函复杭商会，准予通融办理，计核正各条款如下：

一、土酒糟烧存货，照春季查定缸数折半，补缴五成公卖费，准予免其调查，以归简捷。

二、绍酒客烧，凡仅余最后买卖手续之酒，准予通融，照数折半征费。其存场、存栈之酒，仍一律照定章缴费。

三、次酒全年约计一二成，现既照查缸数五成缴费，则次酒免费，应以二十分之一核计，仍须报局验实核数免费，以杜浮冒。

四、绍酒已经售出之礼券，其酒尚存该店者，应由分局验明簿据券根，免其征费，土酒糟烧不在此例。

五、干酱店之土酒精烧存货，系向官酱园之酿户兑出，现既照缸纳费，则此项存酒概括在内，不再缴费。

六、本年照查缸数补缴五成公卖费，准自阳历本年八月底至五年一月止，分六期平均缴纳。

七、应发土酒糟烧、绍酒客烧之公卖印照，准照定数一次发给，以凭检验。

八、次酒及已经售出之礼券绍酒，另由分局发给免费印照，以示区别。

九、历来捐章，每缸作九坛计算，现仍照向章办理。

十、本年照查缸数补缴五成公卖费，系照普通核计而言，如有存酒不止此数，准由各该商自行缴费补报，领贴印照，不以私酒论。倘以无印照之酒销售市场者，仍照定章办理。

（1915 年 8 月 28 日，第 7 版）

杭州·浙京官电请免加酒捐

内务部沈次长、参政院王参政昨（二十五）电浙江巡按使、财政厅长、公卖局长云：绍酒商代表来京以公卖加捐同时并举，商情困苦，未能担负，请同乡会议维持。现经铭等公议，公卖事关部章，该代表等自应遵办。惟六月一日暂加一倍之捐，迹近重征，商力未逮，该代表等请求豁免，尚系实情。除商请财政部并公函新简吴厅长外，特电达台端，可否暂先免追加捐，以苏商困。至祷。沈铭昌、王家襄等敬。

财政厅长接电后，当于次日电，电云：北京内务部沈次长，并转王沈、王章、陈秋桑诸公鉴：敬电祇悉。酒捐加征一倍，六月实行时，因半已运销，按编查缸数，酌加五成。经张前厅长详奉财政部核准，八月起已归公卖局代征，既经诸公商请财部，谨候部示遵行允。寝。印。

（1915 年 8 月 29 日，第 7 版）

扬州·烟酒官卖主任莅扬

扬城烟酒官卖局由张介人来扬组织，并分派人员赴泰东等县组织支栈，均经次第成立。现驻宁烟酒官卖处主任高增秩据张介人报告成立，请予巡视，故于日昨来扬，即由烟酒业董事报告一切，并在商会开会欢迎，一面由张君面陈入手办法。

（1915 年 9 月 1 日，第 7 版）

武汉烟酒公卖之波折

烟酒公卖乃财政部呈准通行全国之要政，日者苏浙等省烟酒商人曾有要求变通办理，或致停市、往返商榷各情事。兹闻武汉烟酒各业商□□问题，亦□□歇业要求之事实，□□□□□□□况如左：

【中略】

二、酒帮。武汉酒类以汾酒（即高粱酒）销路为最大，业此酒之槽坊

115

共五十余家，皆本省人及山陕人所开，因要求不入公栈，于购办原料或按日售货时缴纳公卖费，公卖处绝对不允之，镇槽坊现遂一律闭歇。惟浙、粤帮售酒店铺与一切零沽之店尚在交易，而公卖之进行，则已大为困难。倘久持不决，则百货税、槽头捐、牌照捐俱无所征，于公家损失颇巨，而各酒坊之工人不下千余名失业，尤为可悯。现经财政厅公卖处会饬武汉县知军商会，再四开导，劝谕该商等，或谓清理账目，或谓召盘承顶，或谓力不能支，皆不肯即刻开贸。昨公卖处已据情电告财政部，闻奉复电饬转谕各商，务于九月一日以前复业。若敢坚持抵抗，即筹议由官设酿酒专作坊若干处，或招商领贴新开酿酒槽坊，照公卖章程办理，共反抗停歇各商，即不准复开，若敢生事，则严拿为首者究办。昨王主任已将部电告知商会，请转饬酒商，即日开贸，逾期即照部电办理。闻浙、粤帮之希图专利者，刻正向公卖处运动设立专作槽坊，请禁旧酒商复开，公卖处尚未敢遽允。微闻酒商等亦筹有对待之策，拟数家联为一厂，移设租界，或挂洋旗以与官抗，故亦不惧失业。查汉口有康成酒厂，系巨商刘人祥与法商合股所开，其规模有各酒坊二十倍之大。□只月包税钱五百串，较之酒坊认税，仅及四分之一。现在举行公卖，康成独免重税，此为各酒坊愤而歇业之大原因，亦即激起托庇外人之一根由也。闻公卖处前日犹饬各坊，务于九月一日以前开贸，否则不准复业。现已届期，各坊均置不理。汉口公卖局长李承云乃与商会总协理□□其素与交游之魁星酒坊□□主人开门零沽，以为众倡，欲藉此以破坏其团体，未知能收效否。省城各坊亦未开门，闻有文昌门永泰坊一家因欠钱，店款项无力清还，昨经地方厅标封拍卖，外间多疑为抵制公卖被封云。

（1915 年 9 月 3 日，第 7 版）

查获未贴印照之白酒

江苏第二区烟酒公卖分局谢局长昨出条示云：今据稽查员张廷芳报称：在十六铺地方查获白酒一担，未经粘贴印照，显系私自运销，应即照章充公，以儆效尤。特此布告。

（1915 年 9 月 5 日，第 10 版）

绍酒业分栈又将成立

本邑绍酒业代表章衍前曾具禀苏省第二区烟酒公卖局，请为认办南北市绍酒业公卖事宜组织分栈，并预缴押柜洋四千元，已经省局长核准。既因北市同业反对，章即搁置不办后，又由南市恒豫等续禀请为通融，分划办理，归南市组织第六分栈，愿预缴押柜洋二千元，经谢分局长转详省局长请示办理。旋奉批回，以此事须南北联络，共同组织分栈，方免手续分歧，应即查照前批进行等因。谢分局长奉批之下，即向该业竭力劝导，复由章衍切商各店主，仍照前议，呈缴押柜洋四千元到局，即奉核准，定于日内设立分栈。其南市分栈名义，业已取消矣。

（1915 年 9 月 11 日，第 10 版）

杭州·存酒折半征费之商榷

杭垣酱业春和、聚美、恒记暨各号等，昨致函总商会，略称：查杭县出产土酒糟烧征收公卖费一案，节经沥陈商况，请照春季查定缸数减成征收，业奉核准春酿存酒折半补缴。当业董前赴第一区分局具领印照，乃蒙面谕，所给印照张数，以补缴半费为标准。查各酿户所有春酿之酒，存货尚多，而转兑各干酱店者，除批发零售外，余存亦属不少。存酒既出胎于酿户，印照必要求于酿户，若以折半之缴费定印照之张数，则酿户及各酱店存货势不能不逐坛黏贴，将来出售安保不以私论，于商情实有窒碍之处。盖缴费半折而印照有全给之必要，否则徒有折半之虚名，而无折半之实惠。详绎核准办法，既示以此项存酒概括在内，又印照一次发给，有不再征费等语，则确含有全给之意旨。特为分头调查各酱园酿户及干酱店存货，业经填交者，其数目先行开具清单，仰乞函转公卖筹备处核准，照缸核缸，计坛给照。除次酒免费外，发与酿户，分别黏给，以示公允，而维商业云云。闻总商会已为专函转达公卖筹备处矣。

（1915 年 9 月 12 日，第 7 版）

湖北·酒商停贸现状

武汉汾酒坊停贸抵抗公卖一事，尚未解决，而法华合资之康成酒厂已乘时扩张，营业销路大畅，价值亦骤涨，所酿各酒，较前售价加半。该厂并拟于武昌下新河增设一支厂，恐为官中所阻，已自愿认缴公卖税每月五千串，常年以八个月酿酒计，共年缴四万串。查该厂与酒坊比较，大二十倍，今该厂月认五千，酒坊若据以比较，月认二百五十串，即已足矣。乃官中执定月税五百串之议，岂以华商纳税应倍于洋商乎？惟一般有刘伶癖者，群以酒坊所酿之酒胜于康成所□，仍于各零沽店寻求，各酒贩咸居奇自由涨价，每斤竟售至三百二十文，且搀水焉。

（1915 年 9 月 12 日，第 7 版）

协查私销烟酒

上海县公署接江苏第二区烟酒公卖分局来函，以该局承办烟酒公卖，业已成立，惟开征伊始，诚恐各商有私自运销售卖情事，不得不请为协同检查。特将甲、乙、丙三种印照式样及烟酒种类单随函致送，即查照办□等因。现沈知事已饬地方警察所转饬各区署一体照办矣。

（1915 年 9 月 21 日，第 10 版）

颁发烟酒公卖巡士号衣

江苏第二区烟酒公卖分局自开征以来，每日派往各处调查之员司，均已给有佩章，以示识别。其巡丁衣帽，现亦由省局长颁发到沪，给予穿着。并将巡丁名义改为巡士，号衣用黑布制就，亦用肩章注明某区、某局及号码，其形式与警察相似。

（1915 年 9 月 21 日，第 10 版）

烟酒公卖分局批示

稽查处第一分驻所巡士刘永利、张宝泰在浦面查获赵德大蜜酒一船，计九十四坛，报请核办由。批：禀悉。应将该货如数充公变价后，照章给赏。

（1915 年 9 月 21 日，第 10 版）

烟酒公卖分局批示

江北烧酒运商杨启等禀请规定公卖价格以免暗亏由。批：禀悉。行商不遵公卖价格，私自增损，已据第一分栈禀陈前情，业经明晰批示，并严饬该分栈经理切实调查，如有前项情事，准其指名，禀请究办在案。今该商来禀，以行商抑勒私减为言，可见事非虚饰。如此不明大义，殊于公卖前途，大有窒碍。嗣后如再有此等情事发生，准由该商取具实据，指名举发可也。

（1915 年 9 月 22 日，第 11 版）

检查烟酒两业之存货

江苏第二区烟酒公卖分局开征以来，所有烟酒两业之存货尚未实行检查补征。兹据该两业商一再禀恳求免，未准。刻奉江苏财政厅长饬催，上海县境内烟酒业所认组织之各分栈，应将各商号存货逐一开明呈报，以凭饬速补征。闻谢分局长将于日内派遣员司，发赴各商号，实行检查云。

（1915 年 9 月 23 日，第 10 版）

江西烟酒税之争执

曳泥

本省烟酒公卖自曹树藩主任开办，积极进行，商人以不堪重负，屡思反

119

抗。然全国一律，条例已经公布，各地商会又复极力劝导，咸以非一部分所能为力，商人已无可如何，悻悻而已。在各区委员，因欲赶速实行，早睹生意之发达。而商人对于公卖，虽不敢反抗，但其办法亦颇有数事，为商人所不能承认者。凡各地之业烟酒者，因商会不为出力，均已连合两行，另组公所。一则便与各地函电往来，互探情形；一则凡关公卖之事，由公所交涉，免差役至店铺搔扰。故全省各区，虽经陆续派员分往开办，而实行开捐，即省城之第一区，亦尚无期。其争执之大要，则有二种，即税率及公卖之种类是也。

税率

此次公卖条例虽经公布，而实合有试办之意，故税率规定有百分之二五及百分之一二两种。在商人一面孰不欲取其轻者，以冀负担之减少；在委员必欲取其重者，以冀收入之加多。商会之于官厅，以顺为政，又不肖力为疏通。若如本省之景德镇，属第三区，委员又为商会会长陈庚昌，更无有为商人说话之余地。公卖店已开办，连日加紧，促迫实行，镇商则以第一、二各区犹未开办，第三区正可稍缓。省城闻以税率不定，商人不肯承认，以此延迟，至今尚照常买卖云。

【下略】

(1915 年 9 月 26 日，第 6 版)

湘中之烟酒公卖

湖南烟酒公卖筹备主任员万绳权组织筹备处已经成立，近乃检查厅署卷宗，悉心查阅，并与商会接洽考询，似尚无把握，昨将困难情形会同财政厅缕陈该部矣。

湘省烟酒产额本非丰饶，且品劣价低，商人获利甚薄。前清末造创行税制初，年收数不过六万余元，嗣后年少一年，且多减免。去年七月，奉文推行牌照税。本年四月，复遵部饬加重物品税，实行值十取二，年额二十万元，合之牌照银，较前计增三倍。商民禀求减免及申请歇业之事，时有所闻。值此商业难支、商情摇动之际，复加公卖，不免疑惧交乘、多方抵抗，其难一也。

公卖进行价格加增后，销场必有一番锐减。盖富人先有存品，非瓶罍馨尽，决不沾求；贫户能力无多，非需要亟切，必图节省。须待昂贵之价成为习惯，久藏之物渐次空虚，始能依旧畅销。然而商人只知近利，素乏远谋，偶遇滞销，必更呼吁咨嗟，无术对付，其难二也。

如以全省地方辽阔，不便交通，西南各属名为接壤，其治城彼此相距往往数百里之遥。此次奉文令省设局五，监察所二，合之省、局、都为八区，以七十五县摊之每区，辖县多则十余，少亦七八计，其道里总在数十万方里以上。照章组织公栈、调查产销情形、报告营业状态、征解公费、领发印造、巡缉私烟私酒等事，细密如毛。而谓每区一局员、数司事，能遵章办到一无逾违，纵有绝技奇才，亦难自信，加增区局，添设人员，又限于经费，不能追加，其难三也。

该员于此三者外，又详述用人之难，兢兢过虑。然此皆非湘省独有之困难，各省情形大抵如此也。

（1915 年 9 月 27 日，第 7 版）

杭州·嘉兴冒充委员案之饬查

嘉兴商会函禀财政厅有人冒充厅委，以调查酒坛为名，需索规费，经铁路巡警拘获解省，请从严究办一节。兹闻□厅长查假冒委员、需索规费，均干禁例，既由巡警拘获解省，自应从严究办。惟当时究系如何情形，应先饬该分局查明，据实禀复，以准核办。现已饬行第二区烟酒公卖分局委员陈炳华克日查复。

（1915 年 9 月 28 日，第 7 版）

绍酒认捐之困难

绍酒到申，例须纳起坡捐，前清季年由该业认办，光复后仍继续照认，其时每月不过缴洋五百元。迨至民国二年，每月加征至六百五十元，三年又加三成，每月缴洋八百四十五元。至今年，复加五成，每月缴洋一千二百余元。迨公卖局成立，每坛须征费数角。绍兴酿酒之家为避重就轻计，群议改走洋关，近数月中走洋关者，已觉不少。盖因不特避脱公卖，兼可免报进销，每坛可省数角之故。因此报进销者寥寥，认捐各商以难以支持，进禀求退。闻已将认办机关缩小，寓于北市某处清理余事云。

（1915 年 9 月 28 日，第 10 版）

烟酒公卖分局之批词

江苏省第二区烟酒公卖分局昨日发出征雅堂酒业公所公民王志堃禀营业均遵规定价格，伏求立案颁给示谕由。批云：禀悉。酒归公卖，价格既由公家规定，岂容各商行私自增减，前于第一分栈经理王修庭禀内明白批示在案。兹据该代表禀陈前情，自为维持公卖起见，准予立案，并颁给示谕，一道俾资遵守。嗣后如再有前项情事，定当从严究办，决不姑宽，仰即遵照。此批。

（1915 年 9 月 29 日，第 10 版）

烟酒公卖局之示谕

江苏省第二区烟酒公卖分局昨出示谕云：案据征雅堂烧酒代表王志堃为维持生计营业，切遵规定价格，伏求立案颁给示谕事。窃商等同行二十余家，旧昔整顿行规，屡聚屡散，各行分居南北，或有扰乱，彼此取巧，互相猜忌，血本不保，营业衰败。若再不整顿，何堪设想？爰于征雅堂邀集同业全体，议决十月一日为始，切遵价格。高粱烧一例，会秤均售洋价，烧酒凫卸，悉行磅秤八六折扣。价格、会秤、担头均归同行公租，不准私改价格，暗贴花色。倘有故意紊乱者，得有实据，一经报明分栈，停其提驳，一面议罚洋五十元以充公所经费，缴纳后方准提驳，深虑有蛮横抗议，由分栈禀报钧局长按照部章执法严究。现据同业虽然允约，日久恐失效力，为此伏求立案颁给示谕，俾资遵守，而垂久远，实为德便，禀请前来。据此，查公卖价格，系由本局详请省局规定，岂容各该商私自增减，节经严饬该分栈经理随时严密□查，具报在案。兹据前情，除批准予立案外，合行示谕，仰该业商人一体遵照。嗣后如有前项情事，一经查出，定当指名，详请省局，从严究办，勿谓言之不预也。切切！特示。

（1915 年 9 月 30 日，第 10 版）

酒坊存货须贴印花

本埠江苏第二区烟酒公卖局分栈成立后，境内各酒坊所有存货亟应调查明白，如数黏贴印花。兹该分栈将于日内在城内外详细调查，昨特先派各司事知照各酒商，照数贴足，如有贴而不足，亟应补足。设或隐瞒，一经查出，即当处罚，以免后悔云。

（1915 年 10 月 3 日，第 10 版）

酱园卖酒须贴乙等印照

江苏二区烟酒公卖分局谢分局长以区内酱园向来兼销土黄酒，前经知照各酱园加贴丙等印照在案。兹奉高省局长饬开，以该业贴用丙等印照与定章不符，着即改用乙等印照等因。业经分别饬知后，嗣经各酱园主环求从宽，驳斥不准。兹又函请南商会总协理代为维持。

（1915 年 10 月 3 日，第 10 版）

绍酒业确定税率

江苏第二区烟酒公卖局开征以来，曾由绍酒业南北同行联络组织第六分栈，缴呈押款洋四千元，认包征收在案。兹该业之存货及公卖价格，一时未能妥定，故由代表具呈南商会请为维持。经该会总协理与谢分局长一再磋商办法，闻商家方面已有定议，每坛存货纳税一角二分，到货每坛应缴税洋二角四分。谢分局长已据情禀详省局长，请示核办去后，未蒙允准，饬仍斟酌妥善、实务进行等因。谢局长奉饬之下，刻又酌定为存货每坛应纳税洋一角四分，到货每坛两角八分。至存货一节，应候派员分别点验，各酒商亦多勉力承认矣。

（1915 年 10 月 4 日，第 10 版）

第一区烟酒分栈检查各商店存货[*]

第一区烟酒分栈检查各商店存货，均无抵抗情事，刻已遵章查报。

（1915 年 10 月 7 日，第 3 版）

东三省政坛（二十）

—— 烟酒公卖问题

化险

奉天烟酒公卖局聂汝奎氏前将调查东省烟酒情形回京报告，一切经财政部谕令从速举办。于是聂局长回奉之后，对于设立支局、招商承办支栈各端，著著进行，不遗余力。无如近年来奉省酒烟商因外人设厂制造纸烟，均派员赴产烟地点收买，不经烟商之手，以轻成本。因之各烟商生意大为减色，不过略为收购，以备本省人民吸食而已。其于公卖一层，未闻有何等表示（奉省有英美烟公司之制造厂一座，制造出品较上海、汉口尤多）。烧酒则为东省制造货之大宗，即最偏僻市镇，亦必有烧商一二家。则其出产之畅旺，销路之宽广，不问可知。从前赵次珊初任东督时，整理税务，即从烧商入手。当时订定税率，计每斤纳税东钱一百六十文。此外高粱有税，牲畜有税，行之于今，称便者则以一税之后，概不重征。故也上年增收牌照税，各县烧商未允遵办者，尚居多数。省城各商当时亦经提议，因当局体恤商情，各县又以省商为向背，故概从轻减，始行领照。今甫于领照之后，忽有公卖局发现，又系各省一律举办，未便抗议。而公局催办甚亟，省城各烧商，爰于日前赴省商会集议办法。各烧商均以捐税重叠，必致无利可图，我辈苟停止此业，另寻生理，未始非计。然亦必有人起而经营者，试观商埠界内，某国人已营此业，亦既有年。从前捐税如何缴纳，无从探问，而其卖价便宜，我等已深受其影响。今公卖局对于该商人能否与我等一律办理，尚属疑问。于是遂议定先将此层具禀公卖局，请示明白后，再定办法。多数赞成，现正缮禀投递。闻当时会议之际，有等商人或提议搬入占用地界内，或议请某国人出名，悬其牌号，以为抵制之计。然在稍明大体之人，谓非正当办法，故赞成不多。惟将来结果公卖不均，则抵制之策，亦在所不免矣。

（1915 年 10 月 8 日，第 6 版）

广东·烟酒公卖之消息

烟酒公卖部派主任员王秉必昨赴港调查，二十八号返省，即日会议办法。闻系仿照江苏，先给印照表册与各烟酒商人，准令加价贩卖，沽出烟酒之价值，须据实填注，汇缴该处察核，计每百元应缴税银一十二元。其施行细则，不日即可公布。王主任又以现在之办公地点，规模狭隘，不敷办公，昨特择定一德社之天后宫为办事处所。因该处现有警兵驻扎，乃商准补给搬迁费数百元，令其即日搬迁。

（1915 年 10 月 8 日，第 7 版）

苏州·吴县土黄酒业支栈成立

第三区烟酒公卖分局长唐慎坊详定苏垣土黄酒（即烧酒元燥）准设特别支栈，已纪前报。兹悉该业已举定吴干卿为支栈经理，并举定某某等六人为董事，内部组织就绪，定名为“江苏第三区吴县土黄酒公卖支栈”，即以元妙观内机房殿内为办公所，特于阴历八月二十九日开成立大会。是日苏城内外及二十八市乡酒业同人，到会者颇众。当由经理宣布章程，并公同议定，自阴历九月初五日为始，黄酒加价十二文，计每斤售钱八十八文，每碗二十二文，并定三十文起码，高粱烧酒花色照例增加，零沽二十文起码。嗣后如有紊乱条规，公同议罚。复令各铺行店等速将现存之货花色、数目逐一开报到栈，以便核办。散会后，已由支栈将成立日期呈报分局矣。

（1915 年 10 月 10 日，第 6 版）

绍酒业请减存货征税之允准

本埠烟酒公卖一事，南北市绍酒业曾组织第六分栈，由省局长规定价格，到货每担征收洋四角八分，存货每坛征收洋一角二分。嗣由该业不能应允，曾请南商会总协理向谢分局长商议通融方法，俾存货征税，稍沾便宜，则到货税数，遵照认纳。兹奉省局长核准通融办理，将存货改为每坛征收洋一角零八厘，由商会转知南北市绍酒各同业代表查照，闻已愿允照征矣。

(1915 年 10 月 15 日，第 10 版)

鄂省之警察厅与公卖局

——烟酒公卖问题

鄂省烟酒公卖创办之包税，颇多困难，除汾酒坊已承认包税外，其余各种烟酒，皆按值抽收百分十二之公卖费。武昌南酒帮以为税重难堪，昨复禀恳公卖处酌减。当由王菊丞主任批示，略谓：查本处办理烟酒公卖，原以事属创行，尚未养成习惯，故所征之费已极从轻，来禀所陈窒碍各节，按之事实，殊多不然。即以销路而论，该商等谓"南酒一项，行销于下等社会者居多，彼等对于南酒之原料及造作，知之最详，一旦酒价增昂，势必另购以代"等语，不知烟酒公卖，全国一律，南酒既加，则汾酒各项，岂有不并加之理？若如所陈，则各酒之价俱加，又将以何物代之耶？至所虑南酒价昂，必至使奸商舶运外酒一层，尤为事实之所必无。查洋酒最低者莫如啤酒，尚须数角洋一瓶。南酒即加，岂能超过啤酒？总之商情虽宜体恤，部章尤应恪遵。现在所加之数，实已格外体恤，该商等何得犹有异说云云。现该南酒帮尚有恳请商会代为陈请，必欲达减轻之目的云。

(1915 年 10 月 19 日，第 6 版)

奉天近闻两则·烟酒公卖法之解决

奉省烧商反对公卖一事，经要人将烧行各种困难暨外界勾引各情形详陈按使，当由段兼按使电达中央，并派公卖局长余恭厚赴部面陈，要求通融办理。旋得部中复文，以烟酒公卖，各省一律，系为增收岁入起见，事在必行，奉省岂能独异？但来电所陈困难各端，是系实在情形，应即按照前颁条例，就当地情形酌量变通，望即主持督促进行，总期于收入、商情两无妨碍等语。段兼按使遂邀集财政、政务两厅长会议，爰将公卖应抽之费，援照浙省现办成例，从轻改为百分之十二，所有各县应设之分局支栈，暂缓设立，此项经费统归就近税捐局代征报解。该烧商闻之，大体业已赞同，惟关于贴照、查察等项，尚有所陈请。缘贴照一层，其在当地销售请求免贴，如运出境外，从前本有向各税局请领护照运销之办法，拟请仍照旧章，由税局发给运照，以便稽查。至于歇业减班等类，拟照税捐之例，于季终前在就近税局报告后，下季即停止抽费。闻经段按使饬行财政厅督饬公卖局核议施行，日前公卖局已发出通告，谓烟酒公卖抽费定于十一月一日开征云。

（1915 年 11 月 4 日，第 6 版）

烟酒税收之报解办法 *

前沪海道尹杨晟来省禀知，交卸清楚，当即赴京。江苏烟酒公卖局现奉财政部饬，关于烟酒税收之报解办法如下：（一）各该烟酒公卖收入每月报解一次，不得延欠，由各该局负责；（二）烟酒公卖收入，以总额百分之八十报解国库，以百分之十五充该局办公经费。此项收入系解部专款，无论如何，不得有挪移及截留情事。

（1915 年 11 月 6 日，第 3 版）

酒捐仿照浙省章程办理 *

烟酒公卖高局长现会商财政厅，议定酒捐仿照浙省章程办理，裁去坐买、门销等税。

（1915 年 11 月 10 日，第 3 版）

安徽·烟酒商调查赣税

皖省烟酒商以烟酒将实行公卖厘税，而外加抽十之二五，实难担负。

曾经据情呈由商会转详财政部，请予重议，而恤商艰。嗣经部□以案甫规定，未便遽予变更，仰商会妥为劝导，以便克日开征在案。现该商等以赣省向无旧税，公卖费亦仅抽十分之二，皖省何能独异，故于昨日公举代表赴赣调查，然后定议。

（1915 年 11 月 13 日，第 7 版）

安庆·催完烟酒税之示谕

皖省烟酒公卖开办后，烟酒商遵章完税者寥寥。昨经巡按使公署示谕云：照得皖省公卖规定十之二五，加税两倍在内，业经明白宣布，略将市价提高，费原出自买主，烟类无论丝叶，酒类不分客土，谕尔烟酒各商，务当照完清楚。倘敢籍故抗延，立即按法重处。

（1915 年 11 月 17 日，第 7 版）

苏属改办酒捐详志

改办之原由

苏省本作造酿之烧酒、黄酒，及外来之高粱酒，向有产销税、通过厘金及坐买捐、门销捐，均归各县税务公所征收，并无专局。日前有某君上条陈于财政厅，□陈浙江酒捐办法妥善情形，拟请将前项税捐一律取消，仿照浙江办法，特设酒捐局，另征缸照捐、印花捐两项，办法简单，收入甚巨，并附送施行章程。经财政厅胡厅长派委各员，分赴各处调查酿户及出酒各数，并外来高粱情形，分别列表，送厅查核。原收产销税、通过厘金及坐买、门销各捐每年总数与改办酒捐之数两相比较，改办酒捐可增税一倍有余，似属可行。当即详奉财政部核准，先从苏常、松太办起，俟有成效，再推及于宁镇、江北、徐淮等处饬厅遵照办理。

章程之规定

财政厅胡厅长拟定苏常、松太分设两总局。苏常局设在苏州，管辖吴县、吴江、常熟、昆山、无锡、武进、宜兴、江阴八县。松太局设在松江，管辖华亭、奉贤、金山、上海、南汇、青浦、太仓、嘉定、宝山、崇明十县。每县设一分局，受总局节制。每县划分数区，每区选一董事，一切局用经费，均在征起捐款内核实开支。

收捐之办法

原有烧酒、黄酒及外来高粱酒之产销税、通过厘金、坐买捐、门销捐一律停免，改办酒捐。另征酿户缸照捐及印花捐两种，由局会同董事调查酿户缸数，按缸给照，计每缸酿酒五百斤以内者，捐银两角。倘每缸不止五百斤者，以此类推，按斤增加。其印花捐亦由局会董至开酿人家查明缸数，计算坛头，发贴印花。如烧酒、高粱每坛五十斤者，捐银三角二分四厘，黄酒每坛五十斤者，捐银二角一分六厘，此系本销印花。如系运销出省者，另贴出运印花捐数，均照前数加一倍。倘有偷漏匿报，须十倍罚惩。

局所之组织

苏常酒捐总局局长经胡厅长派委前清候补知县张承德充任（松太局已委姚鸿淦为局长往松组织矣），并颁发木质钤记一颗，名曰"苏常酒捐局之钤记"。张君奉委后，即在苏城柳巷中设立局所，于十一月十一号开始办公，并启用钤记，将内部人员如文牍、会计、庶务、调查各员先行分别派定，一面将收捐章制编成白话，颁示通告。局长查得吴县所属之横泾镇、渡村、蠡市一带乡民，大半造酿烧酒，为产酒大宗之区，事务较繁，应在横泾镇特设分局一所，连同八县分局，共应组织分局九所。昨已酌议总、分各局办事章程，并酌保堪任分局长各员，一并具详财政厅核示。其吴县所属各市乡，业经张局长议定城市、浒关、木渎、甪直、东山、西山六处，划为六区，各设酒捐董事一人。横泾、渡村、蠡市三区，亦各设董事一人。日内正与各商等接洽互商，遴选相当之人派任董事，一俟议定，即行发表。

（1915 年 11 月 18 日，第 6 版）

镇江·警察协查私烟酒

丹徒章知事接准江苏烟酒公卖局函称：苏省烟酒公卖事宜业已分区组织分栈，渐次开始征费。至巡缉私烟酒，照章得由军警协助。除由省区各局各按主管区域选派巡丁，发给执照携带随地稽查外，相应检取缉私执照式样，及甲、乙、丙三种印照式样，函送贵知事转饬各警区乡团局查照。遇有缉私事宜，照章协助。如有途经烟类、酒类，其重量应行征费者，亦可按照程则规定察视单照，细加查询，用杜私运、偷漏诸弊云云。章知事已分饬各市乡警区遵照办理矣。

（1915 年 11 月 21 日，第 7 版）

设立酒捐分局之开始

本邑土酒、黄酒等项向由该业商人自投税务公所纳税，或自行认办在案。兹经北京财政部饬知各省财政厅长派员专设酒捐公局，照缸数多寡为纳捐准则，每省设总局，每县设分局等因。江苏财政厅胡厅长核定苏省在松江地方设立总局开征，另在各县设分局，而以沪海道属各处先行开征试办。上海分局长已委任姚涤源来沪，在南市里毛家弄设局开办。旋经财政厅饬知税务所长，将该业应征税率案卷移交该局长接收，以凭调查缸数，核实开征云。

（1915 年 11 月 22 日，第 10 版）

酒捐改征续志

上海酒捐分局成立后，经该局长姚涤源将税务总公所移交到局之经征酒税案卷稽核清楚，即变更名义为缸捐，先从调查四乡酒作坊、酱园缸数为入手办法，经纪前报。兹闻此事，经省中总局以上海为通商码头，店铺较他处为多，征捐一节，不可草率从事，必须与该业和衷商权，俾得照前次认数，酌加数成。故连日姚局长正与该业代表磋商办理，闻该代表等抱定减捐宗旨，双方意见尚未合宜，故开征之期，尚难预定也。

（1915 年 11 月 24 日，第 10 版）

芜湖烟酒公卖近讯

芜湖烟酒公卖。日前李巡按使颁发示谕，仍坚持值百抽二十五，即日开征，并有"倘敢借故抗延，立即按法重处"等语。烟酒两业商民，以苏、宁、赣、鄂等省，悉照值百抽十二，皖省何能独异。前日公议，宁全体可歇，不受苛征。兹将近日关于烟酒公卖之函电汇录于左：

商会致第三区公卖分局函：芜湖烟酒公卖一案，两业争持，价格迄未定议。兹据烟业吴义隆、王积泰等，酒业元太昌、曹恒丰等全体公议，以国家现办烟酒公卖章程，本多可驳，而于我芜邑尤多重楼叠阁之弊。乃现在本省总局规定，本省公卖费须征百之二十五，相持至今，犹非十之二不可，屡次文告，似有实行强迫之意。兹经两帮公议，仍请总会转向分局求请照邻省百分抽十二定案，即日开征。如不能邀准，即请通详大宪，限商等四个月期间将货物、器具变卖后，一律歇业，以仰体政府寓禁于征之至意。公同决定，报告前来，用特据情函达，即祈贵局长查核施行。

（1915 年 11 月 27 日，第 6 版）

安庆·烟酒公卖之困难

皖省烟酒公卖自闻办以来，毫无起色。而各烟酒商均以税则过重，不愿担负，多来省恳求减税。如桐城、汤镇，则更起有捣毁支栈等种种风潮。近又闻九江日商某洋行买办日人山本，以安徽、江西烟税过重，每价百元收税三四十元，无人来买。因在该行设立大栈，由该处领事在关完纳子口半税，每价百元完二元五角，专收江西、安徽两省烟叶。曾经公卖局详请财政厅阻止，乃日人坚执不允，税局亦尚无对付之策。并闻芜湖日商亦有设立烟栈之说云。

（1915 年 11 月 29 日，第 7 版）

济南·烟酒公卖局近事

历城县酒商岐昌等号联名禀控烟酒公卖栈经理侯承恩假公害民，派捐不公，曾经巡按使咨饬公卖总局、财政厅会委确查在案。兹该栈经理侯承恩以能力薄弱，不足胜任，禀恳公卖总局请饬公卖栈另举经理，以重要公。昨奉总局批示，谓：查该经理被控之案尚未解决，纵欲告退，应俟此案终了后，再行禀请核示，仰即照常经理，完全负责，毋得遽萌退志，是为至要。又闻第一区烟酒公卖局遵照规章，拟订本区各酒公卖划一价额，已于昨日通榜周知。计干酒每斤连公卖费京钱四百文，各种药酒每斤连公卖费京钱四百八十文，兰陵酒每瓶连公卖费京钱一千四百文。

（1915 年 12 月 1 日，第 7 版）

烟酒公卖收额

湘省烟酒公卖费于十月一号开始征收以来，收额有限。各区收入之数，自十月一号起至三十号止，全月公卖费已经先后解省，其总额为一万九千四百九十七元四角。昨经财政厅长会同该局长造册解部，并一面详报沈巡按使查核。

（1915 年 12 月 5 日，第 7 版）

芜湖催征烟酒公卖费[*]

【上略】

芜湖烟酒公卖因征收较他省倍增，两业商民迄今尚未遵办。前日代理第三区烟酒公卖分局长韦楚荣奉省局饬文，略云：照得第三区分局招商承办烟酒公卖分栈，业已据报成立，应即克日开征，以裕收入。兹派韦委员楚荣前往该区督催开征，合行饬委该员即便前往，传谕烟酒各商等务照十分之二完纳公卖费，毋得藉词狡展，致干强制执行。仰即会同芜湖县迅速办理，仍将开征情形具报候核。

（1915 年 12 月 8 日，第 6 版）

苏州·酒捐局长辞职另委

苏常酒捐总局张啸风局长，因苏城酒商纷纷开会，发电抵抗，风潮未已，且绍帮酒商因拘送瑞龙泰烧酒偷税事（详情另列），亦相继反对，办事诸多棘手，遂萌退志，赴省而请辞职。当经财厅长慰留，张君再二力陈，始邀允准，另调他差，所遗苏常酒捐局长差，即委苏州税务所长叶汀松兼代，昨已分别下委。闻叶君奉委后，已与张君接洽，定本月十六日交接。

（1915 年 12 月 9 日，第 6 版）

苏州·酒捐局实行取消

财政部饬令将苏省各酒捐局一并取消，所有酒捐仍归各处厘捐税务公所各按地段兼办。经财政厅胡厅长饬令，苏常酒捐局张啸风局长将文卷等项一并移交苏州税务公所接管，并将撤局日期具报。现张局长于十二月十三号，已将钤记、文册、卷件一并移交苏州税务所叶汀松所长接收。叶所长亦于十四号出示通告酒商，略谓：各酒捐局奉文取消，改归税务公所兼办，所有苏州城乡土造黄酒一业应纳捐税，仍由原业各董□理即速来所接洽。现当造酒之时，尔大小各酿户，务各照常开酿，勿再观望，自误营业云云。

（1915 年 12 月 18 日，第 7 版）

征收烟酒牌照税之文告

上海县知事沈君昨日出示云：照得征收贩卖烟酒特许牌照，奉饬每年分二期完纳，第一期一月一日起至一月末日为止，第二期七月一日起至七月末日为止。兹届开办民国五年第一期征收贩卖烟酒特许牌照税银，遵照定章，以一月一日起至一月末日为限。务望贩卖烟酒各商于一月限内，赴本公署请领民国五年第一期牌照营业。除详报外，合行出示晓谕，为此示

133

仰整卖、零卖烟酒各店商遵照，一律自民国五年一月一日即阴历十一月二十六日起，至一月末日即十二月二十七日止，赴本公署请领第一期牌照营业。案关部饬，毋稍观望，如有逾限，定干照章罚办。毋违。

（1915 年 12 月 18 日，第 11 版）

芜湖烟酒公卖讯 *

芜湖烟酒公卖刻已议定值百抽收二十，业于本月十四日开征，先将各栈存货查明补抽。嗣后烟酒各号提单、关票，须送第三区公卖分栈盖戳，方准提货。

（1915 年 12 月 20 日，第 6 版）

扬州·取消酒捐通告

自烟酒专卖后，又有征收酒捐之举。扬城业经先后设立公卖局、酒捐局等机关，按章收税。现闻财政部因机关重复，着将酒捐局裁撤，业已咨省通饬，将酒捐取消矣。

（1915 年 12 月 22 日，第 7 版）

全国烟酒公卖局改为烟酒事务署 *

【上略】

〔北京电〕全国烟酒公卖局改为烟酒事务署。

（1916 年 1 月 3 日，第 2 版）

扬州·酒捐照旧征收

酒捐归并公卖局征收，曾志前报。现因捐率未能划一，经上峰筹议，定于三月间实行。昨县公署特饬城厢酒捐征收委员一律照常征收，并出示晓谕，各槽坊酒铺遵照缴纳。

（1916 年 1 月 5 日，第 7 版）

东省烟酒风潮渐平

化险

吉林烟酒之公卖风潮，余已屡志本报矣。现该地酒商已开火造酒，其风潮平息之内容，据吉林函称：自烟酒公卖局组立以来，全省烧商群议减轻税则，一面通知本行止烧，而禀牍盈尺，会议殆无虚夕，然终无良好结果。旋经齐忠甲等绅士上书巡按暨财政厅，分条缕陈，极蒙嘉纳。乃规定每筒烧酒日以四百斤为率，照百斤征收大洋一元二角交纳统税，不设公卖分栈。该烧行应征之牲畜、货牙、营业、糖捐、斗税等五项杂税，按每筒月统征钱七十五吊。烧商较前便利甚多，因各烧行每筒日出酒少则五百余斤，多可六百余斤。至牲畜一项，烧商若照实征收，此项月有七八十吊。此事系行政界会同商务总会等表决签押也。据该酒商团体名（吉林酒商研究所）者近发表其规定条约，略云：吉林系杂居区域，各埠洋烧林立，酒商实受影响，困难情形，炭不自支，曷堪公卖，然犹力允划一。查公卖分局支栈联单、印照等项烦扰，不独烧商请求撤销，即士绅齐忠甲等亦为陈词。按宪深体民隐，饬行政界与烧商会议在案，于十二月二十日警察厅行政科员赵景明，财政厅科长钱夒，吉林县总务科长朱邦达，公卖第一区分局王义、二区分局金瑞，征收局吴克伊，商会总理冯兰秀、苗经魁、何其章，在商务会会同烧商代表鲁国鼎等议定规约如下文：

（一）烧锅每班得酒四百斤，按班纳公卖费大洋四元八角，公卖费按两月一缴。

（二）牲畜税按每筒按年纳杂税钱七十五吊，随筒课交纳，两筒照加，其从前未缴者应一律补纳。

（三）其吉、长两县从前并无包税，准自五年一月起纳，已有者照补。

（四）公卖费阳历十月二十日起交。

（五）仍遵前议，取消分局支栈，归各税捐征收。

以上公同表决签押，一面由行政各界委员详请按宪立案，一面由烧商电知各烧号开火造酒。

滨江消息云：滨江县署亦于昨日奉吉林巡按署饬开：转奉财政部咨开：查烟酒公卖，乃前呈奉大总统批准公布施行在案，全国一律，事在必行。且烟酒属消耗之品，重税本不为苛。是以各国履行专卖，不许私人营业，法美意良。况其宗旨为官督商消，负担经费系属间接取偿于消耗之人，于商家亦无妨碍。嗣后无论商家如何，各分局应照章办理，积极进行，以重权政等因。县知事张兰君接此札后，恐公卖局一经实行，各酒商再起反对，于市面不无影响。当赴商会，将酒商代表五人尽行招至，面为开导，略谓：国家当此财政困难之际，凡我国民，皆应量力输将。况此项公卖，本出诸沽酒之人，于各商家并无丝毫之损失，何苦出而反对，为沽酒者节省财力？且烟酒之税，各国无不加重，此地逼近租界，诸君岂未见俄国之酒价乎云云。闻各代表尚不允承认也。

(1916 年 1 月 9 日，第 6 版)

杭州·减轻酒捐之难望

杭、嘉、湖三属酒商禀请取消加征酒捐章程一节，兹闻屈使已批驳不准，略谓：酒类为消耗品，各国税则不厌重征，早奉明令，不准商民要求轻减在案。浙省酒类，自上年六月一日起，加征一倍，列入专款，报解中央。本年部派认款有增无减，此项酒类倍捐关系专款要需，万无启请轻减之理。苏省情形如何，姑不具论，第各省货物捐率轻重，容有稍歧。该商等应勉体时艰，照章缴纳，所请碍难准行，仍候财政、农商两部核示。

(1916 年 1 月 11 日，第 7 版)

绍酒公卖费拟在产地征收

江苏省烟酒公卖局长高幼农以沪地绍酒业虽已设有分栈，惟公卖费分文未收，此中必另有周折。现拟仿照浙省茧捐办法，由浙省产地公卖局将沪地应收销地公卖费一次征足，再行划归沪局转解。业已饬知上海谢分局长妥议呈复，以凭核办。

(1916 年 1 月 13 日，第 10 版)

催议酒税问题

沪上所销之绍兴酒，自设立第二区烟酒公卖分局以来，该业并未遵章缴费。闻均报由洋关运沪至租界，起岸分销，故由省局长拟照浙省茧捐办法，就绍兴产地将产、销两税一次收足。曾经饬知上海谢分局长函致商会，转知该业经理所组之第六分栈核议呈复在案。兹因日久尚未答复，又商请商会迅即转催，毋再延缓云。

（1916 年 1 月 19 日，第 11 版）

江苏省烟酒公卖暂行细则驳议（崇通海泰总商会稿）

第一条　本细则所征收烟酒公卖费，遵照部订全国烟酒公卖章程第十条，就产销各地市价暂行加收百分之十二，即十分之一分二厘。

（规定一税之后，通行全国，不再重征，本条当然修改。）

第二条　各区公卖价格由分栈或支栈体察市情，计算成本、捐税、利益，按旬规定，经各分卖监察所核准，详报省局刊布通知。市价如有涨落，得随时规定之。

（盐价卖买，均由官定，无市价涨落，所以行之数千年，相安无异。果如烟酒实行公卖，买卖价格均由官定，犹可言也。若商人出资营业，买价犹商人自定，卖价须由官定，试问如何定价？本条"市价如有涨落，得随时规定之"二语，在表面观之，似与商人营业尚无窒碍。而细译上文"经分局核准，详报省局刊布通知"等语，烟酒市价各地不同，时有涨落，买卖价格无日不在请示之中。商人以营利为目的，明明今日之货可以获利，欲涨价而不得；明明今日之货减价出售可以脱手，不致大亏其本，欲减价而不得。不知代为经理之分、支栈经理人是否负盈亏完全责任？以必不可行之事而着为定章，颁行全国，省章更从而附和之，法理、商情、习惯概置不问，自有章程以来，未闻有舍习惯、人情，而可以定为法规者也。部章修改后，本条当然取消。）

第三条　公卖费按产地、烟酒市价分征其半，产制未运时，无买卖行

137

为，不在此例。

（产销分征，最多流弊。本条又定产销分征，不知是何命意？殆又是比较考成之关系欤。应请取消。）

第六条　本细则所订烟类，除邻省烟丝输入，照章检定价格，加贴印照，一道征收。烟草不论本省、外省，输入商店时，均由栈检查收费，黏贴印照，制成烟丝，不再重征。

（查"邻省烟丝输入，加贴印照，一道"等语，如果改为"产地一次税足，通行全国，不再重征"，本条当然取消。又"烟草不论本省、外省，输入商店时，均由栈检查收费，黏贴印照，制成烟丝，不再重征"等语，此又部章所无，而江苏省章特定，绝对抵触之条文也。无论何种烟丝，均烟草制成。照本条所定，本省、外省输入烟草，均已收费，黏照何以？又有第四条、第七条之规定是烟草一税，烟丝再税，无一种烟丝不是重征。所谓不重征者，试问如何区别？明知烟草制成烟丝之时，印照已不能存在，而故违部章，特定此重征之例，恐无印以昭大信于商人。烟酒为相对的消耗品，虽烟酒重征，世界通例，而我国厘金未裁、进口税未改，外国烟酒进口税均不足值百抽五。为渊驱鱼，不能不稍稍顾及。应请取消，以免重征。）

第七条　贩运烟酒出省者，应按起运之区市价，由栈核征公卖费百分之十二，黏贴甲种印照，听其起运赴他省。

（如果改为产地一次收足，通行全国，不再重征，本条当然取消。）

（1916 年 1 月 21 日，第 11 版）

江苏省烟酒公卖暂行细则驳议（续）（崇通海泰总商会稿）

第八条　凡在本省贩运烟酒至销地者，应先按产地市价征收一半公卖费百分之六，俟抵销地，再照销地售价另增销地一半公卖费百分之六。但于产地起运时，应觅店保，报明粘贴丙□印照，在于四联凭单内注明指销地点及保人牌号、姓名，并加细戳，限期运到。将商执凭单一联陈由销地之分栈、支栈转缴省局核销，另由销地分栈或支栈加贴乙种印照，方准销售。丙照无单独施行之效用，如有酒卖或偷运出省情弊，照本细则第三十二条第二项办理。

（因产销分征关系，责令烟酒商人觅取店保，又天下必不通行之事。与其如此烦苛，何不产销并征之为得也？一税之后，通行全国，不再重征，利于国、利于商，所不利者，征收人员耳。应请提出修正，以杜纷扰。甲种印照、乙种印照、丙种印照，商人如何分得清楚？一言以蔽之曰：惟有刻刻受罚而已。）

第九条　输入或产制之烟酒，即在本县境内销售者，应按照各该处市价，由栈核征公卖费百分之十二，粘贴乙种印照。

（根本解决后当然取消。）

第十条　运贩烟酒已征过产销地完全公卖费后，粘贴有甲、乙、丙种印照者，如再运往他处，本省区域内，不另征收。

（贴甲、乙、丙三种印照，要费多少手续？立法之坏，未有甚于此者。司扦舞弊敲诈，惟此等章程最为得计。）

第十一条　酒类由酿产之区域贩运至十斤以上，应赴各分、支栈遵章纳缴公卖费，贴用乙种印照，方能行销；酿户于十斤以下，不准零售。

（酿户门售只能照缸收税，万无限制十斤以上、十斤以下之理，此条应修正。）

第十二条　凡酒类产酿之区域，零沽商店运酒至十斤以上，应先赴各分、支栈报完公卖费，于储器封口处粘贴乙种印照，方准门市零沽。仍由局栈随时检查，不得以私酒混销。

（按本条意义，似专指零卖土酒之商店，然此等小商人各种酒均卖，甚难稽查。）

第十三条　凡他处输入烟丝及各种酒类，认为已完公卖费者，零趸听售，但趸售必以有原黏印照为凭。

（本条与十一、十二两条甚难区别，则十斤以下之酒类准卖与不准卖，必致无从措手。立法不善，此等困难问题断无法解决，惟有徒滋纷扰而已。）

第二十条　省分局监察对于派出巡丁，随时发给巡缉印照，如遇大宗私运烟酒不服盘查，得持照就近报告所在地军警协助缉捕。

（军警协助缉捕漏税者，罪不致此。况军警干涉，烟酒商尚有□类乎。）

（1916 年 1 月 24 日，第 11 版）

江苏省烟酒公卖暂行细则驳议（再续）（崇通海泰总商会稿）

第二十三条　贩运私酒，警察、团首、约保人等以及邻近居户均有干涉举发之权。

（军警干涉，加以团首、约保、邻近居户，所谓人人得而干涉之是也，恐古今中外无此税法。）

第二十五条　省分局所巡丁未能遍设时，依部订局章第九条，应由各县知事及征收局员同负缉私之责，如遇必要时，得照章商由县知事加派警察帮同办理。

（征收局员同负缉私之责足矣，何必有遍设巡丁之规定。多一巡丁，即多一舞弊之人，立法不可不慎。）

第二十九条　分栈、支栈于本区域内商店查获未贴乙种印照之烟酒，应报由省分局所察酌情节，照部订栈章十八条规定罚金范围，处以五十元以上、五百元以下之罚金。

（一次税足通行全国，不再重征。此等条文当然取消，岂不省事？）

第三十二条　私运烟酒或有舞弊形迹，一经发觉，得依部订稽查章程第十九条，报经主管局察酌罚办。粘贴丙种印照烟酒日久不到，即系中途酒卖或偷漏出省，应照指销地点公卖费半数，着落保人赔纳，托词延宕，依本细则第二十七条办理。

（产销并征，通行全国。种种苛例，均可删除。中途酒卖，既要着落保人赔纳，何不产销并征，非特丝毫不漏，省却多少烦扰，岂立法者之意？正税之外，目的又在罚款耶？）

第三十三条　公卖局巡丁及警察、约保、乡镇团首人等查获私烟私酒，应照部订稽查章程第十一条，报经主管公卖局，变价一半充公、一半充赏，不得私自理处。邻近举发，得于充赏款内提给赏金，无实据妄报者反坐。

（巡丁、警察、约保、乡镇团首人等缉私权，自有法律以来，未见有如此规定。况一半充公、一半充赏，大开敲诈之门。虽有妄报者反坐及第三十六条之规定，恐无以善其后也。）

（1916 年 1 月 25 日，第 11 版）

镇江·催换烟酒牌照

自烟酒牌照税实行以来，业已一载期满，各商所领牌照照章应再换领。现知事已接财政厅饬发牌照，故特咨行商会转令各烟酒商遵饬，缴费换照，以一月三十日为限。

（1916年2月7日，第7版）

广东·酒税改章之电咨

粤省张巡按致北京政事堂、财政部电云：粤省酒税办法屡变，初由商局代收代缴，次改设官局督办，上年五月复改由商人刘德谱包办，年缴饷一百八十万元。适构水灾，收入锐减，欠饷颇巨，该商迭请退办。经前兼代巡按使龙觐光体察情形，核准宽减灾月饷项，饬令继续办理，咨报有案。该商旋因实行公卖税费并征，商力未逮，办理困难，复申退办之请。经核准于本年一月一日起收回官办，收数迄无起色。查粤省向来办法，系按酒饭征税，其弊有三：原定饭坛以内容三十六斤为限，通坛以三十斤为限，每饭三坛，出酒一坛，故计三坛之饭税，一坛之酒，近则商人将饭坛加大，可容五十斤，出酒增多，漏税甚巨，此其一；原定每次造饭距出酒时为三十日，此三十日之间，饭未加多，税不加收，近则商人能以他种药力速其出酒，只需两旬，腾出十日之期，另造新饭，不另报税，此其二；税局查点饭数，只能行之甑户，而饭之寄顿，则无定所稽查，有时而穷税课得以幸免，此其三。有此三弊，无怪税收日趋短绌。且此种税法必须逐日清点、按户搜查，手续既涉纷繁，骚扰在所不免。鸣岐博考详咨，拟改为计甑抽税，大致先查甑户，次查甑数，按甑之大小，核其出酒之多寡，定为纳税之数目。税额核定，按期投纳，非有停甑、加甑，无须再行查点，则骚扰之弊可除，而税项亦不致偷漏。兹拟在巡按使署附设酒税处，鸣岐自任督办，委财政厅长蒋继伊、粤海关监督孔昭焱为总办，淬厉进行，成效或有可睹。至该处经费及一切征收费用，即查照从前官办时经部核定成案，在收入税项内提支百分之十六，以资办公。除督饬妥订，详章另文咨报外，谨乞大部察核立案示复。

（1916 年 2 月 17 日，第 7 版）

烟酒牌照税仍归县署征收

烟酒牌照税前由江苏财政厅长饬知上海县知事于三月一日起归并松沪第二区烟酒公卖分局办理，曾纪前报。兹闻齐巡按使近奉财政部饬催开办普通营业牌照税，着即饬县会同商会分等开征等因。则前项烟酒牌照税，仍应隶属行政范围，由齐使与省长高君及部委专查烟酒公卖事宜之黎宗义一再磋商，决定烟酒牌照税仍归县知事公署征收。惟酒捐局名义已奉令撤除，现应归并公卖局稽征。业已饬由财政厅长分饬上海县沈知事及税务公所吴所长、烟酒公卖分局谢局长等一体遵办。

（1916 年 2 月 23 日，第 10 版）

关于烟酒公卖之部批

上年十一月间，各省商会联合会临时会议提出烟酒公卖议案。闭会后，由联合会总事务所汇集各种意见，禀请农商部采择施行。兹奉农商部批开：前据全国商会联合会总事务所禀送《烟酒公卖暂行简章驳议意见书》等五种，乞采择施行等情。经本部咨行全国烟酒事务署核办去后，兹准复函查□：商会等所陈驳议意见书五种，均经本署详细核阅。驳议各条，其主旨不外取消旧税名目，制订划一税则，实行公卖。其余均系关于征收手续之争论，或于立法意旨尚未明了，均无关紧要。查烟酒两项，本属奢侈之品，各国税率之重，多有超过于原价以上者。我国幅员之广，人口之众，而烟酒两税之收入每年仅数百万，税率之轻，尚有不及十与一之比例，与一般必需品之负担比较，实属有背租税公平之原则。是以政府特设公卖办法，务期实行官督商销，稽查产销之确数，以谋整理旧有税捐。本拟一律归并，由产地一次征收，而各地方商民又纷纷藉口成本过重，货物不能销行，势不能不暂时分别征收，使其负担匀配于产运各地，以便商情。归并税捐、统一税率，本属本署计划范围以内之事项，特为维持商情

起见，进行不能不有次第耳。至关于征收手续，本署自应严饬各省公卖
局，督饬所属，无稍苛扰，法规如确有不适商情之处，亦当随时变通办
理，咨请转饬遵照等因。现总事务所已录批，通告各省事务所、总商会转
函各分会一体知照。

（1916 年 2 月 24 日，第 10 版）

税务公所批示

绍酒业代表冯世恩等禀批：查认税期内完税之绍酒，其出运期间，前
据该业具禀到所，当经批令以二月十五日为止，已属格外从宽。迄今限期
已逾，何得藉口积酒数巨，遽请收回成命，殊属不合所请，着不准行。
此批。

（1916 年 2 月 24 日，第 11 版）

酒捐照旧征收

江苏全省烟酒公卖局高局长复上海全省酒业公会代表朱卿钰电云：该
商等于国税商情，统筹兼顾，力持大局，甚为佩慰。现在滇黔不靖，商情
困难，若实行归并，不能不少有参差，该商等所虑亦是。本局长奉差以
来，于征收国税之中无刻不以体恤商情为念。现虽酒捐归并公卖局，不过
与财政厅划分，暂时由各县知事、各税所仍照旧章，代为征收，俟时局平
靖，再议更张，以恤商艰。江苏烟酒公卖局。养。

（1916 年 2 月 27 日，第 10 版）

镇江·烟酒牌税之调查

丹徒县章知事以近来兼售烟酒之铺，时有不纳捐税、不领牌照、私行
售卖之事，昨特饬烟酒牌照税王委员驰赴城乡各处，会同就地警察分别抽
查，以重税务。

（1916 年 3 月 8 日，第 7 版）

农商部拟加茶、烟、酒税 *

【上略】

〔北京电〕农商部拟加茶、烟、酒税，并试征女子奢侈品等税，刻在筹议中。

【下略】

(1916 年 3 月 9 日，第 2 版)

苏州·私贩烟酒须罚

苏州烟酒公卖局接省局长发下查获私贩烟酒之罚则、细则、章程十一条，因前次部订烟酒章程均取概括主义，未免略而不备。兹因鲁、直等省公卖局对于惩罚私贩烟酒等事，均另订单行规则，自应援案办理。乃就经过事实及部章各条，酌订惩罚规则十一条，分行各县一律遵守，并令出示晓谕商民周知，分局长唐慎坊刻已照办矣。

(1916 年 3 月 9 日，第 6、7 版)

苏州·增加烟酒公卖税额

本年预算表列全国烟酒公卖税二千万元，内苏省应摊认八千万元。经公卖省局长与财政厅胡厅长商定分摊各区办法，苏常第三区每年应认解十五万元。三区分局长唐慎坊君与烟业分栈经理王慎甫、酒业经理钱钧石及八县支栈各经理等公同筹商，拟定烧酒、黄酒、绍酒各业共认十万元，烟业认定五万元，甫经就绪。

昨日又接省局财厅饬文，以第三区烟酒公卖税额应加摊五万元，每年须认解二十万元云云。各经理等以上年烟酒二项销路仅及往年四、五成之数，当此时局，商情困难，达于极点，年认十五万元已属勉力，若再遽增五万，商力实有未逮。已与唐分局长赴宁面谒高局长，请为免予增加，不识能达目的否。

（1916 年 3 月 14 日，第 7 版）

山东·设立烟酒查验处

历城烟酒公卖栈为稽查偷漏起见，昨详准公卖总局，拟在商埠各圩门各设查验处一所。近已妥订查验办法六条，由局核定公布矣。

（1916 年 3 月 15 日，第 7 版）

财政部定各省烟酒税每斤再加三厘*

【上略】

〔北京电〕财政部定各省烟酒税每斤再加三厘，四月朔实行。

【下略】

（1916 年 3 月 17 日，第 2 版）

修改烟酒公卖单照细则

上海县知事公署接江苏省烟酒公卖局函开：案照苏省烟酒公卖贴用征费单照，前于开办之始，即□依照部式分别印制通用其甲、乙、丙三种印照。苏省系取分征主义，故于详订施行细则内，将粘贴方法分联规定，通行遵办在案。迄今数月以来，迭据各局所报告办理情形，并详加考查，所□原定细则尚未详尽者，兹再修订单照细则十条，并刊刷单照书十种，详奉全□烟酒事务署核准，分行各区，一律通用。查公卖事宜，素资协助，相应检取修订单照细则暨单照书投送贵知事，烦即查照备案，并希转饬各警区一体知照，俾知辨别而便稽查等因。并函送修订单照细则、改销陈请书联单二种、印照七种到署。现沈知事已咨请地方警察所转饬各□区一体知照矣。

（1916 年 3 月 18 日，第 10 版）

财部加收烟酒税*

【上略】

财部咨齐使烟酒税，四月一日起，每斤加收二厘，已饬财厅长胡翔林遵办。

（1916 年 3 月 21 日，第 7 版）

苏州·烟酒公卖认税近闻

苏常烟酒公卖分局前奉省饬，每年认缴公卖税十五万元，续又奉饬加认五万元，计共年缴二十万元，唐翼之局长及分栈各经理因此赴宁商减等情，已记前报。兹悉唐局长等赴宁谒见财厅胡厅长、省局高局长后，不得要领。唐局长不得已，乃又与各栈经理及各商筹议。各商等以酒业之烧酒、黄酒、绍酒三项，约计至多可抽公卖税十万元。烟业因兰州水烟已另办七省包认，径向中央接洽外，仅止皮、丝、旱烟等项，销路有限，且又当香烟盛行之际，故烟业亦止可抽税二万余两，每年共可认十二万元。即使再行加价出售，勉力筹足十五万元至矣，若二十万元，实在无力包认云云。唐君则仍劝各商极力筹画，恐又将成画饼矣。惟闻各商议定自四月一号起，烟酒各货酌予加价出售，一面备具请求减税意见书送请总商会转送吴县国民代表彭子佳君携带进京，俟立法院开议时提出请愿，以冀挽回。

（1916 年 3 月 24 日，第 7 版）

议定绍酒公卖费

江苏第二区烟酒公卖局谢局长致南市上海商会函云：绍酒公卖费率以南北酒商意见各执，延迟至今，已有数月。迭承贵总理一再居间磋商费率，敝局为下恤商艰，上酬盛意起见，业于南北各该业商议，决由南往北之货公卖费，每坛定为一角二分五厘；在内地者，每坛定为二角五分；其由北运南者，仍须征费一角二分五厘。除详请省局备案外，用特函达，希转谕该业商一体知照，实纫公谊。

（1916 年 4 月 6 日，第 10 版）

扬州·包办烟酒公卖

扬州烟酒公卖局自开办以来，捐数尚属畅旺。刻悉局长张介人因欲加增额数，另遣司员包办。现已禀保孙以恒为江仪公卖局主任，不日即可奉到饬知接办矣。

（1916 年 5 月 7 日，第 7 版）

江苏财厅请将烟局、捐局缓行归并烟酒公卖局办理*

【上略】

财部前为划一权限起见，饬将江苏烟局、捐局归并烟酒公卖局办理。兹闻财厅以公卖局开办伊始，进行尚甚迟滞，如遽行并入办理，尤多窒碍，且恐于税务收入大受影响。昨特电请财部缓行归并，以维税收。

（1916 年 5 月 25 日，第 3 版）

烟酒公卖分局定期迁移

江苏省第二区烟酒公卖分局，本设于沪南盐码头地方。谢惠塘局长因局所屋宇湫隘，不敷办公，现已另行择定小南门外复善堂街三善堂旧址为分局，定于本月二十八号迁入新居办公。

（1916 年 5 月 26 日，第 11 版）

扬州·烟酒公卖局开办

江仪两属烟酒公卖前由孙君以恒呈缴押款，禀奉财政厅批准。兹已定于本月二十八日先行开办，其局所暂假流芳巷，一俟择有相当地点，再行迁移。

（1916 年 5 月 30 日，第 7 版）

嘉兴·催征酒捐

嘉兴县公署于前日接奉吕都□、莫财政厅长、萧酒捐局长电开：酒捐关系军政要需，迭饬照常征收，不容稍延，该知事有帮同催征之责，仰速严文示谕酿商，照常缴纳云云。袁知事已于日昨示谕各酿商遵照矣。

（1916 年 6 月 8 日，第 7 版）

请取消烟酒公卖分栈

江苏第二区烟酒公卖分局以第六分栈组成后，迄未遵照所颁之公卖价格办理，前曾函请南商会一再劝谕，该分栈承办人迄未遵行，遵照汇缴。兹闻该分栈因南北同业意见不洽，自愿取销，请谢分局长发还预缴之押柜洋四千元，未知能照准否也。

（1916 年 6 月 18 日，第 11 版）

征收第二期烟酒牌照税之示谕

上海县公署昨发示谕云：案照征收贩卖烟酒特许牌照税，奉饬每年分二期完纳，第一期一月一日起至一月末日为止，第二期七月一日起至七月末日为止。兹届开办民国五年第二期征收贩卖烟酒特许牌照税银，遵照定章，以七月一日起至七月末日为限，应饬贩卖烟酒各商于一月限内赴本公署请领民国五年第二期牌照营业。除详报外，合行出示晓谕，为此示仰整卖、零卖烟酒各店商遵照，一律自民国五年七月一日（即阴历六月初二日）起，至七月末（即阴历七月初二日）止，赴本公署请领第二期牌照营业。案关部饬，勿稍观望，如有逾限，定干照章罚办。

（1916 年 6 月 26 日，第 10 版）

退办公卖分栈之不易

烟酒公卖第六分栈因成立以来，到货不多，收费无几，开支浩大，支持为难，请求南商会函致公卖分局，取消分栈，发还押款。分局长谢惠塘以分栈押款早缴京署，组织分栈又经详准省局，未便遽允所求，业已函复南商会转致该分栈，仍饬勉力进行云。

（1916 年 7 月 19 日，第 10 版）

扬州·酒类公卖支栈成立

江苏第六区烟酒公卖局前因商务分会反对，以致久未设立支栈。现闻已调停就绪，由分局长张介人将酒类、烟类划分江都酒类公卖支栈，业饬孙以恒认缴接办，已在彩衣街设立事务所，订于二十号开办，通告各行店一体遵照。

（1916 年 7 月 23 日，第 7 版）

调查酱园酒坛

江苏第二区烟酒公卖分局稽查员昨在闸北大统路查得恒泰和酱园所存土黄酒共有一万二千三百余坛，核其报告之数，则仅有八千坛，当即报由谢分局长。查得该酱园系第一分栈经理某甲所开，似此以多报少，实属有心弊混，□传园主问明，呈报省局长请示核办。

（1916 年 7 月 28 日，第 10 版）

调查烟酒公卖之利弊

自烟酒公卖局成立以来，该两业商人即联合请求改良税则，以谋统一。今农商、财政两部特派专员分赴各省，调查征收烟酒公卖费有无流弊及与商界感情如何，以凭核夺。松、沪两处调查员史久龙现已在沪北设立驻沪调查机关，由部颁发关防，即日启用。昨已移请各机关及商会等一体知照矣。

（1916 年 7 月 31 日，第 10 版）

设立烟酒办事处之接洽

北京全国烟酒事务署现就沪上设立驻沪办事处，颁发关防。昨本埠各机关接北京全国烟酒事务署来文，内开：本署在沪设立办事处，曾经呈奉大总统批令：呈悉，交财政部查照。此批。等因。奉此，并咨明财政部备查在案。兹据该处处长史久龙详请颁发关防，以资信守前来。除予批准，并刊发木质关防一颗，文曰"全国烟酒事务署驻沪办事处关防"，随批发给，只领启用，并通报备案外，所有本署在沪设立办事处，并刊发关防，以资信守缘由，合亟备文知照。

（1916 年 8 月 1 日，第 11 版）

督促烟酒牌照税

上海县公署昨出示谕云：为督促烟酒牌照税事，查征收贩卖烟酒特许牌照税定章，第二期以七月一日起至七月末日为限，贩卖烟酒店铺应于限内纳税者，须行文督促，并照章应缴督促费。如于宣布督促公文之日起十日以内仍不纳税，其牌照即失效，力应缴消牌照，作为无牌照营业，应缴足税额，补领牌照，并应处以罚金。定章如此严切，凡有贩卖烟酒店铺，速宜依限纳税，免致逾限究罚。合行出示督促，为此示仰县属贩卖烟酒各户遵照，自出示之后，务于十日以内迅将本年第二期应纳税银如数完纳，毋稍延误。切切！特示。

（1916 年 8 月 1 日，第 11 版）

烟酒事务署驻沪办事处来函

敬启者：顷阅贵报载调查公卖之利弊一则，其中所记与事实稍不符

150

合，用特函达，以明真相。查敝处系奉全国烟酒事务署饬委在沪设立办事处，以为考察捐税、公卖各事，及筹备提倡工业设厂制造之机关，原呈曾登政府公报，早经成立烟酒事务，自阳历一月间，与财政部划分权限独立后，所有烟酒捐税以及公卖等事均由署单独管辖。改良统一，久有成算，惟以时局不靖，调查未清，故未着手。刻因上海有烟酒联合会特委不佞代表到会，宣布原定政策，以征求烟酒各商意见，又委不佞调查东南各省烟酒捐税以及公卖利弊情形，以便积极进行。兹将敝处所奉饬文并敝处分别咨函江、浙、皖、赣、鄂、闽六省财政厅、公卖局、商会各文一并录送贵报馆，即请察核，登诸报端，以期烟酒各商群相明了事务署及敝处之筹划办理手续，是为至祷。附公文稿三纸。全国烟酒事务署驻沪办事处处长史久龙谨启。

全国烟酒事务署饬第二百八十六号

为饬委事。阅报载烟酒各商在上海设立烟酒联合会，意主裕国便商，统一办法，与本署宗旨正相符合。事在本署管辖范围以内，自应派员到会，以期接洽而慰商情。查烟酒为消耗品，与民间日用饮食之需不同，各国征税均重，中国统新旧烟酒各税并计，尚较各国为轻。当此国步艰难，度支竭蹶，烟酒征税为日已久，公卖设立尤在融纳各税，势不能不切实办理。在各商，皆吾同胞，平日踊跃急公，乐于输纳。惟征收之名目日繁，征收之机关亦日众，继续增加，至于再三，手续纷赜，条规严密。各商心思简单，顾此失彼，以时趋利，不免苦其稽延。是以上年奉令特设烟酒事务署，原为实行整顿全国烟酒税捐，以期统一。叠经咨行各省长官转饬各征收机关，将新旧税、牌照税以及各项名目、各项收数分别造报，并呈明大总统，令行各省将各项烟酒税捐统交各烟酒公卖局接管，以便核计收入、支出之数，详细厘定良法，改为一道征收。在公家即收整齐划一之效，在各商亦减输纳奔走之繁。沪上办事处原备本督办亲往驻扎，与各商携手悉心商酌，共谋公私之益，杜绝弊扰之源，特因事变纷乘，因而中止。兹者国是已定，秩序渐复，本督办俟署事料理就绪，仍当亲到沪上与各商接晤，俾免隔阂。现值各商开会之时，该处长堪以先行代表赴会，将本署统一税法、整顿积弊、必期裕国便商各层详细宣布，俾诸商了然于政策之推行，不复有所误会，是为至要。合行饬委，为此饬仰该处长即便遵照办理，仍将到会一切情形报查。此饬。

全国烟酒事务署饬第二百九十一号

为饬委事。照得烟酒征税，本为中国旧章，亦系各国通例。惟税目迭加，征收繁难，为日已久，弊累潜生。上年创办烟酒公卖，原欲详细规划，统一征收，以期裕国便商。乃事变倏兴，道涂梗阻，全局策划，未易进行，时日稽延良深。殷念今者，国是已定，民乐共和，各省秩序渐次恢复，自应切实整理，以符初旨。整理次第，先从调查着手。查该处长堪胜调查之任，合行饬委，为此饬仰该处长即便遵照，将东南各省捐税以及公卖办法、各项利弊情形博采与论，详细调查，并随时与各商接洽，征集意见，详报查核，以备折衷。总期力顾国课，体恤商艰，公私交益，以收统一改良之效。切切！此饬。

全国烟酒事务署驻沪办事处致苏浙闽皖赣鄂
六省财政厅公卖局商会文案

照敝处长于本年七月二十三日奉全国烟酒事务署第二百九十一号饬开（从略）……等因。奉此，查各省烟酒税捐，名目既属繁多，税率亦互有轻重。公卖虽系创办，各省征收费额亦不一致，无论税捐公卖，其中弊累，自皆难免。现总署因力顾国课，体恤商艰，谋收统一之效起见，饬委敝处长详细调查各项利弊情形，自应周历各地，广咨博采。惟东南各省，区域太广，一时断难遍到，若不先有标准，既难考察，且稽时日。因思贵厅局为统转征收机关，贵会与烟酒各业接近，所有各项税则征纳方法以及利弊情形自必洞晓。用特制成调查表式并附说明，请由贵厅局会转知各县分局、分会代为照式制表，详细填造，限期陈送贵厅局会汇寄敝处，以便藉为前赴各省调查之据。事关裕国便商，务祈俯赐查照，迅速饬办见复，实纫公谊。

（1916 年 8 月 3 日，第 11 版）

统一烟酒公卖之筹议

当烟酒公卖局开办之始，本隶于财政部，不过部中所属机关之一而已。迨钮氏总办该局，以曾氏为次长，而事务又甚烦琐，部中不遑兼顾，渐有独立之性质，承转手续稍省，事务进行亦较速。然以吾国地大，南北风俗习惯截然殊异。公卖一举，尤与社会状况息息相关，故不免多所迁就，因地制宜，而办法亦遂欠统一。此纯由于实际上之障碍，欲求效于一时，当然不易。但听其因循不变，参差出入，整理殊难。且当此交通渐便之时，各地商民负担不同，观感自生，则于征收上亦多未便。兹闻近日正筹议一种统一办法，其宗旨采渐进主义，使经若干年之后得以整齐划一。对于烟酒两项，除外货应征关税、子口税外，本国所产之烟草（原料品），课其所值百分之二十五；烟丝烟卷等（加工品），则课所值百分之五十，以此种加工品即可销售，故倍课其税也。本国所产之各种酿酒，亦课所值百分之五十，而将从前所征之厘捐、烟酒牌照税、酒捐等及各地方特别之附加，一律免课。据云照此办法，在贫瘠之省，虽属骤增，而于烟酒素课重税之东南各省，则所加亦属无几。当实行此新制之时，即于重课烟酒税各省先为推行，嗣乃及于其他各省。税率之统一，期以五年。其各地方经理公卖之机关，如已设有公卖局者，则仍之，否则委托烟酒局或厘捐局。如该地并无前项机关，则属之县知事。而在城厢外之各市乡，可另委地方公共机关或团体承办之。所可虑者，烟酒税既课以十分之五，不为不重，而外货则但课一次之关税及子口税，物品之价格因此而有低昂，是不啻为其推广销路。如欲改正关税以免协定之弊，即使各国能容我之提议，亦非可决于立谈之顷。不识审定此税则者，对于此点如何处置之也？

（1916年8月6日，第6版）

烟酒公卖局一年间之没收

江苏第二区烟酒公卖分局谢局长昨出榜示云：为榜示事。照得本分局自上年八月十日开征以来，缉获私烟、私酒，均经酌量情节，照章分别没收科罚，其没收变价科罚之款，一半充公、一半充赏在案。兹将自开征之日起至本年八月十日止，所有受罚人商号、姓名及罚款数目，除详报省局外，合亟榜示，俾众周知。此示。计开源利等四十六户，除半数充赏外，共一千九百零七元三角六分五厘。

（1916 年 8 月 11 日，第 11 版）

烟酒公卖分局之布告

　　江苏二区烟酒公卖分局布告云：照得本分局司巡查获私烟、私酒，均经酌量情节，分别没收科罚。自上年八月十日起至本年八月十日止，所有罚款除充赏外，悉行归公。兹将罚款数目榜示周知，并须详报省局考核。本分局长自视事至今，办理一切事宜，自维一秉至公，毫无私见。该烟酒两商经此次布告之后，务须遵照定章，投栈报验。倘敢故违，仍有私贩及隐匿不报等情，定照苏省惩罚烟酒私贩单行规则分别罚办，决不姑息。本分局司巡如有在外需索情事，许即提出证据，指名禀局，以凭严究，但不得挟嫌诬告，致干反坐。切切！特此布告。

（1916 年 8 月 12 日，第 11 版）

烟酒事务署驻沪办事处来函

　　径启者：前阅各报载有"财政部咨商全国烟酒事务署，烟酒税率拟定值百抽二十五，烟丝、烟卷值百抽五十"等语。敝处长当以政府于烟酒捐税正在体恤商艰，筹议改良统一之时，何至变本加厉，□其绝不出此。故于烟酒联合会电部，□即函告：断无其事，勿遽深信。敝处长又经电询总署，兹奉复电云：系报载失实。用将来往电文抄录，送请贵报，登诸报章，俾于烟酒两业各商群相明了，是为至幸。此颂筹安。全国烟酒事务署驻沪办事处启。

　　附上电报一纸：北京全国烟酒事务署督办钧鉴：报载部咨烟酒税以值百抽二十五为定率，烟丝、烟卷值百抽五十。联合会以果真如此，较前更酷，大相惶惑。究竟有无此议，务乞速示。以后关于烟酒之提议，均祈随时先示，以便宣布，□安商情。久龙。庚。

　　上海山海关路积治里史处长全密庚电悉。烟酒税统一征收办法尚在筹议，报载失实，仰即转告该会为要。署。灰。印。

（1916 年 8 月 12 日，第 11 版）

烟酒公卖分局之隔膜

江苏二区烟酒公卖分局昨日发出批词两则，照录原文如下：

第一、第二、第五分栈烟酒商人呈为阻碍进行，请设法维持由。公卖实行一载，今忽有烟酒联合会之发现，究竟是否该两业所公认，本分局亦未深知。既据并禀省长、处长，应候批示遵行。至崇明支栈公费，并仰速向催收，毋任再延。切切！此令。

又批第一分栈呈援照成案，请发给特别印照由。所请能否可行，姑候据情呈请省局示遵。此令。

(1916 年 8 月 14 日，第 11 版)

烟酒公卖分局长赴省未返

江苏第二区烟酒公卖分局长谢惠塘因开办以来，已届一载，特将办理公卖成绩备具表式，亲自赴省谒见省局长陈明状况，并以烟酒两业已在沪上组织联合会请求减税，应如何将公卖局规则改良进行，亦须请示。故已赴省多日，尚未返沪云。

(1916 年 8 月 19 日，第 11 版)

烟酒事务处长调查税款

驻沪烟酒事务处处长史久龙近因沪上烟酒两业杂税及牌照税、公卖费每月共收若干未能明晰，特至税务公所、公卖分局及县公署等分别调查确实，然后赴苏属各县明白清查，以待列表呈请北京署长核示饬遵。

(1916 年 8 月 21 日，第 10 版)

调查烟酒捐税之通告

全国烟酒事务署驻沪办事处分咨苏、浙、闽、皖、赣、鄂各省财政厅、公卖局文云：案照敝处长前奉全国烟酒事务署饬委调查东南各省烟酒捐税及公卖办法利弊情形等因。奉此，敝处长曾经咨请贵厅局转饬各县、各分局、各所，先行代将各项税则征纳方法以及利弊分填表式汇齐，转送敝处，以为敝处长调查之根据，并将表式附送在案。惟敝处长现因上海中国烟酒联合会正在进行之际，敝处长奉总署饬为代表，自须时与接洽，一时难以远离沪上，而调查事甚紧要，势亦不能延缓。兹特委员前往贵省代为调查，该员到后，祈贵厅局于应行调查各节详细指示，如有应抄章程、宗卷，一并饬令办理。事关总署饬委，意主裕国便商，务希贵厅局查照施行，实纫公谊。

（1916 年 8 月 26 日，第 11 版）

公卖分栈请求维持之批词

烟酒公卖第二区第一、二、五分栈经理雷松亭、王修庭、吴镁等以烟酒联合会阻碍进行，公呈全国烟酒事务署驻沪办事处，请求设法维持，以裕国课。昨由该处史处长批示云：据呈阻碍进行，陈请设法维持以裕国课各节，思深虑远，自系实情。惟查联合会请求统一，宗旨纯正，未可厚非。况现在总署体恤商艰，亦谋改良办法，以期便利商民，转瞬即可解决，断不致另有他虞。至烟酒两商于未经政府宣布确定改革以前所有负担，自应一律照旧完纳，未便任其意存观望，藉词抗延。该分栈经理等均有征收之责，务将此意广为宣布开导，一面令由该管分局布告劝谕，当不难迎刃而解，并候省局批示。此批。

（1916 年 8 月 26 日，第 11 版）

镇江·勒限催缴烟酒税

烟酒特许牌照税第二期应纳税款早经逾限，仍未据各户照缴。县公署以该商等有意违限，昨特出示勒限，仅〔尽〕阳历九月五号以前从速清纳，否则即予照章处罚。

（1916 年 8 月 29 日，第 7 版）

烟酒公卖分局之辩论

江苏第二区烟酒公卖分局致西烟业董事穆尊楼等函云：径启者：顷阅本日报载，有贵帮致南商会公函内，有敝局需索照费一节，殊堪骇诧。查分销印照，前以改装印照尚未奉发，准各分栈之请求，详准省局使用，每百张收还印刷费洋三角。今年改装印照颁发后，分销印照即已截止。又省局原订改销陈请书一种，以便商家陈请改销、改装之用，原定每张取铜元二枚，旋经敝局长详准省局免收矣。刻尊函谓烟酒零件公卖，小印照向日到局领取，每张缴洋三角，近奉省局通饬，改换另定五色小印照，并须每张缴铜元二枚，比较前值，一倍且成五倍云云。查敝局从无如此办法，改装印照并不收取分文，查询各分栈亦均无其事，是否贵帮独受其欺，敝局一时无从查悉。合亟函请迅予查明赐复，以便彻究，是所切盼。

（1916 年 9 月 2 日，第 10 版）

关于烟酒税费之布告

上海县知事公署昨日布告云：案奉财政厅训令内开：奉省长训令全国烟酒事务署删电，内开：查上海烟酒联合会成立，其宗旨在要求政府统一烟酒征收，用意甚善，本署亦早经计划及之。惟事体重大，必须切实调查筹备，方能举行，非旦夕所可猝办。且公卖费与烟酒旧税虽属两事，均为国家预算。统一征办之结果，亦不过将各种税费名目合并，以期省却手续，简易便商，万无偏废之理。况公卖确系国家大宗征入，非苛细杂捐之可比。现闻苏省各属因该会发生希图取消公卖，捏词谣惑，以致各商咸怀观望，妨碍税费征款，实于国帑有碍。拟请贵省长迅速通饬各属，剀切布告，俾得解释群疑，以息谣诼，而利进行等因。准此，合行令仰厅长即便转令各县局所一体遵办等因到厅。奉此，合行训令该知事一体遵照，迅即明白布告，以释群疑而免观望等因到县。合行出示，仰县属烟酒商、各业商民人等一体知悉：须知公卖费与烟酒旧税无论是否合并，先须调查筹备，非旦夕可办。凡未经变更以前，不得稍存观望，致碍税费征款。切

157

切！特此布告。

又江苏财政厅会同江苏烟酒公卖局缮发简明布告，其文如下：照得烟酒两项，社会消耗品物，门销、牌照、公卖以及捐税收入，国家进项大宗，确与苛细迥别。现因办法纷歧，京署正筹划一，新章未颁以前，一切仍循旧辙。用特简明布告商民一体知悉：若再藉口违抗，定当照章惩罚。

（1916 年 9 月 2 日，第 11 版）

苏州·关于捐税纠葛之近事

近来各项捐税名目繁多，如屠宰捐、烟酒公卖税、牌照捐、印花税之类，乡民颇受其累。日前向街镇有自治议员陆惠卿、董事姜桂芳、局差王同兴等以徐金和肉店偷税私宰，呈报浒墅关警所，林所长派巡记周慕连带长警将徐金和拘罚洋六十元。徐于释出后心不甘服，特将捐纳、屠宰税票禀送吴县知事署，请求彻究。当经该署传集质讯，林所长等自知理屈，恳求某乡董出为调停，情愿服礼及赔偿损失。现已由徐金和与某乡董联名具禀县署，声明和解了事矣。

又徐金和在向街镇开设酒作，当托局差王同兴代领牌照捐票，纳正捐十六元，又开支规费洋八十元。事后徐知受骗，颇为懊丧。

又西津桥之姜天元仁昌公茂槽坊做酒用米一千余石，而坐贾捐只认一百余石，尚有小酒作二十余家，大半不纳坐贾捐，皆由姜桂芳一人包揽，与调查员、地保人等串通一气。苏城酒捐吴董事（吴县所属各乡均归吴管）从未亲自到乡一次，故受若辈之欺蒙。

又新廓镇于前日到有一船，船中系烟酒公卖局调查员杨某及局差等多人，至钱隆泰酒店调查，各酒坛上一律贴有公卖局印照，并不漏捐。乃杨某即将各酒坛上之印照揭下二十余纸，声称此等印照贴得不坚固，即是一照两用，照章应行拘罚。该店主伙人等不服，与之争辩，杨某即唤该处巡警到来，命将店主拘住，解苏候罚。于是合镇商民咸抱不平，甚欲将调查员捆解至苏。旋经董事人等出为解劝，杨某等即将揭下之印照二十余纸携去，匆匆开船返苏。兹闻该镇酒业已赴县署控诉矣。

（1916 年 9 月 4 日，第 7 版）

财政厅注意烟酒牌照税

上海县知事沈宝昌因奉江苏财政厅长饬知，以沪上现有烟酒联合会之组织所有各属应征之烟酒牌照税，该两业竟任意延缓，不肯遵缴，殊于税务前途有碍。应着该知事赶速传谕烟酒商人务各仍前照缴，不得再延等因。是以沈知事昨特派委牌照税主任李尧钦赴烟酒联合会就商一切。

（1916 年 9 月 4 日，第 11 版）

烟酒事务署之布告

全国烟酒事务署布告云：查各省烟酒厘税名目繁多，征收方法不一，商民输纳不便。政府为统一征收起见，于上年筹办烟酒公卖，拟俟各省局栈完全成立以后，将各项税厘数目调查确实，并入公卖，一次抽收，藉省繁赜。适遇军事，未遑进行。比以大局安定，正拟商承国务院财政部，分别计划，贯彻主张，以期上利国家，下便商民。沪上烟酒联合会成立，电达本署。查其宗旨，亦在请求统一征收，与本署之所规划尚属相合。惟兹事体大，筹备甚难。盖以各项税厘，概关国家预算，非将各省产销之烟酒以及各项抽收数目切实调查，分别核计，必致税率规定失于重轻，或有损国家之岁收，或增重人民之担负，二者居一，均与本署裕国便商之旨有所径庭。慎重举行，端在于此。近闻各省烟酒商人对于统一征收一事，既未明悉本署进行之计划，兼未查知该会讨论之宗旨，群疑观望，滋为浮言，或谓公卖可以取消，或谓税厘均须停办，妄冀减轻担负，相率停运止销。岂知烟酒为消耗品物，税费均国家的款。惟宜整顿征收，力图便利，万难轻议减免，致碍收入。为此布告各省烟酒商人，须知统一征收，要在省却手续，并非蠲免税费。在新章尚未厘定颁行之前，仍应遵照现行办法，踊跃输将，勿得轻信谣言，稍涉疑阻，违章抗纳，致干罚办。

（1916 年 9 月 7 日，第 10 版）

安庆·酒税碍难停办

凤台县本年水灾甚重，民食全赖高粱，乃为商民收买酿酒，以至民食愈艰。昨特由该县知事刘沛详请省长禁止烧锅，并恳停办烟酒税，以恤民艰。业奉省长批饬：烟酒关系国税，碍难停办，将来能否免予比较，候仰财政厅议复核办可也。

（1916年9月12日，第7版）

县知事催缴烟酒牌照税

上海县知事沈宝昌君查得本署经征之烟酒牌照税，各市乡烟酒同业大都延玩，未能一律清缴。昨特饬知各圆地保转告烟酒两业，着速来署缴税，倒换新照，如再抗延，定即照章惩罚，不稍宽贷云。

（1916年9月16日，第11版）

整顿烟酒公卖志闻

烟酒公卖署钮督办以各省□征之费未能如额，曾经派员分赴各省密查。现已查出江苏、浙江、直隶、察哈尔四分局均有流弊，尤以江苏为最甚。闻已将该局长高增秩先行处分，并续派委员三十余人再往各处严密侦查，以期弊绝风清云。

（1916年10月26日，第11版）

镇江·省委查办控案

镇江酒商乔南、冷晓泉等以前充烟酒公卖董事之郭小云舞弊营私，妨害税务，胪列种种劣绩，公禀江苏烟酒公卖局请为查办。高局长据禀后，立委候补知事周□同前来查办。周君昨已莅镇，假江边大观楼，暂驻行旌。

（1916年11月11日，第7版）

烟酒税将归并公卖征收

上海税务总公所经征之烟酒税以及上海县公署所征之烟酒牌照税等名义，现奉江苏财政厅长转奉财政部令饬，行将实行归并于公卖征收，以免纷歧。闻此项归并手续一时尚难就绪，大约明年春间方可实行云。

(1916 年 12 月 6 日，第 12 版)

烟酒公卖之拨款与预算

烟酒公卖税为中央专款中收入较丰者之一，近闻某最高机关特传钮督办入见，令于此项税款中筹措两百万，以备某项要用。钮奉命后，已派员赴各省催提，外间因之颇有种种推测。又闻中央烟酒事务署暨各省公卖总分局之六年度预算案经编制完全，经常支出约一百四十二万八千余元，在上海建设烟厂临时支出二百万元，又征收烟酒捐经费一百二十八万九千余元。上海建烟厂一事，支出二百万之巨，将来不知能否通过。查设厂制烟，实行专卖，其在各国本属法良意美。惟彼对内虽行专卖，亦必注意国产原料，使之发达；对外则利用税关，高其墙壁，不使受外货之竞争，庶可得大宗收入。回顾吾国关税，则为协定所羁束。自去年开办公卖以来，不过仅对于本国所产烟酒加重税率而已。至对于洋烟、洋酒，筹议两年，尚无办法。英美烟公司运往各省之烟，不能照收公卖费，然犹得间接收原料产地之公卖费。今则该公司自行在湖北辟地种烟，无如之何。汉口康成酒公司因有外人股份，交涉一年余，尚不能照章收费，办事之难，已可概见矣。

(1916 年 12 月 21 日，第 6 版)

烟酒两业之隐忧

本埠烟酒各商于众议院通过请愿案之后，因事有希望，众情已稍见平静。对于挂旗包运、迁地休业等各种自救办法，亦稍有和缓之态度。乃自众院通过以来，为时已及二周，政府尚未发表，屡经函催驻京代表团向政府要求迅速实行，亦未接有满意之答复。惟每届年关为酒业畅销之时，今则苛税犹存，坐贾行商，动辄得咎。即如此次松江泗泾镇石姓酒店，偶因十一坛未出店门之酒未贴印花，指为违章，即经公卖局移县出票，拘人发封。且将栈存三百余坛之酒一体充公，再三恳求，连栈货五倍处罚，须洋二百五十余元。该商再三呼号，悉置不理。该两业中人因此咸有隐忧，急谋救济方法。从前倚人包运者只烟叶、皮丝两项，戤牌设厂者，亦只湖北一处。今则绍酒业已在租界购地建厂，西烟、客烟等业亦已着手包运。并有外人因兜揽包运，颇获厚利，特设转运机关，援内地采购土货护照之例，纷至内地，以采购之名为包运之实。闻此项公司已积极进行，大约旧历新年即有巨大之机关、赫奕之旗帜出现云。

（1916 年 12 月 28 日，第 10 版）

全国烟酒事务署驻沪办事处来函

径启者：本月三十日，贵报登有纸烟之营业一则，称"由上海烟酒公卖局在沪购地设厂制造，有外商运动合办"等语。查在沪购地设厂制烟，系由本处奉中央令准筹办，为挽回权利起见，其资本纯由国家筹备，不另招股，并无外商出资合办等事。现时方在进行公家信用，所关本处，尤负有全责。贵报所载度必传闻有误，合亟函请更正，至纫公谊。全国烟酒事务署驻沪办事处启。

（1917 年 1 月 1 日，第 11 版）

政府办理烟酒公卖计划

烟酒公卖为我国国库收入之一大宗，去年陈澜生入长财政时，向美国资本家磋借美金五百万元，即以此项收入为抵押。财政部为求增加此种收入，特于京师设烟酒公卖局，并于各省设立分局，专理国家烟酒税项收入事宜。该局某公近语人云：政府之办理烟酒公卖，只求收额充量，不求税率加增。查我国烟酒税及公卖费之预算各为一千万元，而去年之纯收入已达一千八百万之多，若复加上征收使费三百万元，则收入已达二千一百万。除新增公卖费外，所有国内烟酒税率一概仍旧，并无丝毫之增加。倘此后各地能依照现行税则切实征收，则每年收入比较预算必绰有余裕。今后国家对于烟酒税务方冀力求改良，以便商民。一俟若有成效，将来税率或能减轻，亦未可知。有谓国家之举行烟酒公卖也，其势无异于阻抑土产，提倡洋货，所言未免过当。我国酒类之行销最广者，莫若绍兴。而此种黄酒乃该地之特产，非他地人所能仿制。盖水性、地质及他特殊缘因有所限制，绝非智力之所能争也。且烟酒税项苟非因国家特加注意，则外人之在我国制烟酿酒者，势必为所欲为，无人理问。查外人在我国设厂制烟酿酒者，上海则有英美烟公司之制烟厂，奉天则有东亚三菱公司之制烟厂，汉口则有法人之酿酒厂，此其落落大者。然仅就此三地而论，每年应缴政府税额至少不下五六百万元。现我国以整顿烟酒税，故对于外人之不依法治者，自可据有充分理由，与之力争，庶可使彼就我范围，否则将无奈彼何矣！今者英美烟公司已遵章照缴矣，汉口法人虽未缴款，而交涉业已定案矣。今之悬案未结者，仅日商耳，一俟解决，则政府将又多数百万之入款。

烟酒公卖之施行，即系改良烟酒税法之先导。现全国烟酒税法种类既异，率额尤歧。厘金、牌照、杂税、统捐，种种名目不一而足，或值百而抽五，或值百而抽十。一国之中，省与省异；一省之内，县与县殊。方其运行也，每经一地必纳一税，每纳一税必延滞多时，展转征抽，层加叠累。计税额最高之省分，竟达百分之四十五；其不及者，则仅百分之十。行之愈远，纳税愈重，税率不平，苦乐不均，长此不改，国何以国？烟酒公卖实为改革烟酒税则之张本。公卖办法，各省同名，是名昭划一也。费率虽各省不能强同，而一省之内已不复县与县歧矣。且税率纳法较之往昔，已属简单，此现行公卖之实察也。循此而进，必至各项烟酒税法悉行裁撤，而以公卖为归宿。而公卖之主旨，则在产销分征。酒之自产地外运也，依价纳公卖费一次，领带牌照无论运至何地，沿途概不复有何项之征收。及至销地，复依当地价格纳税一次，除此以外别无他求。较之现状，殊为简捷，且与外烟外酒之进口、销场二税紧相符合。庶外烟外酒将来磋议征收时，外人亦不致因征收方法之不便，而藉口搪塞也云云。

（1917 年 2 月 19 日，第 6 版）

关于征收烟酒捐税之公文

江苏第二区烟酒公卖分局长谢惠塘接省局长高增秩、财政厅长胡翔林合同颁发四言告示，当即分发各分栈，晓谕烟酒两业一体遵照，其文曰：烟酒捐税，名目繁多，征收方法，亟宜统一，上遵政令，下顺商情，现正筹备，即日施行，新章未发，一切照旧，揭载加税，实无此说，布告商民，切勿误会。

上海税务所吴所长暨上海县沈知事接江苏财政厅胡厅长训令，略谓：烟酒两项，现既设有公卖局专司征收，所有烟酒产销税、烟酒牌照税，现在应归公卖局征收，以示统一之意。乃迭据该业商人呈请减轻担负等情前来，饬即分别将以上卷宗结束，预备移并公卖接收办理等因。吴所长等均已遵照办理矣。

(1917 年 3 月 9 日，第 11 版)

征求统一烟酒税办法之意见

全国烟酒事务署驻沪办事处按全国烟酒事务署训令云：为令知事，上年创办烟酒公卖，京外设立专署、专局，原期征收统一，裕国便商。是以暂行简章已列有由局代收烟酒各项税厘条文，其扼要即在汇计产销之数，徐定划一之规，进行次序，庶有可循。乃设局未久，即值军兴，各省地方咸受影响，随宜补苴，遂歧本旨。各局既藉口有词，本署亦因事变未平，未能过于督责。迨至秋冬之间，凡独立各省之公卖局所一律规复旧观，照章办事，解款到京，是第一步。烟酒公卖之设已推行全国，毫无障碍也。更进而言第二步，则在先将各省原有烟酒税厘等项，一律交由烟酒公卖局接管，始能统计成数，以资整理。当经本署会同财政部令饬各省财政厅分别移交，彼时各省财政厅多未遵办，颇碍进行。迨各省地方渐次平静，复经财政部呈奉大总统指令，各省财政厅将烟酒厘税一律交局，转行遵照在案。迭据各电呈报各省财政厅，均已遵照移交。征收之机关既已统一，昔日各省历陈困难当已解决，是第二步。凡烟酒税费均由局管辖，无诿卸余地也。又更进而言第三步，统一征收改良税法为本署原定宗旨。迭据各省商人及上海烟酒联合会亦均以此为请求，官厅与商人持论既同，则当趁此时机，积极进行。本署为督责总汇之机关，各局为实行进策之官署，职司所在，无可推诿，亦不能推诿。

无论如何为难，本年春夏间均须达到统一办法。惟各省征收烟酒税厘等项，曩时之沿革，各省不同。及创办公卖，因时因地，委曲求全，甲省与乙省各殊，丙省与丁省又异。若由本署拟定统一办法，饬局遵行，诚恐一纸空文推行，未尽允协。自应由各局先就该省烟酒情形，悉心拟具税费统一征收办法，呈候汇案核酌，以昭公允。本署专在征求各局意见，该局长切勿误会，以为费税统一，期于增加入款，遂不能体恤商艰，致滋扰累。须知各局所去一名目，即减一分中饱，商民既轻负担，国家自增收入。各商民勤苦营业，力尽纳税义务，极堪嘉尚。本督办素以保商为心，即为养此税源，该局长当认定"裕国便商"四字为措施之本，不尚章程铺张，只求切实可行，幸毋畏难苟安，藉词搪塞。倘不悉心查考明确，详细厘定，或随意指令局员敷衍数条，拟一呈文具复，则平日放弃职务，已可概见。全国烟酒改革中央政策所关，恐该局长不能当此重咎也！除通令外，合亟令知仰该局长即便遵照，限文到半月内，切实呈复，不准逾延，致干未便。切切！此令。

（1917 年 3 月 20 日，第 10 版）

无为公卖局之舞弊

庸

无为公卖局对于酒业，除额征公卖费外，复有夫马、折席、草鞋、纸张费等等。其巧立名目、私收规费，实有骇人听闻者。使皖省公卖处而非有意纵容，似不至彰明较著若此也。

无为酒商于公卖局之娈索轻轻放过，而家酿执照，则反龈龈争持。在商人为保持销路，计同业竞争，其见解要无足怪。特吾人权其轻重，则蒸吊执照于贫苦社会之生计，究不无裨益，以此为罪，则彼反有解免之余地。独此勒收规费，朘削商民，使国家法律而有效者，则此等贪赃之吏役，决不宜轻恕而不问也。

（1917 年 3 月 18 日，第 11 版）

烟酒公卖分局之指令

江苏第二区烟酒公卖分局谢局长昨指令第一分栈呈三林塘万泰运进烧酒未贴印照，陈请核示由，云：呈悉。此项烧酒印照并不实贴，显系违背定章，应候查照惩罚规则第二条之规定办理，仰即转令知照。此令。

（1917 年 3 月 23 日，第 11 版）

众议员反对烟酒公卖办法

烟酒公卖办法在众议院审查会时，议员罗纶、李积芳等以其流弊甚多，曾主张裁撤。嗣由财政部提出全国烟酒事务应设独立机关理由书，罗、李等详细披阅，觉其所具理由毫无实据，仍不足以释其反对之意见。昨复提出理由书，略云：内国烟酒各税负担之总额，大半已达值百抽五十之谱；而外来烟酒仅纳海关税五分，或再纳子口税二分五，不过内国烟酒税额十分之一。内外货已大失均衡，乃更加增征公卖费，是不啻恐国产摧残之不速，洋货保护之未周也（烟酒为奢侈品适于重征，本员亦承认此说，但不重征外来烟酒，只重征内国烟酒，言国民经济者岂宜出此自杀之策耶？），此应裁撤者一。各省公卖分栈、支栈均招商承办，就国税征收手续言，虽属简便，但承办商人视为一种营利事业，必竭力刮削烟酒制造业者，上亏国帑，下苦小民，此应裁撤者二。公卖乃烟酒加税之变相，政府纵欲加税，仅可责各省财政厅办理。乃必另设机关，不惟大增国税征收经费，而多一财政征收机关，徒供当局者结纳位置之用，愈助长奔竞夤缘之恶风，此应裁撤者三。本员据以上理由，所以始终不敢赞成烟酒公卖办法也。况据浙江、四川各省议会、中国商会联合会、中国烟酒联合会、桐乡商会等均向本院请愿，所陈事实，至为详晰，所举理由，亦甚充分，可见为全国共感痛苦之事，非出于本员等少数人之私。至于救济之法，惟有统一内国烟酒税则，以省苛扰，加重外来烟酒税，以求平均，俟清厘就绪，再谋发展。若设立制烟厂诸问题，与公卖署之存在与否无涉，固然容于此□入也。区区之见，敬请公决。

（1917 年 5 月 6 日，第 6 版）

松江·清提烟酒税款

烟酒牌照税向例以三成为公费，七成解省。现松江烟酒公卖局经征五年及六年份第一期应解牌照税七成，尚未呈解清楚，故财政厅长特委刘某于昨日来松清提。

（1917 年 6 月 1 日，第 7 版）

苏省烟酒公卖局长高增秩布告*

【上略】

苏省烟酒公卖局长高增秩布告：江北商民以烟酒转运内地之四联单流弊滋多，特增订补充细则八条，详由京署照准，饬属遵办，以资整顿。

【下略】

（1917 年 7 月 3 日，第 6 版）

接征烟酒牌照税之会告

上海县知事公署会同江苏第二区烟酒公卖分局昨发布告云：本年六月二十五日，奉江苏财政厅江苏烟酒公卖局第三十号调令，内开：案照苏省各县知事代征之烟酒牌照税，前由本厅局会议订明于本年七月一日起归各区烟酒公卖分局接收办理，并酌拟办法八条，呈奉京署核准，业经先后通行遵照各在案。现届六月中旬，相距各局所接办之期为时甚近，各该县知事于未移交之先，其有经手代征本年第一期及上年第二期牌照税款收解未清者，亟应立时严催，刻日截数造册，连根扫解，以资结束。除通行各县令将关于征收烟酒牌照卷册等件检齐，遵限移交，并将欠解税款先期清解外，合亟令仰该局即便遵照，赶将应行接收各县烟酒牌照日期先行会县，布告周知，一俟各县届期移交，务即遵照前颁条例，认真办理等因。奉

167

此，查此案前奉训令，均经遵照在案。兹奉前因，本署应即检齐牌照卷册等件，遵限移交。自本年第二期起，所有烟酒牌照税由本分局实行接收办理，仰烟酒商人一体知悉。特此布告。

（1917 年 7 月 11 日，第 11 版）

烟酒公卖总署之通电

江苏第二区烟酒公卖分局谢局长昨接北京烟酒公卖总署钮署长通电云：云南宁陆巡阅使，各省督军、省长、财政厅长、烟酒公卖局长，顺天府、归化厅、库伦都统、财政厅、烟酒公卖局长均鉴：传善随同总理行辕，在天津暂设办公处，业于麻日电达在案。现大局奠定，总理入都，传善督同各员，仍回京署，照旧办公。现在中央需款孔亟，各公卖局长务须切实整理，将征存之款，源源解京为要。钮传善。铣。印。

（1917 年 7 月 18 日，第 10 版）

烟酒公卖照旧进行

江苏第二区烟酒公卖分局长谢惠塘日前因公晋省谒见齐省长、胡财厅长、高省局长，面陈一切，当奉面谕谓：烟酒事务现虽归并财部，在苏省已办有成效，仍应照旧进行，勿因此稍涉疏懈云云。现谢局长已公毕返沪矣。

（1917 年 8 月 7 日，第 11 版）

松江·委员舞弊撤差

县委员督催牙行税与烟酒税之寿芬波，因于牙行税则空给收据，干没税洋，烟酒税则伪报蒂欠，将款吞用。现该委所出各牙行之伪收据，因向征税处换照发觉，已有三纸，而烟酒税之吞没，亦已查出。故已撤去差委，以牙行税归税契处核办，烟酒税归公卖局办理。

（1917 年 8 月 17 日，第 7 版）

公卖局催征烟酒牌照税

烟酒公卖分局长谢惠塘以征收烟酒牌照税现届第二期，应行倒换税证、牌照，缴纳税款之期。曾经布告该两业商人务于七月末日以前来局缴税、换领牌照在案。现督催期间已届，尚有意存观望、延不来局缴换者，照章应加取罚金。是以特派调查员司分赴各市乡，将烟酒各铺详细调查，如有不来领照者，应传谕该处保甲协同催征。

（1917 年 8 月 9 日，第 11 版）

烟酒公卖简章驳议书

聂家楷

叙言

顷者鄙人在本会（全国商会联合会）提出议案，呈请财政当局恳予统一税则，以纾商困，而维国货，业奉财部批交烟酒行政评议会研究云云。夫烟酒而有行政评议会，烟酒两业之幸事也；烟酒今日而始有行政评议会，烟酒两业之大不幸也。虽然东阳已逝，桑榆匪晚，及今图之，犹可为也。故吾人对于兹会之成立，盖兴无限之感想，而抱莫大之希望者也。

两年以来，我烟酒两业日在水深火热之中者，谁乎？使我烟酒两业倒闭相望者，谁乎？使吾烟酒两业渐被外货排挤不能自存，驯致有一二种类其名目已绝迹于社会者，谁乎？使吾烟酒两业同胞甘心外向，托庇洋商，自弃国籍而不顾惜者，谁乎？吾敢下一断语曰："烟酒公卖章程为之也。"当日烟酒公卖章程颁布之时，无异于烟酒两业宣告死刑。今者烟酒行政评议会发生，无异于被宣告者得闻复审，可得平反之希望。此一线之曙光，盖不可不特别注意之也。

吾人提及烟酒公卖章程，盖不禁兴无限之感慨。今日所争持者，非所谓约法问题乎。以吾观之约法，保障人民徒虚语耳。何以言之？约法第十

169

四条载明人民依法律有纳税之义务，是约法固规定人民不能依命令有纳税之义务也。今试问烟酒公卖简章为法律乎？为命令乎？当民国四年之夏，以财政部之呈请袁氏之批准，居然颁布于全国而施行之。二次国会复活，不闻提起质问也。不宁惟是陈锦涛以之抵借美款，且公然以五分钟即通过于议院也。是约法虽载明此条，而前此之财政当局乃必令吾民依命令纳税，而立法议院亦似不知依法律之条文究作何解也。吾人若为过激之言论，则此等公卖章程依照法律，当然即予撤消，而吾人对于该章所规定，实无输纳之必要。衡以遵守约法之正理，盖无以难也。虽然吾人既不为此过激之谈，亦无力作此过当之举，但冀有所改良耳。方今财政当局既有烟酒行政评议会之设置，是灼知该章之不良而冀研求适当办法者也。吾侪商人受此不良章程之痛苦，两年于兹矣，举吾人所身受之事实，以作财政当局研究之小助，是吾侪商人所应有事也。作烟酒公卖简章驳议书：

第一条　政府整顿全国烟酒规定公卖办法，以实行官督商销为宗旨（原文）。

（整顿烟酒谈何容易，乃以规定公卖办法尽之。一若公卖规定，而烟酒即可收整顿之效者，何其侦也。且整顿云者，整顿其税则乎？抑整顿其业务乎？窃尝闻之税源之加增，由于商业之发达，故欲增加税收者，对于纳税之业务不可不有以整顿之、助长之。今若不思切实整顿之道而以加征公卖费为整顿，整顿者固如是乎。）

第二条　全国烟酒公卖法未颁布以前，烟酒公卖事务暂行案照本章程办理（原文）。

（政府对于烟酒既未制造又未公卖，无物抵当，是公卖字样在事实上、法理上绝对不能成立，无待言也。况中国烟酒向无公卖之法，一旦而遽予发生，竟以政府编订之章程以命令颁布之，而使之代未来之法律，呜呼！此袁政府之所以为袁政府也。）

第三条　凡本国制销之烟酒均应遵照本章程办理（原文）。

（自公卖章程颁布以后，而洋商之制造烟酒各厂不但不纳公卖，而并旧日所认之税率亦并不纳矣。此条章程断送之也。）

（未完）

（1917 年 11 月 25 日，第 11 版）

烟酒公卖简章驳议书（二）

聂家楷

第四条　各省设烟酒公卖局，酌量烟酒产销情形划分区域，设置分局名曰"某省第几区公卖分局"（原文）。

第五条　公卖分局于所管辖区域内分别地点组织烟酒公卖分栈，招商承办，由局酌取押款，给予执照，经理公卖事务（原文）。

第八条　公卖局应酌量商情，给予公卖分栈以相当之经费（原文）。

（公卖简章全编皆漫无限制，酿起苛扰，而四、五、八等三条则漫无限制之尤者也。以设分局之权界之省局，以设分栈之权界之分局，无惑乎章程甫颁，而分栈、支栈遍于全国也。且其取得分栈之设置，由押款而来。凡挟款而取得分栈者，以押款为资本，以分支栈为营利目的。不事苛扰，何以牟利也？而公家所给之经费，亦既毫无的当之规定。今试假定一分栈岁收五千元，以九扣给费，不过五百元。试问此区区五百元，能敷一分栈之用乎？否乎。既不敷矣，则以押款担保而营求取得分栈者，果胡为乎？其势必苛扰勒罚，营利舞弊，自是意中之事。质言之，则是订章者招致一班无赖，使之扰民苛商而已。况以全国之大，分栈何止数千，糜费公帑，为数亦复不赀。国家负病民之恶声，而为此曹分支各栈开一敲诈营财之途径，吾人徒为小民唤奈何耳。）

第六条　凡商民买卖烟酒，均应由公卖分栈代为经理（原文）。

（政府既不产制烟酒，又未收买烟酒，乃限制民间之买卖者，皆受分栈之经理，欲为举纲无遗之计，出此妙想天开之手段，诚咄咄不可思议也。试问公卖分栈之承办人，人人皆有媒介业之识能乎？人人皆能公平无私乎？人人皆能洞悉烟酒商业之状况乎？而遽以代为经理之特权界之。自有此条以后，而烟酒商业之多事，遂自此起矣。不宁唯是，里巷小民、乡僻愚氓，处处皆可触公卖章程之禁网，时时皆可受公卖分栈之罚则，不意革命共和以后，吾民竟受此厚赐也，谓之何哉！）

第七条　已设公卖局地方，应将原有之烟酒各项税厘、牌照税及地方公益捐等暂由公卖局代收分拨（原文）。

（此当日订章者，亦自知名目繁冗，实无以对国民，故为此一条，以自解免。其实此甚难作到，即作到矣，而名目纷歧，仍与分收等耳。夫库款支绌，欲加税，则加税耳，何必多立名目为？若谓其为奢侈品类，应即寓禁于征乎，则土货之烟酒少销一分，即洋货烟酒多进一步。日本实行烟草专卖，在税关条约改正以后，盖斟酌先后、体察内外，固应尔尔也。曩者订章者，既不细案国情，又不体察商困，袭东西专卖之法既不成，避加重商税之名而不居，乃创此非驴非马之公卖费名目，以博袁氏之欢心。一方脱离财部，另辟机关以自固其地盘，遍设省局、分局以安插其私人，设立制造厂、银行以实行其舞弊，商民交困所不恤也，税源日涸所不计也。洋烟洋酒日益充斥，不曰："当日立约之失败。"即曰："今日外交部办事之不力也。"有悬以改良税法统一征收者，则曰："吾之简章第七条归并征收尚未作到，乌能统一也？"扣以何时可归并？曰："此权在各省，非吾所能知也。"反复晓辟，以不必归并，即改良统一，亦似于前途无所窒碍。则曰："归并之后，较易为力也。"再警告以通商各埠以及东三省各处地方，或迁入租界，或悬挂洋旗，或托庇洋商包运，恐迁延复迁延，税务将不堪设想，不待归并之日，而亦无从整顿矣。则曰："赖诸君之力，为我转告，少忍痛楚，待我改良也。"要之前此之办理公卖者，明知其苛商扰民，明知其妨害土货、提起洋货，而以改良之后，于己实大有不利，致不恤忍心害理，饰词因循也。）

第九条　公卖分局每月于所辖区域内先期规定公卖价格，陈报各该省局核定后，通告各分栈遵照施行（原文）。

第十条　烟酒销售应由公卖核计其成本、利益及各税厘捐等项外，体察产销情形，酌量加收十分之一以上至十分之五，定为公卖价格，随时公布之（原文）。

（曩者公卖发生以后，各地分局分栈对于两业之抽收，时异其格，群情怪之，而不知乃根据此二条之规定，公卖分局得以该管区域内之价格请命于省局，而省局得酌定价格随时公布也。夫货物价格之高低，虽根据于成本，而亦视乎市场之供求为转移。公卖局员能灼见商人成本之实情乎？即使其能知矣，能体察市场之供求乎？且征收人员孰不以多收为能事，而自回护其比较以博上官之欢心者，今以定为价格，呈请省局之活动权界之，试问其必订为低格的乎？抑订为严格的乎？各省省局得各处分局之呈报，其于厘订之时，从重订定乎？抑从轻订定乎？固不必详细推敲而即可断定其必从重厘定也。

其尤苛者，则在随时公布之。一句而十分之一与十分之五，其间相去甚远。而在此范围以内，局长随时可以高下之。质言之，则烟酒公卖之收费，直可谓局长所是谓之法、分局所拟谓之令而已，无所谓价格，无所谓费率也。呜呼！此吾侪两业商人所为呻吟呼号而希冀解免者也，此吾辈请愿代表所以旅京经年而不得要领、不思言旋者也。）

（未完）

（1917 年 11 月 27 日，第 11 版）

财部整顿烟酒行政办法

财政次长代理部务李思浩呈大总统文云：窃维为政之道，首重力行，权权所关，应严综核，此固图治之要旨，亦即理财之常经。吾国自筹办烟酒事务以来，其征榷之额虽较之各国为轻，而商民之情，则颇以施行为病。究其原因，固由于条约之束缚与税法之纷歧，而按之实际，则上下相隔，吏缘为奸，稽核未周，利归中饱。商民既乏纳税之常识，又视章则为具文，扞格既多，推行自困。以故办理已及两载，成效迄未大彰，长此因循，殊难进步。本部自接办烟酒事务改设专局后，迭经详细考察，其根本计划，自应参酌国际情形，以改良税法、实行公卖为依归。而勉求目前整顿之策，则对于烟酒行政亟宜彻底清厘，以力行综核为主旨。兹就管见所及，拟具整顿办法五端，谨为钧座缕晰陈之：

一、拟令各省局实行编造统计表报部备核也。查比年各省分局对于册报计算，几于视同具文。因之产销状况，无从得其真相，影响所及，窒碍诸多。兹拟厘订表式，颁发各省转令各局栈，就所辖地方每年烟酒产销之多寡，运外、外输之增减，整卖、零卖商人之确数，及其他一切详情逐项查填，分期造报，呈由各省局汇编送部，分别统计。庶几汇览无余，方足以资整顿。

二、拟令各省局按月表报所发各项单照号数，以便随时抽核也。查经征机关不无浮滥之弊，掣发单照尤多朦混之虞，于碍难普通稽核之中，勉筹彻底抽查之法，莫过于限制各种单照之掣发，及注意各项存根之保储。但能于平时洞悉其收发单照之号数，即不难于临时核得其征收税额之真情。兹拟通令各省局，嗣后凡印刷各种单照、收据及存根等件，均须逐一编列号数，分别机关，注明已用、未用，每月责由各分局栈编造表报，由省局汇报本部，以便随时随地任择抽核，藉杜滥掣，而免浮收。

三、拟责令各局嗣后规定公卖价格，应切实照章办理也。查近来各省征收费款，往往估计约数，责令包缴，阳袭公卖之美名，实行包办之陋制，微特公卖价格不能均衡，即产销真相亦复无从查考，弊混相沿，亟应整顿。兹拟重申训令，责成各省局按照全国烟酒公卖暂行简章切实奉行，规定公卖价格随时公布。庶产销有确数可查，斯公卖有实行之望。

四、拟发行烟酒杂志以免扞格，而启迪商人纳税之常识也。查官商隔阂，则弊窦丛生，欲彻底清厘，必使官民之间有宣布报告之书，具贯输启迪之用，然后循序策进，其效乃宏。兹拟发行《烟酒杂志》月刊二期，关于京外往来紧要公文，则广布周知。各地烟酒之制造及产额，则兼收博采。至于烟酒税法之异同、国际条约之复杂，中外不乏名著，特辟专栏，用资参考，以广新知，藉开常识。

五、拟实行派员分别调查，以昭核实也。查调查专员，久为虚设，积弊已成，殊堪浩欺。兹拟另订专章，划分班次。经常调查，则定期各处抽巡，著为常典；临时调查，则遇事密令详侦，不拘恒例。庶几置员可获实用公费，藉免虚糜举措，不蹈恒蹊，各省益知儆惕。

以上五端，或重整旧规，严加考核，或另筹补救，亟待推行。虽属一时治标之方，似为目前当务之急。至于税法应如何改良，关税应如何修正，税率应如何统一，官制应如何厘订，均应逐一筹议，尤难视为缓图。除一面悉心规划，拟定办法，再行呈核外，所有胪陈整顿办法各缘由是否有当，理合具呈，伏乞训示施行。

（1917 年 12 月 10 日，第 6 版）

烟酒公卖费继续包认

江苏第二区烟酒公卖分局罗局长于去年到差后，查得烧酒、绍酒、土黄酒及水烟、烟叶、皮丝等业，经前局长详准省局长组织各分栈，由各该主任禀请承认包办以来，尚称有效。现因试办半年届满，仍据各该主任呈请，继续办理一年，仍照原额按期汇解公费等情，当即据情转详省局长请示办理。兹奉批回，准于七年一月一日起，着各主任照常继续等因。当即转令各分栈商人遵照矣。

（1918 年 1 月 9 日，第 11 版）

酌订烟酒公卖公局办事规程

上海烟酒公卖分局罗局长现将局内办公规程酌量参订，照录如下：

一、本规程根据总局所发，依照部颁暂行章程规定之（凡本局规程，应照现定手续办理）。

二、本局职掌内应办事项由本局长秉承总局之命令执行。

三、本局办公时间遵照总局颁发规程，定于每日自午前九时至午后五时。

四、本局职员假期应轮派员司值日。

五、本局办事员以司事充之，缮写以书记充之，由本局长督率办公。

六、本章如有未尽事宜，随时秉承总局修改。

（1918 年 1 月 14 日，第 10 版）

烟酒公卖分局之函牍

江苏第二区烟酒公卖分局罗局长致粱烧董事王志塑函云：查敝局第一分栈屡次解款，延不清缴，据称白酒各商号大都积欠，屡催无效，以致不能如期清解等情。如其事果实在，殊属不成事体。公卖费款为国家正项之税收，何能任令商家有所宕欠？照章应即派员守催。久仰贵董事为粱烧领袖，不难片言以决。敢请贵董事代为劝导，责令迅即扫数清缴。如经贵董事劝谕之后，设有仍不遵缴者，务乞摘户示知，俾使再行派员照章催收。

又闻该局长据川沙支栈经理呈请，将支栈名称改为分栈，业于昨日批答云：呈悉。查部定公卖章程，一区域内之同类公卖分栈已由甲商承办，不得再许乙商另行组织。今该支栈与第一分栈性质相同，自应遵章，隶属分栈所请，着无庸议。

（1918 年 1 月 24 日，第 10 版）

解决土酒绍酒两分栈收税之争议

上海县商会复江苏第二区烟酒公卖分局长函云：本年一月九日准贵局函开：据敝属土黄酒分栈呈称：绍酒分栈违章扣留无锡黄酒六坛，请令饬交还。复据绍酒分栈复称：酒坛既系绍式，自应归其征收，土黄酒分栈亦不得滥收等由前来。当查无锡黄酒绍式装潢，敝局无成案，亦据两栈各执其词，均难偏信。贵会素持公道，此类无锡绍式黄酒应归何业主管，不难解决。用将两造原呈抄送，连同黄酒分栈呈验验单、绍酒分栈呈验样酒五件，一并函送贵会秉公查验，即希赐复，俾便饬遵，以免争执，实纫公谊等由。附抄呈二纸、验单三纸、酒五坛到会。准此，敝会即于本月廿日集议查询，两造主张不外原呈所叙，表面各衷一是，其实两有不合。质言之，即绍酒分栈不合干涉非绍酒税收，锡产之酒不合与绍酒绝无区别。顾说者曰："商业本许自由，此项锡酒盖用浙绍义茂酒坊图记，不过表明义茂酒坊本设于浙绍，并非实指该酒即为绍酒也。譬如某省商人在他省营业，于其牌号之上冠以本省地名，自不在禁制之列。至双加重字样，亦不过表示重量之增加，绍酒可用，非绍酒亦无不可用。"持此说者，亦自具有理由。而反对者则谓："商业首重信用，此项锡酒完全造成绍式，揣测制造者之心理，直利用假冒之手段，攘夺最著名之权利，已属不道德行为。矧此外，更有特种原因，查酒税浙重于苏，近今益甚，业此者往往舍绍就苏，既遂其避重就轻之计划，更可收本轻利重之效果，要之此种行为实非正当商人所应出此。"此说理由亦甚充分。总上两说，遂成本案不可解决极端困难之问题。敝会本非游释法律之机关，然对于商业上实有应尽之义务，重以贵局咨询，不得不略有表示，以维正义。查酒业一项，不论土黄酒及绍酒，均属于商人通例第一条第三项之制造业。本案既因形似，实非之造作发生疑问，官厅自应严重取缔，俾资救济。拟请将非绍地制造之酒，除旧习上惯用之种种形式符号（如泥头图印之类）以外，必须加以特别标识，如"无锡制造"，或"苏州制造"，或"某省制造"，明曰字样，以资区别。庶从此征收机关易于稽查，不致再发生何种之争执。惟此项标识未解决前，应请将完全绍式并非真绍酒之税收，归两分栈平匀分配，暂维现状，徐图善后。凡此论断，敝会为顾全商业道德及慎重公家税课起见，用敢缕陈，实不仅制止两分栈之相持不下已也。是否有当，仍候卓裁核准前因，合就管见所及，泐函布复，并奉缴附到各原件，希请贵局查照核办。

（1918 年 1 月 30 日，第 10 版）

烟酒公卖局记事

江苏全省烟酒公卖局长兼领二区分局事务第一号布告云：查上海烟酒公卖分局，原系为特别区域，事务甚繁，责任较重，暂由本局长自行兼领，并添设坐办一员，以昭郑重，而资辅助。业已令委谢宣为坐办，兹于本月八日接领二区分局事务。除分别行知外，合行布告，仰烟酒各商一体知悉。此布。民国七年二月八日。局长殷铮。坐办谢宣。

江苏第二区烟酒公卖局向设大南门外金庭会馆，兹悉新任局长殷铁庵已将局所迁至尚文路，即市经董办公处由坐办谢惠塘常川驻局。殷局长虽驻宁省，亦不时来沪主持公务，并悉该局内部旧有人员概未移交，由殷局长重新委任云。

（1918 年 2 月 14 日，第 11 版）

烟酒牌照税征收机关之复杂

烟酒牌照税前归上海县公署经收，嗣奉江苏财政厅长训令，将牌照税移并二区烟酒公卖局办理，以期统一。即经沈知事遵令移交前江苏第二区烟酒公卖分局长谢惠塘接收，至罗局长接办该分局事务后，仍照章征收转解。迨今年二月间，该分局改归省局长殷铁庵兼办，仍委谢惠塘为坐办，曾经会衔布告，并将局所迁移至尚文路市经董办事处各在案。兹闻烟酒两业，因近日又有江苏二区烟酒牌照税经征处名义之通告，限于十天以内速到小西门外大兴街金庭会馆内经征处换领牌照，迟则照章处罚等因。惟烟酒牌照税向归公卖局征收，何以又有牌照税经征处之名目，并派员至各户调查？殊多不解。故向公卖分局诘问，究向何处缴税换照，请即指示，俾免无所适从云。

（1918 年 4 月 1 日，第 10 版）

江苏二区烟酒公卖局来函

径启者：顷阅各报载有关于烟酒牌照税新闻一则，查烟酒牌照税在罗前局长任内，由商承办。今年二月，敝局奉厅局训令，将前案取消，迭令交代，延不遵缴。今又通告催征，实属谬妄已极。现已饬令该商即日将文卷牌照交出，除再正式通告征收外，为敢函达，即希贵报登入来函门内，以免误会，而昭核实。江苏二区烟酒公卖局启。四月一日。

（1918 年 4 月 2 日，第 11 版）

镇江·催解烟酒捐

江苏烟酒公卖局殷局长迭奉部电严催解款，急如星火。昨特通令镇属五县各分局支栈一律遵照新定解款办法，每旬一解，不准短少分文，庶几各局不能拖欠。闻驻镇烟酒公卖分局已奉到此项通令矣。

（1918 年 4 月 7 日，第 7 版）

南通·烟酒改办认税

南通烟酒公卖分栈征收烟酒款项，向系尽征尽解。现从本年正月下旬起，改归认税。通县闻已认定年解二万四千元，分月解省。该栈经理朱敬堂因事赴陕，刻已另举武海□接办矣。

（1918 年 4 月 16 日，第 7 版）

补征烟酒公卖费之布告

江苏财政厅会同烟酒公卖局布告云：为布告事。照得烟酒两项征收公卖费款，原系容纳售价以内，间接取于食户。乃各区栈对于烟酒征收数量任意减折，甚有烟酒每百斤征费不及四五十斤者，其中隐漏费收，病国病民，莫此为甚。兹经查照江苏烟酒公卖省则第二十四条，暂行责成本省江南北各税所查验经过烟酒征费数量，察酌补征，用示儆惕，并拟定简章八条，呈准有案，亟应定期于本年八月一日一律实行。除通行各税所外，合亟黏章布告，仰烟酒业商一体遵照。嗣后贩售烟酒数量，均应征足费款，再行起运，慎勿尝试干咎。切切！此布。

计黏章：修订江苏补征烟酒公卖费暂行简章

一、此项办法专为补征已完全费、半费烟酒数量不足者而设，如有其他情弊，仍照本局惩罚私烟私酒单行法办理。

二、凡商运大宗烟酒经过江苏省江南北各税所，应将所执公卖局征费凭单及护运验单陈请扦查，数量相符者，在于各项单内加盖某某税务总分所查讫戳记，立时放行，不准司巡稍有需索、留难情事。如查出与单载数量不相符合，除扣已征数量不计外，所有短征数量，按照该商在栈原报完费价格暨全费、半费补征足数，填给补征证，并在原执凭单以上加盖某某税务总分所验补红戳，以明责任。

三、此项补征手续在公卖征收尚未统一之际，暂由省局委托江苏省江南北各税务总分所办理。所有补征收入之款准扣三成，以二成提给各该税所员司，以作奖励金，各该税所不得另请开支，以一成津贴各路总稽查川资旅费，由省局择其办事勤能者分别支配。

四、此项补征证由省局编号印发各税务总所转发分所，随时填用，如有遗失，照税票例惩办。

五、三联补征证一联给商执运，一联存各税务总所，一联随同补征之款缴解省局，以便稽核。

六、此项补征之款应由各税所按旬专款报解，并将已用、未用证单数目，另折旬报备核，不准延压。

七、各税所补征此项完费不足烟酒数量，系以各该税所向来征收烟酒厘税之烟酒数量为标准，并不按照实在数量补征，以示体恤，各商不得误会藉口。

八、此项办法本于防杜漏费之中仍寓体恤商艰之意，如果单货相符，不肖司役藉端索诈，准由被害人指名呈控，尽法惩治。倘查出短征烟酒商人有意违抗，即由各该税所扣留人货，呈候送县，罚办不贷。

九、省局现设水陆总稽查四人，系分江南内河、江北内河、长江徐属四路、常川分道。巡查得考核各该税所补征烟酒公卖费暨经征烟酒税之成绩，并抽查商运烟酒之数量，随时报告省局。如果查出各该所暨商等有弊混实据，亦准密呈举发，惟不准在外稍有需索、留难情事，违者撤究。

（1918 年 7 月 26 日，第 10 版）

补征烟酒公卖费委难实行

江苏财政厅及苏省烟酒公卖局前经通令所属各税所补征烟酒公卖费，嗣因各县烟酒业一致反对，呈请取消，已准展缓一个月实行，业经屡纪前报。兹闻江苏二区公卖分局长李碧澄迭据各分栈主任呈称，商业困难，势不能再加负担，如果实行补征，未免为沿途各卡留难需索，烟酒商更不堪其累，请转详省局长收回成命云云。李局长遂邀集各该主任会议之下，谕候据情详请财厅、省局，核示施行。

（1918 年 8 月 13 日，第 10 版）

补征烟酒公卖有撤消希望

江苏财政厅烟酒公卖局前令上海税务所陈所长补征烟酒税，曾经该两业反对后，由公卖局彭省局长令知江苏二区分局长，订于上月二十六日在宁垣省局内召集所属各分栈主任等会议，兹已议毕返沪。闻此次会议分局长以沪上各业大都认税，烟酒业税亦已由该两业认包，主张无庸补征，其他各区亦皆反对，不愿再行加重商人负担，决意请求转详撤消补征名义，以恤商难。彭局长据陈后拟会商胡财厅长核示施行，大约撤消补征一事，可望达到目的云。

（1918 年 9 月 2 日，第 10 版）

烟酒公卖局严禁撞骗

江苏第二区烟酒公卖局昨出布告云：为布告事。照得本局奉省局函开：访闻上海有朱姓、钱姓、王姓等假借包认香烟税捐为名，捏造谣言，煽惑合股，饬即严禁等因。奉此，除派员严密查访外，诚恐商民无知，受其愚惑，为此布告周知：须知若辈全系凭空设计，诳骗财物，一经为其煽惑，鲜不受其贻害。嗣后遇有此等奸徒，胆敢仍前撞骗，准即扭送来局，以凭移县严办，决不宽贷。

（1918 年 10 月 28 日，第 11 版）

苏州·请免加征公卖税

苏省烟酒公卖局派员调查得三区（苏常二属）原认烟酒公卖税率尚未足额，特饬从八年分起加征二成，兹经烟酒各商公恳商会电请省长免加，略云：苏属烟酒各商号环称奉饬加八年份公卖认额至二成以上，闻信之下，惶骇莫名。烟酒业自实行公卖以来，税费繁重，负担难堪，辍业停酿，时有所闻。且近年迭受时局影响，商业凋敝，已达极点，七年份定额已属勉力担任，倘再加征，重益商困，生计前途，不堪设想。迫恳吁电部省俯恤商艰，仍照七年份认数征缴。再，皮丝烟业，闽省产地兵祸未纾，货源梗断，并恳援照货税认额，暂准减成完纳，以维营业，而苏商困等情前来。谨按烟酒各业，自征公卖，商力凋残，已达极点，若再加征，民不堪命。至皮丝建烟，前因产地遭兵，来源缺少，代为陈请省局援案乞暂酌减各在案。该商等所称各节，均系实在情形，相应据情吁恳省长俯赐鉴核，准予免再加征认额，并将皮丝烟业一项援案酌减，暂予通蚀［融］，俾苏商喘而养税源云。

（1918 年 12 月 21 日，第 7 版）

嘉兴·烟酒牌照之规定期限

烟酒各商牌照税捐向系每年分两期缴纳换照，现该公卖局为节省手续，便利商民起见，呈准财部仿照牙行帖办法，每五年更换一次。烟酒各商上期缴纳捐税，下期仍继续开办者，可缴纳捐税，领给收据为证，定于八年一月起实行，业已通告各烟酒商号遵照矣。

（1918 年 12 月 25 日，第 7 版）

烟酒牌照税款短收 *

【上略】

各属征收烟酒牌照税，经理不善，逐渐短收，现查不及定额十分之七。故公卖局朱局长拟定整顿办法，先从分委调查入手，业已次第出发。

【下略】

（1919 年 1 月 3 日，第 7 版）

烟酒牌照税主任更调

江苏第二区烟酒牌照税主任顾元祺，现因期满，由烟酒公卖局长李崇鎏改委陈杰办理，所有上海、宝山、川沙、崇明、太仓、嘉定等六县烟酒捐照事务，均归陈杰经办。业于八年一月一号为始，另设征税处于西门外文曜里内，以资办公。

（1919 年 1 月 4 日，第 10 版）

江苏第二区烟酒牌照税征收处启事

启者：江苏第二区烟酒牌照税征收处现奉李局长令委陈杰征收，业经组织成立。兹本邑在西门外中华路文曜里开办征收，所有各外县：太仓设于西门外，嘉定设于南翔镇，宝山设于闸北满洲路三长里口，川沙设于东门内，崇明设于南门内，分报开征。凡各烟酒商换取民国八年烟酒牌照税，祈各赴该处缴纳税款，换取新照。恐未周知，特此通告。陈杰谨启。

（1919 年 1 月 14 日，第 12 版）

财政部之附属机关

冷眼

【上略】

（四）各省烟酒公卖局

烟酒公卖税法颁行于民国三年，烟酒公卖之外有烟酒税，复有烟酒牌照税，叠床架屋，殊为繁碎。当时烟酒税款皆归各省财政厅承办，为中央专款之一。至民国四年，始于各省分设烟酒公卖局专司其事，各省局所分设至二十四处，计除直隶、广东二省增设会办外，余皆仅置局长一人，均归全国烟酒公卖局管辖。收入之多，以直隶、奉天、吉林、黑龙江、浙江、江苏数省为最，其余因销产无多，故税额亦减少焉。

【下略】

（1919 年 1 月 17 日，第 3 版）

陈锦堂包认烟酒牌照税之核准

江苏全省烟酒公卖局长彭渊恂以上海、川沙、太仓、嘉定、崇明、宝山六县烟酒牌照税向由商人包认，以一年为限。兹届更调之期，所有民国八年份烟酒牌照税，现由商人陈锦堂认办并据缴存保证金三千元。该商殷实可靠，堪以派充六县牌照税总征收处主任，昨特令由第二区局长李崇鎏转饬该主任陈锦堂认真办理矣。

（1919 年 1 月 20 日，第 11 版）

烟酒公卖局批示照录

烟酒牌照税主任陈杰因旧商顾元基抗不撤销复朦收八年份税款，

故特具呈江苏全省烟酒公卖局，请为追究。昨由彭局长批示云：呈悉。第二区牌照税款既归该主任承办，旧商顾元基自应撤销所有朦收八年份牌照税款。仰该主任切实清理，勒令如数交出，解局备拨，毋任欠延。

（1919 年 2 月 4 日，第 11 版）

苏州·烟酒税另自设局

苏省烟酒税捐向由各税务所与百货一律征收，并未另设机关，亦无专支经费。自五年三月始，将烟酒税捐划归省公卖局管理，仍由各税所征解。上年奉部电令财政厅于各税所原支经费内划出烟酒经费，改归局支。在其时，原只有手续之转移，而事实并无出入。现悉苏城税务所暨第三区烟酒公卖局均奉省局训令转奉部署会电，烟酒税捐款目由局直接收解，停止税所代征，并规定应支经费自本年二月一日起，准于每月捐款项下按实收数目提支经费百分之五，随同解款领纸，俾省周折。其向发之烟酒经费，截至本年一月末日止，一律停发通知书。如有已领二月份前项经费者，应即查明，如数呈解归还云云。

（1919 年 3 月 14 日，第 7 版）

安庆·公卖局更替之内幕

安徽烟酒公卖岁入税率约六七十万元，前局长刘慎贻辞职后，烟酒督办改委陈光谱，陈不欲就，遂以此席让张伯衍。张视事已经年，上年秋末，烟酒督办曾派李某来皖任该局会办。李系淮泗道尹之子，丁乃扬之婿，以屯溪、宿松两分局由李办理外，兼会办虚衔，月送夫马费二百元。现张伯衍奉调浙江，以浙之朱局长调皖。旋奉续电，先令李会办代理，昨日李正式接事。闻朱某来皖，尚未得倪督同意，代理之李某位置颇为巩固云。

（1919 年 3 月 16 日，第 7 版）

烟酒公卖分局近事两则

江苏二区烟酒公卖分局刘局长际士前日接文省局长训令云：奉北京烟酒事务署电令，以本署成立以来，核得上年各省区所属征收烟酒厘税、烟酒牌照税、烟酒公卖费收数短绌，值此整顿之秋，恐有各该属员从中弊混欺饰情事，亟应派员分赴各省调查情形，一俟复到后，再定优劣。是以特派黎迈赴苏省各区实地调查，限两月竣事等因。刘局长当即转令所属各分栈主任一体遵照，若该员到沪调查时，务各随时接洽，切勿视为缓图，以重国税云。

刘分局长又接北京烟酒事务署电令：所有各认商认缴厘税及公卖费并新增数目，务限文到五日内饬属分别列表填就，汇报来署，以凭稽核等因。刘局长即将奉颁表式印刷多份，转令所属各分栈迅将征收情形分别照填，务于文到三天内呈报来局，以便汇总详报。

（1919 年 3 月 18 日，第 11 版）

通令裁撤烟酒公卖分支栈

江苏烟酒公卖局近令各分局，略谓：接张督办令，自全国烟酒事务署成立后，对于烟酒税费竭力整顿。现查各省区分支各栈包办税费，积弊丛生，拟即裁撤，改公卖所。惟各分支栈前交押款共计一百三十余万元，应行发还，已函请财政部设法筹措，一俟筹有办法，即实行办理云云。

（1919 年 4 月 19 日，第 10 版）

苏州·取消烟酒税分支栈之先声

江苏第三区烟酒公卖分局近奉省局训令，案奉张督办令开：略谓：自全国烟酒事务署成立后，对于烟酒税费竭力整顿。现查各省区分支各栈包办税费，积弊丛生，拟即裁撤，改为公卖所。惟各分支栈前交押款共计一百三十余万元，应行发还，已函请财政部设法筹措，一俟筹有办法，即当实行办理云云。

（1919 年 4 月 28 日，第 7 版）

开征第二期烟酒牌照税

　　江苏二区上、宝、崇、川、太、嘉六县之烟酒牌照税，每年向分二期征收，第一期已于阳历六月终办竣。兹届第二期征收税款之期，故由二区公卖局刘局长昨特令饬经征主任陈杰迅即派员，分往各该县开征。本埠征收处现设西门外文曜里，一面通函各县，请为布告各烟酒商一体照缴。

（1919 年 7 月 30 日，第 11 版）

请缉冒收烟酒税款

　　江苏二区烟酒公卖局长刘际士近据承办烟酒牌照税之陈杰呈报，上、宝两县境内有人冒各烟酒牌照税调查员，竟将升泰、洽泰、兴盛、余恒、昌裕和等槽坊烟酒店，托名调查，乘机收去税款，或两元、四元不等，并遗有名楷，上注"朱□甫光勋"字样。经各该店呈报前来，事关冒名征收税款，应请查究。当由刘局长据情移请淞沪警察厅并上、宝两县知事饬属严缉朱光勋，务获究办。

（1919 年 8 月 3 日，第 11 版）

烟酒局征收二期牌照税

　　江苏第二区烟酒公卖局长刘际任以所辖上海、宝山、太仓、崇明、嘉定、川沙等六县之烟酒牌照税现当征收八年份第二期税款之期，昨日特发布告，略谓：案查本区六县烟酒牌照税八年份第一期业由承办主任陈杰征收完结在案。兹届第二期开始征收，除令饬该主任从速催征外，为此布告烟酒商民一体知悉：务须赶速前赴本区牌照税征收处缴纳第二期税款，换领牌照，事关国课，慎勿拖延。

（1919 年 8 月 10 日，第 11 版）

函请追缴烟酒牌照税

　　江苏第二区烟酒公卖分局刘局长昨致宝山县知事公署函云：径启者：案据敝区烟酒牌照税主任陈杰呈称：据分征处报告：宝山罗店镇钱永兴欠缴八年第一期整种税款，屡次催缴，迄未纳捐领照，并敢恃蛮藐抗。款关国税，不能以其数目微细，任其抗延，理合呈请转函县长拘案押追，实为公便等情。据此，除指令外，应函请贵公署饬传罗店镇钱永兴到案，勒缴税款，实纫公谊。

　　　　　　　　　　　　　　　　　　　　（1919 年 8 月 21 日，第 11 版）

加认税额请办烧酒税

　　江苏二区烟酒公卖分局第一分栈之烧酒业认商自经王某承办以来，常年认缴税额洋二万一千元。近经文省局长查得该商收解税数大相悬殊，爰饬分局刘局长转令该认商照原案增加。兹因案延多时，迄未遵加，有沪商陈某愿照原定税额加缴七成，按年额缴洋三万六千元，呈请刘局长外，并再电呈北京总署及江苏省局长等请为核准试办。

　　　　　　　　　　　　　　　　　　　　（1919 年 8 月 23 日，第 11 版）

苏州·苏州烟酒税局成立

　　吴县烟酒税向归六门税务所带征，现悉省公卖局为整顿税收起见，特将该项烟酒通过税另行设局办理，定名为苏州烟酒税局，已委任施同辙为局长，于本月十号成立。现钱师韩税务所长已通知各分所遵照，并饬科整理烟酒卷宗预备交代矣。

　　　　　　　　　　　　　　　　　　　　（1919 年 9 月 7 日，第 7 版）

烟酒牌照税新旧认商之互控

　　江苏二区烟酒公卖分局刘局长前将该区烟酒牌照税事宜归陈杰认办，

一面将前认商顾元基撤销。其时顾已征收是年税款五千余元，故由陈杰具呈该局，咨请淞沪警察厅长捉顾追交。而顾以收此款后曾付陈洋三千五百元，即投厅陈诉事实。经司法科刘科长察核案情，以原、被数目不符，饬两造呈缴清账，以凭核对明确，再行复讯去后，顾元基将牌照税征收情形及种种黑幕和盘托出，并诉明陈杰经征六县牌照税实收三万五千余元，将各县收数分别造具清册，呈请核示，内中上海一县每年可征收牌照税一万四五千元。徐厅长阅悉前情，昨已令饬刘科长传集陈、顾二人来厅，将两造所呈账目核对清楚，再行根究。

（1919 年 9 月 9 日，第 11 版）

令筹烟酒征收机关之办法

北京烟酒事务署署长近悉各省烟酒公卖征收机关每有发生官商争持剧烈风潮，因即调查原因，皆由各该机关任商家转手承认，每于暗中递送苞苴，在征收长官贪图中饱，颠倒是非，顿失信用，致有不惜声誉，罔顾公家饷需支绌。甚至江苏第二区公卖分局于烟酒牌照税因争持认税，彼此攻讦，尽献实收数目核与认数大相悬殊，无怪比较时有短绌。并有白酒认商亦因认数参差，为人争认，以二万二千元可加至三万六千元者，足见黑幕重重。其一处认商分栈若此，其他均可想见。似此情形，若不大加整顿，实于征税前途大有关碍，国家何能取实征实收之惠？是以电令江苏烟酒公卖省局长，并咨齐省长分别彻查该省所属各区烟酒公卖局对于征收情形有无前项情弊及与地方商家感情若何，能否将此种征收机关撤并，或归县公署，或由商家直接认办。扫去一层腌削，即为国家多留一分实收，商界亦免受苛勒之痛苦等因。齐省长准咨前因，已令行上海总商会密查详情，其二区公卖分局及各认商分栈等常年所征实数若干？该机关究竟或裁并，或由公正大商家承办，孰为妥善？迅行详细呈复，以凭转详。一面由文省局长饬传该区刘分局长到省面询事实，亦须会同齐省长切实筹拟妥便方针云。

（1919 年 9 月 29 日，第 10 版）

第二区烟酒公卖局批示

　　江苏第二区烟酒公卖局昨发批示录后：酒商万生、松记等为擅划押款，不甘承认，请查案详换印照由。呈及抄件均悉。据称押款请领印照等情，查挡［档］案内土烧酒业万生、松记等押款洋一千元，久经发还，前次所给收据已奉令注消，并由第一分栈经理王修庭备具领状，具领在案。何以该商等又复呈请根追，且妄指木局自失信用等语，殊属不解。惟款关保证究竟有何情节，姑准令饬第一分栈查复核夺可也，仰即知照。此批。

（1919 年 10 月 10 日，第 11 版）

烟酒公卖局更改名称

　　江苏二区烟酒公卖分局刘赞宸局长近接江苏烟酒公卖省局长训令，略谓：奉京师烟酒事务署署长令开：案照烟酒公卖局成立以来，已经数载，现值整顿进行之际，所有各省局公卖名称，应更换为"烟酒事务局"，其所属各分局及各分栈，均应一体更正名称，着于文到之日，即速改定。奉此，合亟转令该分局长，从速将公卖名义改为烟酒事务分局，其各分栈均当一律改称等因。该局长奉此，遵即转饬所属遵照，订期日内实行改称外，复呈请文局长颁发新钤记到局，以便启用。

（1920 年 3 月 16 日，第 11 版）

烟酒分局发给调查员执照

　　江苏二区烟酒分局刘赞臣局长以烟酒牌照税现已开始征收，而所派调查司员恐有冒充需索情事，爰特分发调查照，以昭信守。调查执照式如下：为发给执照，专事调查本区烟酒牌照。分往各店调查时，先将此照交验，如有滞捐之户，查照定章办理，不得格外需索。倘有不服调查，即由该员就近请求官警协助。若无此项执照，准由商家立时扭送官厅惩办。除布告外，合行发给执照，以资信守。

（1920 年 3 月 24 日，第 11 版）

烟酒事务分局批词两则

江苏第二区烟酒事务分局局长刘际仕昨发出批词二则如下：（其一）内外沙酒商陆义泰等请举支栈经理由。呈悉。查该处支栈经理，尚未据分栈选定呈报，所称添设协理，查与定章不符，应候支栈另组成立后，应否变通，再行核夺，仰即知照。（其二）各界代表施滋培公举梅志成为支栈经理，请赐核准由。呈悉。查此案前据酒商长丰泰等呈请举程德义为支栈经理，业经本局长训令第一分栈查明具复，并分别指令在案。据呈前情，姑候饬令第一分栈并案核办可也，仰即知照。

（1920 年 5 月 6 日，第 15 版）

烟酒局长对于烧酒商之批示

——谓为挟众把持

南北市烧酒同业因公卖第一分栈经理王修庭奉令撤换，限七月一号移交，公呈二区烟酒事务局环求收回成命。昨经刘局长批示云：呈悉，并据代缴第一分栈训令等情。查此案转奉京署核准，前以该商等呈请驳饬，业经本局明白指令在案。分栈系法定机关，经理负唯一责成，本局长指挥监督，令出惟行，该商等何得挟众把持，借词反抗？此等行动，轶出范围，殊属冒昧，除将原令仍饬第一分栈遵照外，所请收回成命，应不准行，仰即知照。此批。

（1920 年 6 月 15 日，第 10 版）

惩收烧酒费更易经理之布告

江苏二区烟酒事务局昨发布告云：为布告事。案查本区烧酒第一分栈经酒商程兆魁呈请加额认办，转奉京署核准，业经本局长训令现任第一分

190

栈经理王修庭，截至九年六月底止结束收数，即行移交。除委任程兆魁接充外，合亟布告烟酒商知悉：自本年七月一日起，所有本区应征烧酒费款由新任经理程兆魁接收，所有一切征收手续仍照向章办理，其各遵照勿违。切切！此布。

（1920 年 6 月 29 日，第 11 版）

关于争认烧酒税之公函

上海县商会昨接江苏烟酒事务局函云：径启者：顷准贵会电据该邑南北市梁烧酒业代表王楚善等呈请愿照程兆魁所认岁缴三万六千元，请仍以王修庭继续办理等因。并据该商等并呈到局。查程兆魁接充上海第一分栈经理，系因该商认加巨额，迭向京署及敝局呈请承办。当时敝局曾一再令行分局督饬原办该分栈王经理照数加增，该经理坚不承认。京署以增益费收为前提，王修庭既不承认于先，自应核准，呈明京署，以程兆魁承办在案。现已事隔多时，程兆魁行将接办，乃该商等忽又愿照程兆魁认数增加，未免出尔反尔，事关定案，碍难准行。除批示外，合亟函复贵会查照为荷。

（1920 年 7 月 3 日，第 11 版）

二区烟酒事务局批示

江苏第二区烟酒事务局局长季新益批崇明商民吴殿宾呈：为崇明支栈征税苛勒诈取，呈请派员查办，以彰国法，而儆饕餮由。云：呈悉。查烟酒公卖局办法，前由京署厘订，通行各省，历有年所，无论城市乡村，均须照章纳税。该商民每日营业不过百文，以百分之十二计算，亦无一元四角之多，所呈各节，其中显有别情，姑候令饬第二分栈查明后，再行核办可也。此批。

（1920 年 8 月 29 日，第 11 版）

皖省烟酒税局之缪辖

安徽烟酒公卖局一职，夙为安福部把持。前年张伯衍□绅商交怨，迨

191

孙泽熙接办，张复卷款潜逃，交代一案，至今仍未结束。不意孙较张尤甚，当津保间战事发生，彼竟将局存之拨还皖北振款，擅挪五万元，接济安福战费。迨廖宇春接办，孙亦卷款潜逃。覆辙相循，成何政体。现廖供职后，省议会以孙前任挪款济党一案，责廖不应接收，并责令省长认赔。是以聂省长惶急，昨以万急之电，致北京烟酒事务张督办云：拨还皖北工振盐捐余款，卸任局长孙泽熙挪借五万元垫解贵署，自称作为筹垫烟酒公债之款，事前既未准贵署来咨，事后又未见该局呈报。现在省议会全体议员，均不承认，提出质问，复开会请予追缴，并请勒令孙前局长即日回皖，如数清偿，词极迫切。事关本省地方公款，本署未能卸责，务祈令饬该前局长，迅速回皖清理，并盼电复云云。闻省长之意，拟以行文通缉，为最后办法。

（1920 年 11 月 13 日，第 8 版）

新任烟酒事务局长尚在京

江苏全省烟酒事务局局长郑焯（号昆池）奉委后，原拟赴苏任事。兹尚因事滞京，前日先派委员来苏，面谒现任局长接洽一切，并往所属各县，调查烟酒税务事宜。闻郑君接事日期，约在下月上旬云。

（1920 年 11 月 26 日，第 11 版）

委员调查烟酒事务之厅令

上海县公署昨接财政厅七十九号训令云：本年十一月二十日奉江苏省长公署训令，案准全国烟酒事务署咨开：查江苏烟酒费税，比年以来，虽历经整顿，而收数仍未见畅旺，长此因循，终无成效可观。敝督办此次来苏，业经秘密委员考察，已能悉其大概，惟恐尚未周备，亟应委员调查，以资参考。查有前河南官产处处长何承燕，堪以派委为委员长，林金藩、吴尧善，堪以派充委员，驰赴苏省各区，悉心调查，何者应兴，何者应革，详加拟议，限期呈复，以为整理入手方针。除令委外，相应咨行查照，转行财政厅各县知事暨各税所知照等因。准此，合行令仰该厅，即便分别咨行，一体遵照。此令。等因到厅。奉此，合行通令该知事一体遵照。此令。

（1920 年 11 月 28 日，第 11 版）

江苏二区烟酒牌照税主任朱橸启事

十二月二十二日，接奉江苏二区烟酒公卖事务分局长季训令，内开：据该商呈称：上、川、崇、太、嘉、宝六县烟酒牌照税，现届民国九年期满之时，所有十年一月起愿照原额认办，应予照准。除令知前主任陈杰外，合行令知照章遵办。等因。现设事务所在老西门中华路三区救火会二层楼上。特此通告。

（1921 年 1 月 1 日，第 3 版）

安徽烟酒署改章之反响

安徽烟酒各分局栈向章本归官督商办，现全国烟酒事务专署以归商办，窒碍颇多，难期发展，特呈准国务院通令安徽烟酒事务局将各分局栈从十年一月起，一律收归官办，经理改为委员。以致各分局栈经理，纷纷来省，向议会请愿，闻省议会已付审查。昨由议员董泽澜等电请院署收回成命，并陈述改归官办之害。兹录其原电如下：

查全国烟酒公卖暂行章程，招商组栈，承充各分支栈经理，取定押柜金，经征公卖费数，早经大总统公布施行在案。自各省遵设专局，并由商人组织分栈以来，征收费数，勉为遵行，尚称便利。兹烟酒事务局长廖宇春，突令各支栈自十年一月一日起一律改为分栈，原称经理改为委员，原缴押柜改为保证金。核与烟酒分卖章程第三、第四各条，大相抵触，不知所谓分卖云者，系属营业性质。故此项收入不称税而称费，此项名称不称委员而称经理。今忽无故变更，冒整顿之美名，寓集权之狡计，司马昭意，路人皆知。且委员性属官吏，与经理性质不同。经理出自商人，而商民易于接洽，委员完全行政，与商人易生隔阂，将来压制苛索诸弊势必迭起而随生，不惟商人增加痛苦，更于"公卖"两字，名义不符。事关法律，未经国会通过、总统公布，遽以事务局训令而变更之，实属违法。议员等值闭会期间，因烟酒两商一再请愿，难安缄默，用敢电陈，伏祈俯顺民意，迅予令饬烟酒事务署转饬安徽烟酒事务局，仍照政府公布章程办理，不胜待命之至。安徽省议会议员董泽澜、丁炳烺、陈殿莫、胡仲山等五十人叩。

（1921 年 1 月 7 日，第 7 版）

烟酒加增税额之会议

江苏第二区烟酒公卖局长季铭又前奉江苏烟酒省局长令知，谓公费支绌，宜将税额设法加增，仰即转知各分栈主任妥为筹议。当经该局长转知各该分栈主任务各遵照办理去后，经西烟业第二分栈主任复称：现在西烟业大遭打击，正拟恳求减去税额之际，不图又奉加额之令，实属力不能支，应请代达省局，恳求免予加税云云。其余各分栈，金以任期未满，且当商业凋敝，何能加增负担等辞，一致拒却在案。兹闻季局长近又奉省局令，严行催促，迅即呈复等因。因又召集所属各分栈主任到局，大开会议，切实劝导。各该主任仍复坚执，经该局长再四商榷，并谓若否认加增税额，为维持公款起见，惟有另易名义，须每栈各津贴报效银数千元，以期据情详复省吏，为双方和解之良策云云。

（1921 年 5 月 11 日，第 10 版）

烟酒认商否认加额近讯

江苏二区烟酒事务局长季铭又前奉省局令知整顿税收，转令烟酒两业认商照案增加税额，以裕公款一案。嗣因烟酒业各分栈主任均不愿增加，后经季局长迭次会议磋商之下，内有某分栈主任，勉允加额一千元，其余均以无力加重担负，一再陈求顾全商困。刻经季局长据情详请省局长核示后，闻各该分栈，现仍继续办理，以资熟手云。

（1921 年 7 月 25 日，第 14 版）

烟酒商否认加征税额

江苏二区烟酒事务分局长季铭又前奉江苏督军及省局长令，饬将烟酒捐税征额切实整顿，妥议增加，以裕公家收入。仰即转令各分栈主任商议将原缴税额查明外，应再加征若干，以便继续承认。现经季局长邀集各该分栈主任磋商良久，不能达加额目的。烟酒两业中人，对于加征，始终否认，并有情甘辍业者。季局长以此事颇多为难，当将该商等反对加征情形，呈请上台核示施行矣。

（1921 年 12 月 24 日，第 14 版）

松江·烟酒解款新章

烟酒第四分局与县公署会衔出示，略称：省烟酒税局呈准督、省两长，实行新定之限解税款新章。凡由支分各栈转解区局，则上月之款，须于下月十五日前扫数解足。区局则于收到支分栈解款后之五日内，转解省局，逾限五日，照征解数罚百分之五，逾限十日，罚百分之十，余类推。惟解款虽在支分各栈，然若烟酒认商握款不解，在支分栈亦属无可如何。故嗣后各商务于限前缴款，如果延玩观望，则由当地长官传案，严罚不贷。

（1922 年 5 月 31 日，第 10 版）

烟酒附捐实行带征

烟酒附加振捐一项，迭经该两业一再具呈，请求豁免。兹奉部令，以烟酒两种隶属于奢侈品，未便准行，已令饬各省局转令所属实行带征。江苏二区烟酒事务局季局长奉令前因，已召集各分栈经理商榷，订于本年七月一日开始，实行带征。刻因征期已届，特将施行手续赶为筹备，除令各该经理届时切实开收附加振捐外，并已由局传谕该两业一体遵照，务各遵章照缴，毋得违抗云。

（1922 年 6 月 30 日，第 14 版）

五星啤酒继续免税五年

北京华商双合盛厂创制之五星牌啤酒，发行各埠，流销海外，前经农商部注册，税务司核准免税五年在案。现已期满，复由农商部提出阁议，以该出品完全国产，制法精良，高出舶来品之上，故再继续免税五年，以示鼓励。闻该厂之酒，纯用就近玉泉山之水所制，故质地纯洁，极受中外社会欢迎云。

（1922 年 7 月 2 日，第 5 版）

北京通信

——烟酒事务署津贴之复活

勖公

京中各机关职员，除银行及公司，于例薪外向有分红之举。其余各官署，最阔者莫如交通部，最有赢余者，莫如邮政总局。内容虽不能详知，然表面上交部各职员，止每年多支一月薪金（向例每届年底发给双薪，以示优待，近有停止之说）。邮务总局，月赢约四万元，各职员亦止每年两次，从丰加薪。从未有以国家之收入、商民之膏血，供若辈之朋分者。有之，则自全国烟酒署始已。查全国烟酒，除正税外，尚有验单费及罚金两种。验单费为商民验照时应缴之费用，罚金为商民漏税时所处之罚款，同系取之于民，以法理与事情言，自应归为国有，定为正供。乃中国官场办事，竟有出人意外者。自烟酒施行公卖以来，此二种进款，即为当道中饱朋分。当烟酒事务附隶财政部时，历任总长，莫不有所染指。自八年设立专署后，财长始不过问。其办法系以十分之六，归之各省局厅，各省局长自由处分。而以十分之四，报解部署，部署各长官均据为私有，向不作正当开支，而美其名曰"津贴"。职员须科员以上，始得分润。据最新调查，每月计署长分五百元、厅长二百元，其余参事科长及承办之科员，所得津贴之多寡，则以其在署之权力及与督办之关系为比例，一、二百元或数十元不等，皆于月薪外附带发给，下余无论若干，概入督办私囊，相沿为例。明明吞款分赃之事，而行之恬不为怪。从前附隶财政部时无论矣，自脱离财政部烟酒署独立以来，历任督办，如张某、汪某，皆率由旧章，安然享受。今夏董康接长财政，知该署为肥缺，不肯放松，遂提议督办一席由财政总长兼任，并修改章程，通过国务会议。是时督办为汪士元，汪见事如此，先行辞职，董遂以财长资格兼任督办。其时董正在好做名誉事以博直声之时，以此项津贴究属不义之财，自所不取，于是决计取消，下令收为国有。署令之发表，自署长以下，多依依不舍，惟不敢公然反对，正如谚语所谓：哑子吃黄连，说不出的苦。莫不盼望圣人有接浙之行，可徐图恢复。孰意天从人愿，未几，董果以内阁改组去职，辞呈提出后，即不到署。署事暂由署长主持，各员以此时有机可乘，咸跃跃欲试。署长、参事及厅长、科长等，曾两次秘密会议，思将津贴即时恢复，惟以负责无人，且闻继任督办夹袋中人甚多，位置且恐不保，雅不愿以种好之树，让后人乘凉，遂未敢轻易发动。董氏去后，保定方面，保荐其秘书长王毓芝继任。吾国设官行政，本因人而施，王氏为保定重要人物，且系曹锟特保，不得不特别重用，因将此督办一席腾出，专任王氏。于是由财长兼管之烟酒署，又成为独立机关矣。王氏抵任之初，署中各职员，均兢兢业业，为保饭碗计，对于津贴一层，初尚互相观望，莫敢尝试。候至月余，见王督办于署中各员，均无更动，位置可保，不免有得陇望蜀之心。且以王氏接任未久，烟酒事例不甚熟悉，乘此时机，乃将恢复津贴之说，旧事重提，并上下串成一气，表面由各厅厅长陈明王氏，称系全体要求，请其俯从众意，且由署长钱某向王氏竭力怂恿，极言津贴之利。王以弊不我开，有成例可援，自然首肯。故今夏董所取消之津贴，未及两月，即已死灰复燃。议定自九月份起，每月发薪时实行恢复原状，从此督办月可多获数千金，署长以至科员，亦月增数百元或数十元之收入矣。所苦者吾商民，层层剥削，正税以外，又有手续费，稍一不慎，即受苛罚。而以其汗血之金钱，徒供若辈之中饱。人咸言中国财政困难，其实吾国穷在国家，穷在人民，而富在官吏也！噫！

（1922 年 10 月 22 日，第 6 版）

烟酒署之津贴

默

中央收入之财源在烟酒税，外团［国］注意于中国之财政，亦在烟酒税。则此烟酒税者，必当设法整顿者也。中国既患穷，既欲于捐税上想搜括，则此自然可以增加收入之烟酒税，当无不注意及之者。乃亦放弃不顾，致此巨大财源，归于官吏之中饱，则尚有何事足以动其整理之念乎？他姑勿论，即以烟酒事务署之津贴一端言之，已足令人骇怪。夫同为官吏，何独于烟酒署而有所谓津贴，且所谓津贴者非他，不过将应行归公之验单费与罚金两项，由少数人朋分而已。此种公然之舞弊，犹不能革，则遑论其内幕中不可究诘者乎。观于此事，中国人称无力以自革其弊，必如外人所谓仿行稽核制，而始克免种种之弊乎？呜呼！

(1922 年 10 月 22 日，第 11 版)

全国烟酒事务署拮据之写真

——照解者止京兆一处，纸烟捐又秘密抵押

全国烟酒事务署，外间咸称为阔衙门，应收税额每年预计约得二千余万，无如被各省扣留几尽，其照解省份，则已透解透支。故该署一遇有筹款问题发生，只有向各省打几个电报，说几句堂皇官话，能有效力与否，殊无把握，此盖中央威令不行所致也。按，烟酒上所收税款，计分公卖费、烟酒税、牌照税三种，此外尚有烟酒增加税，系每正税二元二角，加征三角，谓之三厘增加税。当民国四年，公卖成立，各省所收公卖费，完全解交中央。至烟酒税则，以各省情形不同，有归本省财政厅拨用者，有留以抵借款者。如直隶于民国六年，冯前都督即以该税全部抵借奥款，然皆咨明中央，商承办理，从未闻有自由截留情事。民国八年，烟酒署再度离财政部而独立，维时西南各省，如川、滇、粤、桂等，已非势力所及，其他各省信仰中央之观念，亦大不如前。然如鄂之局长殷铮、鲁之局长陶鉽，均与督办张小松氏有亲戚故旧关系，对于筹解税款，尚能勉

力应命。直隶之烟酒税，向系全数拨留本省，此外公卖费、牌照税、烟酒增加税，虽例应解交中央，年来殆成虚话，幸局长查尔崇为徐东海私亲，有时局于徐之情面，亦代为筹借，以应急需。至去岁，湖北、山东先后以本省烟酒收入抵押借款，或十万，或二三十万不等。督军独行独断，各省局无可如何，仅以合同呈报备案。未几，皖亦效之。湖北更经财政部核准，以该省烟酒收入月拨高等师范一万、军署两万。于是此三省之解款，遂完全停止。浙省税收为全国之冠，然历年以来，已成军阀私产，即用人行政，中央亦无权过问。去夏该省局长许引之调任实业厅，总署欲以第一厅厅长李祖年外放，未能实行，卒以督署私人王吉檀升充，其与中央之关系，盖可想见。苏亦如之，政府所简任局长郑焯，至今未克接事。现任局长李廷栋，完全为军阀所卵翼，故提用税款，一任军署自由。此外，若赣若陕，亦复相同。此两年来，中央所恃以挹注者，仅山西及京兆二处，然均已寅支卯粮，卯支辰粮，报解之款，大率由息借而来，每月收入，以之拨抵前欠，犹时虞不足。除此而外，则惟黑龙江、甘肃二省，尚能点缀一二，惟汇兑上折耗太巨，黑省约耗十之三四，甘肃竟至十之六七。迨今夏战事发生，山西首改变态度，阎督第一次截留十八万，又两次各截留四万，共计二十六万之巨，以致此数月中，该省对于总署竟一文莫名。至黑、甘二省，一则以独立关系，一则借军饷问题解款，亦均完全停止。总署此时盖如困守孤城，外省接济俱绝，惟凭京兆一处，罗掘以应。迨不得已，前月曾向晋局五次去电，婉商通融，始允设法息借二万，电汇来京。空谷足音，阁署色喜，息金之如何吃重，则非所计。

至于纸烟一项，中央为扩张收入，计于去岁筹设专处，派总办以董其事。当开办之始，总办汪瑞闿因与督办张氏有拜兄之谊，曾报解五万元，以后则分文未缴。今夏董财长兼任督办，汪氏被控营私舞弊多款，经署派员赴沪彻查，计一年以来，该处收税一百十六万，而开支即去三十六万，又临时费六万，此外七十余万则如鸿飞冥冥，化为乌有。当向汪氏查询，据汪云：已分解某某二督，及某某机关，但皆暗昧不明。其有着落者，仅某督借用之四万元有账可稽，若某某二处，不但拒绝查账，并拒绝易人。中央明知汪之种种舞弊，竟无如之何。闻汪近又报效保定五万元，其位置益稳如盘石。现督办王毓芝，以该处既然无款解京，而总署亦又不得不求眉急，乃秘密将是项纸烟捐息借六十万元，英美烟公司及南洋兄弟烟草公司各任其半，即以是项产销税划归该两公司作抵，于十一年十月实行，已经签字交款，关防极为严密。该署中人多有未知者，此消息记者乃得之公司中重要人物，当极确实可靠也。现在该署内容虽异常支绌，而外间犹视为阔衙门，各方多有担负，尤以保定为重心。王以督办仍兼保定秘书长往来京保间，平时每一周驻京，一周驻保，当由京往保时，署中如有存款，必囊括携去，或五万，或二三万不等，然皆零星小数，终虞不足。此次纸烟捐借款，乃势之不得不行。今冯军移京，闻该署又月担军饷十二万，责任愈重，而来源日枯，正不知其何所出也。

（1922 年 11 月 30 日，第 10 版）

江苏二区烟酒牌照税征收处布告

谨启者：翊文现奉江苏二区烟酒事务局委令，办理十二年份上、崇、川、太、嘉、宝六县区域范围内烟酒牌照税征收事宜，业于本年一月一日在本埠老西门内肇嘉路穿心河桥第二百九十三号门牌设立征收处，照章启征。除崇、川、太、嘉、宝各县地方另设分处征收外，凡属上海烟酒营业商人，务于开征期间，仍照向章来处缴纳第一期税银，领换各种牌照，并须遵照省令带完振捐一成。恐未周知，特此布告。征收处主任张翊文谨启。

（1923 年 1 月 5 日，第 1 版）

烟酒牌照税仍带征附加税

上南川境酱园业前因征收烟酒牌照税时带征第二期附加税，经该业调查，得此项附加税已经奉令撤销。现征收机关之认商，仍欲带征，不胜疑虑。曾经邀集同业会议，公决将所缴税款汇总，送请上海县商会代为保存，一面竭力抗争，请商会函致江苏二区烟酒事务局季局长详请省局，恳予免征在案。兹季局长已奉到省局令，转奉全国烟酒事务署电，以该商等对于此事不无误会，所有第二期附加税仍须照额一律带征等因。该局长已转知该业商遵照办理，务将前项应缴之第二期附加税税额悉数缴解，毋再稽延云。

(1923 年 3 月 14 日，第 15 版)

函请筹议增加烟酒税

——充作饷粮

江苏二区烟酒事务局长李铭友近奉省局长讯令，以烟酒税款已奉帅谕，拨入第六师充作饷粮在案。嗣因十一年度除正额六十万外，尚不敷支配，应再另行添筹二十四万元。现正十二年度税款征收之际，应行预为筹划，仰即召集各认商分栈主任等妥议进行办法。所有十二年度税额均宜一律增加二成，务于半月内将妥议情形确切呈复。事关饷项要需，不得视为具文等因。该局长奉令前因，遵即函致上海县商会，请即转知各该分栈主任一体查照，迅将增加税数情形，妥议据情呈复到局，以凭核转云。

(1923 年 5 月 23 日，第 14 版)

烟酒税加成讯

江苏第二区烟酒事务局季局长前奉江苏齐督军令，以现值军需浩繁、公款支绌之际，应将烟酒税款酌量增加二成，以资挹注等因。爰邀集所属各分栈主任迭次会议，将十二年度税额一律照额增加，以便继续承办。现闻此项加增税款，除西烟业第二分栈因受战事影响，来货稀少，本拟求减，此次未允照增外，其余各分栈，均已遵照办理云。

(1923 年 8 月 18 日，第 14 版)

烟酒局取缔私酿

上海第二区烟酒事务分局局长季新益昨日分咨上海县公署、淞沪警察厅文云：为咨行事。案据敝区第一分栈经理程兆魁呈称：窃分栈办理烧白酒公卖，近以客货销滞，征不敷解，历岁亏赔。查各县乡间每至冬令，无不家自制酿，分支各栈实受影响，若不设法取缔，恐征收之数，更有江河日下之虞。伏查全国烟酒公卖简章第十四条，自酿之家，限以百斤，逾限则征收公费。曩昔太嘉宝分栈曾经照章呈请刘前局长核准施行在案，分栈同隶钧区，自应援案办理。现拟自本年九月一日起，乡间制酿，实行一律征收，诚恐酿户误会抗违，妨害进行，合亟备文呈报，仰祈核准，迅予咨行上海县公署、淞沪警察厅，转饬各市乡董警随时协助，并乞出示通告，俾众周知，实为公便等情。据此，除指令并分别布告外，相应咨请贵署，烦为查照，转饬协助，以利征收，实纫公谊。

（1923 年 8 月 28 日，第 14 版）

察区将设烟酒专局

勖公

察区烟酒税在民国初年系由直省兼征，六、七两年之间，公卖局隶属财政部，依财部计划，察区始与直隶划分，惟以事务简单，并因地理关系，与绥远并为一局，名曰"归察烟酒局"，藉以节省开支。去岁张都统莅任后，以该区烟酒产销日旺、税额日增，应另设专局，以资整顿特咨行全国烟酒署，请其查照办理。经总署规定比额，咨复该区，暂由张都统派员试办。一载以来，颇著成效。总署为扩张收入计，日昨已据情转呈政府，请其核准改设矣。

兹录总署呈文云：窃查绥远、察哈尔两区烟酒事务，向系设立一局，驻在归化，定名为"归察烟酒事务局"，简任局长一员，专司征收，历办有案。上年八月间，准察哈尔都统咨称：烟酒事务，各省均设立专局，惟归察两区，只设一局，考核难期周密，弊窦因之丛生，亟应实行划分，各设专局，以资整顿等因。当经本署与察哈尔都统往返咨商，拟定察属全区税费，暂以每年二十万元为试办比额。察绥两区，虽划分两局，而商民应纳税费，仍以一分为限。业于十一年八月间，就察区改设专局，并由察哈尔都统派员试办在案。本署于该局开办以后，随时严加考核，并饬于每月实收数目呈报查考。兹据该局查明，自上年八月二十日设局起，至本年六

202

月底止，实在收入费税各款共计一十五万零一百六十余元，开具清折，呈送前来。本署复加查核，察哈尔地方辖境辽阔，年来所属各县逐渐开拓，愈形殷庶。其张家口一处，尤为长城内外孔道，烟酒产销日臻畅旺，征收事务随之日繁，以驻在归化之总局，控驭察区之分局，鞭长莫及。再以收数论之，察属全区原定比额为九万余元，而核算每年实收，不过四万数千元。迨自上年八月二十日改设专局后，截至去年六月底止，为期计十个半月，实收费税已一十五万余元。较之从前，收数增加数倍，自应变更旧制，改设专局，拟即定名为"察哈尔烟酒事务局"，驻在张家口。凡察属各项烟酒收入，一律归该局征收，其一切职权，统援照各省局办理。其原设之归察烟酒事务局，应改为绥远烟酒事务局，仍驻归化，专管绥区烟酒征收事宜，以符名实。如蒙允准，即由本署分行遵照，并将局长缺，分别遴员，呈请简任。所有察哈尔全区烟酒，产销畅旺，拟改设专局，督征税费缘由，理合呈请钧鉴，训示施行。

（1923 年 9 月 2 日，第 7 版）

烟酒局长呈报增税困难

江苏第二区烟酒事务局季局长迭奉财政厅训令，饬将烟酒两项税额照原额增加，以裕收入而应要需等因一案。奉令后，已与所属各分栈认商主任，一再召集商榷，按照原认税额增加二成，各该认商等尚无异议。惟皮丝业认商以商货阻滞，营业凋敝，不易通融筹商，迄今难以就绪。故季局长已将税额加成种种困难情形，详报严财厅长核示矣。

（1923 年 9 月 12 日，第 14 版）

浙张向摄阁保烟酒局长

浙江张省长致北京电云：国务院钧鉴：财政部全国烟酒事务署鉴：统密。浙江烟酒事务局长王吉檀业经调署实业厅长，所遗局长职务，并经载阳会同卢督办委任前浙江财政厅厅长陈昌谷署理。查该局局长一职，关系全省烟酒捐税，任务重要，非得长于综核、熟习浙情之员，难期胜任。该署局长陈昌谷曾任京兆财政分厅厅长，嗣调任浙江财政厅长，才具优长，操守廉谨，于浙省捐税情形，尤为洞悉，深堪任为烟酒事务局局长。谨电特保，恳赐简任，不胜企盼。张载阳文。

（1923 年 9 月 18 日，第 10 版）

北京整顿烟酒税近情

——皖省派员守提无效，税款加征一成问题

勖公

吾国烟酒税总额，以最近收入计，每年约在三千万以上。仅就北京所辖各省而言（除西南六省），亦有一千七八百万，实为收入一大宗。乃近以各省任意截留，除京兆、山西、甘肃等省外，几于一文莫名。此次曹氏入府，日以索款为事，如交通部，如崇文门税关，盖已取如外府。烟酒□□王毓芝，为曹最亲信之人，自当勉力报效。无如该署每月□入，最多仅足十万（连由抵借得来之款在内，□传王对人言，谓每年可有二百万收入者，殆系铺张之词），再□去本署经费，实无巨款可解。因思将各省税收加以整顿，当于日前传谕各厅科检兮各省解款案卷，送府核阅（王兼任秘书长月余未到署，公文皆送去批阅）。结果各省中如湖北、山东等处，或已抵押借款，或以补助教育费，及扣充军费，均经分别呈咨，明白声叙，无可通融。惟皖省尚余五成，应报解中央，年□该省虽亦一并截留，然未得部署同意，依照成案，尚可据以力争，因即委派专员，赴皖局守提税款。该局处军阀威权之下，丝毫不敢自由。当一面向委员婉言辞谢，一面呈报督理省长，请示办法，并复电总署云，须与两长交涉。总署正拟去电驳斥，乃又接吕调元来咨，略谓"截留之五成税款，虽未经中央核准，然事实上不得不予截留，现已训令该局，将所提税款仍留归本省应用，碍难变通办理"等语，措词毫不客气。吕之敢于如此，其背后当然为马联甲。总署旋即修函致马，托其帮忙，讵意马绝不为动。闻往皖之委员，不日将束装回京，殆依然两袖清风，空耗一笔旅费而已。

烟酒增加一成征收（即加征十分之一），为王克敏理财计划之一端。其进行程序，拟先将各种税额总数及各省实收之数调查清楚，再行确定方

针。因此事属烟酒署职权，已与王毓芝协商数次。但所谓烟酒税者，既有正税、增加税、牌照税暨公卖费之分，而各省所征税款又有某年度比额及征收数之别。所谓比额者，系按照各省产销两项应征税款预定之比额；所谓征收数者，系各省实收之总数。各省征收数与比额相差每至十数万或数万之多，明予省局以上下其手之余地。即以直隶一省而论，旧年公卖费比额，约五十四万有零，征收数则仅有四十三万；烟酒正税比额在八十七万以上，征收数则仅达六十余万；牌照税预算为十六万五千，征收数则仅六万有余。此时言增加税收，若止照正税征收数增收一成，则每年总计不过多百余万，为数甚微。若各项全行增收，又恐易招商民反对，是皆尚须研究者。近闻财部欲贯彻其主张，已提出议案，拟将烟酒署归并该部，以便实行整理，藉以扩张收入。日昨（二十四）财部总务厅特致函烟酒署，索取最近职员录，盖为着手裁并之预备。但该署督办现为王毓芝，该署税款现已入公府范围，此次财部思欲收归己部，王督办肯否拱手奉让，公府愿否取怀以与，事实上恐殊多窒碍耳。

（1923 年 12 月 1 日，第 6 版）

王克敏拟裁烟酒署

——未必有此魄力

某方面消息，烟酒税增加一成征收（即加征十分之一），为王克敏理财计划之一端。其进行程序，拟先将各种税额总数及各省实收之数调查清楚，再行确定方针。因此事属烟酒署职权，已与王毓芝协商数次。但所谓烟酒税者，既有正税、增加税、牌照税暨公卖费之分，而各省所征税款，又有某年度比额及征收数之别。所谓比额者，系按照各省产销两项应征税款预定之比额；所谓征收数者，系各省实收之总数。各省征收数与比额，相差每至十数万或数万之多，明予省局以上下其手之余地。即以直隶一省而论，旧年公卖费比额在八十七万以上，征收数则仅达六十余万；牌照税预算为十六万五千，征收数则仅六万有余。此时言增加税收，若止照正税征收数增收一成，则每年总计不过多百余万，为数甚微。若各项全行增收，又恐易招商民反对，是皆尚须研究者。近闻财部欲贯彻其主张，拟将烟酒署归并该部，以便将烟酒收入不归公府而归财部。日昨财部总务厅特致函烟酒署，索取最近职员录，以为着手裁并之预备。特王克敏虽有此意，恐未必有此魄力耳。

（1923 年 12 月 6 日，第 6 版）

全国烟酒署催收税款

——各省为难之情况

勖公

全国烟酒署自曹锟入京，已成外府，署中会计主任王某，又事事仰承意旨。现届阴历年关，需款更急，该署每日文电纷驰，无一非催款提款之事，又以各省截留者多，特思一抵制方法，拟增加各省比额，以资挹注。嗣经直、察两局呈请免加，始指令责成其切实整顿，增税暂准从缓。言外之意，盖即明示以非设法解款不可也。至各省所收罚金及验单等费，向例系六成留省，四成解署，从无拖延。近年以来，则直□积欠十月，江西积欠一年又四月，京兆亦积欠八月，其余六七月或三四月不等。总署以年关已迫，昨特通令各省，限阴历年内，扫数清解，以应急需。惟此种款项，并非正项，系留作该署津贴，科员以上，均可沾润。据闻此次有挪充某方经费之说，如成事实，一部分享受津贴资格之署员，恐将不免有异议耳。

安徽烟酒税费，久已备抵借款，或留充本省军费。惟按照成案，尚有五成应报解北京。乃最近皖马来咨，则谓须俟中央将裁兵（新安武军）垫款归还，始能照办，即此半数亦予截留。总署累电磋商，迄无效果。察哈尔局成立未久，总署为扩张收入计，特拟定分成提解办法。该区张都统不表同情，咨请从缓提款。总署虽欲不允，亦弗可得。山西在各省中为解款最多之区（该省陆局长供职最久，总署极为倚重），惟直奉战争时，阎督曾提用税费二十五万元，当有数月停止解款，未几即恢复原状。现阎以新兵饷粮无着，仍欲照前法办理。总署闻知，异常惶急，迭电劝阻，有无效力，尚不可知。至吉林、黑龙江两省，税款上与北京久断往来，近以总署文电交催，吉林始以补助五旅协饷呈请备案，黑龙江仅以收支清册呈请核销，凭一纸空文，以敷衍面子，实际上固仍涓滴无着也。

最奇者陕西刘镇华，欲表示服从府曹，乃以烟酒税二万元，径解公府，并不通知该管部署，实开解款未有之先例。而河南烟酒局梁局长呈署公文，则明言解款与否，须候巡帅训示。总署欲绥局解款接济，恐命令难生效力，须先与该区都统咨商办理。盖当此军阀万能时代，凡事皆为所欲为，即王疏芝亦不能不与之周旋耳。

（1924 年 1 月 29 日，第 7 版）

烟酒署划一税率新计划

——将提出于宪政实施筹备总会

勖公

依新宪法第二十三条规定，烟酒税为该条第八项所列各类税收之一种，是关于烟酒税之征收及用途之支配，应由政府统筹划一办法。农部前为此事特咨请烟酒署注意，最近财部又咨催该署，请将划一烟酒税办法，从速筹拟。该署宪政实施筹备会适于日前成立，当经详加审议，以为宪法所列烟酒税一项，除烟酒正税外，当兼及公卖费及牌照税而言。公卖费及牌照税创行于民国，其征税方法，一则产销各半，一则专取之营业者，各省现经通行，已符划一之义。惟烟酒税（即烟酒正税）系沿前清旧制，各省依其历史上关系，所课之税率与征税之名称多不相同。例如直隶一省，于烟酒正税以外，复有三厘增加税（每正税二元二角，加征三角，谓之三厘增加税，依原案此款亦应全数解交中央，故当认为国税）。又如酒税一项，税率轻重各殊，黄酒则苏轻于浙，白酒则黑（龙江）重于吉（吉林）。凡兹种种，皆与宪法明有抵触。若骤将税率一律增加，商民固不免发生反动。然以吾国财政之困难，中外皆然，若以已行之税法，而令其减轻或免除，事实上亦万有不能。近闻烟酒署对于此案已拟有划一办法，所定进行步骤：即凡税率有轻重者，先就最轻之省份（如江西省前清增加酒税，该省未经实行，现税率约在百分之五）酌量增加，后再以次推行。其税名此省与彼省相歧异者，则将歧异之点归纳于共同之中（如直隶三厘增加税，即令归纳于烟酒正税之中），以期渐趋一致。此项计划书闻该署业经拟就，俟提交宪政实施筹备总会（附设国务院，各部署均派人列席，凡各部署提

出案件须汇送该会审定）复核后，即当厘订条例，公布实行。至将来施行
有无效果，能否不发生阻力，目前尚无暇研究及此也。

（1924 年 4 月 20 日，第 7 版）

烟酒署拟议中之新税法

——一为种植烟业税，一为洋烟酒销场税

勖公

【上略】

洋烟洋酒征收销场税办法，曾经烟酒署与财部会商，业已讨论数次。
最近准财部来咨，略谓：洋烟酒征收销场税一案，准来咨既称"所拟办法
经再四斟酌，事实上不至有何障碍，本部对此原无成见，咨复查照"等
语，是此问题亦将告一结束。现闻总署方面，拟将征税办法通令各省局，
以便定期施行，惟未知洋商方面有无异议耳？

（1924 年 4 月 26 日，第 4 版）

苏省各区增收烟酒公卖税额

——上海一区最巨，每年增收四万

全国烟酒公卖税阁议议决增收，通令各省实行。苏省已经财厅酌核各
地税收情形，量□增收。兹□财厅发表各区数目如下：第一区南京三万
元，第二区上海四万元，第三区苏州二万元，第四区松江一万四千元，第
五区镇江二万元，第六区通州一万五千元，第七区扬州一万元，第八区清
江浦一万元。

（1924 年 6 月 27 日，第 14 版）

烧酒业愿加公卖费额

上海烟酒两业各分栈近奉江苏二区烟酒事务局令饬，遵照财厅令，加
增公卖费额。烧酒业第一分栈承办将届期满，已将加增税额缘由，与各同

业磋商，结果愿照原额加增洋四万元，全年共缴洋八万五千元，已由该分栈经理程兆魁呈复孙局长矣。

（1924 年 6 月 29 日，第 14 版）

江苏二区烟酒事务土黄酒第三分栈通告

窃福保现奉局长孙委充经理，遵于七月一日接办。以前用存印照联单，盖有前经理图章者，一概无效。凡境内及外来土黄酒商应贴印照，务请至城内福佑路酱业公所内分栈领取，幸勿自误。特此布告。经理金福保启。

（1924 年 7 月 2 日，第 1 版）

江苏二区烟酒公卖第一分栈通告一

钟棠现奉局长孙委充经理，适于七月一日接办。以前用存印照联单，盖有前经理图章者，一律无效。凡在本栈管辖范围以内，无论本境及外来高粱烧酒等类应贴印照，务请至南市龙德桥首龙王庙内本分栈及本栈分设之舢板厂查验处领取，幸勿自误。特此通告。经理郁钟棠启。

（1924 年 7 月 5 日，第 1 版）

江苏二区烟酒公卖第一分栈通告二

查本栈烧酒公卖，从前泰兴等各路运沪土酒，不论售价涨落，每担征收销地半费三角一分二厘，又补助费一角四分，同业贴费三分，计共四角八分二厘。公卖费未经核实而另立名目加征贴补，似非正当办法。本年度加额较巨，整顿为难，敝经理为正本清源计，惟有遵章将公卖费查照售价核实代征，所有他项名目一概革除，切实办理。查近来本埠烧酒至低价格每担售银八元六角，内除上开各项征费四角八分二厘并驳佣一角零外，实价计银八元有奇。姑以每担价格八元计算，照章销地应征一半公卖费百分之六，计银四角八分。本栈定于本日起照此办理，核之以前征数，实属有

209

减无增。除呈报本区局长转报省局，并函请县商会察核备查，分函酒业征雅堂公所及两泰公所通知各该同业查照外。特此通告。

（1924 年 7 月 5 日，第 1 版）

江苏二区烟酒公卖第一分栈通告

查本栈接办之始所定办法，未免彼此误会。今烧酒同业等既经要求将公卖价格酌量核减，照章另贴，栈用仍照向章，以维营业等因。自应依照办理。除将所有公卖价格补助栈用，会同同业另行厘订外，其一切办理章程及早晚验印粘照等事悉仍其旧，不少变更，以资便利。除分函酒业征雅公所暨二泰公所查照外，合行通告，仰祈各同业等于即日起照常交易，免致损失，是为至要。特此通告。经理郁钟棠启。

（1924 年 7 月 12 日，第 1 版）

苏州·酒公卖栈征解困难

江苏第三区烟酒公卖局所属酒类公卖分栈对于代征公卖费，虽系尽征尽解，然为预算起见，仍仿税所按年按季按月额征方法，亦有比较之规定。本年受江浙战事影响，销路壅滞，酒分栈经理迭向各酒商催缴，而各酒商咸以销数寥寥，无从报征。而分栈方面，迭奉主管局令行催解，因该费拨充饷粮，未便少待。兹酒栈经理分派栈员下乡调查偷运及催缴公卖费，但于秋季额征费恐难解足。

（1924 年 12 月 31 日，第 10 版）

苏州·公卖局长更换

江苏第三区烟酒公卖分局长齐兆桂君，系由江苏全省公卖局长委任，自甲子年阴历四月间奉委到任，迄今已半载矣。此次经征公卖费，系拨充本省军费，并带征教育费，讵受江浙战事影响，收入寥寥。今秦总指挥以齐办事不甚得力，予以撤换，另委军法处长马衡接充。按，马在司法界服务多年，历充典狱官及第三分监长。此次苏军改组及地方治安之维持，异常得力，秦兼镇守使颇器重之，故委令兼任斯职，藉资整顿，庶军费不致无着。

（1925 年 1 月 8 日，第 10 版）

张宗昌委吕敦亮为二区烟酒局长

奉军第一军军长张宗昌令委吕敦亮为上海二区烟酒事务局局长。吕氏奉委后，业于昨日（一日）赴巡道街该局接事，并发布告云：本年一月三十日奉第一军司令部委任令开：委任吕敦亮为江苏第二区烟酒事务局局长。此令。并奉第一军军长张电请江苏全省烟酒事务局局长孙克日加委，以重职守而维税源，各等因。奉此，本局长遵即于本月一日到局视事，并于是日接准孙前局长将钤记、文卷、单照等项，一并移交前来。除呈报分别函咨外，合行布告，仰本区烟酒各商一体知照云云。

（1925 年 2 月 3 日，第 14 版）

江苏第三区烟酒事务分局长陆钦庠启事

钦庠奉于一月廿九日，第一军司令部令开：委任陆钦庠为江苏第三区烟酒事务分局局长。此令。等因。奉此，遵即赴苏到差，当正式传见所属各分栈主任面洽要公。在未到差以前，各分栈如有私相授受等情，决难承认，幸勿自误。此启。

（1925 年 2 月 4 日，第 1 版）

烟酒牌照税征收处主任之布告

江苏二区烟酒事务局长吕敦亮委任张世尧为二区上海、崇明、川沙、太仓、嘉定、宝山等六县烟酒牌照税征收处主任，在本埠西门外文耀[曜]里设立征收处。除分别呈报各机关备案及通知烟酒商外，发出布告云：案奉江苏二区烟酒事务局局长吕委令，内开：委任张世尧为本局上、崇、太、川、嘉、宝六县烟酒牌税征收主任。此令。等因。奉此，遵即设立总征收处于上海老西门外北首文耀里内，另设分征处于崇、川、太、嘉四县，办理本区十四年份牌照税征收事宜。除太、嘉、崇、川四县牌照税由各分征处分别办理外，所有上、宝两县牌照税，统归总征收处直接征收，以资便利。再，民国十三年份牌照税，仍由前主任张翊文派员征收，以一事权。布告本区各县烟酒业商一体遵行，以重税务，恐未周知。此布。

（1925 年 3 月 7 日，第 14 版）

全国烟酒署之检查委员会

——因税收减少重修会章

勖公

当民国六七年间，全国烟酒公卖局附属于财部时代，曾有烟酒行政评议会之设立。迨八年改局为署，离部独立，督办张寿龄乃将评议会取消，而改为检查委员会，表面上虽系为整理烟酒事务而设，内容实只为应酬政客议员，及容纳各省退职局长之机关（内分专任会员及会员两种，共有数十人，后因董康将员额减少，不敷位置，又添有额外会员名目）。各员向例不办一事（多有离京他往者，亦按月汇寄薪水，其在京者亦不常到会，止有三四等脚色，每日来会敷衍门面，然亦画到即走），会务极为废弛。此次姚国桢继任督办后，因各省税收日形减色，知检查方法亦有整顿之必要，特将此项会章，重行修正，责令即日施行。其修正各条如下：

第一条　本会以检查全国烟酒征收税费真确情形为职务。

第二条　本会设正会长一员、副会长一员、专任会员若干员、会员若干员，以富有行政经验及烟酒专门学识者任之，由督办委派。

第三条　正会长由督办兼任，副会长由署长兼任，均不支薪水。

第四条　检查事项为左列两种：（一）实地检查；（二）公文检查。

第五条　实地检查，应赴各征收机关实地检查，但非经会长指派，给予委任令，不得擅自前往。

第六条　公文检查，得就各征收机关呈报之文件、表册、簿据等项检查之，但以会长、副会长指交，及各厅呈明交会者为限。

第七条　各省区商民陈诉事件，经会长、副会长交会检查者，得由本会向各厅调取案卷检查之。

第八条　检查各机关呈报之文件、表册、表据等项，及商民陈诉事件，认为有疑义时，须实地检查，应呈请正副会长核夺。

第九条　本会会员，派赴征收机关实行检查，应秉公办理，不得稍有赡徇，亦不得有违背职务情事。

第十条　本会会员，于实地检查或公文检查后，如有陈述意见之处，应详叙说帖，呈请正副会长核夺。

第十一条　本会会员，实地检查后，如发见征收官吏有舞弊情事，应调查明确，检同证据，呈请正副会长察核办理。

第十二条　本会会员，派赴征收机关检查时，照章发给旅费，在外不得有收受馈送情事。

第十三条　会员中如有改良征收方法，陈述意见，得缮具条陈，呈请正副会长核夺，如会员认为有开会研究之必要，得邀集会员讨论，各抒意见。

第十四条　本简章自呈准日公布施行。

第十五条　本简章施行后，如遇有应行修改之处，得随时呈明修正。

（1925 年 5 月 5 日，第 5 版）

关税会议中之烟酒税问题

——京公团主张实行国税政策

勖公

关税委员会章程，业已公布，依该章程第二条规定，全国烟酒事务署督办，亦属委员之一，是烟酒税与关税会议，具有切要之关系。京中各团体，日前特开联席会议，拟具意见书送交总署，主张烟酒税实行国税政策，由我国自主，不与外人协定。该署以其所陈意见，颇有可采，昨因将全文发交参议厅签注，以备提出委员会讨论，作为将来开□时之根据。兹将该意见书原文，节录如下：

查近世各国对于烟酒课税，高者值百抽百，极低亦在值百抽三十左

213

右。日本对于我国烟草，值百抽百五十，彼邦舆论，犹以为轻。我国为协定税率所牵制，不得不与其他进口货同率征税。土酒课税，则反在百分之三十左右，天下事之不平等者，莫此为甚。民国七年，修改进口税则时，财政部曾经提议海关所征烟酒税率改为值百抽二十。由外部与各国磋商许久，卒未成功。则此次之关税会议，烟酒税能增加若干，概可想见。同人等迭开联席会议，再四研究，咸以为烟酒税宜实行国税政策，修改税则时，应将烟酒除外，不能与外人协定。此种主张，实具有充分之理由，试为分析述之：

（一）现行土烟土酒税率，约为百分之三十，而洋烟洋酒仅百分之七点五，即将来免厘后，至多亦不过一二点五，且仅纳海关税一道，即可通行全国，是洋货将以贱价而畅销，土货反愈贵愈滞，实有背通商平等之原则，此应除外者一也。

（二）土货既因滞销而衰落，洋货必充斥全国，税率相差悬殊，必致无形损及国家岁收，而影响于国民经济，此应除外者二也。

（三）烟酒为嗜好品，无论土货洋货，本均应课以特别重税，以期寓禁于征，断不能因洋货税轻，而减低土货之税率，致我烟酒政策，不能实行，此应除外者三也。

此外有须附带声明者，烟酒实行特别重税，乃国税政策之初步，此层必先能办到，我国之关税权，庶可得真正之自由，而国家财政与国民经济，亦有复苏之一日。斯实关会未开议以前，吾当局所应预为筹划者也。

（1925 年 9 月 9 日，第 7 版）

皖省长整顿烟酒税新办法

——电令六十县知事，注意卷款潜逃情事

〔蚌埠通信〕皖兼长吴炳湘氏上月底在省署（蚌埠）西花厅召集烟酒各分局长二十余人会议整顿税收办法，详情曾志前报。兹闻吴氏以烟酒税积弊至深，非从根本改革，税收难有起色。特电令六十县知事负责协助烟酒税各局栈认真办理，其原电略云：查皖省烟酒积弊至深，短比甚巨，非从根本改革，几无整顿之方。现正饬烟酒事务局长、税捐督察处长详加

讨论，订定专章，以后均须责成各县知事负责协助，并提成作为县署办公之费。当此新章尚未发表，正在青黄不接之际，据该局长面称：所属各税捐所近两旬来，并不将征起各款遵章报解，迭催罔应。诚恐各该局所及各支栈经征人员，风闻改组在即，因而生心，或有挪移侵吞、卷款潜逃情事，应即由该知事注意防范，并转饬该经征人员，晓以利害。烟酒税捐，乃国税攸关，饷源所系，断不容有丝毫亏欠，所有经征款项，务各保存备解。倘有经手不清者，定即依法严惩，勒限追缴，决不宽贷。本省长令出唯行，毋谓言之不预也。省长吴。庚。印。

（1925 年 9 月 12 日，第 11 版）

江苏整理烟酒委员会纪事

——第一次会议，正副委员长发表意见

江苏整理烟酒税费委员会，今星期四（十七）开第一次会议。此次整理方法，兼顾治标治本二策。治标者，就目前疲玩现状，为烟酒事务局之职权所能及者，实施清理及调查等事。各县分区、分栈、支栈欠十数万元，先行调取收支簿据，切实清理，限期缴清。逾限者依据暂行章程惩罚，俾已往之款项得一结束。烟酒局创设于民国五年，其所订比较额征款数，系根据民国二、三、四最近三年税所厘局及海关所兼管之常关所收平均之数而定。现在时移势易，所有产数、销数价值与民国初年相差甚巨，由委员会议定调查表格，指派调查员实地调查，变更各县分局栈及代办处之比额，此目前治标之策也。治本者，则以烟酒税受条约不平等之束缚，只税土烟、土酒，不能税及洋烟、洋酒。惟以关税会议按照华府会议实行奢侈品附加税，则洋酒、洋烟进口及运销均得征税。据民国十三年海关贸易册，输入烟草三十二万一千余担，纸烟、雪茄烟一百万万余枝，即照值百抽二五计，则每年可增收烟税约有八百万元，江苏占十分之三，可增二百数十万元，是为根本整理方法，当合群策群力注重于关税会议也。兹将委员会长顾翊辰所报告关会宗旨及副委员长洪怀祖报告整理办法披露如次：

顾会长宣言云：今天是整理税费委员会成立第一日，翊辰得与诸君共

话一堂，公同讨论，无任欢忭。翊辰不才，对于烟酒事务向少研求，谬膺主席，惶惧之至。苏省烟酒税费历年疲玩情形，诸君多已知悉，不必再述。现在对于清理以前积欠是一事，整理将来税收又是一事。请诸君各举所知，集思广益，固不必故唱高调，亦不可苟且敷衍，总希做一步得一步之益，能于推行尽利有裨事实方好。副委员长洪君恩伯经验宏富，情形熟悉，本会得之为助，将来定有良好结果，殊可为本会前途庆幸者也。

洪副委员长报告云：鄙人学殖荒落，于财政素乏经验，今承局长之委托，与委员长之谆嘱，忝任斯席，深用兢兢。所幸在会诸君，或是老成硕望，或是办理烟酒事务声闻素著之员，得以共同讨论，裨益良多。今日本会成立，兹将鄙人对于本会之意见，约略陈述，敬乞明教。烟酒原为消耗品之一种，东西各国用寓禁于征之法，课税甚重。日本于品最下、味最薄、含酒精成分最少之酒，每石须征税十七元之多；又于烟草一项，实行专卖制，岁入在二千万元以上。我国则困于条约之束缚，必不得已而以官督商销定公卖之制，其办法仅能及于国货之征收，而洋烟洋酒未能遍及。当开办之始，华商因此之故，争执颇烈，在官厅委曲以求全，遂不惜因陋而就简，相沿至今，积重难返。此类情形，固不独江苏一省为然，而苏省交通便利，通商口岸华洋杂处，商货之竞争，比比皆是。例如近数月来，外国火酒充斥，碍及泰兴、泰县烧酒之销场，沪地人士，群谋抵制，其一端也。至本会之性质，及本会同人应负之责任，即在如何增加收入、如何维持业商两层，要以上顾国课、下恤商情为依归。其预定之步骤，则在"循序渐进"四字。第一步，注重清理，本局自上年军兴以后，因事权不一，措施诸多困难，各分区栈收支款项，必须切实清理，以重款目。第二步，注重调查，凡总分各局、各栈、各代办处征收之实情，与各所产销状况，不问过去现在，举皆尽力搜集，以备研究。第三步，注重推行，本会同人提具议案，宜于准情熟虑之中，先行择其比较可行者，提供讨论，议决施行。

旋即推定总务股事宜由刘、周两人担任，审核股事宜由项、方、阮三人担任，编制股事宜由萧、李两人担任。修改简章，通过办事细则后，遂散会。

（1925 年 9 月 19 日，第 11 版）

关税会议中之烟酒消息

勘公

烟酒署筹备关税议案

全国烟酒事务督办姚国桢因已加入关会特别委员，对于烟酒上各项议案，自应预为筹备。连日除饬该管各厅科搜集材料外，并为外交方面便于应付起见，昨特致函外交部条约司，请将《华府会议议事录》及《九国条约》、《关税条约》等文件，各检一份送署，以资参考，闻该司已饬档案处照办矣。又烟酒署前以关会开议，为期甚迫，本有组织关税筹备委员会之说。嗣因应提议事项尚属简单，一时无设立之必要，遂于日前决定暂在署内附设总务会议议案三股，实行分股任事，并已派定秘书胡某，科长汪某、刘某等为各股主任科员，恽某、熊某等为事务员，均经陆续以署令发表。各员虽不另支薪，然因将来有保举希望，故办事皆异常踊跃，所筹备之议案，闻已有十数起之多。

财部主张烟酒自由征税

烟酒宜实行国定税政策，迩来各方主持甚力。日前北京各团体曾致函烟酒署及稽核所据理力争。最近财部方面，复据劳敬修等来部请愿，主张烟酒宜自由征税，断不容外人干涉，并条陈种种整理方法。财李以其所叙理由极为充分，且有可供采择之处，昨特据情转咨烟酒署，请其查照办理，并从速拟具议案，以便提交关税会议。闻该署对于此事，现正积极进行。

【下略】

(1925 年 9 月 25 日，第 6 版)

皖省大批烟酒税局长之失望

——委出后又全体撤销

〔蚌埠通信〕安徽省长吴炳湘莅任以来，对于皖省财政厉行整顿，不遗余力。如凤阳关增加比较每年一百二十万，烟酒税局全省增加比较一百万。前曾召集各处分局主任来蚌会议，讨论改革办法，遂变更取消八区二十三所之规定，为两级制，全皖六十县，每县设一分局，直接总局，由所在各县知事辅助办理，征收税款，提取百分之三，分配县知事，总分局三处。筹画既定，当于本月初九日将皖北二十一县分局长先行发表。其办法，由省署训令烟酒总局分别加委，其县分等第，局长衔名，前已专函报告。讵各员奉委后，正在筹备一切，不料未逾三日，吴氏于临赴省时，突又传谕各员，将委任全体撤销，每人发给洋五十元，藉以弥补损失，所领钤记仍令缴还总局销毁。各员经此中变，无不目瞪口呆。但所以撤销之原因，各方调查，传说不一。有谓吴氏此次整顿烟酒税，大为该总局潘堃所不满。潘为曾毓隽至戚，后援颇为强硬。在潘到任伊始，种种处置，即为烟酒商所反对，曾推代表至京、蚌两处控告，虽有电到省查办，而位置仍未动摇。兹经吴氏将该局精华剔除一空，其心中不免怨望，因此设法破坏，期复旧观。如此云云，亦不无几分近理。有谓吴氏所委之分局长，内中私人颇多。吴氏向有用人惟才之宣言，因之颇为对方所藉口，甚至在某当局前加以非议。吴因闻而大愤，遂毅然决然，将全案撤销，表示毫无私见。不过每员到蚌，住候颇久，所花旅费不赀，且闻向总局请领钤记时，每人均花有规费四元，及至缴还，该费已化为乌有，众人无不懊丧而去。又闻钤记系木刊，某县分局长在前清曾握铜符，民国又任过县缺，以木质太不体统，随花钱饬匠用铜包之。迨缴还时，已金光灿烂，耀人眼帘。夫宦途变化，本令人莫测，然如各员之一场空欢喜，尚为民国以来未曾多见也。（十月十五日）

（1925 年 10 月 17 日，第 6 版）

江苏全省烟酒事务局招商认办靖界烟酒税捐投标

以全年包缴银二十三万元为最低额，愿投者须于本年十二月二十五日以前至南京江苏全省烟酒事务总局收发处购买标纸，并缴百分之五之保证金。十二月二十六日，在南京烟酒事务总局请军、省两署派员监视投标。当日开标得标者，须预缴全额四分之一之押金，得标者即任为该局局长。细则详列布告，可向烟酒事务总局、各区烟酒分局、各县公署、各税所、各商会、各报馆问阅便知。

（1925 年 12 月 15 日，第 2 版）

烟酒局新定之包税章程

总商会昨接江苏全省烟酒事务局来函云：径启者：案查敝局接收烟酒税捐案内，原已呈明各税所兼征烟酒税捐，由局随时察看，陆续收回自办在案。本应照案一律收回，借资整顿。惟地方辽阔，鞭长难及，且各所烟酒税额，亦复多寡不一。如欲另设机关，专司稽征，则经费无从弥补。兹经敝局拟订招商承包简章，除已由局收回招商认办各所外，其余一律改归认包，以除积弊，而裕税收。用将所定简章，并比较单函送贵会，即希通知各烟酒商业人等一体知照为荷。此致上海总商会。

新定包税章程：

第一条　各税所稽征烟酒税，除上海、苏城、江宁、六合，已划出归商认办外，其余一律改归认包，以期节省经费，剔除积弊，增加收入。其未经认包之处应征烟酒税，仍由各税所负责征解。

第二条　凡殷实商业人等得认包之。

第三条　认包各所烟酒税人应将姓名、年岁、籍贯、职业暨认包某所税款数目逐项详晰，出具承包书，并照该所比较总额百分之五缴纳保证金，暨取具殷实绅商保结一份，一并呈送省局，以凭核夺。

第四条　认包某所烟酒税，以省局规定该所全年比额为最低数，如有呈请愿加比者，即归认加者承包，应按照全年认额，缴纳现金十分之三作为押款。

第五条　承包期间以一年为限，不准中途托故退包，但承包人或有不测事变时，应准呈候查明核办。已届一年期满，不愿续包者，须预先一月呈报，以便另招承替。

第六条　承包人每月应交税款，或按月匀摊，或按照淡旺月分缴，由该商酌量认定，以后上月之款限于下月十日以前备文解局，如逾期不缴，或缴不满额，即于押金内扣抵。设押款抵尽，仍有不敷，应责成原保如数赔缴，一面由局另行招商承包，在新承包人未接办以前，每月应缴款额仍应由原保如数清缴。

第七条　承包某所烟酒税确定后，其附征捐款暨征收方法，仍照旧章办理。

第八条　承包人征收税款，遇有商人抗不缴纳，或不服查验时，准将货物全数暂行扣留，函送该管地方管理处，并呈报省局核办。但承包人如有勒罚苛扰，故意留难情事，一经察觉，或被控告，亦予依法惩办。

规定各税所兼征烟酒税比额：平盛税所兼征五千六百十六元，瓜泗税所兼征一千二百元，同里税所兼征五千八百九十八元，樊孔税所兼征八百二十元，常海税所兼征二千五百九十二元，姜东税所兼征五百四十六元，无锡税所兼征一万一千六元，盐城税所兼征一百十一元，吴淞税所兼征九百一十元，阜宁税所兼征九百元，昆木税所兼征三千二百八十六元，宿窑税所兼征四千八百元，武丹税所兼征四千三百十一元，蒋坝税所兼征三千元，宜南税所兼征二千二百元，龙钱税所兼征一千五百元，荷花池税所兼征一千一百九十三元，青东税所兼征一百二元，杨众车税所兼征九百七十六元，震泽税所兼征四十三元，泰兴税所兼征一千三十八元，闵行税所兼征二百六元，江阴税所兼征一千三百四十一元，五库税所兼征三十二元，崇明税所兼征二千二百三十五元，宝高税所兼征六十元，通如税所兼征三百三十一元，海门税兼征六十四元，湾邵所兼征一百九十七元。

（1925 年 12 月 29 日，第 9 版）

苏二区烟酒牌照税定期开征

江苏二区上、崇、川、太、嘉、宝六县烟酒牌照税，自局长李玉阶接任以来，对于税务颇为认真，而征收主任一职尤关重要，该局长为整顿税收起见，另委王怀敏充任。王为嘉邑巨商，于税务上极有经验。现设总征处于上海老西门内穿心河桥，并定十五年一月一日起开征，刻已通告各商，一体遵章完纳。

（1925 年 12 月 29 日，第 9 版）

江苏烟酒事务局招商认办靖界烟酒税捐改额展期投标

以全年包缴银十九万三百元为最低额，愿投者须于十五年一月十日以前至南京江苏烟酒事务局收发处购买标纸，并缴百分之五之保证金。十五年一月十一日，在南京烟酒事务总局请军、省两署派员监视投标。当日开标得标者，须预缴全额十分之二之押金，得标者即任为该局局长。细则详列布告，可向烟酒事务总局、各区烟酒分局、各县公署、各税所、各商会、各报馆问阅便知。

（1926 年 1 月 1 日，第 5 版）

通告上海川沙崇明太仓嘉定宝山烟酒商人鉴

窃十五年上、下两期烟酒牌照税业由宏声呈请省公卖局暨主管局，情愿以三万元承包，当蒙核准，一切遵照部定章程办理，并设征收处于南市紫霞路东首四十四号，务希两业商人至期前往完纳，切勿自误。是盼。征收处主任徐宏声启。

（1926 年 1 月 4 日，第 2 版）

靖界区税捐局投标展期*

【上略】

烟酒事务局以靖界区税捐局收数疲滞，改由商人投标认包，定标额为二十三万元，以上年十二月二十六日为投标期，乃届期无人认投。现该局依照原定比额暨以前实收最多之年，再加一成，更定标额为十九万三百元，展期一月十一日投标，得标后须照认额缴押金十分之二。

（1926 年 1 月 6 日，第 6 版）

严禁酒商漏税之布告

江苏第二区烟酒事务分局局长李鼎年近据第六分栈经理周传薪呈称：绍酒运沪，经过沪杭车站、吴淞口岸，向由分栈派员查验收费，讵因吴淞紧接租界，追缉不易，以致时有偷漏，收数日绌，亏蚀甚巨，应请出示查禁，以裕税收等情。李局长据呈后，昨日发出布告一通，为录如下：为布告事：案据本区第六分栈经理周传薪呈称"窃查绍酒运沪,有自沪杭火车装来者,有由外江船进吴淞口者,向听各商自便。是以分栈于该两处派人分别查验收费,所以示周密杜偷漏也。近来吴淞偷漏之事不一而足,因其紧接租界,追缉不易,以致分栈收数日绌,亏蚀甚巨,若不加以整顿,势必受累益深。除由分栈加派妥人切实办理外,应请钧局出示布告,嗣后吴淞进口绍酒,应遵照定章,先行报栈缴费,方可驶入租界,否则不服检查,应以私酒论,由分栈将酒扣留,报经钧局从重罚办。庶几偷漏可除,公款有着,则分栈不致再受其亏"等语。据此,查绍酒运入吴淞口时,照章应报栈缴费,一面由栈派员查核相符,贴照运行,如有违误,应由该分栈将来酒扣留,呈由本局罚办,以维税收,而杜流弊。为此合亟布告该酒商一体凛遵毋违。此布。

(1926 年 1 月 6 日,第 13 版)

江苏第一区烟酒牌照门销税捐更订滞纳罚章*

江苏第一区烟酒牌照门销税捐自一月起更订滞纳罚章,凡逾限一月,加征银元二角至八角,以为税费,逾期二月,加征四角至一元六角,按月递加,以资整顿。

(1926 年 1 月 8 日,第 9 版)

争办二区烟酒牌照税之所闻

二区烟酒局十三年份牌照税于上年十月间由该局长李鼎年委任包商王怀敏办理,忽有徐宏声者向南京总局呈准包办,双方登报,通告征收。王商方面所持理由谓:分局奉联军驻沪办公处命令,提前赶办,正在军务倥偬之际,由渠加额冒险认办,并预缴十五年上期税款,以济军需,官厅对于商人,岂能失信?徐商方所持理由谓:渠系奉总局批准,且保证金一万元已缴总局,当然归渠承办。彼此争执,李局长左右为难,且各栈因火酒充销,税收支绌,纷纷请减比较,应付更属不易,故意态消极,闻已于七日晋省,作一度之辞职矣。

(1926 年 1 月 10 日,第 14 版)

靖界区烟酒税捐投标讯*

靖界区烟酒税改归商办，于十一日下午二时，在烟酒事务局内投标，军、省两署各派员监视，结果以省法（太平人）认投之十九万四百元为最多数，已由局公布归其得标。又烟酒事务局以驻镇监察所无设立必要，应即裁撤，所有应办事宜并归丹运税局办理。

【下略】

（1926年1月13日，第9版）

江苏烟酒局招商认税

上海县商会昨接江苏烟酒事务局公函云：径启者：案查敝局前拟将各税所兼征烟酒税捐收回，招商认办，业将承包简章函送在案。所有承包手续暨稽征报告等项事宜，现经订定施行细则，除分行外，相应函请贵会即希查照转知烟酒业商人等一体知照为荷。计附发细则一份。

江苏烟酒事务局招商认包烟酒税施行细则

第一条　凡商人承包烟酒税，经本局核准后，关于承包详细手续暨稽征报解等项事宜，除简章规定外，悉依本细则办理。

第二条　承包人经本局核准后，五日内遵照简章第四条缴纳押款，所有已缴保证金，准其作抵，但逾期不交，即作为无效，并将已缴保证金全数充公。

第三条　本局于收到押款之后，委任承包人为某处烟酒税稽征委员，颁发图记一方，由本局扣计路程之远近，限期前往接办，一面令行原办税所查照，并布告周知。

第四条　承包人承包期间，以限期接办之日为起始，至次年是月是日之前一日为终了，终了之日，须照案交接清楚，不得迁延留难。

第五条　承包人得于稽征地方设立稽征处，其稽征地方仍以各税所原征烟酒税之区域为限。

第六条　稽征处各项员司，承包人慎选派用，将姓名、职务呈报本局备核。

第七条　承包人如因地势上之关系，必须设立稽征分处时，应呈候本局核准，不得擅立何项分卡名目。

第八条　简章第七条所称烟酒税附征捐款及征收方法仍照旧章者，系指征收手续暨价格税率，并带征各项捐款，应照各税所现行办法办理。此外不得另立名目，违章浮收。前项带征各项捐款，应随同认包正税，按月清解备拨。

第九条　承包人领用税票，由本局发给领票印簿，每次请领若干，须于簿内注明备领，具文呈送本局核发。

第十条　发行税票须遵照票载各项，逐一详明填注，不得含混。

第十一条　每月请领用存税票数目，应备案按月造报一次，连同缴核，限于次月十日以前，呈送查核，不得逾延定限。前项税票如有填写错误，不能适用者，应连同完全各联，随同月报册呈缴，不得仅缴一联，仍将作废张数、号数列入册报。

第十二条　凡领到各项税票，应妥慎保存，如有遗失，每张罚银五十元。

第十三条　承包人如有私刊税票擅自行用情事，一经查出，从严罚办。

第十四条　本细则自公布之日施行。

（1926 年 1 月 15 日，第 14 版）

嘉兴·茶酒捐改征洋码

嘉邑茶酒碗捐向系列入常年警费，乃年来洋价逐步飞涨，益以商市贸易，无不以洋数计算。惟茶酒碗捐，迄今仍照钱数征收，以致折合银元，逐月短征甚巨，于警费收入大受影响。爰自本年二月一日（阴历十二月十九日）起，一列改收洋码，如每户向收铜元一百文者，改收大洋一角；向收铜元一千文者，改收大洋一元。刻由县署分函城乡各商会，并令行各区警佐暨自治委员知照矣。

（1926 年 1 月 17 日，第 10 版）

通告·上川崇太嘉宝六县烟酒商人钧鉴

查部颁烟酒牌照章程，凡上期一月、下期七月均由各商自行投纳，并无督促上门征收之规定。今先通告烟酒两业商人遵照，倘一月内有人登门收取者，将来本征收处概不承认。再，陈局长业已荣任，定能以法定之手续，从省令而秉公办理，幸祈注意，勿受欺蒙为要。征收处主任徐宏声启。

（1926 年 1 月 24 日，第 1 版）

靖界烟酒税捐得标人呈请酌量贴还开支 *

【上略】

靖界烟酒税捐得标人崔法呈请烟酒事务局在所认标额十九万四百元以内，酌量贴还开支，于押款内扣除。该局未准，仅允将二成押金三万八千八百元从接办日起储入银行，按月计息，声明此外无论何人认包何项税款，或以后继续投认靖界税捐，均不得援以为例。又宜南、无锡、姜东、湾邵、扬众车烟酒税捐，均于十五年一月起，由商人在烟酒事务局加额包认。

【下略】

（1926 年 1 月 24 日，第 6 版）

江苏烟酒事务局将丹运区烟酒税捐招商投标 *

【上略】

江苏烟酒事务局刻又将丹运区烟酒税捐招商投标，暂以本局所定原比五万八千元，并以前实收最多之四万一千九百余元，平均扯算，计银四万九千九百五十元。除宝堰分卡已由认商包缴二千元外，酌定全年比额四万七千九百五十元为最低数，定二月二十日在省投标。

【下略】

（1926 年 1 月 27 日，第 6 版）

无锡·烟酒税独设机关

本邑烟酒税额每年为一万元，向由税务公所征收，由烟酒商每月认缴八百余元。税所方面，系带征性质。近江苏全省烟酒税总局长刘潜为整顿税收起见，将各县设立专局，不由税所征收，本邑委派程英傅（南京人）为征收员。程于昨日（二十六日）由宁来镇，租赁光复门内王姓房屋为征收总处，上午派总务主任朱锦章（常州人）、文牍主任洪进之与税务所长王君宣接洽移交手续。王因捐票等尚在烟酒商处，且手续不及赶办，故当日未能移交。程于当日即致函县署，请求出示布告，并请警所协助，并在黄□墩、太平桥、雪堰桥等处，设立稽征分处，委定瞿长林、宋哲臣、张子安等为分处主任。并定今日（二十七日）下午邀请烟酒商开会讨论征收进行办法，但各烟酒商前会呈请刘总局长取消设立专局，当被批驳不准，未知今日各烟酒商应邀赴会否。

（1926 年 1 月 27 日，第 9 版）

江苏二区烟酒牌照税总征处启事

本处开征十五年上期牌照税，照章限一月底完纳。本年省局新定办法，逾限者逐月递加督促费一成。现一月底限期已迫，各商号应从速如期来处完纳，以免逾期加征，致受损失。再，本处所有征收员均持有二区分局长十五年一月所发执照，务希各商号注意假冒，免受欺□。总征处暨上海、宝山两县征收处设上海老西门内穿心河桥；太仓征收处设太仓北门内老公茂酱园；嘉定征收处设嘉定城中瑞大顺号内。

（1926 年 1 月 29 日，第 1 版）

苏省行销洋酒应照章征收税捐*

烟酒事务局以苏省行销洋酒，应照章征收税捐，拟订征税暂行章程六条、稽征规则九条、罚金条例六条，已呈奉军、省两署核准，定二月一日实行开征。

（1926 年 1 月 29 日，第 6 版）

烟酒局知照丹运税捐招商投标

江苏烟酒事务局致函总商会云：案查敝局所属之靖界烟酒税捐，业经订定规则，招商投标认办在案。兹查有丹运烟酒税捐，历年比额，亦多不敷。现经援照靖界成案，订定规则，改为投标承包，准定二月二十日为投标日期。除呈报并分行外，用将布告规则函送贵会，请烦查照，即日张贴，并转知各商业人等一体知照。

（1926 年 1 月 29 日，第 9 版）

无锡·设立烟酒捐专局之反响

本邑烟酒捐额每年为一万元，向由税务公所征收。此次全省烟酒税总局长刘潜为整顿税收起见，特招商投标。本邑酒商王慧解曾认标额一万一千七百元，且于一月七日先付证金五百八十五元，取得总局收条为凭。至新任本邑稽征员程英傅所认标额为一万一千四百元，闻内幕中实为武进人朱某所办，而由程英傅出为经理。总局一月四日所发程之委任状，王慧解指为倒填日期。程自接任开征后，与烟酒商接洽，未有结果。昨日酒业认税处发出通告，反对设专局，原文略谓：本处认办酒类税捐，呈奉税所转呈省局核准有案。此次省局另委程英傅到锡接办，手续不尽合法。迭经同业分别电呈，并检同证据，申请县商会转呈军、民两署行知省局，秉公纠正在案。除由本处呈请税所转咨程君，静候正当解决，对于本邑境内黄、白各种酒税，在未经解决以前，仍由本处照常征解。一面由酒商公推杨仲滋为代表，向县商会与王会长说明认包经过情形，并提出两点：若谓标期已过，何得收受证金、掣给收条？若谓内定有人，何必招商投标，多此一举？请王君转呈省中军、民两署。并闻朱某自此案发生纠葛后，即与杨作几度之接洽，且嘱程将经已派出之分处主任，一律撤回，暂停征收，静候解决。但恐于阴历年内，不易解决也。

（1926 年 2 月 1 日，第 7 版）

扬州·征收牌照税款

第六区烟酒事务局长翟寿松，近查现届十五年开征洋烟酒牌照税之期，特委专员梁益之从事稽征，一面会县布告周知矣。

（1926 年 2 月 1 日，第 7 版）

烟酒牌照税停征之通告

第二区烟酒牌照税局昨发通告文云：查十五年份六县牌照税，现奉令停征。倘有人在停止征收期内，向各商号滥收税款，无论有何证据，将来概不承认，务望各县烟酒商人一体注意。特此通告。

（1926 年 2 月 6 日，第 14 版）

江苏全省烟酒事务局广告

丹运烟酒税捐前经布告招商投标，承包额定全年税银四万七千九百五十元。兹展限一个月，定于三月二十日仍在南京省局投标，余均照原章办理。此告。

（1926 年 2 月 20 日，第 1 版）

丹运区烟酒税捐改订投标日期[*]

丹运区烟酒税捐照靖界例归商包办，烟酒事务局本定二月二十日在宁投标，乃届期无人请领标纸，现又改订三月二十日投标。

（1926 年 2 月 23 日，第 9 版）

烟酒局展期投标之布告

上海县知事公署昨奉江苏烟酒事务局颁到布告，当即分贴通衢，其文云：为布告事：案查本局所属之丹运烟酒税局，前因历年税收不敷比额，拟援照靖界成案，改为招商投标认包。原定岁比五万八千元，并以前实收最多之四万一千九百余元，平均牵算，计合银四万九千九百五十元，内除宝坻分卡已经认商每年包缴银二千元外，酌定全年比额为四万七千九百五十元，定本年二月二十日投标，业经通行布告，呈奉总司令、省长核准在案。现在限期已届，尚无人来局请领标纸。推原其故，当因前定日期稍促，且适值旧历年关，商民年事纷繁，无暇为此。兹经本局酌展限期，准定三月二十日，即阴历二月初七为投标之期，此外一切手续仍照前颁定章办理。除呈报并分行外，令再布告，仰阖省殷实商民人等一体知照，迅速来局购领标纸，以便届期投认外，毋再观望自误。切切！此布。局长刘潜。

（1926 年 2 月 25 日，第 14 版）

松江·烟酒稽征处之新名目

烟酒两项征收公卖税后，在税所方面，只有所谓船只捐，按照五库税所缴数，每年不过五六十元。近日，又有五库烟酒稽征处之名目发见，其主住为顾行，系向省当局缴证包认者，昨曾谒见商会长，谓归该处稽征之税款为烟酒流通税，值百抽十二，其办事系离五库税所而独立，即以前税所征收。

（1926 年 3 月 4 日，第 9 版）

皖省烟酒税收之大改革

——全省各区分局税所支栈一律裁撤，改设五十分局
增定比额八十万元

〔芜湖通信〕皖省烟酒收入计分公卖费、烟酒税、牌照捐三种，前两项征收税率以货物为标准，后一项则以营业之大小以为区分。征收机关属于公卖费者，全省共分八区，每区设分局一，区大者总辖十一县，小者四五县不等，县复设公卖支栈，栈经理皆系本地烟酒商人担任，此以征费较

便，而亦系商人力争而得者也。烟酒税设税所五处，烟酒牌照税捐所则有十四。全年比额，为六十三万三千元。此皖省烟酒税历年之征收状况也。乃近年以来，时局不宁，该项机关既系征收之类，自不免垂涎者多，遂致朝更夕易。得者既怀五日京兆之心，旨在速饱私囊，加以规定经费低微，藉口开支不敷。而总局对于分局，分局对于支栈，又各有所需索，则在下者，不得不尽力搜括。于是弊窦丛生，如出卖支栈也、私出收据也、代具联单也，不一而足。有限之正课，竟作私馈中饱之用。至比较迟减，自十三年度迄今，则已不及原定比额三分之一矣。当吴炳湘长皖之时，悉此积弊，即拟根本改革，乃后匆匆去职，致不果行。兹者皖省之善后会议开幕在即，属于财政税收方面者，尤注重切实整顿，使积弊泯除，税款增加。是以全省烟酒事务局长高镜曾迭次召集各区分局长会议彻底改革办法，遂经决定除津浦路所设之门台子暨蚌刘（蚌埠刘府集）两烟叶税专局外，所有八区分局、五税所、十四税捐所一律裁撤，并就各县支栈共改设烟酒事务分局五十所。其税收比额如在五千元以下者，即并归邻县分局带征，或由县知事兼理。各分局办公经费于税收项下提出三成，牌照项下提支四厘。如能征超原比，则提三成充奖，以资鼓励。全省比额增加十六万七千元，合共为八十万元。至分局长之人选问题，初本拟一律收回官办，但恐引起烟酒商之反响，故仍就各支栈经理考其贤否，分别去留。上述之改革计划，高已具呈两民两长核阅批准。至将来实施后之成绩如何，能不引起纠纷，尚须静观其后也。（三月八日）

（1926 年 3 月 10 日，第 9 版）

烟酒局函请协助调查烟酒价格

——预备增加税额

江苏烟酒事务省局长近因公费竭蹶，亟待整理。查公卖费一项，为拨充军饷要需，调查苏省各属应征税额并无起色，亟应彻查烟酒价格，以冀逐渐增加税额。故已专函上海南北市两商会，请为查照协助进行。

（1926 年 3 月 28 日，第 14 版）

丹运烟酒税暂缓招商投标

　　总商会昨接江苏全省烟酒事务局公函云：径启者：案照敝局所属之丹运烟酒税捐局援照靖界成案，改为招商投标认包。原定本年二月二十日为投标之期，嗣因适值阴历年关，无人购领标纸，展期一月，改于本年三月二十日投标，节经布告通行在案。现在展期又经届满，仍无人来局购领标纸。推厥原因，当为前此靖界投标展期，曾将标价减少，而丹运展期，标价并未低落，尚存观望之心。且以该局所属之宝堰分卡，去秋由孙前局长任内，先已另行包出全局税收，受兹影响，因之裹足不前。兹拟将投标原案暂行停止，一面责成该局长按照标额切实稽征，俟本年七月底宝堰认包期满，并入该局，再定投标办法。除呈报并布告通行外，用将布告函送贵会，请烦查照发贴，并希转告商业人等一体知悉为荷。

　　　　　　　　　　　　　　　　　　（1926 年 4 月 7 日，第 14 版）

芜湖县改设烟酒税分局*

　　【上略】

　　芜湖县改设烟酒税分局，虽烟酒两业力争收回商办，但以前欠比额太巨，未经许可，所有牌照捐烟酒支栈均已移交，分局年定比额四万六千七百元。又广德、六安等县八日曾电芜会，询问芜湖支栈已否移交官办，俾取决应付方法。

　　【下略】

　　　　　　　　　　　　　　　　　　（1926 年 4 月 11 日，第 10 版）

江苏烟酒事务局布告第一〇三三号

　　为布告事。案查苏省统税定章，一税之后，不再重征，烟酒事同一律，凡已在起运首经之局所照章完纳税捐，以后沿途经过各卡查验放行，不得留难需索。乃本局访闻，近来各处分卡，对于经过已完纳税捐之烟酒，辄藉查验，有任意需索情事，殊属大干例禁。合亟布告，仰各烟酒税稽征处各分卡征收人员一体遵照，嗣后遇有已经遵章完纳税捐之烟酒，即予查验放行，如坛票相符，不得留难需索。倘敢故违，一经发觉，定予严究不贷，其各凛遵毋违。切切！民国十五年四月六日。局长刘潜。

（1926 年 4 月 15 日，第 1 版）

江苏烟酒事务局将派员稽查烟酒特许营业牌照税征收 *

【上略】

江苏烟酒事务局以烟酒特许营业牌照税收数疲滞，现规定每年于四、十两月由局派员赴各区稽查一次，并将此项征税条例及罚则摘录布告，俾众周知。

【下略】

（1926 年 4 月 19 日，第 9 版）

烟酒局抽查牌照之布告

江苏烟酒事务局布告第一一一五号云：为布告事。案查民国三年一月十九日公布贩卖烟酒特许牌照税条例内载"凡欲为烟酒营业者，须赴该管征收官署领取牌照，无特许牌照而为烟酒营业者，除照规定种类缴足税额并补领牌照外，并处以罚金"等语，久经通行遵照在案。乃近查此项牌照税收，迄无起色，大都为烟酒营业者多不遵章请领牌照所致。兹经本局规定，每年于四、十两月抽查一次，届时如查有未领照者，即照章实行处罚。合亟摘录条例，布告周知，仰各贩卖烟酒商民人等一体知悉：如有为此项营业而未领牌照者，赶速赴该管局处缴税领照。倘敢故违，一经查觉，定即照章实行处罚，不稍宽贷，其各凛遵毋违。切切！此布。

计开：

（一）每年牌照税额，整卖营业、大宗批发烟酒者四十元。甲种零卖营业开设店肆零卖烟酒者十六元。乙种零卖营业附设他种店肆兼零卖烟酒者八元。丙种零卖营业于道旁或沿户零卖烟酒者四元。烟酒须分别领照，不得混合。

（二）每年分两期完纳，第一期一月一日至一月末日，第二期七月一日至七月末日，新营业者于领牌照时完税。

（三）牌照遗失或污损时补换牌照者，纳费银二角。

（四）营业者废业时，须将牌照缴还。

（五）营业时查无牌照者，初犯处以一期税额之三倍之罚金；累犯处以全年税额之三倍之罚金；三犯以上勒令停止，不得复为营业。其兼整卖与零卖，或兼卖烟酒，而仅领一种牌照者之罚金同。

（六）营业者违反公布条例第五条规定，不将整卖零卖字样并领照日期号数，逐项标明，或揭载虚伪，及拒绝检验者，处以一元以上三十元以下之罚金，牌照不得转卖、让与或贷用，违者处以二元以上五十元以下之罚金。

中华民国十五年四月十六日。局长刘潜。

(1926 年 4 月 26 日，第 14 版)

常熟·烟酒税所调查土酒数量

常海烟酒稽征委员刘廷钺，自奉省委到常，业已旬余。当刘接事后，曾与土酒业各商接洽数次，以资整顿税收。而各酒商因刘委调查土酒产销手续非常严厉，因是在醴业公所中特开会议两次，以谋应付。昨悉刘委已派员分赴城乡各土酒商铺，发给表式数份，着各商务将铺内新旧各货之存储数目一一填报，并会同县署出示布告周知。

(1926 年 4 月 27 日，第 10 版)

烟酒事务局增加认税之令知

江苏二区烟酒事务分局昨为认办西烟税额，令西烟认商上海西烟公所代表潘其俊文云：

案查该商呈请续认十五年份西烟税，业经据情转呈。兹奉省局第一零六九号令开：呈悉。查烟酒费税迭奉总司令严饬整顿，现在各认商认期届满，自颁照额核实增加。据□该商仍照上年原额续认一年，分文不加，碍

233

难照准。仰即转饬该商切实尽量认增，并照新订认包简章，缴纳三成押金，呈局核办毋违。切切！此令。等因。奉此，合亟转令该认商遵照核实，尽量加认，并仰按照现行认包章程预缴押金三成。案关特饬，务速认定加额，即日呈复，以凭核转，毋违毋延。切切！此令。

（1926 年 5 月 6 日，第 15 版）

江宁酒业商顾润章呈控华商王馨甫 *

【上略】

江宁酒业商顾润章呈控华商王馨甫擅用日单运酒，妨害税收等情。省令烟酒事务局查明核办。

【下略】

（1926 年 5 月 7 日，第 6 版）

财厅拟增加烟酒税四成 *

【上略】

〔开封〕财厅拟增加烟酒税四成，百货厘税二成，专备收回省钞之用。（六日下午十一钟）

【下略】

（1926 年 5 月 8 日，第 5 版）

烟酒局奉令整顿税款

江苏全省烟酒事务局刘局长任事以来，对于税收竭力整顿。兹以十四年度终了在即，昨训令本埠及各区局处文云：案照解款惩罚章程内规定：各栈应缴公卖费，按照认定摊解表，上月之款尽下月十日以前清缴各分局处核转，如上月之款，尽下月二十日以前扫数汇解，不得延逾，迭经通行遵照在案。兹各该局处暨各分栈迄未遵照办理，殊属不成事体。现在十四年度瞬将终了，所有该区各分栈欠款，应即责成该分局处严厉督催清缴。

倘各分栈经理任意延宕，即系无心继认，除至年度终了将押金扣抵欠款外，并取消其经理资格，不准再请承充，以示限制。除分行外，合亟令仰该局处即须遵照办理勿违。切切！此令。闻二三区烟酒事务分局奉到此项公文，当即转饬原充各经理遵照。十四年度认期截至六月底，即将终了，省分局厉行整顿，将来苏省烟酒税收定有起色。且闻殷实绅商，愿承办烟酒分栈者，颇不乏人。

（1926 年 5 月 12 日，第 14 版）

傅道尹呈准免除北四川路烟酒税

傅道尹收回北四川路路权后，因徇商民之请，呈请孙总司令、陈省长暂免烟酒食物各税，昨已奉到孙总司令指令云：呈悉。该道尹收回北四川路两旁商铺、住户管辖主权，办理其合机宜。所请缓征烟酒食物等捐，以示宽大，而坚倾向，应予照准，候函达淞沪商埠督办公署核饬各主管机关遵照办理，仰即知照。此令。

（1926 年 5 月 29 日，第 13 版）

限期完纳贩卖烟酒牌照税款*

【上略】

杭县公署昨出布告：贩卖烟酒牌照税款系拨充军饷要需，每年分一、七两月完纳，不容拖欠。现奉总局迭电提解，亟应定限催道，以资结束。兹为体恤商艰起见，特再宽限至六月底止，一律完清。倘再逾限，照章三倍处罚，以重饷糈。

【下略】

（1926 年 6 月 3 日，第 10 版）

江苏二区烟酒事务分局布告上崇川太嘉宝烟酒商号催完牌照税

案据烟酒牌照税征收主任王怀敏面称：十五年烟酒牌照税上期业将

235

结束，各地烟酒商号延不纳税者，仍复不少，殊属有碍税收，请求布告催完等因前来。查烟酒牌照税，照章应于每年一、七两月分缴，逾限处罚。本年又奉省局训令新定办法，按月递加督促费一成，前经本局令遵在案。转瞬上期结束，各该商号延玩已久，应于六月内一体完纳，并遵省局新定办法加纳督促费，毋得藉词再延。如逾六月仍不缴纳，一经查出，定予从重罚办，勿谓言之弗预也。切切！此布。中华民国十五年六月□日。

（1926 年 6 月 9 日，第 1 版）

江苏烟酒税增加比额纪闻

江苏全省烟酒事务局为江苏省税源之一，自经刘总局长整顿，税收日见起色。兹以十六年度将届，重要各区如本埠二区及苏州三区，皆已奉令实行加比，官商接洽，多已就绪。现悉最近加比消息，计泰兴分栈吴稚谦加二成、扬中分栈郭秉堃加二成、江浦分栈马立仁加四成，均经省局批准，发给执照。又铜山分栈收归官办，已呈准自七日实行。

（1926 年 6 月 14 日，第 14 版）

苏州·烟酒分局增定比额之嘉奖

三区萧分局长近以办理十五年度新比额，绍酒公卖费竟增至十成以上，绍酒税亦照旧额加倍。昨奉全省烟酒事务局电令云：据报吴县绍酒分栈招商认定加比一倍有余，办理认真，殊堪嘉尚，业已另文照准，仍仰将其余未定各栈迅速招认，以竟全功，并就近转陈蒋副局长、张总稽查为盼。

（1926 年 6 月 25 日，第 10 版）

撤销闵库烟酒分卡

塘湾乡乡董彭召棠为闵库烟酒分征处私设分卡，病商害民，前呈县署转咨江苏二区烟酒事务分局查办。现奉县署训令云：本月五日，准江苏一区烟酒事务分局咨开：顷准贵公署咨开：案据塘湾乡乡董彭召棠呈称：准塘湾镇商会分事务所函称：本月二十二日，有上海县烟酒稽征局闵行分征处派人来镇借屋，意欲征收税款。查各商经管烟酒，既有营业牌照税、卷烟印花税、黄白酒印照税、卷烟通行税，并烟酒稽征税等层层税款，已觉酷扰病商。现该税局来镇设立，未知属于何项机关，征收取何种性质，未据明白布告，恳予呈县请示，以解群疑等情到县。据此，相应咨请贵局，烦为查照办理，并希见覆为荷等因。准此，查闵库烟酒税局，由各该税所代征，嗣经省局招商认办，以胡铁针为该处烟酒税稽征委员。本局前奉省局迭令，据商民呈控，闵库烟酒税委员，私设分卡，饬为查办，业经派委彻查。据情呈复，请为撤销该烟酒税委员以免纷扰等情在案，准咨前因，相应查案咨复，即希察照为荷等由过县。准此，合行令仰该乡董查照转知该镇商会分事务所为盼。切切！此令。

（1926 年 6 月 27 日，第 15 版）

第八区烟酒分局长召集各县烟酒业代表开增比大会[*]

【上略】

第八区烟酒分局长李金光日前召集各县烟酒业代表开增比大会，提出增加数额及收税办法，由各代表讨论，再行复决。各代表以各县迭被兵灾水旱，年岁荒歉，增比殊属未易，未便贸然承认。刻下外县代表大都旋里，此案尚无解决希望。

【下略】

（1926 年 6 月 28 日，第 10 版）

镇江·查办宝堰漏税交涉案

丹徒烟酒公卖栈因宝堰镇前日查获侯中瑞偷漏酒税，正拟罚办。丹徒县署忽派令卫队将侯夺去，并拿去调查员王同富一名，殊属有碍税收。故特电告一区公卖事务处主任孙荣彬，请转呈江苏全省烟酒事务局，电令徒、阳两县查办。该局据呈后，除分行丹阳县查办外，昨特训令丹徒县傅知事迅予查办，刻日具复，以凭核夺。

【下略】

（1926 年 6 月 30 日，第 10 版）

江苏二区烟酒公卖第一分栈通告

切〔程〕兆魁呈奉主管局转奉省局令委经理白酒第一分栈宜事，遵于七月一日接办，所有填用各种印照联单，凡未盖兆魁印章及新刊验讫戳记者，一经查出，概作私货处分。除将印章戳记式样分别咨请各警区通饬岗警、水警留心审查外，用登报端，请烦注意，慎勿自误。经理程兆魁启。

（1926 年 7 月 1 日，第 2 版）

江苏二区烟酒公卖第一分栈通告二

兹查间有少数商店仍以酒精掺水，冒充土烧，在市混售。本分栈嫉视如仇，自应继续严厉查禁，以符官厅保全国税之取缔而慰各公团注重道德之原意。设各商店如再贪利私用，简直是饮鸩止渴，足为自杀。故违禁令，有犯必惩，除将该货充公外，并呈主管局咨行法庭传该店执事到案，从严处罚，以为贪利尝试者戒。若藉端敲诈，得贿故纵，并究不贷。经理程兆魁启。

（1926 年 7 月 1 日，第 2 版）

烟酒局严令惩办包商

江苏全省烟酒事务局刘局长察知每届年度改定比额，辄有旧商把持，且时有抗不交代情事，已通令本埠及全省各区局处云：案照此次增定十五年度烟酒公卖费比额，无论旧商、新商认办，均以比额为重。凡有商人请愿认包，由管局处转呈者，一经本局核定，决不再行变更，致滋纷扰。倘有旧商盘踞把持，抗不交代，应由该管处先行咨县，勒令移交，一面呈报本局转呈军、省两署，令饬该管地方官严予拿办，以儆刁玩，而资整顿。

除分令外，合亟令仰该区局处即速转饬所属各栈一体凛遵毋违。切切！此令。闻八区因收回自办，有人从中反对，现已行县拿办。

（1926 年 7 月 4 日，第 15 版）

苏第八区烟酒税问题将解决

——大约决归官办，减少十万比额

〔徐州通信〕苏省第八区（徐属八县）烟酒增比一案，前经公卖局长李金光召集八县经理会议，未有解决。现悉第八区全区烟酒税向由商人承办，自民国五年起至九年止，每年收数八万余串，其时洋价尚低，合洋五万余元呈缴。十年至十三年，以迭有水旱灾况，收入低减，每年收数六万余串，其时洋价已高，合洋仅三万余元。十四年迭被兵灾，收数只三万二千余串，仅合洋一万元，以洋数计，较民五减少四万余元。此中情形，感受灾祲影响，洋价低昂，固属不少，而酒池、烟刀，以多报少，弊端亦属难免。自李局长接任，首即呈请收归官办，以杜弊端，增加比额，以裕收入。惟加至洋码十万余元，增额亦属太巨。刻下八属经理虽经否认，而李局长仍确持进行。前日令将铜山烟酒公卖栈改组为烟酒公卖分所，委行原经理胡伯钦（酒业）、靖有光（烟业）为所长。胡、靖两人以会议时既未断然解决，而烟酒两商又力持反对，不敢冒昧接事，已将委任令及图记缴还。现在烟酒两商已请商会长郑于恕呈请徐州总司令、徐海道尹暨烟酒公卖总局转呈孙联帅，体念商艰，恢复旧章，否则势将停业云云。陈总司令深恐或生风潮，愈益纠纷，令由章知事详查疏解，勿走极端。章于三十九日视察酒池、烟刀，并向烟酒业董详询解释。大概官厅方面调和此案宗旨，仍改归官办，以符联帅命令。惟十余万元之增比额，则势将减少。而烟酒商方面，刻尚否认，未知果能避免风潮否也？

（1926 年 7 月 8 日，第 9 版）

南京·苏省烟酒公费之改革

江苏烟酒事务局开办已十二载，绝鲜成绩。前经朱前局长整顿一次，公家收入渐增，乃任事未久，即行交卸。中经孙杨，仍回复原状。去冬刘局长到任，深知此中□结。孙联帅又派蒋簋先为副局长，傅吉士为会办，张仲三为总稽查，饬令帮同局长悉心整理。入春以来，局务大有进步，收入较从前最多年份约增三分之一。惟分局方面，狃于积习，虽迭经局长严切诰诫，终未能彻底改革。且每届办理年度加比，有一种私款名为手续费，以三区为甚。近年来因此项手续费为数较多，分栈无力负担，改为按月匀摊，名为附税，每月随正报解，化公为私，数在不少。蒋副局长前至浙考察烟酒事务，道经苏沪，秘密调查，尽得真相，回宁后报告局长。适届十五年度办理年比，局长呈明军民两长，委蒋副局长、张总稽查至二、三、四区，傅会办至六、七、八区督饬各分局办理，并严查私弊，以清症结。现在加比事已办竣，一切陋规，亦彻底查明，化入正比，由各分栈分别签字。总计十五年度较十四年度，约可增加二十余万元之谱。闻蒋、张、傅三君已即日返省复命矣。

（1926 年 7 月 9 日，第 10 版）

苏第八区烟酒公卖局长与铜山知事、警察所长会衔布告[*]

【上略】

第八区烟酒公卖局长李金光昨与铜山知事章世嘉、警察所长钱宗泽会衔布告，内容：（一）自七月一日起将八区烟酒公卖分栈一律撤销，收归官办；（二）另设烟酒事务征收所，派员收税，稽查弊端；（三）当征收所未成立以前，由事务局直接收税；（四）如有捣乱份子破坏税收者，一律严惩。但烟酒商现仍剧烈反对，将来调和不成，或竟出于歇业，亦未可知也。

（1926 年 7 月 10 日，第 9 版）

六合·烟酒税增加比额

六合烟酒公卖局主任胡季平因烟酒税改订税率，六合比较年加一千八百余元（原比较七千余元）。昨将新改税率逐一列表，函知烟酒各业商，并拟择日召集会议，俾烟酒商民遵照新章缴纳，以裕税收。

（1926 年 7 月 10 日，第 10 版）

苏州·公卖经理纷纷更调

苏常第三区烟酒公卖局长熊禀原现因增加比额，先将苏州绍酒分栈经理金钟、烟类分栈经理王仁甫、烧酒业认商吴琴川一律撤换，另行委人接充。昨又继续发表，将所属各县中二十六处，再行撤换常州、江阴、常熟、昆山、无锡等十七区烟酒公卖经理云。

（1926 年 7 月 14 日，第 10 版）

苏州·更易公卖认商办法

全省烟酒公卖事务局为增加比额，更易各地认商，发生纠纷。昨特训令苏州第三区公卖局长萧禀原云：案照本局增定十五年度烟酒公卖费比额，无论旧商续充、新商认办，案经核定，决无变更之理。现在年度业经开始，闻有更易新商之分栈，旧商意存把持，延不交代，殊属不成事体。若竟任其拖延，则影响费收，实非浅鲜。兹经拟定解决办法五条，除分行外，合亟抄粘，令仰该分局即便遵照布告，并转行所属各栈一体知照云。

（1926 年 7 月 16 日，第 10 版）

江苏二区烟酒牌照税总征处通告

本处奉令开征本年下期□照税，照章限七月卅一日之内完纳，逾限者逐月递加督促费一成，如疲延者至省局规定抽查时尚未领照，即照章处罚，早经布告在案。现距七月底之限期已迫，各商号应从速如期来处完纳，免致惩罚，特再通告。总征处暨上海、宝山征收处仍设上海老西门内穿心河桥。崇明征收处：（一）外沙南部西一号永隆镇江海关；（二）外沙北部永兴镇北三沙税务分所；（三）内沙城内东街。太仓、嘉定、川沙三

241

县征收处仍设三县城内。

（1926 年 7 月 18 日，第 2 版）

烟酒分栈公卖费之催缴

前办江苏二区烟酒事务局第一分栈（粱烧业）经理郁钟棠于上月底期满后，实行交替。嗣经省当道查得该经理承办时应缴公卖费尚未清楚，已令饬上海二区烟酒事务局陈局长转令该经理将短解款项刻日清缴，并口值此饷需浩繁、待款孔殷之际，尤不得藉口短征，任意拖延，如违未便等因。既而该经理奉饬后，即具呈该局，陈述亏短实情，无力赔垫，恳请陈局长转详省局予以通融。

（1926 年 7 月 18 日，第 15 版）

昆山县烟酒牌照税经征处通告

本处奉江苏三区烟酒事务分局令委，接办昆山县十五年度下期牌照税事宜，已于七月二十号启征。惟前因积弊甚深，有降级通融办法，殊碍税收，饬令照章办理，毋稍瞻徇业，将牌照税章程分发各商店，俾易明了。现距七月三十一日之期限甚迫，凡昆山县境营烟酒业各商号，照章速赴昆山城内南后街十一号本处纳税换照。若逾期，逐月另加督促费一成。至定期检查时而无照营业者，更当加以惩罚，为特通告，幸勿自误。

（1926 年 7 月 22 日，第 1 版）

苏八区烟酒税无法调解

苏省第八区烟酒税增加比额并收归官办，公卖局与烟酒商争执，虽经徐州陈总司令、铜山章知事调解，迄未妥洽。缘八区烟酒公卖分局长李金光积极进行，毫不让步，自本月一日宣布取消各县分支栈，由分局直接收税后，即派员检查铜山城乡之酒池、烟刀，统计全县现有酒池二百余座、烟刀约一百二十张。而据历年公卖栈包办报税，酒池只有一百余座，烟刀不过六七十张，显有避税情弊。李局长既一方面派员查察烟酒营业，一方面又在津浦车站三马路商务分会间壁设立烟酒税稽征处，委任协和医院医士朱知耻为稽征主任，检查出入境及落地过境之烟酒类品，一律报税，始容起运。此连日公卖局进行之情形也。至于烟酒商方面，则以酒池、烟刀既须从实报税，而又增加比额至三倍之巨（向例烟刀每张月税十二千，现改十四元二角，酒池分大小池不等），统计增加实数，不下十倍。且既归官办，营业亦不能自由，请由陈总司令、章知事调处，以维商艰。陈、章原拟以徐属去岁被灾，商业才渐恢复之际，暂时仍由商人承包，加增比额一倍（去岁八区共征烟酒税三万二千余串，折合洋一万元，近拟加至二万元），以李局长坚持，未得同意。

章知事乃于昨日（十七）召商会长郑于恕令转知烟酒商让步，将门销、牌照、外运三税改归官办，公卖费由商承包。今日（十八）烟酒商集议，以营业上□任门销、牌照、外运、公卖费四种捐税已属重叠，今将三税归官，即无异于全归官办，决计不能营业。倘官厅方面调停撤手，即全体歇业，以为消极抵制。预料最短期间，调停不成，将有重大风潮发现也。又徐属各县，民四烟酒公卖之时，定铜山为分栈，其余萧、砀、丰、沛、邳、宿、睢七县为支栈，税款均由铜山分栈转缴，各县押金亦均存铜栈。民六改组，各县直接缴税，铜栈所存押金，即未发还。此项押金，总数为一万六千元。刻各县经理在徐，又向铜栈索此押金，铜栈以交涉未已，暂未给还，是亦交涉烟酒税中之一项纠葛也。

（1926 年 7 月 22 日，第 10 版）

陈仪令八区烟酒税官督商办[*]

【上略】

〔滁州〕陈仪令八区烟酒税官督商办，增加一倍，烟酒争执已决。（二十四日下午九钟）

【下略】

（1926 年 7 月 25 日，第 7 版）

铜山烟酒税官督商办讯*

【上略】

铜山烟酒税交涉经陈总司令训令官督商办，年收税款二万元，争执已决。惟烟酒商支配成数，尚在接洽。今日（二十五）烟酒两业又各自集会讨论后，意见渐为接近，大约将由商会长以烟三、酒七成数支配解决。

（1926 年 7 月 27 日，第 10 版）

苏八区烟酒增比交涉解决

〔徐州快信〕第八区烟酒增比交涉及官办商包争执经过情形，迭纪本报。现在徐州总司令陈仪以此项案件未便久悬，若长此迁延，双方各走极端，于税收、商业，均有影响。当孙联帅莅徐之时，陈曾奉孙面谕，和平办理。陈遂与铜山章知事、公卖分局李局长、商会郑会长彻底调和，各方谅解。乃于二十三日特下训令，对于八区烟酒税决定官督商办，按照十四年度税收加征一倍，每年铜山一县实征公卖费一万四千元，门销捐四千四百元，牌照费一千六百元，共计税收二万元。其丰、沛、萧、砀、邳、宿、睢七县，亦按此例办理，将各县分支栈一律取消，由烟酒商公举经理，直接向分局缴税。各烟酒店之铺面、字号、认数，开具清册，按成支配，由局核实，以杜弊端。至于公卖局薪工，月只三百四十元，准提税款之二成半贴补，以增薪金，而免中饱。此项办法业已公布，铜山烟酒商当于二十三日开会表示承认。酒业公举张召棠经理，烟业公举靖奎生经理，于今日（二十四）呈报备案。惟铜山烟商业小，酒商业大，对于税收尚照烟四酒六支配。现既增比一倍，烟商拟照烟二酒八支配，刻下尚在商榷之中。至于外县在徐经理代表，业已纷纷旋里，遵照铜山成案办理。至是八区烟酒增比及官办交涉，已全告解决矣。其余七县支栈押金一节，铜山分栈亦拟清理，照数拨还，以免纠葛。

（1926 年 7 月 27 日，第 10 版）

二区烟酒事务局请整顿税收

第二区烟酒事务局咨上海县文云：案据本局烟酒牌照税征收主任王怀敏呈称"为烟酒商号纳税疲顽，请求咨行警厅暨各县警所饬属协同勒缴事。窃怀敏自本年承办本区牌照税务，适值卷烟特税发生纠纷，商号纷纷歇业，收数陡减，而认缴比额，则自一万七千加至三万，所增几达一倍。加之各地烟酒商号纳税，复不遵定章，或藉口营业清淡，求减税额；或意存观望，任催罔应；或逾期已久，应缴督促费抗不遵缴；甚至一味持蛮，始终抗税。凡此种种，均足令税收大受障碍。怀敏承办迄今，上期业已结束，亏折甚巨。兹值下期开征之始，鉴于上期商号纳税疲滞情形，为整顿国税起见，不得不缕陈缘由，请钧局咨行淞沪警察厅各县县警察所饬属知照，如遇职处征收员到地征收，各烟酒商号有观望违抗情事，务须派警协同勒令完纳，并照章处罚，以重国税而儆疲顽"等语。据此，查特许营业烟酒牌照税，原属国税，征税例有期限，逾期督促有惩。现在苏省以是项税款拨解军需，关系至重，未便任该营业烟酒各商抗违延缓，致妨饷项。除指令照准分别转咨外，相应咨请贵县通饬所属各区随时协助该征收主任，按抗捐各户，督促征纳，以维税收云云。

（1926 年 8 月 4 日，第 14 版）

苏第八区烟酒公卖案业经调和解决[*]

【上略】

第八区烟酒公卖一案，业经陈总司令调和解决，官督商办，增比一倍。烟酒业已完全举定经理，公卖局在东车站所设之稽征处遂归无用，已于一日实行撤销。准由烟酒两商设立烟酒事务征务所，即以经理任所长，办理一切。

【下略】

（1926 年 8 月 5 日，第 10 版）

江苏二区烟酒事务局第六分栈通告

本栈上年度征收公债费，加大绍酒南市每坛收费一角四分二厘，北市每坛收费一角三分。今年度比额加大，增收不敷解。查加大绍酒每坛价格四元，早经省分局公布有案，本当遵照办理。惟称按照价格收费，比上年度应加二倍以上，然沪地情形不同，不得不酌予变通。兹经兼筹并顾，议定加大绍酒南市照上年度每坛酌加二分，北市每坛酌加一分，以期上裕国课，下顾商艰。想各酒号素明大义，必能踊跃输将也。特此通告。

（1926 年 8 月 11 日，第 1 版）

江苏二区烟酒公卖第六分栈通告

本栈今年度比较大增，且奉省分局公布价格，责令照价征收，是以酌量加费，以免收不敷解，当已登报通告。兹查白大义照数缴纳者固多，而受人蛊惑设词拖延者，亦所难免，致误本栈解款之期。要知公卖定章，应先缴费，再贴印照。今先贴照，而后收费，原以本栈为同业所组织，故予特别通融，以资便利。现在局中催款甚急，所有各号欠缴之费，望于旧历七月底一律付清，以凭转解。如再有听人之言，意图抗延者，本栈只好照章办理，幸勿自误为盼。特此通告。

（1926 年 9 月 2 日，第 2 版）

安徽烟酒税征收讯*

安徽全省烟酒税比较原为六十四万元，自高镜接任总局后，各县均收回官办，改增比额为八十万元。各处严厉征收，自十五年一月起至六月底止，已征得五十万元。陈因是当此军需浩繁之时，又拟将该税加至一百二十万元，已令总局拟具办法实行。

【下略】

（1926 年 9 月 2 日，第 9 版）

川烟酒局援京兆例征收机制酒捐*

【上略】

〔重庆〕川烟酒局援京兆例，征机制酒捐，经刘湘核准，在渝设处征收，昨公布成立。

【下略】

（1926 年 11 月 10 口，第 5 版）

二区烟酒局令禁越限行使职权

江苏二区烟酒公卖第一分栈主任程兆魁对于太、嘉、宝分栈诸多留难，希图重征销费。故一般商人已视若畏途，办理手续尤为棘手。近又受洋酒认商韦伯成违章干涉，设卡苛征。当已一再电呈省局力陈困难，恳请辞退在案。兹闻此事已奉二区烟酒税局长指令该认商韦伯成不得再行越限干涉，照录原文如下：为令知事，迭据第一分栈报告闸北一带连日有改装之烧酒屡被该稽征处违法扣留，请为令饬放行，并制止以后再有是项滥扣等情，到局。查该稽征处创办伊始，自应遵章妥慎办理，讵时起纠纷，殊为不合。并查迭奉省局明令，凡洋酒税经征局处，对于改装之烧酒、高粱，不许越限干涉，违则撤惩等因。训令綦严，该稽征处务宜切实遵办，毋得越限滥扣，□干未便。合亟令仰该主任迅即遵照勿违。切切！此令。

（1926 年 11 月 22 日，第 11 版）

江苏烟酒通过税分江南北设局专征*

【上略】

江苏各税所带征之烟酒通过税，改章分江南北设局专征，江南税局已成立，江北各属现正分区派员前往，先设筹备处。

【下略】

（1926 年 12 月 2 日，第 7 版）

江苏印花税处征收华洋机制酒类特种印花税通告第一号

为布告事。案奉国民政府财政部训令，以洋酒、火酒列为特种印花，划归本处，一律开办照征等因。奉此，查部定税率，洋酒值百征三十、火酒每百斤征二十元（即每一英加伦征收大洋一元五角）。本处遵即，先在上海设立华洋机制酒类特种印花税征收局，令委吴本钺为局长，贾士彦为副局长，定于八月十一日启征，为此布告华洋各商知悉。其有进口各种机制酒类，除依照海关章程完税外，应另填用淡黄色报单，粘附海关进口报单，以备查验货物，缴纳税银，领用印花。该报税人按照上项税率备足应完之税银，向中国银行收税处交纳核收，由监收员另掣给换领特种印花税票单交报税人，以便照领印花，贴用其进口报税。淡黄色报单可于该局驻行监收办公处领取。特此布告。中华民国十六年八月一日。处长戴恩浩，副处长何家驹。

上海华洋机制酒类特种印花税征收局监收办公处设在汉口路三号中国银行收税处二楼、四楼。

（1927 年 8 月 9 日，第 3 版）

统一烟酒税务之部令

——特设烟酒税处原有全国烟酒统税总局撤消，委王孝赉
为江苏卷烟税局局长，万君默为副

财政部令江苏卷烟税局云：为令遵事。照得本部现为统一烟酒税务起见，特设烟酒税处，管理全国烟酒税事宜。本年八月成立之全国烟酒统税总局，经已令行克日撤销，归由本部烟酒税处接收。其余各省烟酒税事务，应分别设局办理，以一事权，而节糜费。所有江苏卷烟税局局长一职，查有王孝赉堪以接充；副局长一职，查有万君默堪以接充。除分别令委外，合行令仰该局即便遵照。此令。

（1927 年 10 月 4 日，第 13 版）

函请转劝酒商遵贴印花

江苏印花税处致函上海总商会请劝酒商遵贴印花，文曰：案查敝处前奉国民政府财政部训令，兼办洋酒、火酒特种印花税，业经令委吴本钺为华洋机制酒类特种印花税征收局局长，按照部定税率，附关征收在案。惟自开办以来，华洋各商，每不遵章报税，时有漏税之洋酒、火酒输入内地情事，自非严杜漏卮，不足以裕税收而重要政。况内地所请高粱土烧亦名申酒，大都以火酒精搀水混售，奸商滋利，妨害卫生。本寓禁于征之意，查察更不能不周。兹令准该局长在上、宝两县辖境内闸北、南市等处设局稽征，以绝偷漏。除训令该局长认真严查，遇有漏税分别补征处罚，并情节较重者，准予充公暨分别函令查照外，为此函请贵会查照，并希通告各酒商一体知照，深纫公谊。

（1927 年 10 月 4 日，第 13 版）

机制酒类限期补税

江苏印花税处上海华洋机制酒类特种印花税征收总局昨发出第五号布告云：为通告事：本月一日，本局于闸北、南市、浦东等处设立稽征处，并遴派稽查员分段巡缉漏税物品运入内地，分别补征，罚办充公，以维榷政，业经布告在案。旬日以来，各该商号人等来处照章纳税者固不乏人，而希图偷漏者仍复不少。若不照章严重罚办，妨碍税收甚大。诚恐远近商民未及周知，有所藉口，特再通告各该洋酒商号人等，所有贩买洋酒、火酒、酒精，统限于十日之内迅速补税，分别贴足印花及查验单，方可销售。否则，各该稽查员将实行挨查时，一经查获漏税物品，即予照章罚办，绝不宽恕，勿谓言之不先也。仰各该商号人等一体知悉，凛遵毋违。切切！此布。局长吴本钺，副局长杨侊。

（1927 年 10 月 13 日，第 13 版）

烟酒牌照税款限期缴清

江苏全省烟酒事务局局长凌敏刚昨发布告云：为布告事。案奉财政部令，以现值北伐进展，军需紧急，饬即筹解巨款，拨济要需等因。自应遵照办理。惟查本局经征烟酒牌照税款，向系每年分作二期，于一、七两月一律完纳。现届十月，已逾本年第二期应纳之期，而此项税款，迄未扫数清缴。当此军事进展，需款甚殷之际，岂容任蹈恶习，故事拖延。除分饬各局严催外，合亟布告，仰各区烟酒商业人等一体知悉：所有应完本年一、二两期牌照税款，统限于十月底一律缴清。尔等务各仰体时艰，依限输将，毋得藉词违延。倘有不明大义，从中阻挠，即由该管分局咨请该县或公安局提案究追不贷，其各凛遵。切切！此布。

（1927 年 10 月 31 日，第 10 版）

华洋机制酒类营业牌照章程及施行细则

国民政府财政部华洋机制酒类营业牌照章程及施行细则如次：

第一条　凡以售卖华洋机制酒类为业者，须一律遵照本章程，领有营业牌照，始得开始营业。前项酒类，专指华洋机制洋酒及火酒类。关于土酒，另章办理。

第二条　机制酒类营业牌照由财政部颁发，各省烟酒事务局分别发给，其发给手续另定之。

第三条　营业牌照分批发、零售两种。批发牌照分左列两种：一等，各机制酒厂进口商、酒厂分公司及独家经理等，须每季缴纳牌照费五十元；二等，各分代理及批发机制酒类商店，须每季缴纳牌照费十元。零售牌照分左列两等：一等，各酒楼、旅馆及酒吧等类，须每季缴纳牌费十元；二等，各零售机制酒类商店，须每季缴纳牌照费五元。

第四条　同时兼营批发及零售之商店，须分别领照。

第五条　营业牌照不得转卖、让与或贷用。

第六条　违犯本章程之规定者，处以应纳牌照费十倍以下、一倍以上之罚金。

第七条　本章程自公布之日施行。

华洋机制酒类营业牌照施行细则

第一条　凡华洋机制酒类业者，应具申请书，向该管各省局分局取具牌照申请书，依式呈请，照章给发营业牌照。

第二条　每季以一月、四月、七月、十月之一日至十日为换领新照时期，不依期限换领者，均作一季计算。

第三条　商人于停业时，须将牌照缴还注销。

第四条　营业牌照一经核准发给后，如欲变易种类或更换等级，须于一个月前申请核办。

第五条　领有牌照商人迁地营业时，须呈报该管机关登记，并由该管机关通知所迁地之管辖机关备案。

第六条　凡与营业牌照有关系之继承营业人，须呈报该管机关换领新照，并纳换照费二角。

第七条　营业牌照须张贴店内当目地方，以便检查。

第八条　牌照污损时，须得申请补发，每次纳费二角；遇遗失时，须另行缴费，领取新照。

第九条　违犯本细则者，依照华洋机制酒类营业牌照章程第二条处罚，并以罚金之四成赏给告发人。

第十条　牌照费应由经征机关另设账部，分别登记。

第十一条　本细则自公布日施行。

（1927 年 11 月 28 日，第 11 版）

江苏第二区烟酒事务分局布告

为布告事。查接管省内本区上、崇、川、太、嘉、宝六县烟酒牌照税，曾由陈锡元认办，业已期满，并据陈鸿元呈请援案接办前来。本局长察核所呈，尚属合符，当经令饬照章缴纳保证金，并备送保状到局。据此，除呈报省局备案暨分令外，合行布告该六县烟酒商人知悉，须知烟酒牌照为国家正税，早经指拨军糈，列入预算，应俟该征收处布置就绪，通告分别启征，各当踊跃输纳，毋稍观望。切切！此布。

（1928 年 1 月 1 日，第 5 版）

二区烟酒分局指令绍酒商人

江苏第二区烟酒事务分局昨指令第六分栈云：查本局撤销历任各栈经理，其前后接收，只有将用剩联单以及各种印照移交或径送到局，转令该新商具领，向无发给图记之规定。查各栈所用图记，均由该商自刊启用，以资信守。今据第六分栈经理王滋圃呈报价格，启用图记前来，察阅所订价格，征额较周传薪承办时已属减折，应准备案。除指令即日遵行外，合行通告该绍酒商人一体知悉，凛遵毋违。此布。

（1928 年 1 月 17 日，第 14 版）

二区烟酒局分令筹解饷糈

江苏二区烟酒事务局缪局长昨训令各分栈及认商等文云：为令遵事。案奉省局齐日代电，内开：奉财政部支电：现在饷糈待付孔亟，仰该局筹解十万元，于二月十五日及二十五日以前，分两次平均解部，即使税收不能足数，亦须设法筹足。该局长务须体念时艰，勿得藉词推诿，贻误要需等因。奉此，合亟电令该分局筹解二万元，遵照部定期限，先行解局，以资汇解。事关饷糈，无论如何为难，必须遵照派额，设法筹足解局，毋稍迟延，致干咎戾。切切！省局。齐。印。正行令间，又奉省局真日代电，内开：奉财政部支电，令饬筹解十万元，业于齐日代电各该分局按照派额限期筹解在案。刻因饷糈待付孔亟，续奉部电严催，特再电仰各该分局，无论如何困难，务须遵照部限，尽本月十五日及二十五以前，筹借足额。所有各栈所应解一二月分费税，着即克日催齐，并将上年积欠勒限清缴，一并报解毋延。省局。真。印。各等因。奉此，合行令仰该分栈迅将□近征存款项并上年积欠即日一并呈缴到局汇解，万勿延误。切切！此令。局长缪轶文。

（1928 年 2 月 20 日，第 10 版）

烟酒费不再展限之通令

江苏二区烟酒事务局昨训令各分栈文云：为令遵事。奉省局第三八七号训令开：案奉财政部令开：案据各省商会联合会总事务所常务委员冯少山等呈称：

【中略】

伏乞批令袛遵等情。据此，合亟抄附该会提议案，令仰该局长详议具复，以凭核夺。切切！此令。等因。并抄发该会提议案二件到局，遵经核议具复在案。兹奉财政部批开：据呈已悉。查公卖专征百分之二十，系整理原有费率，并非创行新税，与通过税应以裁厘加税之日为断者有别。既经通饬在案，碍难延宕，无庸再予展限，仰即迅速查明价格，列表呈报，克日开征，以裕国课，幸勿稽迟。切切！此批。等因。奉此，查此案前奉财政部颁发调查烟酒状况表式到局，当经令饬该局于一个月内查明具报在案。迄今逾限多日，未据呈复，殊属玩延。奉批前因，合行令仰该分局遵照，赶将区内烟酒价格先行查明，列表呈报，刻日开征，一面将前颁表列各项，迅即逐一调查，列表呈送，以凭核转，均勿迟延。切切！此令。等因。奉此，合行令仰该分栈迅将烟酒价格查明核实，列表陈报，以凭汇转，勿稍延迟。切切！此令。

(1928 年 3 月 31 日，第 13 版)

整顿江苏烟酒税之计划

苏省烟酒税向系包商经理制度，每年办理年度一次，由各县业商推一经理承包，在承包期内，公家只理税收，其他不甚过问，相沿既久，遂成商人把持之习。本年年度将届，闻烟酒当局抱有根本整顿之决心，先从调查市价及产销实数入手，业已得有相当成绩，决将遵照部令，厉行值百抽二十之新税率。如包商方面仍狃于积习，不遵条例，闻将实行投标制度，招商承办，或采取皖省先例，改为委员办理制度。如果实现，吾苏烟酒税收必可大为刷新，不致为少数商人所把持也。

(1928 年 5 月 30 日，第 10 版)

大会通过议案

——烟酒税总案

一　现时情形

查烟酒两项，自民国四年试办公卖以来，以时局多故，事权不能统一，产销数量，既无精密之统计、征收办法，又无确定之标准，人民深感痛苦，税收仍无起色，在各国为良税，在我国为弊政，亟应切实整顿，以期推行尽利。

二　推行程序

北伐已告成功，行政渐上轨道，除边远省份及特别区域一时暂仍旧贯外，其余各省，应先由部次第派员接收，破除从前军事及行政当局委派征收人员及截留税款之恶例，而收统一事权之效果。

三　整顿方法

征收人员既归部派，事权自可集中。第一步即进行调查烟酒所在地之产销数量，以定比额之范围；第二步，调查烟酒实在之价格，以定税率之标准；第三步，训练税收人才，实行论价收税，改良现行包销及委办制度，俟办有成效再由部规定公卖法，以期公卖政策之实现。似此循序渐进，税收之剧增，可计日而待也。

四　收入状况

（甲）现时收入：浙江十六年份实收二百万元以上；直隶次之，实收一百二十万元以上；河南、江苏又次之，实收一百万元以上；广西又次之，实收七十四万元以上；此外，甘肃、江西、湖北、福建等四省，或因政局关系，或受军事影响，每省实收五十万元左右；安徽因军事不能统一，土匪不能肃清，仅实收二十六万元；其未据造报者概付阙如（参阅各省烟酒事务局收入表）。

（乙）整顿后之收入及时间：查各省烟酒税，无不极有整顿之余地，果能按照上开计划切实施行，似表列收入预算，尚不难办到。安徽比较原比七十九万，约可增收百分之二十；湖北比较原比一百四十四万，约可增收百分之十；江苏比较十六年实收数目，约可增收百分之三十；浙江比较十六年实收数目，约可增收百分之二十。总之，各省税收若无特别情形，无不可整顿，即无不可增加也。至其余各省实收数目，现正在分别调查之中，无从填入，合并声明（参阅各省十七年度收入约计表）。

整顿烟酒税收大纲案

查烟酒税收为我国大宗岁入之一，民国十四年北京政府公布全国烟酒公卖费，预算为三千六百万元，□按之历年实收数目，曾不及比额之半。细考其故，厥有两端：一由于预算之不准确，一由于事权之不统一。由前之说，当时北京政府规定烟酒税处经费系按照比额千分之一列入预算，故办烟酒税者，极力提高比额，以冀多支经费，而不顾实际，此其一。由后之说，时局多故，省自为政，税则既不统一，事权又难集中，以致收入无一定之标准，此又其一。今者北伐已告成功，政治渐上轨道，烟酒方面极应切实整顿，以裕税收。所有应兴应革事宜，特分别条举如左：

（一）征收税则及办理制度应极筹统一也。查旧有烟酒公卖暂行简章第十条规定"烟酒销售应由公卖局核计其成本利益及各税厘税等项外，体察产销情形，酌情加收十分之一以上至十分之五，定为公仆赏格"等语，原为各省情形不同，酌量变通起见。无如此例一开，各省征收成数无不任意增减，甚至一省之内，轻重悬殊。且公卖费额尚多沿用昔日之旧制，因陋就简，久失平均，尚有数均于费税之外，加征附税。例如江苏之教育经费、治运经费，江西之公安局经费、靖卫队经费、县商会经费、市政捐等之增加商人负担，甚至引起反对，牵动正税，于整理烟酒费税前途殊多妨碍，自应废除，此税则上之极应统一者也。至各省征收方法，如江苏出于商认，浙江由于官办，两省最为接近，办法尚属两歧，其他省分更无论已。虽商认、官办同为国家征集税收，究不足以昭制度之划一，此制度上之极应统一者也。

（二）岁入岁出应确定预算也。查预算为岁计之标准，关系至重。烟酒两项产销若干，向无精密之统计，故迄无确定之预算，自应根据事实，详细厘订。一经预算确定之后，收入方面务须遵照征足，不得短少。支出方面，应视各省实收确数，分别核定遵照动支。其整顿确有成绩，考成逾常优越者，得准予酌量追加经费，俾于征收人员得资养廉，而示鼓励。惟其追加范围，应仍以撙节为宗旨，以重国课。

（三）用人宜归部派，税款宜解中央也。查各省征收人员，同数由各省同行委派，对于部定之规章法令，均未能按照办理，且经收税款，每每藉口省用，任意截留，甚至经收之数，亦不送报。查核事权，纷乱莫过于此。嗣后各省征收人员，均应由本部直接遴派，藉收监督指挥之效。所收税款，并应按部定解款办法，悉数解缴中央，非经本部核准，不得擅自截留，或移作他用，以一事权。

（四）调查产销实在情形，以便实行公卖也。查烟酒两项，自民国四年试办公卖以来，各省局只知就货征费，迄未达到公卖之目的。初步办法，应由各省局切实调查各地产销实在情形，估定相当价格，逐一标示于各商店门首，不得私自增减。俟试办若干期间后，再由本会体察情形，规定公卖法，以期实行公卖之制。总之，烟酒两项为奢侈消费品，各国均课税甚重，寓禁于征，我国因税则不同，事权不一，实际所收统扯尚不及公卖价格百分之五，若能切实整顿，划一征收，每年收入何止倍蓰。国计税源，所关至重，基上理由，提出大会，是否有当，敬请公决。附山东烟酒事务局长闵天培整理案（见五日本报）。

又湖北烟酒事务局长华煜实行公卖政策案如下：理由：查烟酒征税原为取缔消耗物品，寓禁于征起见，故税率虽重，不嫌其苛。东西各国，行之已久，民无怨焉，良以政府规划至善，管理周密，流弊难滋，用是人民乐尽纳税之义务，政府可获按期增税之实权。其法为设立公栈，实行烟酒公卖，由政府支配消售，加重价格，按年增税，禁绝私制私售。如此，则政府收入得确当之预算，人民负担有规定之可能。我国烟酒税率比较各国为轻，而民怨丛集，认为苛细，皆因开办之初，政府本无具体计划。欲仿行公卖，则种种设备无从着手。财政当局，又或畏难苟安，沿用"逐渐推行"四字，敷衍塞责。而奉行者，更复藉口地方风气如何闭塞、人民如何刁蛮、举办新税如何困难、收归公卖如何棘手，凡此云云，皆属不革命口吻，均足以恐吓当局，推诿责任者。于是有公卖费之征收，其实际只是增取百分之几，此昔日仿行公卖有名无实之情形也。所谓"逐渐推行"者，迄今十余年矣。各省办法固已参差不齐，即一省之中，各区或各县办法亦并未一致，皆由包商承办之人各行其是。盖税项入私，则重抽敲索，无所不用其极，人民之怨恨，敢怒而不敢言。是则世界公认为最合法之烟酒良税，在中国人民乃承认为苛细杂捐，无怪其然也。煜承乏鄂省烟酒局务，于国军抵定武汉之初，卷宗荡然。爰调查旧制，改订新章，增加比额，论理本不难办到。然而根本错误，人民之认识已积重难返，对于新章之施行，认为国军抵鄂，增重地方负担。殊不知此项烟酒税率，实较世界各国所辖，何止倍蓗。鄂人之观念如此，他省亦可知矣。煜三任斯职，阅时两年，虽经厘订种种章制，亦无以济挽救之穷，意非根本改造不足以言整理。爰请实施烟酒公卖政策，仿照各国办理。惟我国幅员太广，管理不易，应如何筹备设计调查之处，自当先事筹划。拟先设立全国烟酒公卖筹备委员会，由各省烟酒事务所局长兼充委员，责成调查设计暨共同筹商改造办法，并一面考查各国烟酒公卖情形，俾资借镜，是否有当，敬候公决。

（1928 年 7 月 10 日，第 12 版）

市财政局消息汇志·呈请举办烟酒市政捐

李局长前呈请市府转呈国府举办市区烟酒卷烟、金陵关、沪宁及津浦南段四项带征附加市政捐。当经国府九十一次委员会议，应由首都建设委员会提出。李局长以此项附捐于国税既不嫌抵触，于平民亦不增负担，且建设开始，需款孔殷，前又呈请市府转请首都建设委员会提出。

（1928 年 9 月 24 日，第 22 版）

奉查烟酒状况

江苏二区烟酒事务局昨奉省局令催调查境内烟酒及机制酒类出产类量、销售情况与夫各项费税征收准率等，以便呈报财政部，值兹财政统一之秋，俾筹整理之计划。该局奉令后，即经通令烟酒各分栈详细列表，以便克日汇报云。

（1928 年 10 月 5 日，第 16 版）

烟酒牌照税商定办法

南北市烟酒牌照问题，曾于秋季牌照未开征前选推代表，以目前商业凋零，要求减轻缴纳。当局亦体恤商艰，准予七五折缴纳在案。现在秋季已终，冬季税款须照国民政府新章征收，故该业同人非常恐慌。现已联合南北同业，请陈良玉、王彬□二君向江苏二区烟酒牌照税总征收处接洽，仍允以照旧章征收，并定于本月二十号以前缴纳者，不收手续费云。

（1928 年 10 月 13 日，第 14 版）

财部整顿烟酒税

〔南京〕财部为整顿全国烟酒事务，重订划一税则改革征收方法，编纂各项图籍，设立整理烟酒税务委员会，以各省烟酒事务局正副局长、本部烟酒税处秘书科长为当然委员，曾办烟酒税务或具有专门学识者，由部聘任或委任为委员。开会时，以烟酒税处长为主席，设总务、审查、编辑三股。俟预备就绪，即定期开会。（四日下午十钟）

【下略】

（1928 年 12 月 5 日，第 6 版）

烟酒商登记将举办

〔南京〕财部以各省烟酒税费收入款目为公卖费、牌照税、门销捐、通过税、洋酒税，而所定税额向各省派认，名虽公卖，实等摊捐，对于产销盛衰、酿户多寡，漫无稽考。现拟举办全国烟酒商登记，于各省烟酒事务及局设登记所，凡制卖、贩卖各商，应将商号名称、地址、经理人、出产种类数量、营业种类每年向主管机关申请登记一次。（十一日下午十钟）

（1928 年 12 月 12 日，第 8 版）

江苏二区烟酒牌照税总征收处

为通告事：查十八年烟酒牌照春季烟税、上期酒税均已开征，并奉财政部颁订新章，自一月一日至十日为换领烟照之期，各商务必遵限缴税，领照营业，概不加征督促费。假使延至十一日缴纳者，即如丙照一张，就要加收督促费大洋四角，由此类推，按月逐加。事关通令，幸勿自误。特此通告。

（1929 年 1 月 4 日，第 7 版）

苏省烟酒商登记下月开始

上海县政府昨日接奉江苏全省烟酒事务局训令，文云：为令遵事。案奉财政部令饬筹办苏省烟酒商登记，遵经拟具施行细则及办理方法，呈奉核准，并已令饬各局切实筹办在案。查举办登记，原为彻底明了烟酒产量销数及便于稽征起见，法良善美。惟事属创举，诚恐办理伊始，商民未喻此意，滋生误会，阻碍进行。各县县长均有维护国税之责，自应随时协助，藉维要政。兹定三月一日开始登记，业已另派督察员分赴各区督促办理。现距开办期迫，除咨民厅转饬协助暨布告并分行外，合行检发登记章程及施行细则，令仰该县长即便遵照，出示布告，并转饬公安局及各乡行政局随时协助进行毋违。切切！此令。登记章程及施行细则，文长从略。

（1929 年 2 月 24 日，第 14 版）

财部电劝烟酒商人遵章登记

财政部电总商会云：艳电悉。查各省烟酒税务积弊已深，产销情况未明，征纳漫无标准，而商承者又往往垄断侵渔，半归中饱，库藏既无所补，商民亦受其困。本部为根本整理起见，规定全国烟酒商登记办法，其目的在彻了贩卖商及制卖商之真实情况，俾得从事改良，扫除积弊，实于商民有益无损，何得指为骚扰？各烟酒商户果能无所隐匿，据实报登，更不必虑及处罚。该泰兴酒业公所，对于厉行登记，认为窒碍难行，实属不明真相，妄起猜疑。该会为商民表率，应体本部改革之苦心，迅即切实劝谕各该商人遵章登记，勿违功令。所请缓行，断难照准，特此电复云。

（1929 年 3 月 13 日，第 16 版）

宝山闸北烟酒商登记之呈报

江苏二区宝山县烟酒商登记员王琦昨将第一批登记调查情形呈报二区烟酒事务分局黄局长及省委于少怀督察员，略以自三月五日开始调查登记，逐日在宝山城内及闸北、彭浦等处挨户登记，已将次完竣。拟自四月二日起，续往吴淞、江湾、大场、真茹、罗店、刘行、杨行、殷行、月浦、广福、高桥、罗店等市乡办理登记。先行呈报察核，计闸北、彭浦两处登记情形如下：（一）制卖酒类登记者十一户，手续未全者五户；（二）贩卖酒类登记者三百零七户，手续未全者九十一户；（三）贩卖华洋机制酒类登记者十一户；（四）贩卖烟类者四十五户。商人尚无误会情形云。

（1929 年 3 月 31 日，第 14 版）

江苏省各县酒业公鉴

径启者：阅报得悉财政部烟酒税处长有重订划一税则，改革征收方法，组织整理烟酒税务委员会之拟议，具见财部当衡抱有改良税率、兴利革弊之至意。凡我酒商，久为积弊所束缚，连年饱受痛苦，至深且巨。现值税章厘订之时，正属酒业昭苏之会。辱在同业宜如何通筹合作，群策进行，用以解除既往之艰难，共谋未来之幸福。前于三月十八日先由泰兴、泰县、吴县、武进、丹阳、无锡等六县代表曾假无锡酒业公所发起筹备会议，议定暂假无锡东门外酒业公所为江苏各县酒业联合事务所，兹择定于四月十五日即夏历三月初六日起开成立会，召集各县酒业代表会议，讨论应付事宜。查此次开会，上关政府税率之改良，下系同业利害之所寄，除另备函附请各县商会转致外，为特登报通知，届时务请贵县同业推举代表三人至五人，拨冗莅会，共抒伟论。并希于接到通知后三日以内将代表姓名、籍贯先行赐函关照，再请于莅会时随带意见书，先一日报到，以资豫备，而免两歧，至纫公谊。江苏各县酒业联合事务所公启。

（1929 年 4 月 6 日，第 2 版）

嘉兴·奉令办理烟酒登记

嘉兴二区烟酒事务局长陈锡衡奉令办理烟酒登记，爰特会同浙西烟酒专局长彭彝，遵章组织登记所，即于局内设立登记总所，于嘉兴、平湖、嘉善、海盐、崇德、桐乡各县设立登记分所，并委定夏凤章、钟绳武、白申荣为嘉兴所办事员，朱子桂、贾安甫、靳汉勋、唐炯良、徐晓白、项静吾等为平湖、海盐、桐乡、嘉善、崇德等登记分所办事员，就各该县原稽征所内设立分所，于四月一日起开始办公，三个月内办理竣事。刻由办理登记人联席会议决定，由局函请各县政府布告督促进行，一面由局通饬烟酒各稽征所各分支栈转劝烟酒商人遵限报登。

（1929 年 4 月 16 日，第 10 版）

烟酒税整委会闭会

〔南京〕财部整理烟酒税务委员会已闭会，所通过各案：（一）委员钱锦孙所拟之烟叶专卖法；（二）委员陈韬所提之整理税务统一办法；（三）委员文藻所提之种烟税、烟税法；（四）委员哈适所提烟酒税归并公卖费统一征收办法；（五）委员何寿椿提整理烟酒公栈为实行公卖基础办法。此外，晋、豫、湘、鄂、赣、川、闽、甘各省烟酒事务局，均有整理税务提案及意见，或议决通过，或留备参考。（四日专电）

（1929 年 5 月 5 日，第 9 版）

财部颁布烟酒局组织章程

财政部直辖各省烟酒事务局组织章程昨已正式公布。兹录如下：

第一条　各省设置专局，管理征收各项烟酒费税事务，直隶于财政部，名曰"某某省烟酒事务局"。

第二条 各省烟酒事务局置简任局长一人，荐任副局长一人，均由财政部分别呈请任命之。

第三条 局长承财政部之命令，管理全省烟酒税务；副局长襄同局长，办理该局一切事务。

第四条 各省局视事务之繁简，得设秘书一人，课长两人至三人，其余局员，分别酌量设置，呈部核定。

第五条 各省财政厅，对于烟酒事务局稽征费税，有补助进行之责，各省局长得以随时咨行财政厅，协助办理。

第六条 各省局应察酌烟酒产销情形，划分区域，设置分局。

第七条 各省局查有烟酒产销较少，勿庸设置分局之区域，得设稽征所。

第八条 分局置分局长一人，稽征所置稽征主任一人，由省局令委，并报部查核。

第九条 各省局长关于烟酒事务，得有发布局令，督饬县长办理之权。

第十条 分局长及稽征主任，承主管省局之命令，管理本区域之烟酒事务。

第十一条 各分局所应将所辖区域烟酒产销之情形，及市价涨跌之状态，按月分别刊表，附以详细说明，呈由省局报部备查。

第十二条 各分局所应将所征烟酒费税等款，每十日解交省局一次，不得逾延，其在交通不便地方，得由省局酌量情形，变通办理，但仍不得过半月之限。

第十三条 各省局每月征收之款，除照部颁表式逐一填明，及造具收入计算书，分别呈部察核外，应随时缴交国库存储，听候提拨。

第十四条 各省局每月应将本局所辖各分局所俸薪公费等项，按照核定预算数目开支，并汇造计算、决算各书表，报部审核。

第十五条 各分局所由主管省局局长随时调查成绩，按照部定征收官吏考成条例，分别奖惩之。

第十六条 本章程施行细则，应由各省局体察情形，酌量拟定，呈部核准施行。

第十七条 本章程如有未尽事宜，由财政部随时修正。

第十八条　本章程自公布之日施行。

（1929 年 5 月 22 日，第 7 版）

烟酒税处来函

顷阅五月十九日贵报载有烟酒商代表请愿，烟酒署均无一人在署一节，殊堪诧异。本处职员向系按照本部规定时间，在处办公，近日秘书、科长等亦并无一人请假。至于江苏烟酒业联合会代表来处请愿，因该会未经法定手续，且系由部电请民政厅、公安局查禁，故未予接见。贵报所称空无一人，实属误会，应请即日更正，以明真相为荷。财政部烟酒税处收发股启。五月二十日。

（1929 年 5 月 22 日，第 9 版）

江苏烟酒事务局布告

为通告事：照得江苏烟酒费税征收方法，现经财政部整理烟酒税务委员会议决，截至本年六月末日止，将各县分支各栈一律废止，改为稽征所，酌定比额，投标委办，并由章前局长拟定稽征所章程及投标规则，呈奉财政部核准，于本年七月一日施行。兹定于六月六日上午九时至十二时为第一、二、三、四、五、六等区投标时期，六月十日上午九时至十二时为第七、八两区投标时期，均于投标日下午在本局当众开标，以昭慎重。为此出示通告各区应标人员知悉，届时务即查照所开标额及章程规则，先期于五月三十一日起至投标前一日止，来局缴纳押标金，领取标纸，逾期不收，毋得自误。此布。

计抄粘章程、规则、烟酒费税标额表：

江苏省各县烟酒费税稽征所暂行章程

第一条　本省各县设置稽征所，征收烟酒公卖费及牌照税，名曰"某县烟酒费税稽征所"，但为事实便利起见，得将各县公卖费或牌照税分别设所征收。

第二条　各县稽征所所长由江苏烟酒事务局委任，受该管分局局长之指挥，监督管理征收烟酒费税事务。

第三条　各县稽征所征收烟酒费税，应遵照部颁章则及本省各项单行章程办理。

第四条　各县烟酒费税比额在产销数量未经调查详确以前，以投标法定之投标规则另定之。

第五条　稽征所所长由省局委得标人充任之。

第六条　各县投标不及定额时，得由省局遴员办理，或委任该县县长兼办稽征事务。

第七条　稽征所长应按照全年费税比额预缴保证金十分之二，此项保证金以缴纳现金为限，并觅取殷实商号保结，呈送省局存案。

第八条　稽征所长所征费税应照全年比额按月摊解足额，缴由核管分局转解省局，不得拖延短欠。

第九条　稽征所长由省局委派后，呈报财政部备案，其任期一年，不得中途辞职，省局亦不得任意迁调或撤换，但有左列情事之一者不在此例：一、逾期不缴税款或缴不足比，亏欠税款至一月以上者；二、违反法令，营私舞弊，经省局查明属实者；三、稽征所长发生事故，不能执行职务，经省局核准者。稽征所长因前项情事去职时，倘有亏欠比额或预征税款隐匿不解等情，除将保证金扣抵外，如有不敷，责令如数赔偿，保证人应同负责任。

第十条　稽征所任用职员，由所长酌量事务之繁简，自行酌定，呈由该管分局转报省局备案。

第十一条　稽征所经费应由所长拟具预算，呈由该管分局转报省局核准备案，其预算额以所征费税十分之一为限，不得超过。

第十二条　本章程如有未尽事宜，得随时修正，呈请财政部核准施行。

第十三条　本章程自呈奉财政部核准之日施行。

江苏省各县稽征所承办烟酒费税投标规则

一、各县烟酒费税由省局酌定最低投标比额，登报公布，投标人应赴省局投标，以超过定额最多数者为得标人。

二、公卖费投标人以具有左列资格之一者为限：甲、现为烟酒业商者；乙、曾充各栈所经征人员、确有经验者。

三、投标人应先缴押标金，照比额每千元缴纳现金一百元，比额不及千元者，概以千元计算，由省局掣给收据。得标后，准在保证金内扣抵，未得标者照数发还。

四、投标人缴纳押标金后，领取投标纸，填明标额，签字盖章，并注明姓名、年龄、籍贯、职业、住址，自行封固，并于封口加印火漆，亲赴省局，投入标箱。

五、标人不得在本局填写投标纸。

六、投标人赴局投标时，应先将押标金、收据缴局验明，方准投瓯，并由查验员于收据上加盖标已投讫戳记。

七、投标纸所填标额数目须用大写字体（如壹贰叁肆等字），不准添注涂改。

八、省局办理投标事务，于开标日由部派员莅场监视。

九、得标人应于开标后七日内照全年认额预缴现金十分之二作为保证金，逾限不缴，即将押标金全数充公，并取消得标资格，以次多数递补。

十、开标时有二人以上标额相同者，以抽签法定之。

江苏烟酒事务局十八年度公卖费投标底额

第一区

江宁烟酒公卖费稽征所	三万七千元
丹徒烟类公卖费稽征所	三万四千元
丹徒酒类公卖费稽征所	一万二千五百元
扬中烟酒公卖费稽征所	一千二百元
溧阳烟酒公卖费稽征所	一万元
六合烟酒公卖费稽征所	七千八百元
丹阳烟酒公卖费稽征所	九千元
句容烟酒公卖费稽征所	三千五百元
高淳烟酒公卖费稽征所	六千元

溧水烟类公卖费稽征所　　　　　　　　二千七百元

溧水酒类公卖费稽征所　　　　　　　　四千六百元

金坛烟酒公卖费稽征所　　　　　　　　六千元

江浦烟酒公卖费稽征所　　　　　　　　六千五百元

第二区

白酒兼太嘉宝烟酒公卖费稽征所　　　　七万六千元

西烟公卖费稽征所　　　　　　　　　　三万六千元

土黄酒公卖费稽征所　　　　　　　　　四万二千元

皮丝公卖费稽征所　　　　　　　　　　二千二百五十元

烟叶公卖费稽征所　　　　　　　　　　一万五千元

绍酒公卖费稽征所　　　　　　　　　　二万五千元

第三区

全区烟类公卖费稽征所　　　　　　　　三万一千六百元

苏城土黄酒公卖费稽征所　　　　　　　二万六千六百元

苏城绍酒公卖费稽征所　　　　　　　　九千八百元

吴县酒类公卖费第一稽征所　　　　　　二万六千六百元

吴县酒类公卖费第二稽征所　　　　　　一万二千八百元

昆山酒类公卖费稽征所　　　　　　　　一万三千八百元

吴江酒类公卖费第一稽征所　　　　　　一万三千九百元

吴江酒类公卖费第二稽征所　　　　　　八千九百元

无锡酒类公卖费稽征所　　　　　　　　四万八千三百元

武进酒类公卖费稽征所　　　　　　　　三万七千六百元

宜兴酒类公卖费稽征所　　　　　　　　一万零九百元

江阴酒类公卖费稽征所　　　　　　　　一万一千九百元

常熟酒类公卖费稽征所　　　　　　　　二万三千七百元

第四区

松江烟酒公卖费稽征所　　　　　　　　一万七千六百五十元

南汇烟酒公卖费稽征所　　　　　　　　二万四千七百元

青浦烟酒公卖费稽征所　　　　　　　　一万二千八百元

金山烟酒公卖费稽征所　　　　　　　　一万零七百七十元

奉贤烟酒公卖费稽征所　　　　　　　六千九百元

第五区

南通烟类公卖费稽征所　　　　　　　二万八千元

南通酒类公卖费稽征所　　　　　　　一万九千元

泰兴烟酒公卖费稽征所　　　　　　　五万五千元

如皋烟酒公卖费稽征所　　　　　　　一万六千元

海门烟酒公卖费稽征所　　　　　　　一万四千元

靖江烟酒公卖费稽征所　　　　　　　三千二百元

第六区

江仪烟类公卖费稽征所　　　　　　　五千元

高邮烟类公卖费稽征所　　　　　　　九百元

宝应烟类公卖费稽征所　　　　　　　一千八百元

兴化烟类公卖费稽征所　　　　　　　二千五百元

泰县烟类公卖费稽征所　　　　　　　三千元

东台烟类公卖费稽征所　　　　　　　三千元

盐城烟类公卖费稽征所　　　　　　　三千元

高邮酒类公卖费稽征所　　　　　　　五千五百元

兴化酒类公卖费稽征所　　　　　　　七千元

东台酒类公卖费稽征所　　　　　　　一万七千元

仪征酒类公卖费稽征所　　　　　　　二千六百元

盐城酒类公卖费稽征所　　　　　　　六千八百元

宝应酒类公卖费稽征所　　　　　　　三千二百元

泰县酒类公卖费稽征所　　　　　　　三万二千元

江都酒类公卖费稽征所　　　　　　　一万七千元

第七区

淮阴烟类公卖费稽征所　　　　　　　一千三百元

淮安烟类公卖费稽征所　　　　　　　二千三百元

涟水烟类公卖费稽征所　　　　　　　八百元

泗阳烟类公卖费稽征所　　　　　　　九百元

阜宁烟类公卖费稽征所　　　　　　　二千四百元

灌云烟类公卖费稽征所	六百元
淮阴酒类公卖费稽征所	三千五百元
淮安酒类公卖费稽征所	一千一百元
涟水酒类公卖费稽征所	八百元
泗阳酒类公卖费稽征所	四千七百元
阜宁酒类公卖费稽征所	二千七百元
灌云酒类公卖费稽征所	一千二百元
东海烟酒公卖费稽征所	七百元
沭阳烟酒公卖费稽征所	七千五百元
赣榆烟酒公卖费稽征所	二千二百元
淮安土酒公卖费稽征所	一千四百元
泗阳土酒公卖费稽征所	一千一百元

第八区

铜山烟类公卖费稽征所	七千六百元
丰县烟类公卖费稽征所	二千一百元
沛县烟类公卖费稽征所	一千五百元
砀山烟类公卖费稽征所	一千五百元
铜山酒类公卖费稽征所	一万三千元
丰县酒类公卖费稽征所	二千七百元
沛县酒类公卖费稽征所	五千三百元
砀山酒类公卖费稽征所	三千四百元
宿迁烟酒公卖费稽征所	一万一千元
邳县烟酒公卖费稽征所	七千三百元
睢宁烟酒公卖费稽征所	六千五百元
萧县烟酒公卖费稽征所	一千七百元

江苏烟酒事务局十八年度牌照税投标底额

第一区

江宁烟酒牌照税稽征所	一万七千元
江浦烟酒牌照税稽征所	一千二百元

溧水烟酒牌照税稽征所	二千元
六合烟酒牌照税稽征所	一千元
句容烟酒牌照税稽征所	一千八百元
高淳烟酒牌照税稽征所	一千二百元
丹徒烟酒牌照税稽征所	五千五百元
扬中烟酒牌照税稽征所	六百元
丹阳烟酒牌照税稽征所	三千元
金坛烟酒牌照税稽征所	一千七百元
溧阳烟酒牌照税稽征所	四千元

第二区

全区烟酒牌照税稽征所	六万五千元

第三区

吴县烟酒牌照税稽征所	二万二千元
昆山烟酒牌照税稽征所	四千五百元
常熟烟酒牌照税稽征所	一万六千元
无锡烟酒牌照税稽征所	二万元
江阴烟酒牌照税稽征所	七千元
宜兴烟酒牌照税稽征所	六千元
武进烟酒牌照税稽征所	二万元
吴江烟酒牌照税稽征所	八千元

第四区

松江烟酒牌照税稽征所	三千七百九十元
南汇烟酒牌照税稽征所	三千八百六十元
青浦烟酒牌照税稽征所	二千八百四十元
金山烟酒牌照税稽征所	一千九百元
奉贤烟酒牌照税稽征所	二千元

第五区

南通烟酒牌照税稽征所	四千二百元
如皋烟酒牌照税稽征所	四千元
泰兴烟酒牌照税稽征所	二千五百元

海门烟酒牌照税稽征所	三千六百元
靖江烟酒牌照税稽征所	九百元

第六区

江都烟类牌照税稽征所	一千二百元
仪征烟类牌照税稽征所	三百元
高邮烟类牌照税稽征所	七百元
宝应烟类牌照税稽征所	七百元
泰县烟类牌照税稽征所	二千元
东台烟类牌照税稽征所	二千元
兴化烟类牌照税稽征所	一千六百元
盐城烟类牌照税稽征所	一千二百元
江都酒类牌照税稽征所	一千五百元
仪征酒类牌照税稽征所	一千二百元
高邮酒类牌照税稽征所	一千元
宝应酒类牌照税稽征所	七百元
泰县酒类牌照税稽征所	三千五百元
东台酒类牌照税稽征所	一千八百元
兴化酒类牌照税稽征所	一千四百元
盐城酒类牌照税稽征所	一千七百元

第七区

淮阴烟类牌照税稽征所	六百元
涟水烟类牌照税稽征所	三百五十元
阜宁烟类牌照税稽征所	八百元
灌云烟类牌照税稽征所	二百二十元
淮阴酒类牌照税稽征所	一千元
涟水酒类牌照税稽征所	三百五十元
阜宁酒类牌照税稽征所	一千元
灌云酒类牌照税稽征所	四百元
淮安烟酒牌照税稽征所	一千五百元
泗阳烟酒牌照税稽征所	七百元

东海烟酒牌照税稽征所	九百元
赣榆烟酒牌照税稽征所	一千一百元
沭阳烟酒牌照税稽征所	七百元

第八区

铜山烟类牌照税稽征所	五百元
丰县烟类牌照税稽征所	三百元
沛县烟类牌照税稽征所	三百元
砀山烟类牌照税稽征所	二百元
铜山酒类牌照税稽征所	一千五百元
丰县酒类牌照税稽征所	四百元
沛县酒类牌照税稽征所	八百元
砀山酒类牌照税稽征所	五百元
宿迁烟酒牌照税稽征所	一千八百元
邳县烟酒牌照税稽征所	一千二百元
睢宁烟酒牌照税稽征所	一千元
萧县烟酒牌照税稽征所	三百元
铜山卷烟牌照税稽征所	三千元

中华民国十八年五月□日兼代局长缪协金

（1929 年 5 月 30 日，第 20 版）

财部新定烟酒税章程

洋酒类税暂行章程

第一条　凡在本国境内销售洋酒类，均须按照本章程之规定，依率纳税。前项洋酒类，无论外人制造、华人仿造及舶来品，均属之。

第二条　洋酒类税，由各省烟酒事务局稽征之。

第三条　洋酒类税率，暂定为值百征三十，按照价值抽收；其火酒一项（即奥加可），暂定为每百斤征税二十元。前项税率每年修正一次，先期由省局酌量情形，拟定征率，呈请本部核定颁行。

第四条　洋酒类税，直接征之贩卖商人，间接即征之消费者，系就当地营销商店稽征之。前项营销商店，无论趸卖、零卖、附卖，均属之。

第五条　洋酒类以凭证为征收税款之证据，凭证系长条式，计分一分、二分、三分、五分、一角、二角、三角、五角、一元九种，由财政部印制，发交各省烟酒事务局发行，或特许商店代销。前项代销规则，应由各省局各就地方情形，酌量拟定，呈部核定施行。

第六条　凡遵章纳过洋酒类税者，由各该经征机关将部制前项凭证，照前缴税款如数检发，该纳税商人领取，里贴于盛酒之单位容器上，方准陈列销售。

第七条　凡贴有前项之征税凭证之洋酒类，得营销内地，不再征税。

第八条　装盛前项酒类各种容器，除舶来品有原装容器外，凡在华中外商人制造之酒类，均须用封口之瓶罐，其容量至少以一斤为限（其不及一斤者以一斤计算，非经贴有前项凭证者，不得开器零售）。

第九条　违犯本章程暨各项规则者，分别处以罚金。前项罚金规则，另订之。

第十条　营销前项酒类商店，无论趸卖、零卖、附卖，均须备有后列各种账簿，载明确实数目，以备稽查：（一）进货簿，（二）销货簿，（三）存货簿，（四）购入凭证簿。

第十一条　本章程施行细则，由各省局体察地方情形，详细规定，呈请本部核定施行。

第十二条　本章程如有未尽事宜，得随时修改之。

第十三条　本章程自十八年七月一日施行。

洋酒类税罚金规则

第一条　凡洋酒类商人违背征收洋酒类税章程及稽查规则者，均依本规则之规定，分别处罚之。

第二条　凡商户违背前项洋酒类税章程第五条及第六条之规定，于盛酒容器上不贴凭证，或将已经用过之凭证揭下重贴者，除将货物充公外，并按照货价，处以二倍以上五倍以下之罚金。

第三条　凡商户陈销前项酒类，凭证贴不足数者，除责令照数补贴外，并按照满贴凭证税额，处以十倍以上二十倍以下之罚金。

第四条　违犯洋酒类税章程第十条之规定，不置账簿，或各簿记所载不实，希图朦混者，处以二元以上二十以下之罚金。

第五条　违犯洋酒类税章程第十条及稽查规则第四条之规定，不服查验者，除责令遵照规定手续办理外，并处以五元以上五十元以下之罚金。再犯者加倍处罚，三犯以上者，加四倍处罚，并得停止其营业。

第六条　违犯稽查规则第五条之规定，有抗拒行为者，除强制执行外，视其营业大小，处以三元以上三十元以下之罚金。

第七条　伪造或私改洋酒类税凭证者，应照伪造有价证券律惩治。

第八条　凡营销商人犯本规则两条以上者，各依本条之规定并科之。

第九条　前项罚金，由处罚机关将所罚实数，填列部制五联罚单内，分别给发汇报，并列表呈核。

第十条　前项罚金，以五成充公，五成奖给查获及报告人。充公之款，应由局每届月终，汇解烟酒税处，转解部库核收。

第十一条　本规则有未尽事宜，得随时修正之。

第十二条　本规则自十八年七月一日施行。

酒类营业牌照税暂行章程

第一条　凡以售卖酒类为业者，须一律遵照本章程，领取牌照，始得营业。前项酒类，专指一切土制酒类，关于洋酒类及火酒类，另章办理。

第二条　酒类营业牌照，由财政部制印，颁发各省烟酒事务局，分别发给。

第三条　营业牌照分整卖、零卖两种。第一种，凡以酒类大宗批发与零卖商人者，应领整卖牌照，整卖牌照分甲、乙、丙三等：（甲）每年批发在二千担以上者；（乙）每年批发在一千担以上者；（丙）每年批发在一千担以下者。第二种，凡以酒类零星售与消费者，应领零卖牌照，零卖牌照分甲、乙、丙、丁四等：（甲）开设店号，贩卖一切酒类者；（乙）他种商店兼售一切酒类者；（丙）零售酒类之设摊者；（丁）零售酒类之负贩者。

第四条　前项牌照，每年分四季具领，依左列定额纳税：（一）整卖：

甲等每季收费三十二元；乙等每季收费二十四元；丙等每季收费十六元。

（二）零卖：甲等每季收费八元；乙等每季收费四元；丙等每季收费二元；丁等每季收费五角。

第五条 营业牌照应悬于众目易见之处，以便稽征机关随时检查。

第六条 营业牌照不得转卖、让与或贷用。

第七条 营业停止时，应将牌照缴还原领处注销。

第八条 违反本章程第一条及第六条之规定者，处以应纳税额十倍以下一倍以上之罚金。此项罚金，由处罚机关掣给罚金联单为凭。

第九条 本章程如有未尽事宜，得随时修正之。

第十条 本章程自十八年七月一日施行。

酒类营业牌照税施行细则

第一条 凡酒类营业商人应向该管省局或分局，按照章程，缴纳税银，领取牌照，方准营业。

第二条 每年以一月、四月、七月、十月之一日至十日为换领新照时期，逾期不领者，由征收机关催征之，并征催征费：整卖四元，零卖甲种八角，乙种六角，丙种四角，丁种二角。催征用费，准于该项内开支。新营业者无论在每期之任何月份领照，均作一期计算。同时兼营批发及零售之商店，须分别领照。

第三条 凡具领牌照之业户，遇有迁地营业时，应即呈报该管机关登记。其所迁地点，如在本管区域以外，并应呈由原管机关通知所迁地之管辖机关备案。

第四条 营业牌照核准发给后，如欲变更等级，应于一个月以前申请核办。

第五条 凡负贩商营业，无一定地点者，应将住所报明该管机关登记，如遇迁移，亦应随时呈报。

第六条 凡由承继人继续营业者，须呈报该管机关登记，换给新照，并应纳费二角。

第七条 业户如停止营业时，应于三日内报明该管机关，并缴销牌照。

第八条 此项牌照，应悬于众目易见之处。摊户负贩则带携身随，以备该管征收机关随时检查。

第九条　牌照如有污损时，得随时申请换发，每次纳费二角。倘或遗失，应即觅取妥保，申请该管机关核准补发，并纳费二角。

第十条　如有违凡〔反〕本细则之规定，应照酒类牌照章程第八条处罚。其有告发人者，以罚金四成充赏。

第十一条　本细则自十八年七月一日施行，如有未尽事宜，并得随时修正之。

【下略】

（1929 年 6 月 5 日，第 9、10 版）

江苏烟酒事务局开标通告

照得本省各县烟酒费税征收方法业经遵照部令，投标委办，并于本月六日、十日分别开标，并按照稽征所章程及投标规则之规定办理。除布告外，合行抄录各县得标人姓名及标额数目，登报通告，俾众周知。此布。

各县烟酒公卖费得标人姓名及标额数目表

第一区

江宁烟酒公卖费稽征所	曹荫民	四万三千零十元
丹徒烟酒公卖费稽征所	未投	
丹徒酒类公卖费稽征所	王庆中	一万七千二百六十九元
扬中烟酒公卖费稽征所	佘云涛	一千三百六十二元
溧阳烟酒公卖费稽征所	葛滋华	一万零零三十元
六合烟酒公卖费稽征所	不及格	
丹阳烟酒公卖费稽征所	裴　晋	一万二千零十二元
句容烟酒公卖费稽征所	胡履平	三千七百二十元
高淳烟酒公卖费稽征所	童志成	六千元
溧水烟酒公卖费稽征所	查荷龄	二千七百元
溧水酒类公卖费稽征所	未投	
金坛烟酒公卖费稽征所	唐维岳	八千四百二十元

江浦烟酒公卖费稽征所　　　　　马福功　六千五百零四元

　　　　　　第二区

白酒兼太嘉宝烟酒公卖费稽征所　李广珍　八万六千一百元

西烟公卖费稽征所　　　　　　　不及格

土黄酒公卖费稽征所　　　　　　朱孚衡　六万九千六百元

皮丝公卖费稽征所　　　　　　　林涤新　二千二百六十元

烟叶公卖费稽征所　　　　　　　沈子文　一万五千元

绍酒公卖费稽征所　　　　　　　丁　协　三万五千五百元

　　　　　　第三区

全区烟类公卖费稽征所　　　　　姚少庭　三万一千六百二十元

苏城土黄酒公卖费稽征所　　　　吴国祥　二万六千七百元

苏城绍酒公卖费稽征所　　　　　马方瑛　一万零五百元

吴县酒类公卖费第一稽征所　　　金　钟　二万六千七百元

吴县酒类公卖费第二稽征所　　　张康承　一万二千九百二十元

昆山酒类公卖费稽征所　　　　　陈恭怀　一万四千零五十元

吴江酒类公卖费第一稽征所　　　吴声蛰　一万七千三百七十六元

吴江酒类公卖费第二稽征所　　　朱善庆　八千九百零三元

无锡酒类公卖费稽征所　　　　　窦　朴　七万一千三百五十五元

武进酒类公卖费稽征所　　　　　高　震　三万七千六百六十元

宜兴酒类公卖费稽征所　　　　　周承宣　一万一千零六十元

江阴酒类公卖费稽征所　　　　　夏贻燕　一万二千零六十元

常熟酒类公卖费稽征所　　　　　殷程撰　二万三千七百三十六元

　　　　　　第四区

松江烟酒公卖费稽征所　　　　　张福钧　一万七千八百零八元

南汇烟酒公卖费稽征所　　　　　陈学义　二万四千七百六十元

青浦烟酒公卖费稽征所　　　　　姚锡钻　一万二千九百元

金山烟酒公卖费稽征所　　　　　毕保东　一万零八百十二元

奉贤烟酒公卖费稽征所　　　　　施守烔　六千九百十二元

　　　　　　第五区

南通烟酒公卖费稽征所　　　　　刘循礼　二万九千零八十元

南通酒类公卖费稽征所　　　　　陈稚南　三万五千一百三十三元

泰兴烟酒公卖费稽征所　　　　　季邦栩　五万七千五百十九元

如皋烟酒公卖费稽征所　　　　　李师郑　二万零一百六十元

海门烟酒公卖费稽征所　　　　　缪镛楼　一万四千零五十元

靖江烟酒公卖费稽征所　　　　　是贻勤　四千一百十三元

第六区

江仪烟酒公卖费稽征所　　　　　缪桂林　六千一百二十元

高邮烟酒公卖费稽征所　　　　　徐　棠　一千四百八十元

宝应烟酒公卖费稽征所　　　　　刘铸人　一千八百五十八元

兴化烟酒公卖费稽征所　　　　　仲降恩　二千八百元

泰县烟酒公卖费稽征所　　　　　孙启华　四千元

东台烟酒公卖费稽征所　　　　　王义远　四千一百五十元

盐城烟酒公卖费稽征所　　　　　袁　铎　二千二百元

高邮酒类公卖费稽征所　　　　　华树之　七千二百元

兴化酒类公卖费稽征所　　　　　易肇文　七千元

东台酒类公卖费稽征所　　　　　张承锡　二万一千二百十二元

仪征酒类公卖费稽征所　　　　　胡鸿声　三千九百八十八元

盐城酒类公卖费稽征所　　　　　韦兰谷　六千百六十元

宝应酒类公卖费稽征所　　　　　仲肇良　三千二百元

泰县酒类公卖费稽征所　　　　　李振良　三万六千一百五十九元

江都酒类公卖费稽征所　　　　　佘云涛　二万零一百十二元

第七区

淮阴烟类公卖费稽征所　　　　　徐书屏　二千一百六十元

淮安烟类公卖费稽征所　　　　　金人杰　三千九百二十九元

涟水烟类公卖费稽征所　　　　　吴荣荃　八百零二元

泗阳烟类公卖费稽征所　　　　　赵泰明　一千二百十二元

阜宁烟类公卖费稽征所　　　　　金人杰　四千十六元

灌云烟类公卖费稽征所　　　　　林卓然　一千三百四十六元

淮阴酒类公卖费稽征所　　　　　查吉甫　三千五百四元

淮安酒类公卖费稽征所　　　　　许筱斋　一千八百十一元

涟水酒类公卖费稽征所　　　　　陈嘉桂　一千四百五十四元

泗阳酒类公卖费稽征所　　　　　胡化龙　七千五百十六元

阜宁酒类公卖费稽征所　　　　　戴彭庚　三千四百十一元

灌云酒类公卖费稽征所　　　　　徐晋泰　一千五百十一元

东海烟酒公卖费稽征所　　　　　李德斋　四千元

沭阳烟酒公卖费稽征所　　　　　徐书屏　一万零零十五元

赣榆烟酒公卖费稽征所　　　　　祝其昌　九千元

淮安土酒公卖费稽征所　　　　　吴秉炎　一千四百十五元

泗阳土酒公卖费稽征所　　　　　熊士豪　一千一百二元

第八区

铜山烟酒公卖费稽征所　　　　　未投

丰县烟酒公卖费稽征所　　　　　罗桂兰　二千一百元

沛县烟酒公卖费稽征所　　　　　冯唯之　一千五百元

砀山烟酒公卖费稽征所　　　　　汪君辂　一千五百元

铜山酒类公卖费稽征所　　　　　张　佩　一万六千一百元

丰县酒类公卖费稽征所　　　　　陆清亮　二千七百元

沛县酒类公卖费稽征所　　　　　李　延　五千三百元

砀山酒类公卖费稽征所　　　　　王冠五　三千四百元

宿迁烟酒公卖费稽征所　　　　　曹瑞卿　一万一千五十元

邳县烟酒公卖费稽征所　　　　　朱瑞轩　七千三百五十元

睢宁烟酒公卖费稽征所　　　　　陈兴华　六千五百十一元

萧县烟酒公卖费稽征所　　　　　王文锦　一千七百四元

各县烟酒牌照税得标人姓名及标额数目表

第一区

江宁烟酒牌照税稽征所　　　　　项乃鼎　三万二千一百五十元

江浦烟酒牌照税稽征所　　　　　朱仰虞　一千二百二十元

溧水烟酒牌照税稽征所　　　　　查富卿　二千元

六合烟酒牌照税稽征所　　　　　魏云五　一千六百六十六元

句容烟酒牌照税稽征所　　　　　胡履平　一千九百六十元

高淳烟酒牌照税稽征所	夏挺升	二千一百五十元
丹徒烟酒牌照税稽征所	吴济庵	七千六百十元
扬中烟酒牌照税稽征所	佘云涛	六百六十二元
丹阳烟酒牌照税稽征所	姚　骏	四千五百元
金坛烟酒牌照税稽征所	王　权	二千三百零六元
溧阳烟酒牌照税稽征所	徐　浚	八千三百十六元

第二区

| 全区烟酒牌照税稽征所 | 杨　耀 | 六万五千五百元 |

第三区

吴县烟酒牌照税稽征所	吴文佐	三万一千七百十九元
昆山烟酒牌照税稽征所	邵祖庚	四千五百二十四元
常熟烟酒牌照税稽征所	于　光	一万六千零七十元
无锡烟酒牌照税稽征所	章　萧	三万零五百六十元
江阴烟酒牌照税稽征所	沙识和	七千零五十五元
宜兴烟酒牌照税稽征所	周友汾	一万四千六百十元
武进烟酒牌照税稽征所	朱　镕	二万零零五十二元
吴江烟酒牌照税稽征所	丘　华	一万一千三百十一元

第四区

松江烟酒牌照税稽征所	吴菊池	三千九百元
南汇烟酒牌照税稽征所	于　光	五千一百十七元
青浦烟酒牌照税稽征所	周家培	三千二百十元
金山烟酒牌照税稽征所	陆兆铭	一千九百二十元
奉贤烟酒牌照税稽征所	施益泉	二千零十六元

第五区

南通烟酒牌照税稽征所	彭瀛秋	八千六百十二元
如皋烟酒牌照税稽征所	刘　夔	七千零三十四元
泰兴烟酒牌照税稽征所	陈健如	三千一百十二元
海门烟酒牌照税稽征所	樊　振	三千六百六十元
靖江烟酒牌照税稽征所	是贻勤	九百元

第六区

江都烟类牌照税稽征所	吴时达	二千一百五十八元
仪征烟类牌照税稽征所	窦钧朴	三百六十元
高邮烟类牌照税稽征所	徐　棠	一千二百八十元
宝应烟类牌照税稽征所	陈松岩	八百元
泰县烟类牌照税稽征所	阮颂珊	三千四百十六元
东台烟类牌照税稽征所	钱树萱	三千二百十元
兴化烟类牌照税稽征所	赵立中	二千四百元
盐城烟类牌照税稽征所	袁　铎	一千六百六十元
江都酒类牌照税稽征所	吴子诚	二千九百八十八元
仪征酒类牌照税稽征所	窦钧朴	一千五百元
高邮酒类牌照税稽征所	华承业	一千八百元
宝应酒类牌照税稽征所	陈松岩	八百元
泰县酒类牌照税稽征所	韩天序	九千一百零三元
东台酒类牌照税稽征所	蒋玉衡	三千七百六十六元
兴化酒类牌照税稽征所	陈京三	二千一百七十元
盐城酒类牌照税稽征所	唐持白	一千八百六十元

第七区

淮阴烟类牌照税稽征所	徐书屏	一千十八元
涟水烟类牌照税稽征所	吴荣荃	三百五十一元
阜宁烟类牌照税稽征所	施连成	一千三百二十元
灌云烟类牌照税稽征所	林卓然	七百三十一元
淮阴酒类牌照税稽征所	金善堂	一千四百十七元
涟水酒类牌照税稽征所	李德成	四百十元
阜宁酒类牌照税稽征所	戴彭庚	一千三百十一元
灌云酒类牌照税稽征所	徐晋泰	六百六十一元
淮安烟酒牌照税稽征所	仲　旭	二千二百二十四元
泗阳烟酒牌照税稽征所	王文台	一千一百五十五元
东海烟酒牌照税稽征所	韩作明	一千四百二十八元
赣榆烟酒牌照税稽征所	梁星侯	一千六百三十二元

沭阳烟酒牌照税稽征所　　　　　金善堂　一千一百十七元

　　　　　　　　　第八区

铜山烟类牌照税稽征所　　　　　何其炎　五百十元

丰县烟类牌照税稽征所　　　　　罗桂兰　三百元

沛县烟类牌照税稽征所　　　　　冯唯之　三百元

砀山烟类牌照税稽征所　　　　　汪君辂　三百元

铜山酒类牌照税稽征所　　　　　张少亭　二千一百十元

丰县酒类牌照税稽征所　　　　　陆清亮　四百元

沛县酒类牌照税稽征所　　　　　李　延　八百元

砀山酒类牌照税稽征所　　　　　王冠五　五百元

宿迁烟酒牌照税稽征所　　　　　曹瑞卿　一千八百十六元

邳县烟酒牌照税稽征所　　　　　朱瑞轩　一千二百元

睢宁烟酒牌照税稽征所　　　　　陈兴华　一千元

萧县烟酒牌照税稽征所　　　　　王文锦　三百元

铜山卷烟牌照税稽征所　　　　　何其炎　三千五百十元

(1929 年 6 月 14 日，第 16 版)

苏州·江苏烟酒事务局投标消息

江苏烟酒费税自民四公卖局成立以来，历由认商承包。虽每年力求整顿，只以环境关系，收效甚微。十七年度费税改革后，已较十六年度增加不少。本年度采用投标委办制，各县改设稽征所，于本月六日、十日，两次在该局当众投标，由财政部特派员莅场监视，手续严密。开标结果，较十七年度比额，增出半数。闻各稽征所所长，现已分别委定矣。

(1929 年 6 月 20 日，第 10 版)

江苏二区烟酒事务土黄酒稽征所通告第一号

顷蒙江苏全省烟酒事务局长缪委任为十八年度二区土黄酒公卖费稽征所所长，定于七月一号接办视事。办事人员业经派定，各稽查员执照从新

281

发给。倘有旧照发现，一律作为无效。至各酒商请领单照一切手续，遵照局章办理。除正式呈报就职外，特此登报通告，仰各知照。

所长朱孚衡白。

（1929 年 6 月 30 日，第 5 版）

江苏二区土黄酒公卖费稽征所通告第二号

为通告事。孚衡现奉江苏烟酒事务局令委承办江苏二区土黄酒公卖费稽征事宜，所有二区境内土黄酒公卖费概归本所管辖，业经设所开办，呈报主管局各在案。现除上海、川沙、崇明、启东等四县各土黄酒商业已来所接洽办理设所征收事宜外，对于太仓、嘉定、宝山等三县该业商人迄未前来接洽，本所为体恤商艰起见，为特通告该三县土黄酒商人等一体知悉：仰于三日内推举代表来所接洽，否则即分别派员自行设所征收，事关国税，幸勿漠视为要。

（1929 年 6 月 30 日，第 5 版）

江苏二区全区烟酒牌照税稽征所通告

本稽征所因谈家弄原址不敷办公，今迁移南市关桥南首外毛家弄为稽征所。该烟酒商人应纳秋季烟酒牌照税，查照上开地点，迅于七月一日起至十日止自投稽征所，遵章缴纳，一律不收督促费。设逾限订日期，按级征收，不稍徇免。此布。全区所长杨耀。

（1929 年 7 月 1 日，第 3 版）

江苏二区白酒兼太嘉宝烟酒公卖费稽征所通告第一号

为通告事。广珍现奉江苏全省烟酒事务局令委承办江苏二区白酒兼太、嘉、宝烟酒公卖费稽征事宜，所有二区境内白酒公卖费及太、嘉、宝三县全境烟酒公卖费统归本所承办。除崇、启二县白酒，太、嘉、宝三县烟酒公卖费已由本所委商设立分所稽征及上海县境内白酒公卖费概归本所稽征外，其川沙一县现亟待招商承办。凡有志愿者，限七月四日以前，请径来所接洽，否则当由本所派员设所征收。恐未周知，特此通告。所长李广珍白。稽征所设南市荳市街敦仁里三号。

（1929 年 7 月 1 日，第 3 版）

江苏二区全区烟酒牌照税稽征所通告

为令委事。按原办太嘉烟酒牌照税之孙永康办理失当，积欠公款，屡催不缴，应即撤销。查有承办宝山县牌照税之至文鸢精明稳练，办事细心，着调为太嘉两县稽征所所长。孙遗宝山县稽征所所长一职委黄镛接办，并委黄凤为崇明县稽征所所长、施凤为启东县稽征所所长、张秉彝为川沙县稽征所所长，着即分别就职，设所征开，以重税收。除呈报并分咨外，合亟令仰各该县烟酒商人知悉。此布。全区所长杨耀。

（1929 年 7 月 3 日，第 5 版）

江苏二区宝山县烟酒牌照税稽征所通告

黄镛现奉江苏二区全区烟酒牌照税稽征所所长杨令委承办宝山县烟酒牌照税稽征事宜，业于七月一日设所开办。除呈报外，对于烟酒牌酒遵照部定新章，改为四季征收。仰宝山县属各烟酒商于十日内，自投本稽征所，遵章缴纳，一律不收督促费。设逾限期，按级征收，不稍徇免。特此通告。所长黄镛。稽征所设闸北宝山路天吉里十八号。

（1929 年 7 月 3 日，第 5 版）

烟酒分栈改称分所

江苏全省烟酒事务局对各县烟酒公卖分栈有改称烟酒公卖分所之必要，故昨日特训令上海县政府云：为令行事。案查本局自开办以来，所有稽征一切事宜，向由各地方行政官厅协助进行，前经民政厅通令各县县长、公安局局长一体协助在案。现在改栈为所，遇有客稽征所请求各县县长、各公安局局长协助事件，应仍遵前令，尽量协助。除分令外，合行令仰该县长遵照办理。此令。

（1929 年 7 月 25 日，第 14 版）

江苏第二区全区烟酒牌照税稽征所

为布告事。查秋季烟酒牌照税第一期督促仅有三日，又将届满，务希各烟酒商人迅于三日内自投本稽征所，遵章缴纳，毋得自误。若延至八月一日缴纳者，应按照部章，再加收催征费一成，不稍徇免。特再布告，其各凛遵。全区所长杨耀。

（1929 年 7 月 28 日，第 7 版）

烟酒牌照税展限一天
——食国庆纪念之赐

江苏第二区全区烟酒牌照税稽征所致沪南烟兑同业公会公函云：启者：自政府颁订烟酒牌照税新章，规定每期缴税，以一、四、七、十月自一日至十日止，自投各稽征所，遵章按级领照营业，若逾十日限期，一律加收催征费，不稍徇免等情在案。兹以十月十日为国庆纪念，奉令停止办公，适值限期末日，惟烟酒商人在九日内未曾领照者，当受催征费之负担。本所长素抱体恤商人之旨，用特展缓一日，凡烟酒商人能于十一日自投稽征所缴纳者，暂不加收催征费，若再延至十二日投纳，一例按级照章加收。除布告外，相应奉达，即希贵会查照转知各会员遵限投税，幸勿自误云云。闻该会接函后，已转致同业矣。

（1929 年 10 月 7 日，第 13 版）

江苏二区烟酒牌照税稽征总所通告

为通告事。案查太嘉稽征分所长孙文鸾欠解税款，为数甚巨，迭经本所勒限严催，竟敢置若罔闻，殊属故意玩延，业予撤差。所遗差务，现已

284

另委陈镜熙前往接办外，合亟登报通告，仰太、嘉两县境内烟酒各商一体遵照，所有民国十九年份春季应缴税款限于一月十一日以前缴由新任分所长汇解为要。特此通告。中华民国十八年十二月□□日。

（1929 年 12 月 31 日，第 6 版）

江苏二区烟酒牌照税稽征总所通告

为通告事。照得本所应征民国十九年份春季烟酒牌照税款，兹定于一月二日启征，至一月十一日为止，仍照前额，限十日内就近缴由本所征收处或各该县稽征分所核收，掣取牌照收据，各安生业，逾限照章按级加征督促费。合亟登报通告，仰上海、宝山、太仓、嘉定、崇明、川沙、启东等七县烟酒各商一体知照，毋得观望自误。特此通告。中华民国十八年十二月卅一日。

（1929 年 12 月 31 日，第 6 版）

催缴春季烟酒牌照税

江苏二区全区烟酒牌照税稽征总所开征十九年春季牌照税，限各烟酒商遵章缴纳。昨致沪南烟兑同业公会函云：本年春季牌照税自国历一月二日开征，限至一月十一日为止，仍照前额，限十日内缴由外毛家弄本所征收处，核给牌照收据，各安生业，逾限照章按级加征督促费。除登报通告外，恐贵同业未尽注意，再行函达，即希查照通知为荷。

（1930 年 1 月 8 日，第 14 版）

烟酒商应自贴印花

江苏二区全区牌照税稽征所昨致烟酒商业团体函云：前准上宝印花税局函开：奉财政部新颁烟酒牌照税粘贴印花订章，曾经布告各烟酒商人自行□贴印花在案。然事隔半年，诚恐日久玩生，妨碍税政。除再通令各县烟酒商人遵照前令自贴外，相应函达贵会查照，迅烦转知各商遵奉实贴，毋得自误云云。

（1930 年 1 月 11 日，第 14 版）

催缴烟酒业夏季牌照税

沪南烟兑同业公会为倒换烟酒营业牌照事，昨日通告同业云：顷准江苏二区烟酒牌照税稽征所函开：本届夏季烟酒牌照税费，按照向章征收，于四月一日开征至十日止，自投南市外毛家弄本所缴纳倒换牌照收据，抑或逾限，一律按级加征督促费用，特函达即希查照，转知贵同业为荷等情。据此，合行奉布，仰各遵照，切勿自误。特此通告云云。

（1930 年 4 月 9 日，第 16 版）

金宏基、巢堃律师代表宝山县烟酒牌照税稽征所查缉冒名私收照税通告

兹准宝山县烟酒牌照税稽征所代表声称：近有不法之徒胆敢在该管辖境内冒名该所稽征员名义，私向各烟酒商店骗取牌照税款，诚恐商家不察真伪，致被欺骗，委代查缉撤究等情前来。除查缉外，合代登报通告宝山县辖境内各烟酒商一体知悉：凡该所稽征员在外征收牌照税款时，须凭正式单照，方能有效，否则即系假冒，准该商等随时扭交岗警，依法惩治，案关国税，幸弗漠视。再，该所雇员黄士艇、蔡权水（又名蔡义），早经解职他去，合并声明。此布。事务所：宁波路浙江路口渭水坊二五五号。电话：一九五〇七号

（1930 年 5 月 4 日，第 5 版）

江苏烟酒事务局通告

为通告事。查苏省各县烟酒公卖费牌照税稽征所长截至本年六月三十日止任期届满，所有十九年度规定比额、任用所长各项办法，业经修正章程，呈奉财政部核准在案。为此登报通告：凡现任稽征所长愿遵本章程第

286

五条之规定办理者，应自六月一日起至五日止，将保证金径行呈缴省局，听候核委。其六合烟酒公卖费牌照税等九所原任所长均经先后撤职，凡愿照比承办者，得援照本章程第六条及施行细则之规定，自六月一日起至五日止，径行呈请本局核办，毋得自误。特此通告。

计开：

修正江苏省各县烟酒费税稽征所暂行章程

第一条　本省各县设置稽征所，征收烟酒公卖费及牌照税，名曰"某县烟酒费税稽征所"，但为事实便利起见，得将各县公卖费或牌照税分别设所征收。

第二条　各县稽征所长由江苏烟酒事务局委任，受该管分局局长之指挥，监督管理征收烟酒费税事务。

第三条　各县稽征所征收烟酒费税，应遵照部颁章则及本省各项单行章程办理。

第四条　各县稽征所征收烟酒费税，应照本年度新定比额办理。

第五条　各县稽征所长由省局考核，现任各所长征解税款毫无短欠，而愿照新定比额续办者，应由省局加委续办一年，以示鼓励。

第六条　各县稽征所长对于新定比额不愿续办者，依左列之规定办理：（一）由省局照新定比额出示公告，凡愿照比承办者，得呈请省局，核定委办；（二）省局公告后仍无人承办时，由省局遴员办理。

第七条　稽征所长应按照全年费税比额预缴保证金十分之二，此项保证金以缴纳现金为限，并觅取殷实商号保结，呈送省局存案。依前条第二款之规定由省局遴员办理者，不适用本条之规定。

第八条　稽征所长所征费税应照全年比额按月摊解足额，缴由该管分局转解省局，不得拖延短欠。

第九条　稽征所长由省局委派后呈报财政部备案，其任期一年，不得中途辞职，省局亦不得任意迁调或撤换，但有左列情事之一者不在此例：（一）逾期不缴税款或缴不足比，亏欠税款至一月以上者；（二）违反法令，营私舞弊，经省局查明属实者；（三）稽征所长发生事故，不能执行职务，经省局核准者。稽征所长因前项情事去职时，倘有亏欠比额或预征税款隐匿不解等情，除将保证金扣抵外，如有不敷，责令如数赔偿，保证人应同负责任。

第十条 稽征所任用职员，由所长酌理事务之繁简，自行酌定，呈由该管分局转报省局备案。

第十一条 稽征所经费应由所长拟具预算，呈由该管分局转报省局核准备案，其预算额以所征费税十分之一为限，不得超过。

第十二条 本章程如有未尽事宜，得随时修正，呈请财政部核准施行。

修正江苏省各县烟酒费税稽征所暂行章程施行细则

第一条 各县设置烟酒费税稽征所，由省局分别规定，并将名称、比额呈报财政部备案。

第二条 凡依本章程六条第一款之规定，愿照新定比额申请承办烟酒费税者，应叙明年龄、职业、籍贯、住址，并觅取铺保，呈请省局核办。

第三条 申请人所认比额应照省局规定比额填列，并应随缴押金，照比额每千元缴纳现金一百元，比额不及千元者，亦以千元计算，由省局掣给收据核准后，准在保证金内扣抵，未核准者照数发还。

第四条 申请人自省局核准之日起，应于七日内照全年认额预缴现金十分之二作为保证金，逾限不缴，即将押金没收，由省局遴员办理。

第五条 凡前任稽征所长因案撤职者，不得申请承办，如有化名混充情事，一经发觉，立即撤销，另委没收其保证金。

第六条 申请人数在二人以上时，由省局呈请财政部派员会同省局，以抽签决定之。

第七条 各稽征所所长觅取殷实商号保结，应由该管分局查明属实，呈送省局存案。

第八条 各稽征所所长亏欠税款一月以上，即全年税额十二分之一者，应由分局呈请省局撤职，遴员办理。

第九条 各稽征所所长因事辞职或撤职，应解税款自接任之日起卸任之日止，截日计算，倘有预征税款隐匿不解情事，责令如数赔偿。

第十条 本细则自呈奉财政部核准之日施行。

第一区

江宁烟酒公卖费稽征所	四万三千一百元
丹徒烟酒公卖费稽征所	二万元
丹徒酒类公卖费稽征所	一万七千三百元
扬中烟酒公卖费稽征所	一千四百元
溧阳烟酒公卖费稽征所	一万一千元
丹阳烟酒公卖费稽征所	一万二千一百元
高淳烟酒公卖费稽征所	三千八百元
溧水酒类公卖费稽征所	六千元
溧水烟酒公卖费稽征所	二千七百元
金坛烟酒公卖费稽征所	八千五百元
江浦烟酒公卖费稽征所	三千二百元

第二区

白酒兼太嘉宝烟酒公卖费稽征所	八万六千八百元
西烟公卖费稽征所	三万二千六百元
土黄酒公卖费稽征所	七万零二百元
皮丝公卖费稽征所	二千三百元
烟叶公卖费稽征所	一万五千一百元
绍酒公卖费稽征所	三万六千元

第三区

全区烟类公卖费稽征所	三万二千七百元
吴县土黄酒公卖费稽征所	二万八千元
吴县绍酒公卖费稽征所	一万一千五百元
吴县酒类公卖费第一稽征所	二万七千七百元
吴县酒类公卖费第二稽征所	一万三千八百元
昆山酒类公卖费稽征所	一万五千五百元
吴江酒类公卖费第一稽征所	一万七千八百元
吴江酒类公卖费第二稽征所	九千三百元
无锡酒类公卖费稽征所	七万一千三百元
武进酒类公卖费稽征所	三万九千元

宜兴酒类公卖费稽征所　　　　　　　一万一千六百元

江阴酒类公卖费稽征所　　　　　　　一万三千二百元

常熟酒类公卖费稽征所　　　　　　　二万五千二百元

　　　　　　　第四区

松江烟酒公卖费稽征所　　　　　　　一万八千二百元

南汇烟酒公卖费稽征所　　　　　　　二万五千八百元

青浦烟酒公卖费稽征所　　　　　　　一万三千元

金山烟酒公卖费稽征所　　　　　　　一万一千元

奉贤烟酒公卖费稽征所　　　　　　　六千九百元

　　　　　　　第五区

南通烟类公卖费稽征所　　　　　　　二万九千一百元

泰兴烟酒公卖费稽征所　　　　　　　五万七千六百元

海门烟酒公卖费稽征所　　　　　　　一万四千一百元

靖江烟酒公卖费稽征所　　　　　　　四千一百元

　　　　　　　第六区

江仪烟类公卖费稽征所　　　　　　　六千二百元

高邮烟类公卖费稽征所　　　　　　　一千五百元

宝应烟类公卖费稽征所　　　　　　　一千九百元

兴化烟类公卖费稽征所　　　　　　　二千八百元

泰县烟类公卖费稽征所　　　　　　　四千元

东台烟类公卖费稽征所　　　　　　　四千二百元

盐城烟类公卖费稽征所　　　　　　　二千二百元

高邮酒类公卖费稽征所　　　　　　　七千二百元

兴化酒类公卖费稽征所　　　　　　　七千元

东台酒类公卖费稽征所　　　　　　　二万一千三百元

仪征酒类公卖费稽征所　　　　　　　四千元

盐城酒类公卖费稽征所　　　　　　　六千九百元

宝应酒类公卖费稽征所　　　　　　　三千二百元

江都酒类公卖费稽征所　　　　　　　二万零一百元

第七区

淮阴烟类公卖费稽征所	一千三百元
淮安烟类公卖费稽征所	三千九百元
涟水烟类公卖费稽征所	八百元
泗阳烟类公卖费稽征所	一千二百元
阜宁烟类公卖费稽征所	四千四百元
灌云烟类公卖费稽征所	一千四百元
淮阴酒类公卖费稽征所	三千六百元
淮安酒类公卖费稽征所	二千元
涟水酒类公卖费稽征所	一千五百元
泗阳酒类公卖费稽征所	九千三百元
阜宁酒类公卖费稽征所	三千五百元
东海烟酒公卖费稽征所	四千二百元
淮安土酒公卖费稽征所	一千五百元
泗阳土酒公卖费稽征所	一千二百元

第八区

铜山烟类公卖费稽征所	五千五百元
丰县烟类公卖费稽征所	二千一百元
沛县烟类公卖费稽征所	一千五百元
砀山烟类公卖费稽征所	一千五百元
宿迁烟类公卖费稽征所	二千二百元
铜山酒类公卖费稽征所	一万八千一百元
丰县酒类公卖费稽征所	二千八百元
沛县酒类公卖费稽征所	五千六百元
砀山酒类公卖费稽征所	三千五百元
宿迁酒类公卖费稽征所	九千三百元
邳县烟酒公卖费稽征所	七千八百元
睢宁烟酒公卖费稽征所	六千八百元
萧县烟酒公卖费稽征所	一千九百元

第一区

江宁烟酒牌照税稽征所	三万元
江浦烟酒牌照税稽征所	一千二百元
溧水烟酒牌照税稽征所	二千元
句容烟酒牌照税稽征所	二千元
高淳烟酒牌照税稽征所	二千二百元
丹徒烟酒牌照税稽征所	八千元
扬中烟酒牌照税稽征所	七百元
丹阳烟酒牌照税稽征所	四千五百元
金坛烟酒牌照税稽征所	二千三百元

第二区

全区烟酒牌照税稽征所	七万五千五百元

第三区

吴县烟酒牌照税稽征所	三万一千八百元
昆山烟酒牌照税稽征所	五千五百元
常熟烟酒牌照税稽征所	一万七千元
无锡烟酒牌照税稽征所	三万零六百元
江阴烟酒牌照税稽征所	八千元
宜兴烟酒牌照税稽征所	一万一千一百元
武进烟酒牌照税稽征所	二万四千五百元
吴江烟酒牌照税稽征所	一万一千三百元

第四区

松江烟酒牌照税稽征所	四千二百元
南汇烟酒牌照税稽征所	五千四百元
青浦烟酒牌照税稽征所	三千三百元
金山烟酒牌照税稽征所	一千九百元
奉贤烟酒牌照税稽征所	二千元

第五区

泰兴烟酒牌照税稽征所	三千二百元
海门烟酒牌照税稽征所	三千七百元

靖江烟酒牌照税稽征所　　　　　　　九百元

　　　　第六区

江都烟类牌照税稽征所　　　　　　二千二百元

仪征烟类牌照税稽征所　　　　　　四百元

高邮烟类牌照税稽征所　　　　　　一千三百元

宝应烟类牌照税稽征所　　　　　　八百元

泰县烟类牌照税稽征所　　　　　　三千五百元

东台烟类牌照税稽征所　　　　　　三千三百元

兴化烟类牌照税稽征所　　　　　　二千四百元

盐城烟类牌照税稽征所　　　　　　一千七百元

江都酒类牌照税稽征所　　　　　　三千元

仪征酒类牌照税稽征所　　　　　　一千五百元

高邮酒类牌照税稽征所　　　　　　一千八百元

宝应酒类牌照税稽征所　　　　　　八百元

东台酒类牌照税稽征所　　　　　　四千三百元

兴化酒类牌照税稽征所　　　　　　二千二百元

盐城酒类牌照税稽征所　　　　　　一千九百元

　　　　第七区

涟水烟类牌照税稽征所　　　　　　四百元

阜宁烟类牌照税稽征所　　　　　　一千四百元

灌云烟类牌照税稽征所　　　　　　八百元

淮阴酒类牌照税稽征所　　　　　　一千五百元

涟水酒类牌照税稽征所　　　　　　四百元

阜宁酒类牌照税稽征所　　　　　　一千四百元

淮安烟酒牌照税稽征所　　　　　　二千三百元

泗阳烟酒牌照税稽征所　　　　　　一千三百元

东海烟酒牌照税稽征所　　　　　　一千五百元

赣榆烟酒牌照税稽征所　　　　　　一千六百元

沭阳烟酒牌照税稽征所　　　　　　一千二百元

第八区

铜山烟类牌照税稽征所	五百元
丰县烟类牌照税稽征所	三百元
沛县烟类牌照税稽征所	三百元
砀山烟类牌照税稽征所	三百元
宿迁烟类牌照税稽征所	五百元
铜山酒类牌照税稽征所	二千一百元
丰县酒类牌照税稽征所	四百元
沛县酒类牌照税稽征所	八百元
砀山酒类牌照税稽征所	五百元
宿迁酒类牌照税稽征所	一千三百元
邳县烟酒牌照税稽征所	一千二百元
睢宁烟酒牌照税稽征所	一千元
萧县烟酒牌照税稽征所	三百元
铜山卷烟牌照税稽征所	三千五百元

以上各所，凡现任所长志愿续办者，应依本章程第五条之规定办理。

第一区

| 六合烟酒公卖费牌照税稽征所 | 七千二百元 |
| 溧阳烟酒公卖费牌照税稽征所 | 六千五百元 |

第五区

南通酒类公卖费稽征所	四万三千
南通烟酒牌照税稽征所	七百元
如皋烟酒公卖费稽征所	二万七千
如皋烟酒牌照税稽征所	一百元

第六区

| 泰县酒类公卖费稽征所 | 四万五千 |
| 泰县酒类牌照税稽征所 | 二百元 |

第七区

| 灌云酒类公卖费牌照税稽征所 | 二千三百元 |
| 赣榆烟酒公卖费稽征所 | 九千元 |

沭阳烟酒公卖费稽征所　　　　　　　　一万零二百元

淮阴烟类牌照税稽征所　　　　　　　　一千一百元

以上各所原任所长均经先后撤职，凡愿照比承办者，应援照本章程第六条暨施行细则之规定办理。中华民国十九年五月□□日。

（1930 年 5 月 26 日，第 10 版）

烟酒牌照税征收新率

江苏二区全区烟酒牌照税稽征所查得民国十九年份秋季牌照税征收之期将届，经由该所所长于昨日出示布告，通知全市烟酒商人定于七月一日起至十日为止，所有应行缴纳之秋季牌照税，务于限期内遵章来所缴纳，逾期查出，照章处罚，俾免观望自误云。

（1930 年 6 月 19 日，第 16 版）

江苏二区全区烟酒牌照税稽征所通告第一号

窃耀奉办二区全区烟酒牌照税稽征事宜，其十八年度截至本年六月末日止，业经期满结束，内部划割清楚。其十九年度秋季税，务遵章于七月一日在南市毛家弄四十二号门牌（在原所址西隔壁）设所开征。合行通知上海境内烟酒各商，自七月一日起至十日止，遵章来所缴纳本季税款。倘有逾期，即照章一律加征督促费用，幸勿自误。除太仓、嘉定、宝山、川沙、崇明、启东六县分征所新任所长衔名另行登报发表外，特此通告。

（1930 年 6 月 30 日，第 6 版）

江苏二区全区烟酒牌照税稽征所通告第二号

本所长奉令续办十九年度烟酒牌照税稽征事宜，上海境内秋季照税遵章于七月一日在毛家弄设所开征，业经登报通告在案。其各外县分稽征所，除太仓、嘉定二县由本所派员筹备开征外，前宝山县所长黄镛呈请辞职，查有范志刚堪以委任；前川沙县所长张秉彝亦呈请辞职，已另委朱礼煦接办；启东县所长施凤短欠比缴，业经撤差严追。查有前崇明县所长黄凤，办理一载，成绩优良，堪以兼任为崇、启二县所长。除分别委任外，仰各该县烟酒商一体知悉。特此通告。所长杨耀。

（1930 年 7 月 4 日，第 3 版）

白酒税票贴不足数

江苏二区白酒兼太、嘉、宝烟酒公卖税稽征所查得南市一带酒业之销售白酒者，往往将税票抗不实贴，或贴不足数，甚至税票浮贴于白酒篓上，复敢一票数用，任意舞弊，殊与税收有碍，爰已派员注意稽查。前日该所天字第二十四号稽查员行经王家码头地方，查见该处附近第一零一号门牌之裕丰永酒行将白酒一担，命其老司务宁波人林阿宝送往斜桥，乃其税票仅粘一角于篓上，当即上前将货扣住，鸣同该处岗警连同证物一并带入一区一分所。所长饬即暂留，候所长预审核办。

（1930 年 9 月 9 日，第 16 版）

烟酒牌照贴印花通告

上海市烟兑同业公会沪南办事处昨日通告同业云：兹准上海市商会开：案准江苏上宝印花税局第二二号函称：兹定于十一月一日为始检查，凡我同业，对于薄［簿］折、票据、凭证等，自应照章实贴。惟烟酒牌照税自贴印花一案，已奉江苏全省烟酒事务局第一七二号令，遵奉财政部第一零八六七号令，准以烟酒牌照税额每元贴一分，按额类推。仰各遵照，免予处罚。

特此通告。

（1930 年 11 月 2 日，第 16 版）

烟酒牌照贴花办法

本市烟兑同业公会昨接江苏上宝印花税局函云：径启者：案查烟酒营业税牌照应贴印花，为条例所规定。嗣奉财政部令酌予减轻，以缴纳牌照税一元贴花一分，照此推算，以贴至一元为最高额税率。未满一元者，亦作一元计算。本局奉令后，业经函致二区烟酒牌照税稽征处转行烟酒业公会知照在案。此次本局检查印花，据检查员报告，该烟酒业商店大多于牌照上均遵章贴花，有查见未贴花之牌照数张，扣留到局。本局察酌情形，以该业中漏花牌照尚属少数，当系一时疏忽之误，且念该烟酒商店多属小本营业，应予从宽办理。当将此项案件提出会议，经上宝审理委员会议决：前项漏税牌照，暂准免罚，饬令补贴完案，以示体恤。业经本局将前项牌照饬交原查员，分别发还各该店，责令补贴完案矣。至该业商报临牌照之临时收据，木非应贴印花之件，间有被检查员误取带局者，计仅数纸，早经查明，即已饬令送还。并谕各检查员，以后见有此项收据，勿再查扣，致起误会在案。除分函酱酒号同业公会外，合行函达，即希贵公会查照，并速通告同业一体知照，至为切盼云云。

（1930 年 11 月 20 日，第 14 版）

财政部十七年度财政报告（续）

——烟酒税

烟酒在各税中最有改良之余地，而征收则最感困难，尤以酒税为甚。因出产、销场区域散漫，未能集中，民间自由酿酒、种烟，所在多有，查察难遍。往时征收，或系委托当地商民代理，人员既多，管理不周，偶遇兵乱匪警，税收立见短绌。虽备具根本计划，亦非统一实现，无从力策施行。处此环境，惟有恪守现行制度，以期得步进步。但就财部现辖各省烟酒税收观察，经短期间改革之结果，确已显著成绩。财部并已召集委员会，以烟酒税方面有经验人员，并聘请有学识专家，共同组织，讨论便于改进及适于施行之方案，汇订专集，以资参考。兹将十七年起税收比较表附后。

烟酒税最近两年收数比较表

单位：元

省别	十七年	十八年
江苏	一一一三七九□	一八〇一四五五
浙江	二六一二六二七	二六三五一九六
安徽	五八三七三九	一〇〇〇〇〇〇

续表

省别	十七年	十八年
江西	二九五四〇四	六〇一〇〇〇
福建	六二一〇四四	一〇〇〇〇〇
湖北	八八〇三三一	一二一〇〇〇〇
山东	四二七三七一	一五二六九九二
河北	一四四六一〇五八	二一九一〇四四二

上列十八年收入数系实行改良之估计，就过去六个月之收入确数参证，除非因省区域内发生战乱，则表列之数，各省当能如额，与预算不相出入。

（1930 年 3 月 10 日，第 8 版）

鄂税局已全撤

〔汉口〕鄂印花烟酒税局十一日成立，正副局长徐绍秋、罗荣衮同视事。鄂税局已全撤，决由财厅筹办营业税，俟张贯时返鄂，即成立营业税征收局。（十一日专电）

（1931 年 1 月 12 日，第 4 版）

粤印烟税局长发表

〔南京〕财部委任郑中直为广东印花烟酒税局长、李毅为副局长。（十一日专电）

（1931 年 1 月 12 日，第 4 版）

江苏印花烟酒税局上海特区印花税办事处布告

为布告事。查各种保险单应贴印花，载在条例，自应一律遵贴。现由本处派委王燕祥专办保险业印花税事务，嗣后各界商民无论何项保险，于投保后，在收受保单时，应注意该单是否照章贴用印花，如未经贴用或贴未足数，即向该华经理声明，务须照章贴足，方可收受。倘有徇情漏贴等事，一经查觉，即当照章举发。兹恐各界商民尚未周知，合再布告，务各遵照办理，幸勿自误。切切！此布。

（1931 年 1 月 12 日，第 6 版）

鲁营业税在筹办中

〔济南〕裁厘后，本省盐税月收四十万，烟酒八万，印花五万，特税尚未办，统税中卷烟月可收两万余、麦粉四万余，棉纱、火柴、水泥尚未征，营业税正筹办中。（十四日专电）

（1931 年 1 月 15 日，第 10 版）

烟酒改征统税问题
——应俟各省局修订征法呈核

财政部以据上海市商会电请将青烟公卖费及沿途正附杂捐裁撤，改办统税等情，当经批示云：呈悉。查此案前据上海市青烟同业公会呈请前来，当以“烟酒为奢侈消耗品，征收公卖，寓禁于征，各省遵行已久。至青烟能否改办统税，应俟各省局修订烟酒征法，呈部察核后，再行饬遵”等语，批示在案。兹据前情，为此录案批复该会知照，并仰转饬遵照。此批。

（1931 年 1 月 23 日，第 13 版）

浙印烟税局长已发表

〔南京〕财部令：浙江烟酒事务局与印花局着即合并，改组为浙江印花烟酒税局，派吴启鼎为局长、郑志通为副局长。（二十二日专电）

（1931 年 1 月 25 日，第 8 版）

湖北印烟局长已发表

〔南京〕财部二十六日派徐少秋为湖北印花烟酒税局长、罗叔衮为副

299

局长。（二十六日专电）

（1931 年 1 月 27 日，第 4 版）

湖南印烟税局长发表

〔南京〕财政部二十七日令：派钟龄为湖南印花烟酒税局局长、罗霆为副局长。（二十七日专电）

（1931 年 1 月 28 日，第 7 版）

扬州·令裁烟酒六分局

苏省烟酒税第六区分局设于扬州，职司承转。现奉省税局训令，大致以财部饬裁该分局，所有扬州烟酒牌照各稽征所领照及一切事务，径呈省税局办理。

（1931 年 1 月 28 日，第 9 版）

财部派员监制税票

〔南京〕财政部派李定昕、刘少清为该部印花烟酒处驻平监制税票委员。（三十一日中央社电）

（1931 年 2 月 1 日，第 8 版）

杭州·印花烟酒报解部款

财部浙江印花烟酒税局组织成立后，局长吴启鼎对于各项税收力图整饬，除将牌照税收归各局负责征收外，对于本年各区酿酒缸额，亦复派员严密复查，各分局解款日见起色。兹该局以一月底已届，中央需款甚殷，特将三月份全月及四月份上旬税款银二十万元，先为备文报解。

（1931 年 2 月 3 日，第 8 版）

财部委李家雪充江西烟酒印花税局副局长[*]

【上略】

〔南京〕财部令：委李家雪充江西烟酒印花税局副局长。（四日专电）

【下略】

（1931年2月5日，第7版）

烟酒通过税暂难裁撤

江苏印花烟酒税局昨为市商会电请撤消绍酒落地捐，特电复云：世代电悉。查本年元旦裁厘，敝局曾以烟酒通过税应如何办理，呈请财政部核示。嗣奉部令，应俟统筹办法后，再行饬遵等因。即经通饬所属知照各在案。此项烟酒通过税，如果奉令撤消，所有绍酒应纳前项捐税，自当一律办理，相应电复，即请查照转知为荷。江苏印花烟酒税局。支。印。

（1931年2月8日，第13版）

福建印烟局长委定

〔南京〕财部委任蒋质庄为福建印花烟酒事务局长、张仲钧为副局长。（十日专电）

（1931年2月11日，第4版）

松江·烟酒公卖改组办法

本省烟酒与印花税合并办理后，驻松之第四区烟酒事务公卖局局长丁传□待命改组。兹经省局改委黄宝桢为督征员，持有省令，接收公卖局一切公务，业于昨日交替完竣。

（1931年2月11日，第10版）

河北印烟税局长委定

〔南京〕财政部委石渭为河北印花烟酒税局长、姚东翰副。(十二日专电)

(1931年2月13日,第4版)

命令

国民政府十一日令:兹制定民国二十年江浙丝业公债条例公布之。此令。又令:兼行政院院长蒋中正呈:据财政部长宋子文呈:请任命潘延武为安徽印花烟酒税局副局长,应照准。此令。又令:任命赵云生为安徽印花烟酒税局局长。此令。

(1931年3月12日,第3版)

财政部解释征收营业税要点
——划分免征营业税界限,规定营业证贴用印花

财政部为推行营业税,恐于实施时发生各种争议,昨特分电各省市商会,解释一切。兹录电文如下:

为咨行事。案查全国实行裁厘,由各省举办营业税,以资抵补案,业经本部呈准行政院,将征收营业税大纲及补充办法通令各省市遵照在卷。惟营业税大纲第一条,有已向中央纳所得税之公司,及已由中央征收特种捐税者除外之规定;补充办法第一条有凡银行暨特种公司,及已征牌照税之烟酒业,除外之规定。又营业税所用营业证,究应贴用印花税票若干,亦为前此条例所未备,均应亟予明白解释,俾营业税之征税、纳税两方,并有遵循。

兹将解释办法五项列下:

(一)凡厂或公司,已纳统税或特种消费税者,各省不得再向其厂或公司征收营业税,但推销贩卖之商行店铺,应仍征营业税。

（二）凡专营盐业，已由中央征收盐税者，各省不得再向其征收营业税，但贩卖杂品之商店兼营零盐者，应仍征营业税。

（三）凡专营烟酒业，已由中央征收烟酒牌照费者，各省不得再向其征收营业税，但贩卖物品之商店兼售烟酒者，应仍征营业税。

（四）凡营业证应贴用印花税票，其资本在五百元以上者，每证一律贴用五角；其资本在五百元以下者，每证贴用一角。

（五）凡交易所，由中央征收交易所税，各省不得征收营业税。

以上各项办法，除分咨外，相应咨请查照云。

（1931 年 3 月 26 日，第 9 版）

皖烟酒印花两局合并

〔南京〕财部合并皖烟酒印花两局，派赵云生为局长、潘延武副。（二十六日中央社电）

（1931 年 3 月 27 日，第 6 版）

命令

国民政府三十一日令：任命汪宗洙为苏皖区统税局局长，郑芷湘为粤桂闽区统税局局长，谢奋程为湘鄂赣统税局局长，潘耀荣为鲁豫区统税局局长。此令。又令：任命关炯为江苏印花烟酒税局局长，吴启鼎为浙江印花烟酒税局局长，赵传琪为江西印花烟酒税局局长，徐少秋为湖北印花烟酒税局局长，钟麟为湖南印花烟酒税局局长，陈家栋为山东印花烟酒税局局长，萧道存为河南印花烟酒税局局长，石渭为河北印花烟酒税局局长，郑炳忠为广东印花烟酒税局局长，蒋质庄为福建印花烟酒税局局长。此令。又令：兼行政院院长蒋中正呈：据财政部部长宋子文呈请，任命施宗岳为苏浙皖区统税局副局长，蒋梓舒为粤桂闽区统税局副局长，谢恩隆为湘鄂赣区统税局副局长，吕李翼为鲁豫区统税局副局长，罗寿彭为江苏印花烟酒税局副局长，郑志道为浙江印花烟酒税局副局长，潘蕃孙为江西印花烟酒税局副局长，罗荣衮为湖北印花烟酒税局副局长，罗霆为湖南印花烟酒税局副局长，伊任先为山东印花烟酒税局副局长，缪协金为河南印花烟酒税局副局长，姚东翰为河北印花烟酒税局副局长，李翰为广东印花烟酒税局副局长，张仲钧为福建印花烟酒税局副局长，龙庸轩为苏浙皖区无锡分区统税管理所主任、诸侠生为副主任，罗梓江为苏浙皖区南京分区统税管理所主任，李达为苏浙皖区南通分区统税管理所主任、孙端甫为副主任，董声甫为苏浙皖区芜湖分区统税管理所主任，唐适为苏浙皖区常州分区统税管理所主任，孙士达为苏浙皖区杭州分区统税管理所主任，米丽泉为粤桂闽区汕头分区统税管理所主任，邓宝华为粤桂闽区汕头分区统税管理所副主任，张敏为粤桂闽区梧州分区统税管理所主任，陈炳章为粤桂闽区福州分区统税管理所主任，曾鲁达为湘鄂赣区长沙分区统税管理所主任，郭树钧为湘鄂赣区九江分区统税管理所主任，徐铁珊为鲁豫区济南分区统税管理所主任，朱仿文为鲁豫区郑州分区统税管理所主任，应照准。此令。

【下略】

(1931 年 4 月 1 日，第 3 版)

财部变更组织

〔南京〕财部直辖机关最近变更颇多，原有组织法亟应修改。刻宋财长已令秘书处拟具修正草案，在国民会议前呈送行政院，转呈国府，交立法院审订，其变更之点：

【上略】

二、税局合并为烟酒印花税局。

【下略】

(1931 年 4 月 13 日，第 4 版)

无锡·解释征收营业税办法

本邑营业税征收局局长杨无褊昨将财政部解释营业税办法五项函请县商会转知各业查照。兹录其办法如下：

一、凡厂或公司，已纳统税或特种消费税者，各省不得再向其厂或公司征收营业税，但推销贩卖之商行店铺，仍征营业税。

二、凡专营盐业，已由中央征收盐税者，各省不得再向其征收营业税，但贩卖杂品之商店兼营零盐，应仍征营业税。

三、凡专营烟酒业，已由中央征收烟酒牌照费者，各省不得再向其征收营业税，但贩卖物品之商店兼售烟酒者，应仍征营业税。

四、凡营业证应贴用印花税票，其资本在五百元以上者，每证一律贴用五角；其资本在五百元以下，每证贴用一角。

五、凡交易所，已由中央征收交易所税，各省不得征收营业税。

又火柴一项，既由中央征收统税，在施行统税区域以内，凡属火柴制造业，自应免予征收营业税。其物品贩卖业中之整卖业及零卖业，仍应照征，以示区别。

（1931 年 4 月 13 日，第 8 版）

财部电令全国各省印花烟酒税局长即日来京*

〔南京〕财部为整理全国印花烟酒税务行政及改良税收办法，电令全国各省印花烟酒税局长即日来京，以便详询一切。（二十一日专电）

（1931 年 5 月 22 日，第 6 版）

无锡·烟酒税改订税事

财政部近为整顿税收起见，特将从前包商制取消，一律改为直接委办。以前之烟酒通过税，迹近厘金，决定裁撤，将公卖、牌照两项税率增加，以资抵补。刻由苏省印花烟酒税总局将全省税区规划定妥，计公卖分三十二区、牌照十区，其税率则公卖与牌照各增三成，统计全省比额为一百九十余万元。各区分局长人选，亦已由局长关絅抡送财部核定。锡人顾道生委为川崇启烟酒牌照税稽征分局长，年比九万弱。陈鹤年委为吴昆江常太嘉烟酒牌照稽征分局长，年比十万元有零。俞蕴青为无锡烟酒公卖分局长。无锡烟酒牌照税，系属锡阴区管辖，其稽征分局长一职，已委定常州人恽福斌。陈鹤年原任无锡印花税局长，其遗缺已委派毛协五接充，不日即可交替。

（1931 年 6 月 16 日，第 9 版）

江苏印花烟酒税局紧要公告

案查前江苏烟酒事务局经募十九年关税库券，饬经各烟酒分局转令各稽征所按额募足所有库券，早经核发，一律结束，清楚在案。惟查少数稽征所尚有印收未据悉数缴回，现值二十年度将届，已奉部令将各烟酒费税所裁撤，改组稽征分局，于七月一日开始办理。凡商民人等执有十九年关税短期库券印收者，务尽六月底止，径向原经募各所换领库券，幸勿观望自误。恐未周知，特此公告。

（1931 年 6 月 24 日，第 5 版）

烟酒牌照稽征所撤消

——由官厅收回自办

江苏印花烟酒税局昨为奉令撤消稽征所，特发通告云：案奉财政部印字第二九七二四号训令，内开：为令遵事。该省烟酒稽征所前据烟酒事务局以废除商包，骤改委办，事实上不无困难，呈准于十八年度暂行投标委任，十九年度复经修改章则，改订比额，呈准继续办理在案。查投标委任原系过渡时期变通办法，现在烟酒税务正在积极整顿，所有该省各稽征所自二十年度开始起，投标办法应即取消，一律由局慎选干员，遴委接替，彻底改革，以期刷新。为此，令仰该局克日妥议具体办法，呈候核饬遵行勿延。切切！此令。等因。奉此，遵经斟酌情形，统筹办法，呈奉部令照准，自二十年度开始之日起，将本省原有烟酒公卖费、牌照税等各稽征所，一律裁撤，另行支配设置，公卖稽征分局三十二处、牌照税稽征分局十处，分别另委妥员，直接征收各在案。除印就布告分发各稽征分局张贴外，相应检同布告一份，函请贵会查照，并转各烟酒商同业公会一体知照云。

江苏上宝川崇启太嘉烟酒牌照税稽征分局向由包商承办，近江苏印花烟酒局实行取消包商承办，改为散征制，并委定顾道生为上宝川崇启烟酒牌照税稽征局局长，定七月一日起实行，总局仍设沪埠，其余四县各设支局一所。按，上海区包商承办征税起于民国四年，十九年度上宝川崇启五县缴纳苏省之认额为九万余元。闻改散征之后，税额预算当可增加四成云。

（1931 年 6 月 27 日，第 13 版）

上宝烟酒稽征分局开始办公

——七月一日实行开征

苏省烟酒公卖费及牌照税稽征办法向系由同业投标承办，现经财部规定，自二十年度起，改为委任。兹由江苏印花烟酒税局委任汪璧为上宝烟酒公卖费稽征分局局长，汪局长业已来沪，照章组织，现觅定南市大东门小桥头颜料公所隔壁民房为局址，并委定职员，开始办公。闻定于七月一日起实行开征，昨已呈咨各关系机关，并布告烟酒商人一体知照云。

（1931 年 6 月 28 日，第 18 版）

江苏上宝川崇启烟酒牌照税稽征分局通告

本局现已赁定上海小南门外中华路四百八十一号房屋开始办公，于七月一日正式成立，并于十一日开征。除分别呈咨函令外，仰烟酒业商人等一体知照。特此通告。

（1931 年 7 月 2 日，第 9 版）

烟酒牌照税开征展期

江苏上宝川崇启烟酒牌税稽征分局顾道生局长自七月一日到局视事，原定本月十一日启征。兹有外业承办川、崇、启三县，局方为税收便利，迁就从事。政府此次撤销包商，以杜中饱，而裕税收，烟酒商民得免苛扰。上、宝两县由顾局长收归自办，加级征收。本市烟酒两业昨日均派代表赴局请愿，要求减轻负担。顾局长因受多方责难，当于三时晋京，向关局长请示核办，约下期返沪再与该业代表磋商征收办法，俾免疑问，发生意外风潮，大致可获宽格办理，以示体恤。恐开征之期，又须展至二十一日云。

（1931 年 7 月 5 日，第 19 版）

上宝烟酒牌照税秋季逾限加入催征费

——本月廿六日起

江苏上宝川崇启烟酒牌照税稽征局为上、宝两县烟酒商民纳税便利起见，上海设支所于大南门内阜民路三八一号，宝山支所设于闸北宝山路颐福里二十号。前奉局令，秋季定于本月十六日开始征收，限于二十五日止，逾限缴纳者，照章加收催征费，其例如下：烟类整丙一元二角、零甲八角、零乙六角、零丙四角、零丁二角；酒类整乙、丙均四元、零甲八角、零乙六角、零丙四角。

（1931 年 7 月 25 日，第 16 版）

酒商致牌照税局长函

华东社云：闸北元元、亨大等酒商致烟酒牌照税局长顾道生函云：道生局长先生勋鉴：谨启者：敝号等于前日派员趋前掉换牌照缴纳税款，藉知贵局对于上届旧照，变更等级，增加税款。如老元豫号向系乙种，应缴洋四元，今改为甲种，加征洋四元；广大等数户，向均丙种，各应缴税洋二元，今皆改为乙种，加征洋二元。此种加税政策，事前并未文告通知，而竟乘人不备，猝然加重，商民负担按照税务行政手续，容或有过当之处。但老元豫等分属商人，对于此不告而征之重税，虽感觉片面的高压之痛苦，而以事关上裕国计，有不得不勉力照纳者。讵料除此突然加税之外，复于母税洋一元多征二角，催征费既承注明免加，此多征之二成，在牌照上既未注明何项名目，又不向纳税人声明用途，似此收税加重，又复多征，层层朘削，非特商力有所不支，且平添一种毫无根据之法外负担。疑虑所及，用达备函奉达，务希贵局察照，明白剖示，知所率从云云。

（1931 年 7 月 31 日，第 15 版）

江苏上宝川崇启烟酒牌照税稽征支所

为通告事。案查本所前因烟类零丁照及酒类零丙照奉颁不敷应用，暂给临时收据，呈明分局在案。兹已领到牌照，仰烟酒两业凡持有前项收据者，即行凭据来所，换领牌照，幸勿延误。特此登报通告。中华民国二十年八月三日。主任钱文达、程增凤。

（1931 年 8 月 4 日，第 2 版）

绍兴·烟酒稽征查验机关之变更

绍兴烟酒局奉令更名为稽征分局，缩小区域，划分办理，从前所属各稽征所查验处，亦有变更裁撤。西兴等处沿塘一带之查验所，在绍兴出口要津之钱清地方设立办事处，查验出运西路绍酒。东路方面，仍设在曹娥。其他汊港地方，均设分处巡查，以杜漏税。

（1931 年 8 月 17 日，第 10 版）

洛阳烟酒稽征局局长惠及商民

洛阳烟酒稽征局长童公天铎自去岁莅洛，正值军阀蹂躏之余，百业凋敝，烟酒税收更属寥寥。我局长体恤商艰，廉洁自矢，不忍向商民预借分文，其仁民爱物之情，是未有而仅见矣。并于局内一切设施力加整顿，因之职员人等自上而下，无不廉洁自励。此虽党国之福，亦烟酒商界之幸也。商等正额手称庆，突闻升迁之讯。自度攀辕力微，莫由图报，谨作甘棠之念，藉抒感忱。洛阳烟酒全体商民同叩。

（1931 年 8 月 18 日，第 6 版）

整顿秋季烟酒牌照税

——稽征支所通告

上海县烟酒牌照税稽征支所昨致通知书于各药店及旅馆云：为通知

309

事：案奉江苏上宝川崇启烟酒牌照税稽征局令开：案烟酒牌照税务向系包商性质，此次改为委办，原为剔除积弊，整裕税收起见。兹查各处药业营业药酒者，以及旅饭馆兼营烟酒者，照章均应分别纳税。除分令外，令仰该主任即便遵照，迅即查明上项商号，破除情面，切实整顿，自本年秋季起，饬令纳税领照，以符定章而维国课，勿稍徇隐干咎。切切！等因。奉经令饬本所各组催征员，分别催令纳税领照在案。查部颁细则第四条内载：领照各商如逾前条期限，尚未请换新照者，该管经征机关应以书面警告之；如自警告书送达之日起满十日仍不请换新照者，除责令缴税换照外，应处以每季应纳税额十分之一以上至十分之二以下之罚金；如警告书到达之日起满一个月仍延不请换新照者，即以无照营业论，应按照烟酒营业牌照暂行章程第八条之规定办理：（一）初犯者处以每季应纳税额一倍以上二倍以下之罚金；（二）再犯者处以每季应纳税额三倍以上十倍以下之罚金；（三）三犯者不得营业。该号前经派员催征，限期已逾，尚未领照，合行通知，即仰该号遵照，克日来所缴税领照，慎毋玩违，致干处罚，是为至要。此告。云云。

（1931 年 9 月 10 日，第 14 版）

冬季烟酒牌照开征

上宝两县烟酒牌照税稽征支所致烟酒两业通告云：案查本年秋季牌照纳税限期已届终了，值此冬季又届，定章限于十月一日开征。至十月十日止，尚有秋照未捐领者，应即补税领照，如再故违，须按本年颁新章罚办。合行通告，务仰烟酒商民一体周知，各于限内到所遵章纳税，换领新照，以安营业而维国课，幸勿观望自误，致干处罚，是为至要。特此通告。

（1931 年 10 月 2 日，第 15 版）

松江·省委彻查税局探案

松金奉南青五县烟酒牌照稽征分局局长朱捷元，近被松邑烟酒商向财政部及省总局呈控。前日，省局特派视察员陈作涵来松调查，闻被控事实，系改变牌照，浮收肥私。按，牌照税自官办以来，财部明令不得以收据及其他代替牌照，收取税款，以杜浮收。乃莘庄、张泽、亭林各烟酒商纳税之后，该分局或给牌照，发现有丁等改变为丙等弊混，或发催征单盖有效三月之图章以代牌照，核与规程有背。陈省委前日曾搜得前项证据，携省复命。闻财政部长亦有批示，令饬苏省烟酒牌照稽征总局彻查具复。

（1931 年 10 月 3 日，第 12 版）

烟酒税处科下设股

〔南京〕财部以印花烟酒税处事务繁赜，各科以下，应分设各股，特加派徐养燧、杜经等四人为股主任。（十二日专电）

（1931 年 10 月 13 日，第 9 版）

烟酒登记规则公布

〔南京〕财部为考察烟酒产销实况及改良征收，特订烟酒登记规则二十一条，十七日以部令公布。（十七日专电）

（1931 年 10 月 18 日，第 9 版）

苏州·彻查牌照税纠纷

吴昆太常烟酒牌照税局局长陈鹤年接事以来，为整顿烟酒牌照税，为油酒酱业所不满，谓陈局长滋扰商民，滥用职权，发生重大纠纷，商会调解无效，双方呈请财政厅核办去后，财政厅现派视察员朱苎来苏彻查，从事调解。而局方曾于前日函请公安局，协助执行收税。商人方面，昨（十九）特函请公安局，在未解决以前，暂缓执行。

（1931 年 10 月 20 日，第 8 版）

整顿烟酒税实行登记

国府鉴于烟酒两种类属消耗，拟行严禁。姑念该业商艰，着先登记整顿，以示寓禁于征。财政部现设全国烟酒商登记事务所，于小南门中华路通俗影戏院隔壁，业已委定尹、沈两主任外，并有登记调查等各职员及茶役、传达共三十余人，闻不日即将开始工作。现就江苏范围，以上海先行办理，其宝山、川沙、崇明、启东等各县次第进行，江苏全省限六个月内结束云。

（1931 年 10 月 23 日，第 10 版）

苏州·财厅派员彻查牌照税纠纷

苏地油、酒、酱、烛、烟各业以吴昆江太烟酒牌照税分局长陈鹤年违法浮收，朦混舞弊，特联衔向苏财厅及财政部控告，请求彻查，以维商运。财厅特派视察员朱苇君于昨日（二十四）来苏调查，朱君抵苏后，即至商会访谒主席施筠清，详询经过情形后，并向税局调查一切，以便呈复核夺。

（1931 年 10 月 25 日，第 11 版）

鲁省府委定税收官

〔济南〕省委李无尘为山东盐运使，定二十九日接任。又委孟昭孔为烟酒印花税局长，孟今已接事。（二十八日专电）

（1931 年 10 月 29 日，第 7 版）

鲁省府接收国税机关

——由省政府派人办理

〔济南通信〕鲁省国税各机关，计有盐运使署、烟酒印花局、统税管理所、硝磺局等，现均改由省府派人接收办理。省府主席韩复榘已于今（二十八日）早委定李无尘（第三路总指挥部军法处长）代理山东盐运使、孟昭孔（第三路总指挥部军需处科长）代理山东烟酒印花局局长、侯锡田（省政府会计主任）代理统税管理所所长、田连仲（第三路总部军需处副处长）代理山东硝磺局局长，并负责接收各署局所征存税款、税票等，分具四柱清册，呈候核夺。各代理人员奉令后，即分别前往接收，情形如下：

【中略】

烟酒印花局

旧烟酒印花局局长项介人前随蒋伯诚赴京未回，由其科长负责交代。新任代理局长孟昭孔于今日（二十八）上午十二时接印视事，当贴出就职布告云：案奉山东省政府训令内开：为令遵事。查烟酒印花税局局长一职，已委该员前往代理，所有局内征存印花烟酒各种款项暨税票等项，亟应清查。为此，令仰该局长迅将接收各项分别列具四柱清册，呈候核夺，并先将到差日期具报。勿延。此令。等因。奉此，本局长定于十月二十八日接任视事，除分报另行宣誓典礼就职外，合亟布告各商民一体周知。

【下略】

(1931 年 10 月 31 日，第 9 版)

吴昆江常太嘉烟酒牌照税局函

顷阅贵报一日苏州地方通信刊登《省委调查牌照税纠纷》一则，所载殊与事实不符。缘历年烟酒牌照征税，向由招商承办，积弊蘩深。自本年度经财政部颁布新章，改为委任，敝局职责所在，自应遵照新章，厉行整顿，以裕国课而清积弊。讵因此竟遭商民之反响，藉公会团结，拟仍旧认包，不遂所欲，遽向省局呈控。业经省委来苏，查明并无失职之处。相应函请贵报更正，以彰公道。耑此顺颂。吴昆江常太嘉烟酒牌照税局谨启。二十年十一月二日。

(1931 年 11 月 3 日，第 8 版)

烟酒牌照税上海宝山稽征支所紧要通告

　　为通告事。案据本所稽查员等报告：近有华安康及易姓、梁姓、朱姓并不知姓名之人，在上、宝两县辖境内，冒充本所职员，私收税款情事，实属不法已极。除呈请主管局咨行公安局分令各区所协助查缉，务获究办外，合行通告上、宝两邑烟酒商人一体知悉：凡本年征收稽查人员至该店收税或检查时，均有金面执照，内盖局印，附粘本人相片，加盖本主任等方形图章及襟悬圆形徽章，注明"上海""宝山"字样，先行出示。如无，即系假冒，准由该店扭送就近区所法办。慎毋贪小受骗，扶同徇隐，致干查究。切切！此布。中华民国二十年十一月十日。上海支所主任钱文达、程增凤。宝山支所主任沈骅、杨鼎。

（1931 年 11 月 13 日，第 2 版）

无锡・烟酒分局长被控撤职

　　本邑烟酒公卖费分局长俞锡麟自到任以来，苛刻剥削，商民苦之。近被酱业公会主席杨履冰胪列证据，呈省控告后，乃由财政部印花烟酒税及江苏印花烟酒税局先后派委来锡，向商会及酒商吊户等各方切实调查，颇有充分证据，闻俞分局长业经省方撤职。

（1931 年 11 月 30 日，第 8 版）

上宝烟酒公卖稽征分局通告

　　查本分局前发白酒稽征所各稽查执照，业经一律收回，另行颁发。所有二十年十二月一日以前执照，应自即日起一概废止，作为无效。嗣后倘有不法之徒假借旧照，影射混淆，意图招摇藉端索诈者，应准受害人指名控告或送局办。此告。

（1931 年 12 月 22 日，第 5 版）

春季烟酒牌照定期开征

——一月一日

江苏上宝川崇启烟酒牌照税稽征分局昨致本市西烟、旱烟、烟兑、土黄酒、粱烧酒、汾酒、酱酒、药酒等各同业公会函云：径启者：查二十一年份春季烟酒牌照税，定章一月一日开征至十日止限满，逾限加征罚金。所有烟酒各商，均应于限内来所换领，如果逾过限期，照章万难免罚。为特专函奉达，即希贵会查照，迅予通告会员，各自依限换领，是为至要云云。

（1931 年 12 月 28 日，第 10 版）

浙省筹解盐烟酒税

〔杭州〕浙筹解财部盐税八十万，烟酒税三十万。（十二日专电）

（1932 年 2 月 14 日，第 6 版）

上宝白酒公卖费稽征支所通告第一号

窃镛兹奉上宝烟酒公卖费稽征分局令开：今委任黄镛为上宝白酒稽征支所主任。此令。等因。奉此，但当此变乱未靖，商业停顿之秋，本无心办理公卖。惟镛系白酒业之一份子，上为国税，下为营业起见，不得不勉为其难，维持残局。兹定于三月二十一日接事，在南市里毛家弄粱烧同业公会内设所启征，所有办公人员，除发给新证外，其从前吴主任与各分征处或有订立合同以及所发之稽查证，一概作废无效。以后如有仍持旧证，藉稽查为名，藉端骚扰需索者，准许来所报告，以凭查究。为特登报通告白酒各商一体知照。此布。主任黄镛谨启。

（1932 年 3 月 23 日，第 4 版）

印花烟酒税局催领夏季牌照

江苏印花烟酒税局新任局长张贻志、副局长沈宗濂催征夏季烟酒牌照税，昨贴布告云：为布告事。案据上宝川崇启烟酒牌照稽征分局局长顾道生呈称：据职属上海支所主任钱文达呈称：窃职所境内，因受战事影响，税收停顿，业将情形呈报在案。惟查现今四月上旬，又届夏季开征之期，烟酒各商除在日兵占领范围及影响所受之区域外，所有南市方面多已复业。目前虽市面萧条，而对于烟酒照税，自应遵章缴纳。讵意各存观望，延不换领，抑且风闻有人从中捣乱，假借某某公会名义召集讨论，藉口战后，拟请豁免之举，致职所一再派员催征，置若罔闻。似此情形，税收前途何堪设想，为特报请鉴核等情。据此，伏查前项税款，在此时局平静之秋，尚且不易征收，值此兵灾以后，商民藉词抗缴，固属在所难免，若不从严催征，税收更无起色。兹据前情，除指令外，理合据情呈报钧畏鉴核等情。据此，查烟酒牌照税关系国课，凡属烟酒商人，均应遵章按季纳税，不容稍涉难望。据呈前情，除指令外，合亟布告，仰各烟酒商人一体遵照，务须按章纳税，依期换领牌照，毋得稍涉违抗，致干查究。切切！此布云。

(1932 年 4 月 18 日，第 6 版)

烟酒牌照印花规定办法

江苏印花烟酒税局奉财政部训令，内开：案据上海市特区市民联合会阳代电，请减轻印花罚则，及改定烟酒牌照贴花办法等情到部。除批阳电悉，查现行印花罚则，自最低五元起至最高一百元止，较之民国三年修正税法，其罚则最高至二百元为止者，业已减轻甚巨。且系条例规定，施行已久，碍难任意变更。至于烟酒牌照应贴印花条例，亦有明文，各省遵行有年，该省尤难独异。惟此项牌照贴花手续，为事实上便利起见，应准由各省烟酒牌照经征机关填发时，遵照部定税率按张贴用，即由商人于领照时，如数缴纳票价，以资简捷，已令饬江苏印花烟酒税局饬属遵办。此批。等因。揭示外，合行抄录原代电，令仰该局转饬所属，一体遵照办理云。

(1932 年 4 月 21 日，第 8 版)

部令烟酒牌照碍难豁免

上宝川崇启烟酒牌照税分局昨奉江苏印花烟酒税局第三十号训令，内开：为令知事。案奉财政部印甲字第一五号训令开：据上海市烧酒、绍酒、汾酒、西烟、烟叶业公会呈：为战事影响，商业停顿，恳将上、宝两县夏季牌照税一律豁免，并令行上宝川崇启烟酒牌照税稽征分局遵照办理等情。据此，除批呈悉，查上、宝二县因战事影响商业，自属实情。惟烟酒牌照税系对营业征税，凡属烟酒商户，除因歇业免征外，其设有商店继续营业者，均应遵章领照，向无因故豁免之先例，所请碍难照准，仰即知照。此批。等因。印发外，合行令仰该局知照。此令。等因。奉此，合行令仰知照。此令。云云。

(1932 年 4 月 30 日，第 8 版)

松江·烟酒牌照税归省收

县政府奉省政府主席顾代电，略谓：查苏省烟酒牌照税现经本府第四八九次会议决，定由苏省直接整理，已令财厅迅即派员前往各县接收开办，合行电仰该县长遵办，协助进行。并先传知该县辖境各烟酒商，嗣后此项牌照税，应即径解本省所设烟酒营业税局核收，不得再解从前之烟酒牌照稽征局，如有阳奉阴违，着即惩究具报等因。沈县长奉电后，已电知各区公所及县商会查照转知各烟酒商遵办。

(1932 年 5 月 24 日，第 8 版)

牌照税系部辖征收机关

——江苏印花烟酒税局电

上海烟酒牌照税稽征支所昨奉江苏上宝川崇启烟酒牌照税稽征局快邮代电，内开：顷奉江苏印花烟酒税局敬日代电开：顷阅《申报》载"松江县政府奉省政府主席顾代电，江苏烟酒牌照税现议决由苏省直接

317

整理，令财厅派员接收开办，合电仰该县长遵办协助，并传知烟酒商，嗣后此项牌照税，应解省设烟酒营业税局"等语。查本局系部辖征收机关，征收烟酒牌照税是其专责。除呈部制止，并分电外，合电仰该分局长遵照，并转行各支所，通知烟酒商照常纳税。切切！等因。奉此，除分电外，合行电仰该支所遵照，并通知所属烟酒商照常纳税。切切！分局长顾。有。印。

（1932 年 5 月 27 日，第 10 版）

南通·烟酒牌照税纠纷

县府奉省政府电，本省烟酒牌照税改由省财政厅接办，传知烟酒商，嗣后将税款解省。刻烟酒牌照税局又通知各商照常纳税，省办一节，已由总局电部制止。致起纠纷，未识若何解决也。

（1932 年 5 月 30 日，第 8 版）

烟酒牌照税仍归部办

江苏印花烟酒税局第八六号令云：案奉财政部印花烟酒税处支代电开：敬代电悉。查江苏烟酒牌照税一案，前准苏省政府于覃日电请直接整理，即日令行财政厅，派员分赴各县征收，径解省库等由到部。当查是项牌照税，向由中央直接征收，各省一致奉行。况查国府公布营业税法第二条，亦明订为中央征收之款，且与烟酒产销整理税务，均有密切关系，碍难划分。曾经本部于漾日电复取消原议，以免纷歧，并呈请行政院令饬制止在案。据电前情，仰即通饬所属各该牌照税分局仍应循旧办理，切实稽征，以符原案，是为至要等因。奉此，查此案前阅报载，并据各烟酒牌照税分局先后呈报，节经电请财政部咨行江苏省政府取消前令，一面通饬各分局传知各烟酒商照常征纳各在案。兹奉前因，除分行外，合行令仰该分局遵照办理毋违。切切！此令。

（1932 年 6 月 10 日，第 14 版）

烟酒牌照税仍归部办

——财政部批复

江苏烟酒牌照税自上海烟兑业、粱烧酒业、酱酒业、酱园业等四团体阅报载归省办理，加额征收，当于微日代电财部，请示真相。该会等已于昨日接奉财部印字第五五一号批示云：微代电悉。查江苏烟酒牌照税一案，前准苏省政府覃日电请直接整理，即日令行财政厅派员分赴各县征收，径解省库等由到部。当以是项牌照税，向由中央直接征收，各省一致奉行。况查国府公布营业税法第二条，亦明订为中央征收之款。曾经本部于漾日电复取消原议，以免分歧，并呈请行政院令饬制止在案。报载经部认可之说，绝无其事。该公会等务各传知同业，切勿轻信谣言，自相惊扰。除令江苏印花烟酒税局转饬循旧切实稽征外，仰即一体遵照。此批。云云。该公会等业已分别录令，通告同业云。

（1932 年 6 月 28 日，第 15 版）

苏烟酒牌照税将开征

〔镇江〕财厅称苏烟酒牌照税各区分局税票已分发，决七月一日开征，外传仍归部办说非事实。（二十八日专电）

（1932 年 6 月 29 日，第 7 版）

江苏第三区上宝烟酒营业牌照税稽征所通告

为通告事。案奉江苏第三区烟酒营业牌照税局委任令开：兹委任陈寿山为上宝烟酒营业牌照税稽征所所长。此令。等因。遵于七月一日就职任事，现假南市紫霞路一百二十五号房屋办公，并为便利沪北商人起见，在闸北宝山路口颐福里另设办事处，即日遵令开征。仰本管区域内烟酒营业各商一体知悉，遵章依限投所，如额缴纳，幸毋观望自误。特此通告。

（1932 年 7 月 2 日，第 6 版）

上宝土黄酒公卖费稽征所通告

查二十年度业经终了，所有本管境内各土黄酒作坊在二十一年七月一日以前领贴印照之酒，限三日内一律运出，幸勿延误，致滋纠纷。特此通告。

（1932 年 7 月 2 日，第 6 版）

江苏烟酒牌照税遵奉部令继续征收

上宝烟酒牌照税稽征支所于六月三十日接准分局电开：顷奉江苏印花烟酒税局俭代电开：查江苏省政府电饬各县接收烟酒牌照税一案，前奉财政部印花烟酒税处支代电，以是项牌照税，向由中央直接征收，各省一致奉行，碍难划分。经电请行政院，令饬制止，仰通饬所属牌照税分局循旧办理，切实稽征等因。当经转令遵照在案。诚恐烟酒商人，仍有不明斯旨，藉词观望，殊属有碍税收，亟应布告周知，藉释群疑。除分电外，兹检发布告，仰该分局长迅即广贴通衢，俾众周知，并将奉到日期具报等因。奉此，除分电外，兹将原布告二十张检发该支所，迅即广贴通衢，俾众周知，并将奉到日期具报。切切！分局长顾。艳。印。

（1932 年 7 月 2 日，第 19 版）

烟酒税由中央征收

——苏税局之布告

江苏印花烟酒税局布告第四号云：为布告事。案奉财政部印花烟酒税处支代电开：敬代电悉。查江苏烟酒牌照税一案，前准江苏省政府于覃日电请直接整理，即日令行财政厅派员分赴各县征收，径解省库等由到部。当查是项牌照税，向由中央直接征收，各省一致奉行。况查国府公布营业税法第二条，亦明订为中央征收之款，且与烟酒产销整理税务，均有密切关系，碍难划分。曾经本部于漾日电复取消原议，以免纷歧，并呈请行政院令饬制止在案。

据电前情,仰即通饬所属各该牌照税分局,仍应循旧办理,切实稽征,以符原案,是为至要。又奉财政部印字第一六三七号及一六三九号两训令,以据上海市烟兑、酱酒、梁烧、酱园各业同业公会微代电陈,略以支日报载苏省牌照税收归省办,经财部认可,究竟如何情形,请迅赐示,俾释群疑。镇江酒酱业代表柳翼、烟业代表□□□□□□□□□,苏省烟酒牌照收归省办,均是苏沪一带奸商利用机会,变更税则等级,加重苛敛商民,遂其中饱,请救济制止,各等情。除以此案苏省电请收归省办,曾于漾日电复取消原议,以免纷歧,并呈请行政院令饬制止在案。报载经部认可之说,绝无其事。该公会等务各传知同业,切勿轻信谣言,自相惊扰等因。分别批示外,仰分别传知查照,一面转饬所属各牌照税局循旧办理,切实稽征,各等因。奉此,查此案前阅报载,并据各分局先后呈报,节经通饬各分局传知各烟酒商照常征纳在案。兹奉前因,除分行外,合行布告,仰各该烟酒商人一体遵照部批,照常纳税,毋存观望。切切!此布。中华民国二十一年六月廿五日。局长张贻志,副局长沈宗濂。

(1932 年 7 月 3 日,第 15、16 版)

江苏上宝川崇启烟酒牌照税稽征分局通告

为通告事。案奉江苏印花烟酒税局俭日代电开:查江苏省政府电饬各县接收烟酒牌照税一案,前奉财政部印花烟酒税代电,处以是项牌照税向由中央直接征收,各省一致奉行,碍难划分。经电请行政院,令饬制止,仰通饬所属牌照税分局循旧办理,切实稽征等因。当经转令遵照在案。诚恐烟酒商人仍有不明斯旨,藉词观望者,殊属有碍税收,亟应布告周知,藉释群疑。除分电外,兹检发布告四十张,仰该分局长迅即广贴通衢,俾众周知等因。奉此,当经遵照办理,并分函烟酒各公会转知各在案。兹查二十一年度秋季烟酒牌照税已届换领之期,本局定于七月一日起仍在大南门内阜民路三百八十一号上海烟酒牌照税稽征支所照常开征,其宝山支所即附设于上海支所内。除布告外,合行通告,仰上、宝两属烟酒商人一体知悉,务各遵照部令,依限前往该支所纳税领照,幸勿观望自误。特此通告。中华民国廿一年七月一日。分局长顾道生。

（1932 年 7 月 5 日，第 7 版）

上宝烟酒牌照循旧征收

——七月一日起

上宝稽征局布告

江苏上宝川崇启烟酒牌照税稽征局长顾道生前因报载牌照收归省办，规划分区，设立局所，委任职员，分赴各县实行接收，诚恐纳税商人无所适从，即经电陈财部及印花烟酒税处暨省总局请示核办。业已奉到各方批令，饬即循旧办理。上、宝两支所奉令并设于大南门内阜民路三百八十一号原址继续办公，秋季牌照仍于七月一日起换领纳税。该局除登报通告烟业各团体外，并张贴布告云：为布告事：案奉江苏印花烟酒税局俭日代电（已志本报，略），本局定于七月一日起仍在大南门内阜民路三八一号上海烟酒牌照税稽征支所正常开征，其宝山支所即附设于上海所内。除登报通告外，合行布告，仰上、宝两县烟酒商人一体知悉，务各遵照部令，依限前往该支所纳税领照，幸勿观望自误。切切！特此布告。

江苏税局代电

江苏印花烟酒税局冬日分电所属各分局文云：查烟酒牌照税向由中央直接派员管理，□奉部令照常征收，转饬遵照在案。仰即一面办理结束，一面继续稽征，毋稍疏懈。除分电外，特电知照。云云。

（1932 年 7 月 5 日，第 14 版）

松江·省办牌照税开征

烟酒牌照税自省府议决归省直接征收，由财政厅派员分赴各县设局开征，并令县政府、县商会协助办理，并转知烟酒商人投局纳税在案。本县归第三区稽征局丁锦山管辖，松县已由张受之承包，就竹竿汇自宅设立办公处，开始征收。而财政部原办之松、奉、金、青、南五县烟酒稽征所所长朱捷元，亦奉省局电令照常征收，业已遍发布告。惟一般烟酒商人，究将税款缴纳何局，何所适从，不知此烟酒牌照税问题，将如何解决也。

（1932 年 7 月 6 日，第 10 版）

上宝两县烟酒牌照仍向支所换领

江苏烟酒牌照税向由中央管理，财部派员直接征收。今省府拟归省办，加额征收（如"四元之照印六元""二元之照印三元"字样）。顷据烟兑、酱酒两业所得消息，首都竟设有部、省、市三局，上、宝亦设两所，且又同日起征，致商人无所适从，自开□牌照之新纪录。当由上、宝烟酒业团体电呈财政部请示真相，奉批：勿自惊扰，循旧征纳。该商为维护中央政府之威信，并望财政统一、减轻商负计，将应纳税款仍向阜民路三八一号上、宝两支所汇解中央。兹闻苏、锡、常、镇、通、如、海、泰、靖、闵行等处烟酒业团体及商会等函电征询，拟按沪市情形办理云。

（1932 年 7 月 7 日，第 16 版）

江苏第三区烟酒营业牌照税局通告

为通告事。本月六日，奉江苏省财政厅训令第二〇九六号内开：为令遵事。本省烟酒营业牌照税收归省办，定七月一日起实行启征，业经通令在案。省税省办，名实相符，自属正当办法。各区分局、各征所直接收款，应切实晓谕各烟酒商人迅赴省区局所照章纳税。倘有意存观望，藉口抗延，即予严厉究追，并令停止营业，以重税款。此令。等因。奉此，查烟酒牌照税实行省办，定七月一日起开始征收，业经布告在案。兹奉前因，合再登报通告，仰烟酒各商遵令迅赴省区各局所，照章依限如额缴纳，毋再观望，致干咎戾。此布。

（1932 年 7 月 8 日，第 5 版）

统税署印花烟酒税处合并为税务署

——宋子文谓是行政组织近代化

〔南京〕十二日行政院会议，财长宋子文提出将财政部现有之统税署及印花烟酒税处合并为税务署，经一致通过，任命谢祺为税务署署长。宋氏于会议散后语报界云：行政最高原则为机关简截化及行政经费之节缩化。当余初长财部时，财部各种税收机关林立，如面粉特税局、渔税局、烟酒特税局等，名目繁多，组织庞大，经费亦浪费不资，按之近代行政组织之原则，最为不合。故任事后，即力谋改组，以筑近代化之行政组织。截至最近，财部内旧日错综之机关已次第归并，惟余盐务署、关务署、统税署、印花烟酒税处，而此次复将统税署与印花烟酒税处合并成一税务署，其用意盖一本行政组织近代化之主张。此次变更，亦足证明本人对于整理行政之大概，其影响尚不止一个机关内之经费及管理问题也。（十二日专电）

（1932 年 7 月 13 日，第 8 版）

苏印花烟酒税局

——张局长奉令嘉奖

江苏印花烟酒税局局长张贻志氏昨奉财政部专令云：据印花烟酒税处案呈：各省印花烟酒税局每月解库税款如数报解或超过派额者固多，而藉词短解、延不足额者，亦复不少。自非分别奖惩，不足以昭激劝。查江苏印花烟酒税局五、六两月报解税款，均能如数解足，且或超过派额，应请予以嘉奖等情。查库储奇绌，端赖各省税局筹维。该局长关心国计，悉力经征，至堪嘉尚，此后仍仰努力稽征，源源报解，充裕税入，有厚望焉。

（1932 年 7 月 13 日，第 16 版）

财部令税署整顿烟酒印花

〔南京〕财部令税务署迅将各省烟酒印花拟具逐步整顿办法，俾于相当时期可循照征收统税章程办理。所有统税方面原办理人员，不得调任或参加办（理）印花烟酒事务，以免烟酒印花未经改善，而完整之税务反受紊乱之害。（十五日专电）

〔南京〕财部派蒋梓舒为江苏印花烟酒税局长，梁家干为副局长，尹任先兼代河南印花烟酒税局长。（十五日专电）

（1932 年 7 月 16 日，第 8 版）

省办烟酒牌照院令取消

江苏印花烟酒税局昨已奉到财部训令第一九一五号开：案奉行政院第一六九六号指令，内开：财政部第一八一号呈：为呈复苏省府电请将该省烟酒牌照税由省直接整理。又浙省府电陈烟酒牌照税自二十一年度起由财政厅接收办理，各案妨碍中央财政，所关至巨，请令饬取消原议由。呈悉。已据情令饬苏、浙两省政府，迅将原议取消矣，仰即知照。此令。等因。奉此，除分别咨行南京、上海两市政府暨令行浙江印花烟酒税局知照外，合行令仰该局知照，并转饬所属一体知照。此令。云云。

（1932 年 7 月 17 日，第 15 版）

税务署八月一日成立

〔南京〕财部税务署定八月一日正式成立，在未成立前，统税及印花烟酒税仍用现时征税机关名称征税。（十八日专电）

（1932 年 7 月 19 日，第 4 版）

请划烟酒牌照税不准

〔南京〕江、浙、赣各省府及京沪等市府呈请将各省市烟酒牌照税改归省市政府办理，行政院批斥不准。（二十一日专电）

（1932 年 7 月 22 日，第 8 版）

无锡·烟酒牌照税争持解决

苏省烟酒牌照税向由财政部直接办理，本年苏、浙两省因省库支绌，收归省办。至部、省各自派员征收，争执未已，致烟酒商人无所适从。最近始由财政部呈准行政院，令行苏省府取消省办原议，仍由财部直接办理。兹省委无锡烟酒牌照税稽征员，已奉令从事结束。数月纠纷，至此始告一段落。

（1932 年 7 月 23 日，第 12 版）

税务署昨改组完毕

——分设六科人选已发表

财政部统税署与烟酒印花税处两机关近奉部令合并，并易名为财政部税务署。统税署长谢祺自奉令后，即于本月十四日偕属员赴京接收烟酒印花税处，旋即返沪于本月十六日正式成立税务署，惟内部则在进行改组中。昨据新声社记者探悉，该署昨日已改组完毕。按照原有组织，统税署共有六科，而烟酒印花税处亦有六科，合并共十二科。现烟酒印花税处之一、二两科归并于统税署总务科，三、四两科归并于统税署之主计科。该处原有调查、税务两科，合并印花烟酒税科。原有统税署中之管理五项税收机关，改组为棉纱税科及麦粉火柴税科。兹列举其六科名目如下：总务科、主计科、卷烟税科、棉纱税科、麦粉火柴水泥税科、印花烟酒统科。重要人选昨已正式发表：局长谢祺，秘书董仲升，总务科长汪宗准，主计科长钟祜庆，卷烟税科长江永一，棉纱税科长沈天强，麦粉火柴水泥税科长徐其清，印花烟酒税科长陈习之。

（1932 年 7 月 23 日，第 14 版）

江苏印花烟酒税局通告

为通告事。照得江苏烟酒费税二十一年度征收方法现经呈奉财政部核准，由本局将各县费税参照历年征解数目酌定比额，于各县烟酒商人及曾充烟酒费税经征人员中选派办理。所有各县比额及各项章程规则，亦经呈奉核准。为此登报通告：凡各县志愿应选者，务须于八月一日起至三日止到京遵章办理一切手续，逾限无效，毋得自误。此布。

计抄粘章程、规则、烟酒费税比额表：

江苏省各县烟酒费税稽征分局长选委规则

第一条　各县烟酒费税稽征分局长由省局酌定最低比额，登报公布，于志愿应选人员中认办比额超过定额最高者委任之。如一人认办二县以上，其所认各该县比额之总数超过各该县他人所认各个最高额之总数者，则各该县分局长并委该一人办理。

第二条　稽征分局长应选人应具有左列资格之一：（甲）现为烟酒业商者；（乙）曾充烟酒费税经征人员，著有成绩者。

第三条　稽征分局长应选人应按照最低比额每千元备具现金一百元作为应选之证明，不满千元者以千元计，于本局规定到京应选时期内缴由南京中央银行核收，由银行掣给收据并同时发给空白志愿书，当选后准在保证金内扣抵，未当选者由省局通知银行如数发还。

第四条　应选人领得空白志愿书后，应在志愿书内填明认办比额数目，签名盖章，并注明姓名、年龄、籍贯、职业、经历、在京临时通讯处及永久住址，自行固封，加盖火漆印于审查志愿书日（即缴纳证明金期满之次日）。上午八时起至十二时止，连同志愿书之通知联持赴财政部，将通知联面交部派监察员后，再将志愿书自行投入志愿书柜。

第五条　年度照章自七月一日开始，稽征分局不论成立日期之先后，其负责报解应自年度开始日起。

第六条　志愿书内所填认办比额数目须用大写字体（如壹贰叁等），不得添注涂改。

第七条　应选人所缴应选证明金如查有少于最低比额十分之一者，所填志愿书无效。

第八条　省局审查志愿书定于缴纳证明金期满之次日下午一时起，在财政部当众举行，当日审查完竣，并由部派员监视，以昭大公。

第九条　当选人应于审查当选后七日内照全年认额预缴保证现金十分

之二，逾限不缴，即取消当选资格，以次多数递补，所缴应选证明金悉数
充公。

第十条 审查志愿书时，如查有认办比额相同者，以抽签法定之。

江苏省各县烟酒费税稽征分局暂行章程

第一条 本省各县设置稽征分局，征收烟酒公卖费及牌照税，名曰
"某县烟酒费税稽征分局"，但为事实便利起见，得将各县公卖费或牌照税
分别设局征收，或连合数县并设一局。

第二条 各县稽征分局长由江苏印花烟酒税局委任，受省局长之指
挥，监督办理征收烟酒费税事务。

第三条 各县稽征分局由省局刊发钤记，以资信守。

第四条 各县稽征分局征收烟酒费税，应遵照部颁章则及本省各项单
行章程办理。

第五条 各县烟酒费税比额以应选人员中认办之最高额为标准，由省
局呈经财政部税务署核定办理。

第六条 各县稽征分局长由省局委应选人员中认额最高者充任之，如任
何县应选人所认比额均不及省局所定最低比额时，得由省局另行遴员办理。

第七条 各县稽征分局长应按照全年费税比额预缴保证金十分之二，
此项保证金以缴纳现金为限，并觅取殷实商号保结，呈送省局存案。

第八条 各县稽征分局长所征费税应照省局规定月份比额表，按月缴
解省局，不得拖延短欠。

第九条 各县稽征分局长由省局派委后呈报财政部税务署备案，其任
期一年，不得中途辞职，省局亦不得任意迁调或撤换，但有左列情事之一
者不在此例：（一）亏欠税款至一月以上者；（二）违反法令，营私舞弊，
经查明属实者；（三）稽征分局长发生事故，不能执行职务，经省局查明
核准者。稽征分局长因事去职时，倘有亏欠比额或预征税款隐匿不解等
情，除将保证金扣抵外，如尚有不敷，限期缴楚，否则由保证人负完全赔
偿责任。

第十条 稽征分局任用职员，由分局长酌量事务之繁简，自行酌定，
呈报省局备案。

第十一条　各县稽征分局经费以所征费税百分之十为限，由省局分别规定，准于每月应解费税内扣支。

第十二条　各县稽征分局长每半年考核一次，其成绩优良者由省局呈请财政部税务署奖励之。

第十三条　本章程如有未尽事宜，得随时修正，呈请财政部税务署核准施行。

第十四条　本章程自呈奉核准之日施行。

江苏省各县烟酒公卖费二十一年度最低比额表

江宁烟酒公卖费稽征分局　　五万九千二百六十元

句容烟酒公卖费稽征分局　　四千九百九十元

高淳烟酒公卖费稽征分局　　七千八百七十元

溧水烟酒公卖费稽征分局　　七千零九十元

江浦烟酒公卖费稽征分局　　三千三百六十元

六合烟酒公卖费稽征分局　　四千六百五十元

镇江烟酒公卖费稽征分局　　四万三千三百一十元

扬中烟酒公卖费稽征分局　　一千八百四十元

丹阳烟酒公卖费稽征分局　　一万六千六百四十元

金坛烟酒公卖费稽征分局　　一万一千六百九十元

溧阳烟酒公卖费稽征分局　　一万四千四百四十元

上宝（上海、宝山）烟酒　　二十五万五千四百元
　公卖费稽征分局

川崇启（川沙、崇明、启东）　四万一千零一十元
　烟酒公卖费稽征分局

太嘉（太仓、嘉定）烟酒　　四万四千五百六十元
　公卖费稽征分局

吴县烟酒公卖费稽征分局　　一十三万二千三百九十元

昆山烟酒公卖费稽征分局　　二万三千二百元

吴江烟酒公卖费稽征分局　　四万一千九百二十元

常熟烟酒公卖费稽征分局　　四万九千一百六十元

无锡烟酒公卖费稽征分局　　一十万五千三百七十元

江阴烟酒公卖费稽征分局　　二万三千一百四十元

武进烟酒公卖费稽征分局　　六万零七百八十元

宜兴烟酒公卖费稽征分局　　二万零四百一十元

松江烟酒公卖费稽征分局　　二万五千九百元

南汇烟酒公卖费稽征分局　　三万六千三百五十元

青浦烟酒公卖费稽征分局　　一万八千四百二十元

金山烟酒公卖费稽征分局　　一万五千六百七十元

奉贤烟酒公卖费稽征分局　　九千四百九十元

泰兴烟酒公卖费稽征分局　　八万八千五百五十

南通烟酒公卖费稽征分局　　八万六千三百九十元

海门烟酒公卖费稽征分局　　一万九千三百九十元

如皋烟酒公卖费稽征分局　　二万五千五百二十元

靖江烟酒公卖费稽征分局　　五千三百八十元

江都烟酒公卖费稽征分局　　三万五千二百元

仪征烟酒公卖费稽征分局　　六千一百七十元

高邮烟酒公卖费稽征分局　　一万一千四百二十元

宝应烟酒公卖费稽征分局　　六千六百九十元

泰县烟酒公卖费稽征分局　　四万八千四百三十元

兴化烟酒公卖费稽征分局　　一万二千八百六十元

东台烟酒公卖费稽征分局　　三万五千九百四十元

盐城烟酒公卖费稽征分局　　一万一千九百四十元

淮阴烟酒公卖费稽征分局　　五千七百七十元

淮安烟酒公卖费稽征分局　　八千五百三十元

涟水烟酒公卖费稽征分局　　三千零二十元

泗阳烟酒公卖费稽征分局　　一万三千二百六

阜宁烟酒公卖费稽征分局　　八千六百四十元

沭阳烟酒公卖费稽征分局　　一万四千五百七十元

赣榆烟酒公卖费稽征分局　　一万一千八百一十元

灌云烟酒公卖费稽征分局　　三千九百四十元

东海烟酒公卖费稽征分局　六千三百二十元

铜山烟酒公卖费稽征分局　三万二千四百五十元

宿迁烟酒公卖费稽征分局　一万五千八百一十元

睢宁烟酒公卖费稽征分局　九千三百五十元

邳县烟酒公卖费稽征分局　一万零七百二十元

丰县烟酒公卖费稽征分局　六千四百三十元

沛县烟酒公卖费稽征分局　九千三百二十元

萧县烟酒公卖费稽征分局　二千四百九十元

砀山烟酒公卖费稽征分局　六千八百七十元

江苏省各县烟酒牌照税二十一年度最低比额表

江宁烟酒牌照税稽征分局　四万六千二百元

句容烟酒牌照税稽征分局　二千七百三十元

高淳烟酒牌照税稽征分局　三千元

溧水烟酒牌照税稽征分局　二千七百三十元

江浦烟酒牌照税稽征分局　一千七百二十元

六合烟酒牌照税稽征分局　二千二百九十元

镇江烟酒牌照税稽征分局　一万一千四百四十元

扬中烟酒牌照税稽征分局　一千元

丹阳烟酒牌照税稽征分局　六千一百四十元

金坛烟酒牌照税稽征分局　三千一百四十元

溧阳烟酒牌照税稽征分局　八千八百七十元

上宝（上海、宝山）烟酒　七万七千六百二十元
　牌照税稽征分局

太嘉（太仓、嘉定）烟酒　一万六千七百六十元
　牌照税稽征分局

川崇启（川沙、崇明、启东）　一万七千四百元
　烟酒牌照税稽征分局

吴县烟酒牌照税稽征分局　四万七千五百四十元

昆山烟酒牌照税稽征分局　八千二百二十元

吴江烟酒牌照税稽征分局　　一万六千八百九十元

无锡烟酒牌照税稽征分局　　四万五千七百五十元

武进烟酒牌照税稽征分局　　三万六千六百三十元

宜兴烟酒牌照税稽征分局　　一万五千八百七十元

江阴烟酒牌照税稽征分局　　一万一千九百六十元

常热烟酒牌照税稽征分局　　二万五千四百二十元

松江烟酒牌照税稽征分局　　六千零一十元

南汇烟酒牌照税稽征分局　　七千七百二十元

青浦烟酒牌照税稽征分局　　四千七百二十元

金山烟酒牌照税稽征分局　　二千七百二十元

奉贤烟酒牌照税稽征分局　　二千八百六十元

泰兴烟酒牌照税稽征分局　　四千五百八十元

南通烟酒牌照税稽征发局　　一万二千三百元

海门烟酒牌照税稽征分局　　五千二百九十元

如皋烟酒牌照税稽征分局　　一万零零一十元

靖江烟酒牌照税稽征分局　　一千二百九十元

江都烟酒牌照税稽征分局　　八千零一十元

仪征烟酒牌照税稽征分局　　二千七百二十元

高邮烟酒牌照税稽征分局　　四千四百三十元

宝应烟酒牌照税稽征分局　　二千二百九十元

泰县烟酒牌照税稽征分局　　一万八千零二十元

东台烟酒牌照税稽征分局　　一万零八百七十元

兴化烟酒牌照税稽征分局　　六千五百八十元

盐城烟酒牌照税稽征分局　　四千九百一十元

淮阴烟酒牌照税稽稽征分局　　三千二百八十元

淮安烟酒牌照税稽征分局　　二千九百元

涟水烟酒牌照税稽征分局　　一千零一十元

泗阳烟酒牌照税稽征分局　　一千六百四十元

沭阳烟酒牌照税稽征分局　　一千五百一十元

阜宁烟酒牌照税稽征分局　　三千五百三十元

赣榆烟酒牌照税稽征分局　　二千零二十元

灌云烟酒牌照税稽征分局　　一千八百九十元

东海烟酒牌照税稽征分局　　一千八百九十元

铜山烟酒牌照税稽征分局　　八千零五十元

宿迁烟酒牌照税稽征分局　　二千三百八十元

睢宁烟酒牌照税稽征分局　　一千三百二十元

邳县烟酒牌照税稽征分局　　一千五百八十元

丰县烟酒牌照税稽征分局　　九百二十元

沛县烟酒牌照税稽征分局　　一千四百五十元

萧县烟酒牌照税稽征分局　　四百元

砀山烟酒牌照税稽征分局　　一千零六十元

中华民国二十一年七月。局长蒋梓舒，副局长梁家干。

（1932 年 7 月 26 日，第 2 版）

松江·烟酒牌照税仍在争执

烟酒公卖与烟酒营业牌照税前因省部争执，商人无所适从。旋财政部改用投标制，闻本邑与青、金两邑烟酒牌照税已有姚某以一万二千五百元得标承办。讵县府又奉财政厅通电，略谓：本省烟酒牌照税自七月一日起收归省办，实行征收，经令各县协助在案。乃近闻各县烟酒商人仍多藉词观望，不赴省区各局所缴纳税款，固由商人之希图取巧，亦可见各该县长之协助不力。省税省办，名实相符。此事未经变更办法以前，自应照案由省征收，合再电令仍遵迭次通令认真协助，传谕各烟酒商人迅赴省区各局所照章纳税。倘仍敢抗延，应即严厉追缴，并由县重行布告周知，俾免自误营业等情。烟酒营业牌照税，部省争执，正方兴未艾也。

（1932 年 8 月 10 日，第 11 版）

江苏印花烟酒税局布告

为布告事。案照苏省二十一年度各烟酒费税稽征分局长选委事宜业于本月四日当众审查完竣，将当选人姓名、认比公布在案。所有后开未经选委，各分局选据各地志愿承办人员纷纷申请办理前来，自应重行选委。兹定于本月十九日下午在上海财政部税务署举行审查，并为节省时间、手续起见，应选人应暂缴后列本局规定之保证金，当选后照认额补足二成，未当选者如数发还。合亟布告周知：凡志愿应选人员，务须于本月十九日上午九时至十二时到上海中央银行缴纳保证金并办理一切手续，以凭选委。此布。

计开：

分局名称	最低比额	暂缴保证金
太嘉烟酒公卖费稽征分局	四万四千五百六十元	八千五百元
武进烟酒公卖费稽征分局	十万零五千三百七十元	二万元
无锡烟酒公卖费稽征分局	六万零七百八十元	一万二千元
奉县烟酒公卖费稽征分局	四万八千四百三十元	九千元
东台烟酒公卖费稽征分局	三万五千九百四十元	七千元
沭阳烟酒公卖费稽征分局	一万四千五百七十元	二千五百元
太嘉烟酒公卖费稽征分局	一万六千七百六十元	三千元
吴县烟酒公卖费稽征分局	四万七千五百四十元	九千元
无锡烟酒公卖费稽征分局	四万五千七百五十元	九千元
宜兴烟酒公卖费稽征分局	一万五千八百七十元	三千元
兴化烟酒公卖费稽征分局	六千五百八十元	一千二百元
睢宁烟酒公卖费稽征分局	一千三百二十元	二百元

中华民国二十一年八月十六日，局长蒋梓舒，副局长梁家干。

（1932 年 8 月 17 日，第 9 版）

税务署收回苏烟酒税

苏省烟酒营业牌照税本由财部直辖，惟曾一度由苏省政府自办。迩者财长宋子文氏业与苏省府主席顾祝同氏商妥，重由部辖。故苏财厅业于日前命烟酒营业牌照税各局一体结束，同时财部税务署方面已分别派员前往办理。兹将苏财厅布告录下：为布告事。案奉江苏省政府令开：苏省烟酒营业牌照税仍由部辖局所办理，所有苏设之各区分局及各县稽征所一律撤销，其已发牌照，准由商人抵换部局牌照等因。自应遵照办理。除令行省设各区局所即日结束，并行各县政府知照外，合行布告，一体周知。此布。

（1932 年 8 月 20 日，第 14 版）

江苏印花烟酒税局布告

——开征二十一年度烟酒牌照税

江苏印花烟酒税局长蒋梓舒、副局长梁家干昨发布告云：为布告事。案查江苏省政府财政厅设局征收二十一年度烟酒牌照税一案，前奉财政部转奉行政院令饬江苏省政府取消原议等因。当经转行各分局遵照，并录令布告各在案。兹奉财政部令，以苏省烟酒营业牌照税业经省府派员接洽议定，仍归部辖局所征收，并由省府令饬财政厅将省设烟酒营业牌照税局、各区分局、各县稽征所一律布告，即日撤销，并议定江苏省政府财政厅所发牌照准由商人抵换部照等因。奉此，查办省烟酒牌照税自管辖问题发生以来，经本局一再通令布告后，各县烟酒商人照常向本局所属分局纳税领照者固居多数，而由江苏财政厅所设局所发照征税者仍复不少，甚至并不缴税领照而藉词观望者亦不乏人，似此纷乱情状，殊碍税政。奉令前因，除通令各分局遵办外，合行布告各该烟酒商人一体知照：务应恪遵部颁烟酒牌照税章则，纳税领照，方得营业。其有已向江苏财政厅所设局所缴纳税款，领有牌照者，准将所领牌照抵缴现款，遵照部颁定章等级，重行领照营业，以符定议而资保护，毋稍玩忽，致干究罚。此布。云云。

（1932 年 8 月 31 日，第 15 版）

上宝烟酒牌照税今日开征

上宝烟酒牌照税稽征分局长王耀已奉江苏印花烟酒局委任令，并随发钤记，着即启钤视事。该局现已令委陈锡元为稽征主任，局设南车站路一五零号（即裕大转运公司栈内），并在闸北华兴路顺征里三弄十一号分设支所，定九月一日开征。昨已张贴布告及领照纳税表，每季应纳税款等级分志如下：（一）烟厂公司零售批发：（甲）一百元；（乙）四十元；（丙）二十元。（二）他种商店兼营烟类，开设店肆营售一切烟类者：（甲）十二元；（乙）八元；（丙）四元；（丁）设摊零卖烟类者二元；（戊）零售烟类之负贩者五角。（三）酒类整卖：（甲）三十二元；（乙）二十四元；（丙）十六元。（四）酒类零卖：（甲）八元；（乙）四元；（丙）设摊者二元；（丁）负贩五角。（五）洋酒整卖：（甲）经理五十元；（乙）代理批发十元。（六）零卖：（甲）酒楼、旅馆及酒吧等类十元；（乙）零售洋酒店五元。

(1932 年 9 月 1 日，第 15 版)

江西印花烟酒税局通告

为通告事。查江西烟酒费税暨烟酒牌照税二十一年度征收方法现经奉财政部核准，由本局将各分局费税参照历年征解数目及现在情形分别酌定比额，于各属烟酒商人及曾充烟酒费税经征人员中选委办理。业经拟订章程规则及各分局比额，呈奉核准，自九月三日起公布，至九日止为应选人缴纳证明金之期，十日在九江商会公开选委。除登南昌、九江各日报通告外，所有沪上合格人员，如有志愿应选者，请就近向爱文义路小沙渡路口江苏［西］印花烟酒税局庶务处索取详细章程，来浔应选，毋任欢迎。此布。江苏［西］印花烟酒税局戴式儒。

(1932 年 9 月 5 日，第 6 版)

税务署催征冬季烟酒牌照税

财部税务署前据上海市烟兑业公会呈请责办上宝牌照税局长威胁苛征，并检送证据，以儆贪婪。税务署据呈后，以该局长并无徇私舞弊，昨特批令该会知照，并催缴冬季烟酒牌照税云：呈悉。查烟酒营业牌照税暂行章程规定"他种商店兼售烟酒者，每季各缴税洋四元；设摊零售者，每季各缴二元"，等次极为明显，其各级税额，并于牌照内摘要刊载，俾商人易于了解。今查核所送牌照十四张，该商等既均开设店肆，兼售烟酒，自应每季纳税四元，毫无疑义。至称从前每季纳税二元，无论是否属实，均属前分局长徇私舞弊，违反定章，岂能以此作为标准。本署前批以征收悉循旧章，系指税率均照原定部章，不许变更加收而言。该分局既系按照部章核实稽征，乃属当然之事，不能指为加重负担，更不能目为威胁苛征。商人狃于积习，一朝加以整顿，不免发生误会。该公会等当明大义，应将部章详细研究，向各该商店明白解释，不容饰词偏袒。及竟议决将应纳冬季牌照税，各业暂将牌照送交公会，代向税局照额捐领，致蹈越权征税及包庇抗缴之嫌。总之本署主持税政，一秉大公，固不容经征人员违章加收，亦不能任各商店藉口向收数目，抗不遵缴。兹将牌照十四张随文发还，仰即转交各商收执并通知未缴纳税款，毋再抗违，致干罚办。切切！此批。

（1932 年 10 月 13 日，第 15 版）

市府对烟酒牌照之批示

本市烟兑、酱酒、酱园、梁烧酒行、土黄酒作、绍酒、汾酒、旱烟、酒菜馆等九团体奉到市政府第四零五号批示，内开：原具呈人本市烟兑业同业公会等呈一件，为上宝牌照包商强迫商店盖章，实施苛扰政策，商人不安营业，请乘公处断由。呈悉。仰候令饬公安局注意可也。此批。

（1932 年 10 月 28 日，第 16 版）

印花烟酒局长禁止招摇收规费

江苏印花烟酒税局烟酒费税自改选委之后，各分局间有欠款较巨，自不得不察酌情形，分别撤换，遴员认办。此仍系照章办理，一秉至公，绝不参以成见。惟该局蒋、罗两局长恐局中职员或有在外招摇及私受规费情事，匪独为法律所不容，尤于该局名誉大有关碍。用特切实诰□，交相儆惕，非云参佐之不贤，实冀清操之互励。并令知各分局长亦应共喻斯旨，毋得轻于尝试，自取咎戾云。

（1933 年 1 月 13 日，第 10 版）

财部决解除酿禁

〔南京〕财部以解除酿禁，业经行政院核准，特令各烟酒税局劝谕酒商一律开酿。（十日专电）

（1933 年 2 月 11 日，第 9 版）

财部整饬烟酒税局

〔南京〕财部令各省印花烟酒税局，嗣后各分局如遇重要或紧急案件，应一面与地方官厅商办，一面呈由该管省局转饬协助，不得于未经商洽以前，动辄与地方官厅公文往返，以明统系。至于较轻案件，如能与当地公安局或商会商办者，不妨径商处置，随时呈报省局备查。（十三日专电）

（1933 年 2 月 14 日，第 9 版）

鲁烟酒税局长接任

〔济南〕新任烟酒印花税局长周宗尧今接任，韩已电中央保周。俟财部委任到后，周即正式就职。周谈：全省十三区分局长将全换，因以前包办制多法弊，决改变与行政机关同一组织，取委办制，章程由周起草，俟通过省府会议后施行。（十九日专电）

（1933 年 2 月 20 日，第 7 版）

鲁省将开烟酒税会议

〔济南〕印花烟酒税局定三月一日开全省烟酒税会议，四月一日开全省印花税会议，以谋彻底改革。今韩复榘与总局长周宗尧均召新委各分局长训话，诫以今后不得滥罚商民，如将商民剥削一空，税局即无由存在。商民闻讯大快。（二十一日专电）

（1933 年 2 月 22 日，第 9 版）

鲁省印花烟酒两税改革完毕

〔济南〕全省印花烟酒税改革完毕，计烟酒十三区，分局仍旧。惟各县稽征所裁九五处，只留二十处。无稽征所处，县府代收税。印花十九分局裁十三，只留济南、青岛、烟台、周村、龙口、潍县六局。无分局处，亦由县府代征税。无论印花、烟酒各分局、稽征所，经费均增加，免其作弊，两税全年比较二百万元。（九日专电）

（1933 年 3 月 10 日，第 6 版）

烟酒夏季牌照明日开征

江苏上宝烟酒牌照税稽征分局局长王耀昨发公告云：案查夏季牌照遵章以四月一日至十日为税领时期，本局即于一日起开征夏季税款，务希各烟酒商一体查照，于限内携同旧照缴税换领。凡上海县境内者，至南车站前路一百五十号本局税领。其宝山县境内者，至闸北宝兴路顺征里二弄四号稽征分所税领。在请领时，务将营业所在地及门牌号数详细报明，以凭记载而免混淆。如旧照遗失者，更须遵章声叙切实理由，以凭呈部核夺，否则未便遽准换领。再，本局人员向商号收取税款时，均随带证章。如无证章者，即系假名招摇，即希鸣警拘究。倘有被朦，本局亦不受理。特此公告，均希注意为要。

（1933 年 3 月 31 日，第 11 版）

无锡·烟酒分局违法收税

本邑烟酒牌照税稽征分局长陈鹤年前因比额过巨，税收奇绌，当向苏省总局呈请辞职，即经照准，另委朱鉴来锡接充，并将税□减低□成。朱鉴奉委后，即来锡接事，派员向烟酒商人收取税款，增加一倍或数成，以致激起商人之反响。且朱鉴并不依照财政部暂行章程办理，违法函请公安局派警按户追缴。是以烟酒商人□愤不能□，特于昨日下午三时开临时联席会议，讨论对付办法。

（1933 年 4 月 2 日，第 11 版）

命令

国民政府三十一日令：

【中略】

又令：安徽印花烟酒税局局长方鹓先另有任用，方鹓先应免本职。此令。

又令：山东印花烟酒税局局长李无尘，着免本职。此令。

又令：任命梁家干为安徽印花烟酒税局局长，陈习之为江西印花烟酒税局局长，周宗尧为山东印花烟酒税局局长。此令。

【下略】

（1933 年 4 月 5 日，第 31 版）

新任印花税局长梁家干昨晨视事

新任江苏印花烟酒税局局长梁家干氏原任安徽局长，奉调后，即将皖君交卸来沪。昨日上午十时，乘车赴小沙渡该局视事，抵局时由副局长罗寿鹏氏导入局长室休息，继由罗副局长将印信、职员名册等项点交，由梁氏亲自接收。其他各科，因梁氏仅一人莅局，并未更派人员，故该局所有全体职员仍照旧供职，并无更动。视事后，当即在局长室内分别接见该局职员及各分局局长。闻梁籍广东南海，现年三十九岁，曾任县长及军政要职，去岁任江苏印花税局副局长，旋调任安徽印花税局局长、财政部统税署总务处长等职。

（1933 年 4 月 20 日，第 11 版）

川甘两印酒局长发表

〔南京〕财政部令嵇祖佑为四川印花烟酒税局长，邵师周为甘肃印花

烟酒税局长。(九日专电)

(1933 年 5 月 10 日，第 6 版)

财政部江苏印花烟酒税局通告

案奉财政部税务署令开：该局兼任之上海特区印花税办事处着克日裁撤，以节经费，所有原日特区印花税务归并该局直接办理等因。遵于本月十六日实行裁撤，嗣后推行特区印花税务由本局照旧办埋，对外--应行文概用本局名义。除呈报并分别函令外，用特登报通告。

(1933 年 5 月 18 日，第 4 版)

特区印花税办事处昨奉令撤销

——由苏烟酒税局自办

江苏烟酒印花税局为办理上海特区烟酒印花税票便利起见，兹特分设上海特区印花税办事处，以专责成。前因财政部税务署为统一手续起见，特令苏税局长梁家干氏将该办事处撤销，所有特区印税事宜，应由该局直接办理。梁氏奉令后，当即转令该处办理结束。昨日起已实行将名义撤销，呈报税务署云。

(1933 年 5 月 19 日，第 12 版)

财政部江苏印花烟酒税局启事

本局所辖烟酒费税各分局自上年遵改选委制后，现在年度虽将届满，而下年度办法部署刻正酌核情形，统筹办理。将来如何改革，本局犹未奉到明令。乃闻近有不肖之徒，假借名义，在外扬言"下年度必将改制，如有谋充分局长者，可代为运动"等语，闻之不胜诧异。盖若辈造谣图利，不仅毁损家干等个人名誉，而妨碍税政推行，破坏稽征机关威信，至堪痛恨。要知本局长等用人行政，一秉至公，既不瞻徇情面，更不受人利动。各方人士万勿稍为所愚，否则与受同干刑律，并送法院究惩，伊戚自贻，后悔莫及。除派员严密勘查，随时彻底根究虚实外，特登报，俾众周知。

（1933 年 5 月 22 日，第 3 版）

财部咨市府解释烟酒税征收办法

财政部为解释烟酒营业税征收办法，昨咨本市市政府文云：为咨行事。案查二十年本部咨行各省市政府解释征收营业税办法五项，其第三项内开"凡专营烟酒业，已由中央征收烟酒牌照费者，各省不得再向其征收营业税，但贩卖物之商店兼售烟酒者，应仍征营业税"等语。上项但书之规定，系指明经营他种物品为主体之商品兼售零烟零酒，而其营业收入又不易分划者，仍应照征营业税。乃查各省市营业税征收章程，对于兼营酒类商店及糟坊营业税之征免，多未明白订定。各营业税征收机关对于以烟酒为主体而兼行他种物品之商店，常有征及其烟酒部分营业税情事，以致商民呼吁，时有纠纷。卷查二十年九月间，浙江永嘉酱业同业公会呈□第九区营业税局，对于兼营糟坊酱园之商业、已缴牌照税之酒类，令纳三月至六月之税款，乞迅予饬令，照章剔除等情。曾经本部调查，凡以经营烟酒为主体而兼营其他商品之商店，或糟坊业而兼营其他商品之商店，其主要营业部份均经缴纳中央烟酒牌照税者，其营业税应剔除免征。至其他兼营部份，仍应照征营业税，以示区别等语。训令浙江财政厅长遵照办理，转饬全省营业税征收机关遵照，并将令缴三月至六月份之税款转饬一体剔除在案。各省市事同一律，自应分别援照办理，以免牵混而杜纠纷。除分行外，相应录案咨请贵省市政府查照，转令财政厅局迅饬所属主管机关一体遵照办理，至纫公谊。此咨。上海市政府。

（1933 年 5 月 22 日，第 9 版）

江苏印花烟酒税局查禁招摇撞骗

苏、皖、赣、鄂等省烟酒费税分局自上年改选委制后，现在年度行将届满，下年度办法如何，税务署正在酌核统筹，尚未公布。乃苏境近有不肖之徒，假借名义，在外招摇，谓下年度必将改制，可以代为谋充分局长，藉图渔利。梁、罗两局长闻之，勃然震怒，除派干员严密访查，彻究虚实外，昨特在《申》《新》及中央各报刊登启事，力诫各方人士万勿稍为所愚，致与受同科，并受法院刑罚。兹闻此项造谣情事发现于苏、常一带，业经该局谕知密查员分向该方注意，秘密调查，如查有相当证据，立即送交法院，依法严惩，以儆奸宄。

（1933 年 5 月 24 日，第 10 版）

财部制定土烟土酒稽征章则

〔南京〕财部制定土烟业特税征收暂行章程暨土酒定额税稽征章程，定七月一日实行，规定：（一）开办土酒定额税，关于存货完纳新税暨退还旧税办法；（二）发给土酒完税证及不填用运照暨改运证明单办法。其土烟叶特税每净重一百二十斤征收国币四元一角五分，其土酒定额税拟先在苏、浙、皖、赣、闽、鄂、豫等七省试行。（二十五日专电）

（1933 年 6 月 26 日，第 7 版）

烟酒税制七省先办

〔南京〕各省市烟酒税制由苏、浙、皖、豫、赣、鄂、闽七省先行办理，决自七月一日起实行，从量征收，所有原征之公卖税费同日起一律取消。（二十七日专电）

（1933 年 6 月 28 日，第 9 版）

酒烟新税率明日实行

—— 财政部令七省局遵照，并布告各地民众周知

财政部为整顿烟酒税起见，拟取消公卖制度，另订土烟叶特税章程暨土酒定额税率章程，定于七月一日起，以苏、浙、皖、豫、鄂、赣、闽七省先行试办。虽经沪宁苏烟酒同业联合会赴京请愿，卒未接受，故该项新

税率势在必行。兹悉财部于昨日通令七省印花烟酒税局，限于七月一日开征，并布告周知。

通令

为令行事。查苏、浙、皖、豫、鄂、赣、闽七省土酒额税定于本年七月一日起开始实行，业经税务署分令各该省局遵照，并先后颁发章则及单照式样各在案。惟施行新区之初，必先将改革之本旨明白晓谕商民，庶免隔阂。兹由本部拟具布告一道，发交各该者局转发各分局广为发贴，穷乡僻壤，咸使闻知。至稽征定额税章程之要点，及土酒定额税率，并应由各该省局另行详细布告，俾商民有所遵守。此项定额税务须依限于本年七月一日开办，所有原征之公卖费税即于同日起一律取消，不准再征。其原有之地方附税，应仍暂照旧案原征数目限度办理，如向来并无附税名目者，不得重行添设。除训令各该省印花烟酒税局一体遵办，并分咨各该省政府转饬地方官厅协助进行外，合行检同布告抄录咨稿，令仰该局即便遵照办理。再，此次改革，实为树立统一征收之初基，各该局长务必督饬所属实力奉行，如有阳奉阴违，一经察出，立即严惩，勿稍姑容，是为至要。此令。

布告

为布告事。照得课税之方，贵乎简易；改革之要，重在划一。各省现行稽征土烟、土酒税制，向沿旧时习惯，各省既极纷歧，手续又非一致，省自为政，轨辙难寻，积弊既深，上下交困，自非大举廓而清之，不足裕税便民。本部审度情形，几经考虑，改进之道，尤非删繁就简，统一征收不为功。当于本年三月间，饬由税务署召集各该省印花烟酒税局局长会议，决定原则，着手整理。兹就苏、浙、皖、豫、赣、鄂、闽七省，先行改税制，业经督饬各该省印花烟酒税局体察情形，将土烟另行改办特税。所有各项土酒，现已查明产销状况，别为数类。按照实业部颁行酒定额税，产销同在一省者，即就产地按照所订定额税率一道征收。其出运至他省销售，而在举办定额税之七省范围以内者，应于运入销省境内时，再照销省定额税率完纳销省定额税一道。凡已在产销者完纳定额税后，在各该本省境内，除关税及烟酒牌照税仍照向章征收，其在改制前已办之地方附税，亦仍暂照旧案原有实征数目限度办理外，其余不再重征。前项税率概系从量计算，无昔日从价征税畸重畸轻之弊，且可分类，至为单简，商民对于应纳税额，亦易于明了，似此循序渐进，庶可入于正轨。其土酒定额税稽征章程，业经本部订定公布，自本年七月一日起开始实行，所有从前原征之公卖费税即于同日起一律取消。总之本部此次改革，悉本废除苛扰之主旨，力谋商民之便利，各该商民务当一律遵照新章，完纳税款，如果意存观望，或藉端阻挠，定当从严究办。除饬各该省印花烟酒税局将土酒定额税稽征章程及新订定额税率另行详细宣示，并如期开办外，特此布告。

（1933 年 6 月 30 日，第 13 版）

上宝烟酒牌照税稽征所通告

为通告事。案奉上宝烟酒牌照税稽征分局委任令第三号内开：兹委任丁协为本局烟酒牌照税稽征所主任。此令。等因。奉此，遵即就职任事，开始起征，兹假南市车站前路一六八号为所址。除呈报分函外，合亟通告烟酒各商一体知照：现已届二十二年度第一期开始征收之期，务须遵照定章，依限投所缴纳，切勿逾限自误。特此通告。主任丁协。

（1933 年 7 月 4 日，第 7 版）

烟酒稽征分局长易人

上宝烟酒牌照税稽征分局局长王耀奉令交卸，遗职经由总局查有丁锦生对于烟酒牌照税事颇有经验，故于前日特委令丁君接办。前分局长王耀昨已移交新局长丁锦生，即于昨日上午十时接手办公。

（1933 年 7 月 5 日，第 14 版）

上宝烟酒税稽征分局通告

查本局奉令组织成立，局址在上海大东门紫霞路一百三十一号，业于七月一日开始办公。除分别呈函布告外，特此通告。上宝烟酒税稽征分局启。

（1933 年 7 月 6 日，第 7 版）

江苏上宝烟酒税兼烟酒牌照税稽征分局通告

为通告事。案奉江苏印花烟酒税局委令第七七号内开：案据上宝烟酒税兼烟酒牌照税稽征分局局长周先觉因病呈请辞职，□□照准，遗缺查该员堪以派充。除汇呈备案并分行外，合行令委，仰即克日前往接收任事。此令。等因。奉此，遵于本月十日接收任事，假南市里毛巷二六五号为分局局址。除呈报分函外，合行通告，仰烟酒各商一体知照。特此通告。廿二年七月十日。局长黄镛。

（1933 年 7 月 11 日，第 7 版）

上宝烟酒牌照仍照旧章

——纠纷已息

上宝烟酒牌照税稽征所本年度自丁协认办以来，仍欲倍额征收，事经本市烟酒两业闻讯，群起反对。即由各业公会派员迭次交涉，结果该所允仍循旧办理，同业认为满意。讵前日闸北西宝兴路仁兴及南市方斜路大牲昌等号饬伙持照至所纳税，换领新照，又被该南北两所某征收主任扣留，以二元之照，勒捐四元，几酿成纠纷。幸经烟业公会沪北分办事处主任滕致祥、童凌云亲赴税所交涉，由丁主任解释误会，并允饬该员等照向例办理，不再苛扰，纠纷即告息灭。

（1933 年 7 月 14 日，第 13 版）

土酒改行新章征税

〔南京〕财部以苏、浙、皖、赣、闽、豫等省土烟改办特税、土酒改办件额税已经实行，兹为体悉商情起见，凡新章实行前已完纳公卖费之存酒，如确已售于贩卖商之手者，姑免补纳新税。惟此项办法，以自新章实行日起三个月为限，逾期尚未罄者，应即补纳新税，退还旧税。至前项存酒，如尚存于糟坊或制酒商户未经售于贩卖商之手者，仍应照核定存货补税章程办理，不在展期免纳新税之列。（五日专电）

（1933 年 8 月 6 日，第 8 版）

土酒业要求撤消新税税署批示不准

——税率施行七省他处均未反对，
税署改变税制实应商民请求

自税务署实行土酒定额税后，本埠各酒商要求撤消无效，乃有停酿停运之举，风潮扩大，迄未解决。华东社记者昨访税务署主管科长，叩询其对于本案之态度，兹将详情分志如下：

方科长谈

据方氏谈，谓对此实难让步，故已于昨日批示驳斥。税署当局所以将公卖办法取消，而另订定额税者，其动机实由各省商人之吁请。盖过去公卖办法之弊窦，人所共知。即税务署于去年将公卖局归并以来，曾加切实整顿，终因积习甚深，一时无法改善。重因商民之吁请，乃有改革之计划。此定额税之所由产生，而公卖制之藉以撤废也，此举实为税署澄清积弊与解救商民痛苦起见。我人以过去公卖制之情形而言，过去公卖制度系属视货价而定纳税上贵贱，所有纳税名目，既极繁夥，而完税票据，既有部发，又有局印，每一税单类由公卖局自行填具，自一元或至千元，均可任意填写，此中遂大有文章可做。商民纳税，既可任收税员之喜怒而决其多寡，而所收捐税尤难涓滴归公。今定额税之举，系颁行一种完税证，仿佛邮局邮票，视重量之多寡、贴税额之高下，一次完纳，手续已竣，苟非出省，决不重征。商民既可无手续之繁，且纳税又有规定，而财部税收亦可涓滴归公。不谓自经施行，一部分商民误会事实，加以反对，其中有经解释而明了者固不乏人，但盲从附和者亦所在而有。但正当商人，则多表示明了了，且已乐予接受。故日来虽有停酿停运之说，但依章纳税者仍所在而有。税署对于商人此举，固不能必其是否有人煽动，但亦不能谓为必无他种用心。惟迹其举动，当尚可原。故除分别解除外，并表示税率施行，如有手续过繁或他种不便之处，尽可于不背原则之下，到署申说，税署必乐予接受。若属恃众要挟，则税署亦决不为其恐吓而撤销原议。查税署各种税率施行以来，均无间言。如啤酒一项，外商最多，彼等均依章纳税，并无留难，岂有本国商人反有不明了内容而任意阻挠者？又此次税率，同时施行者选苏、浙、皖、赣、鄂、豫、闽七省，其他各处均无反对，乃此处为然，从可知此项税率之究否有无增加商民负担之处矣云云。

税务署批

税务署昨发沪宁苏酒业烟业同业公会联合会批示云：呈悉。查特别印照系北政府时代留遗之恶习，此次改定税制，剔除积弊，划一征收，该项印照断无保留之理。土酒定额税照章应核实稽征，经征机关既不能额外苛索，商人方面亦不得干涉少缴。以上两点，首据该公会递呈请愿，业经部批详加驳斥，兹将批词一并抄发阅看。又该公会原函所称新税妨害业务，究系如何妨害，并无一语声叙理由，无从核批。该联合会前呈贡献意见，已令行江苏印花烟酒税局转饬去照在案。总之本署为整理税收起见，新章事在必行。所有商人认为手续困难，凡属无悖原则者，已经本署饬局酌予变通，体恤商情，不为不至。该公会何得坚持私见，不问事理之当否，报以停运停酿，为非分之要挟，□□□□税制之整理，实属不合。至营业自由不能受人干涉，该公会竟声明通函各坊职工停工作，并遵派多人分段监视，如果实行，迹近妨害同业，阻挠税政。须知此种举动，实已逾越公会法规所规定之范围，应速自行纠止。如仍无理取闹，本署惟有依法办理，决不姑宽。该联合会既为各烟酒同业所组织，当能深明大义，仰转知各该商一体知照，是为至要。此批。

（1933 年 8 月 12 日，第 10 版）

印花烟酒税局解释新税并不增酒商负担

江苏印花烟酒税局昨函市商会解释绍酒定额税并未增加酒商负担，兹录原函如下：案奉财政部税字第九一〇〇号训令，内开：案奉上海市商会尤日代电，据绍兴酒业同业公会函，以绍酒定额税加增负担，请转呈救济一案，拟请将绍酒定额税另行酌中规定，以昭事理之平等情到部。查从前所征公卖费，系就烟酒趸售市价值百抽二十，若如该公会原函所称上年度每百斤征洋五角六分，是绍酒每百斤趸售市价仅合二元八角，何其低廉若此；又谓每百斤制酒成本需洋二元，原函系专指米价而言，殊不知"成本"二字之意义，应将各项费用并计在内，况趸售市价所包括者，又不仅成本一项。该公会故作曲解，殊有未合。惟所称"上年度绍酒每担征洋五角六分，各同业向稽征分局报捐纳税，商人皆有财政部□给凭单为□"等语，究竟该局从前对于绍酒公会费系如何征收？此次改办定额税系如何规定？合行抄发该商会原代电，令仰该局即便查明□在情形，函致该商会晓谕各商，勿再误会，并呈报察夺，是为至要。此令。等因。计抄发原代电一件。奉此，察阅该绍酒业公会所陈各项，多系引据积习，或故作曲解，实无充分理由。查烟酒征收公卖费时，苏省规定各区绍酒每百斤公卖价格，产销两地，均为十元，按百分之二十收公卖全费，应征银二元。惟以前各分局长系认比办理，对于征收费款，均以比额为标准，而商民又以分局之比额为摊派认缴之标准，驯至公卖价格任意折减，不遵定章，每况愈下，公卖凭单多不呈缴，而征收数目核与定章悬殊特甚，本局自不能认为合法。前于上宝分局呈报实征绍酒公卖费数目，核与定案不符，迭经指令驳斥有案。此次核订额税率，经调查各分局征收成案，江宁分局系按定率实征，计销地价格每百斤十元，收足全费二元，均有档案可稽。该区为销场大宗地点，自可引为准则，订定绍酒税率二元，比之向章，并未加增。该绍酒业公会所称"每担纳洋五角六分"，本局向章并无此定案。其在选委各分局私行折减征收之数，既经本局驳斥，断不能再以不合章制之收数援为依据。而前项两元，既属十年前之定章所规定，江宁分局又确曾实征，若衡之现时绍酒销售市价，何止十元？则此项定额税率，仍依旧额，堪谓斟酌持平。在商人方面，自不能隐长取短，以一地一隅之弊端，藉为取巧争持之口实。奉令前因，除呈复外，相应函请查照转知该公会晓谕各商遵章纳税，毋再妄渎。此致。上海市商会。

（1933 年 9 月 15 日，第 14 版）

烟酒税照新章开征

——税务署昨发布告，通令七省区遵照

财政部税务署昨为全国烟酒税遵照新章征税事，特发布告云：为布告事。查烟酒两项开办公卖，历年已久，然成效未著，积弊日深。推原其故，虽或由税制未尽完善，而商包阶厉，实为最大原因。盖经征机关一经将税额承包，但以认额责诸所分包之人，至其如何征收，不复过问。在商人承包以后，惟知照额摊派，以营私为目的，税率章则，视同具文。于是上下相蒙，肆其侵蚀，其中弊窦，不可究诘。本署奉令兼营烟酒税一年以来，体察各省情形，深知症结所在，非将层层包办制度痛予废除，不足以言整理。此次土烟叶□办特税，土酒改办定额税，重在廓清积弊，核实稽征。在此苏、浙、皖、豫、鄂、赣、闽等七省区域以内，凡土烟叶完过特税者，必须填给完税照。至于包件上粘贴印照，土酒完过定额税者，除散装零星门沽之完税证应对裁存执外，其装置容器部份必须实贴完税证。似此办理，斯革新之基础，由兹树立，则包商之恶例，在所必禁。总之新章实施之后，经征机关自应恪遵定章，实力奉行，不得再袭招商包办之故事。而商人亦不得勾结经征人员，向各商户派认税款。如双方蹈常习故，仍有前项情事，一经查觉，或被指名控告，定予从严分别惩究，决不宽假。诚恐各他商人多未明了，用特申明改制本旨，剀切晓谕，俾众周知，其各凛遵毋违。此布。

（1933 年 9 月 16 日，第 16 版）

烟酒业请修正新章部批不准

沪宁苏烟业酒业同业公会联合会前为土烟土酒税新章窒碍之处，缮呈意见，请求财部修正。昨奉财部批示云：节略及折表均悉，细核折呈及税务署呈阅该会迭次呈电各件，对于土烟土酒新章，或因曲解条文，滋生误会；或主维持陋习，为他人利用。例如新章定额税，从量计率，各有定程，商人知应纳之确数，胥吏无由浮收苛索，原为维护商民利益起见。乃

该商等独持异议，遽加指摘，其意何居？须知历年商包把持，层层中饱，为世诟病。本部长务在革除，以苏民困，而节略犹以旧制为便利，一若深惜其废止者，何好恶殊异若是？又对于罚则，尤为斤斤计较，不知罚则专以绳漏匿，各商果属正当营业，自问无他，何虑严密？土酒容器，过于繁复，如能由酒商自定划一，自可按器核定标准。至统税意义，该会所呈，亦尚未尽明悉。盖统税者，即"一物一税，不再重征"之谓，与有厂无厂毫无关系。此次举办土酒定额税，以省为单位，与统税性质不同，将来是否改办统税或另定办法，本部自有权衡，固无用该会预为计及。其分局长人选，本部向以量材器使为主旨。倘有不守定章，藉端苛索，证据确凿者，尽可由各该商人先向省局据实控告，更有税务署与本部可以上诉，不难秉公处断，更不必鳃鳃过虑。且此次改革税制，章则甫经订定，尚未公布，即有发生异议者，而该会亦止于此时成立，一若具有成见在先。本部长核阅全卷，税务署对于各该业公会径行呈明理由，请求改善各节，业经分别核复。如变通存货补税退税办法、土酒纳税之先后、分运改运期限之长短、西烟计税之手续，以及土烟各项退税之规定等，均其明证。各该业商当可了解，切实奉行。如照新章办理以后，经过相当时期，手续上再有发现为难之处，于原则不相抵触者，自可由各该业商根据事实，自行呈明税务署核办。惟不得凭空要求，更不应如节略所呈，辄以停酿停运为阻挠破坏之工具。如敢故违，定当依法从严办理，以重税政，勿谓言之不预也。切切！此批。

（1933 年 9 月 21 日，第 10 版）

财部统一华北税收

——先从整理长芦盐税与印花烟酒税收入手

〔南京〕财界息：华北全部收入仅有二百五十万，尚有一部中央税收在内，以之应付军政费，相差远甚。经黄郛、于学忠与蒋、汪、宋等详细商洽，第一步从减饷着手，现已有相当结果，惟仍须视实行后之状况而定。减饷之后，中央补助每月仍须二百余万之谱，依中央目下财政情况，实难长此增加巨额负担。经中政会及国务会议讨论结果，决定由财部统一华北税收，迅筹整理办法，使收入逐渐增加，财源不致愈涸。现闻财部第一步办法，决从整理长芦盐税与印花烟酒税收入手，督同原主管署局，负责迅谋开源，杜绝中饱。并裁撤骈枝机关，原有河北财政特派员公署，自荆有岩辞职后，即未另委，现决予裁撤。至详细整理办法，须俟宋氏北上视察实际情形后，始能决定实行。（二十二日专电）

（1933 年 9 月 23 日，第 4 版）

贩卖商瓶装色酒准免重征

——财政部税务署批准

上海市粱烧酒行业同业公会前以财政部税务署规定贩卖商之瓶装色酒亦须另行纳税，税收重叠，有碍营业，特派代表贺祥生、倪仰周、卢星阶、朱士荣等至署面递呈文，陈述困难情形，请求免予重征，以恤商艰。兹已奉税务署批云：呈二件，为瓶装色酒请免重征，并派代表面陈困难情形由。两呈均悉。查此案前据江苏印花烟酒税局呈请改订本产果药酿酒类征税标准两项：第一项专就土酒制造商及家酿之户征收，均按高粱色酒类税率，每百斤征税三元二角；第二项贩□商购入已纳本省定额税之土酒，改制各种色酒者，免予另行补征。业经由部核准照办，并规定凡贩卖土酒商店而兼改制色酒者，应将预计全年所制色酒之数量名称，限期报诸当地稽征机关核准登记。所有各该贩卖商店，如□业经纳税原酒改装色酒，其容器上不另发给凭证。倘须运往本省他处或外省销售时，应由各该商人备具申请书，送由当地稽征机关核明，填发运照。此项办法，自本年十月一日起开始实行，指令苏局遵照在案，仰即转知同业各商一体知照。所有申请书式样，亦经由部规定，发交苏局照式印制，转发各分局备用。各该贩商如将前项改制之色酒出运销售时，应向当地稽征机关领取申请书，填写明白，呈请核发运照，以凭沿途稽核。至外省输入之色酒，仍应照章每百市斤征定额税三元二角，并仰知照。此批。等因。并闻该公会奉批后，即转知同业遵照办理矣。

（1933 年 10 月 3 日，第 13 版）

镇江·高淳烟酒税局长调动

近闻高淳烟酒税分局局长有调动之说，并闻省局已内定朱某继任。本邑盛传朱系□上办理烟酒税务老手，以长袖善舞著名。日前镇友接朱来函，略谓：省令日内发表，本人即将赴任履新云云。故朱之友辈，刻已准备欢迎。

（1933 年 10 月 20 日，第 8 版）

上宝烟酒税局长易人

——黄镛辞职邵鸿继任

上宝烟酒税稽征局长黄镛前日患肝胃疾，呈请江苏印花烟酒税局辞职，嗣奉指令慰留。兹因旧病复发，且患失眠，上月又续请辞职。昨已奉江苏印花烟酒税局二七一六号指令云：

呈悉。既据因病辞职，应予照准，遗缺调派邵鸿接充等因。闻黄局长已定于六日移交新任。

（1933 年 11 月 5 日，第 12 版）

财政部批复市商会存酒补税退税办法

——手续上果有为难之处，应分别呈报再行酌定

上海市商会前接据酱酒号同业工会函，以存酒免予补税期满，税局将举行检查，声叙窒碍，请予转电财政部，免予补税退税等情。兹奉到财政部批示云：庚代电悉。此案前据沪宁苏酒业同业公会联合会代电，本部税务署据该酱酒业同业公会请同前情，当经税务署以新章实行前已税存酒应行补税退税，原为裁清界限，便于稽核起见，其业已开坛拼合散装零沽者，当然免予补税。如整坛贮存或出售及转运者，非补贴完税证，何从分别新旧？自应一律照案补税退税，以昭划一而免纠纷。由该署令饬江苏印花烟酒税局剀切晓谕，该会转知各该商一体遵办在案。现在各省均已照

353

办，上海讵容独异。总之存酒补税退税必须按照办理，如果手续上确有为难之处，应由该酱酒业商将上海市已纳旧税尚未出售之装坛存酒共有若干，内中有公卖凭单者若干，无凭单者若干，拟运往他埠及在本埠销售者各若干，分别查明，呈报税务署暨江苏印花烟酒税局，以便酌定补税退税办法，俾于税务、商情，两能便益。所请免予补税退税，应勿庸议。仰即转知该公会遵照，毋再藉延，是为至要。此批。

（1933 年 11 月 28 日，第 11 版）

财部新委财政人员

〔南京〕财部八日令：委会计司长庞松舟兼任会计委员会委员长，张天枢为陕西印花烟酒税局局长、冉寅谷为副局长，史春森为安徽印花烟酒税局副局长。（八日专电）

（1933 年 12 月 9 日，第 7 版）

土酒贴足税证即放行

——不得扞量估计

财政部对土酒征收税率增加实施后，各方面虽多反对，惟财部当局为维持政令及威信起见，未便轻易变异。近据各方报告，以各稽征机关对土酒查验手续濡滞，且仍用扞量估计，与新税率则手续不符。财部昨特分令各地印花烟酒税局遵照，嗣后对于照章纳税、贴足税证土酒，应立即放行，不得留难，并不得仍用扞量估计，以免藉口，而重税政云。

（1933 年 12 月 14 日，第 10 版）

火酒印花税未便停征

——财部批复市商会

上海市商会前曾电请财政部停征运往内地药用火酒之印花税，昨接财政部批回云：文代电悉。洋酒火酒，性质不同。上年八月四日以后，海关洋酒进口税增至百分之八十，各省向征之洋酒类税业已包括在进口税内，是以不再征收。至火酒进口税并未增至百分之八十，各省向章每百斤应征二十元之税既未包括在海关进口税内，自不在免征之列。现行海关税则分类列载，至为明晰，一经比较，自可了然，来电所称，当出误会。火酒现正筹办统税，在未实行前，自应仍照向章办理。所请停征，应无庸议。

（1934 年 1 月 6 日，第 12 版）

由闽运沪烟酒补征统税已取消

国闻社云：上海方面前对由闽运沪之福建皮丝及其他烟酒，虽已向人民政府缴纳捐税，但运沪后，仍须重行征收统税。现自福建印花烟酒局及福州统税管理所接收后，上海方面已将补征由闽运沪之烟酒统税取消，以免重复。

（1934 年 1 月 31 日，第 10 版）

税务署通令取消苏省土酒改装办法
——昨令三省统税局等知照

财政部税务署以苏省土酒改装征税办法似与现状不符，昨特通令苏浙皖区统税局、江苏印花烟酒税局即予通令取消，并转饬该业遵照，其原文云：查土酒改装本为便利商人行销起见，在上年七月间，土酒定额税开办之初，经本署核定，苏省以江宁、镇江、上宝、无锡、武进、泰县、南通、吴县、铜山等九处为改装地点，令饬该局苏浙皖区统税局、江苏印花烟酒税局遵照在案。半年以来，本署察看情形，其中惟泰县一处，时因改装发生误会。兹查泰兴与泰县同为苏烧出产之地，其酿制方法及运销情形，亦大致相同。泰县产额尚不及泰兴之巨，而泰兴出运之酒，在产地并不改装，亦未感受何种困难。现泰县农民制酒，又经该局呈准用簿送酒，就行征税，是于商民已有极大之便利，更无适用改装办法之必要。所有前项核定泰县土酒改装区域应即取消，以杜流弊，而免纠纷。除分令苏浙皖区统税局、江苏印花烟酒税局外，合行令仰该局即便转饬泰东烟酒分局泰县查验分所遵照，自令到日起，即行停止改装。一面由该局会同苏浙皖区统税局、江苏印花烟酒税局布告商民一体周知，仍将遵办情形具报查核。此外，各处倘有在产地改装情事，并仰一并查明呈报，以凭核饬取消。此令。

（1934 年 2 月 25 日，第 12 版）

财部委派皖印花烟酒税局长

〔南京〕财政部十四日令：派沈香源为安徽印花烟酒税局长，原任局长费起鹤调任河北官产总处副处长。（十四日专电）

（1934 年 3 月 15 日，第 9 版）

财政会议通过要案十四件

【上略】

次通过第三组审查报告五件：（一）关于烟酒牌照税，改由各省自办。

【下略】

（1934 年 5 月 25 日，第 3 版）

粤烟酒税定期加征

〔香港〕粤烟酒税定七月一日起加二征收国防费。（六日专电）

（1934 年 6 月 7 日，第 7 版）

武进甜酒酿免税

〔南京〕财部令：苏印花烟酒税局对武进所产甜酒酿税免予征收。（八日中央社电）

（1934 年 6 月 9 日，第 6 版）

改组印花烟酒局

——财部在进行中

〔南京〕财部税务署以本年度瞬将开始，决将印花烟酒局于本月底前进行改组。俾于本年度起，实行将印花出售部分改归各地邮局代售，现正与交部及邮政司当局磋商手续。闻大致将拨印花收入十分之一为邮局代售手续费用，俟邮政总长郭心崧拟具详细办法后，即可实现。至各省印花烟酒局印花部分，既仅为会计上之管理，兼之烟酒牌照为补助地方划为政府收入，所存事务较简，决裁汰冗员，以节开支。正由部草拟组织法，不日即公布，同时各省局长亦颇有一部分将予更调。（十日专电）

（1934 年 6 月 11 日，第 7 版）

烟酒牌照税归地方

本市自"一二八"案发生后，对于收支方面殊觉难以平衡，盖如复兴事业及繁荣市中心区等，尤须大宗款项，而收入方面，既未能增加人民负担，故本市财政当局，力求开源节流。现在中央以体察地方财政艰难，对于原由国家征收之烟酒牌照税，划归地方征收。在本市素为工商业繁盛之区，将来该项税收，亦可稍得挹注。惟现在市府尚待中央正式公文到达时，再行筹备接收该项收入也。

（1934 年 6 月 17 日，第 11 版）

税务署电令各省结束烟酒牌照税

——七月一日起结束，划归各省市接办

申时社云：财政部长孔祥熙以财政会议决定各省一律废除苛捐杂税，特提出印花税及烟酒牌照税两种改归地方征收，以资弥补，亦经提出财政会议通过，送请财部照行。现财政部已将印花税推销手续与交通部进行咨商，一俟确定办法，即可公布施行。至烟酒牌照税，决先电令税务署转饬

357

各省，限七月一日一律结束。兹探录详情于次：

电令原文

财政部电令税务署转电各省印花烟酒税局云：各省印花烟酒税局长览，查烟酒牌照税业经财政会议决定划归地方征收，现已由部令饬自本年七月一日起实行。诚恐令文到达须时，特先电知所有各该省局所属烟酒牌照税分局，或烟酒分局兼办之烟酒牌照税事务，均应限令于六月三十日止，一律结束。秋季牌照税绝对不得征收，以清界限，而免纠纷。仰即克速电饬遵照。署长吴。巧。印。

可望增收

按烟酒税在逊清光宣之交，因国库空虚，无法弥补，特成立烟酒捐税局，此为设局征税之始。民国改元后，税目繁多，税率亦不统一，扰民益甚。民十七年间，中央革新税制，重订划一税则，改良征收方法，税收亦有起色。至二十年一月起，各省烟酒事务局又与印花税局合并，同年七月公布烟酒营业牌照暂行章程及施行细则，事权渐归统一，税收亦有增加。其征收方法，分为烟类、酒类、洋酒类三种，凡经营以上三种营业之字号，均须纳费领照，始得开业。税银每年分四季缴纳，等级不同，但此项税收每年数目不多，去年间直解中央之十省（苏、浙、皖、湘、鄂、赣、冀、晋、察、豫）共约一百八十万元。将来划归地方征收后，得地方政府之协助，预计当可有数倍之增加云。

(1934 年 6 月 21 日，第 12 版)

烟酒牌照税定期归地方政府征收

—— 印花税并非划归地方政府，须视财政情形始酌定拨付

中央社云：此次在京召集之财政会议，将原由财政部税务署所征收之烟酒牌照税、印花税等划归地方政府征收，以为各地方之废除苛捐杂税之抵补。现在烟酒牌照税业已决定于七月一日划归各地方政府征收，印花税一事尚待财政部与交通部商定办法后，再行实行。兹据记者向财政部税务

署方面，探得各情如次：

各省概况

据税务署发言人云：各省之设立印花烟酒税局者，计有江苏、浙江、安徽、江西、福建、湖北、河南、湖南、山东、河北等十省。该十省中，大半能将征收税收缴解到署。间以地方财政情形困难，只将征收情形报告到署，而直接将征得税收移归地方政府支配者亦有之。尚有若干省份，以有他种关系，虽有类似之税收机关之设立，但未能按期呈报。

征收税类

至于各印花烟酒税局所征收之税类，约分印花税、烟酒税、烟酒牌照税三种。在本年三月份，各省所征收之印花烟酒税，计印花税五六九一三六六八元、土酒定额税三三零八零九二零元、土烟特税八六七五五九元、华洋机制酒税二九零六三七五元、烟牌照税一零九三六零三元、酒类牌照税一四五九三八八元、烟酒费税二五七八二零八二元。

归划日期

据该发言人称：烟酒牌照税现已决定于七月一日划归各省财政厅办理，一则所以节省经费及手续，二则可以弥补各省之财政。至于印花税一事，因此种税收并非即划归地方，如各地方因废除苛捐杂税而发生财政上之困难，则由印花税项上发出若干，以为弥补。惟以原来征收该项征收之印花烟酒税局，既因烟酒牌照税已拨归地方办理，则该局似不必因征收印花税一事再予存在。故此事现将由财政部商同交通部，托由邮政局办理。时间方面，或未必能短时间内实现，大概可望于年内实行。

（1934 年 6 月 22 日，第 14 版）

烟酒牌照税财部划归地方征收

——遵照全国财政会议决，定期七月一日起实行

烟酒牌照税原属营业税性质，向由财部所属各省市印花烟酒税局征

收。最近经全国财政会议议决，自七月一日起将该项牌照税划归地方政府征收。财部昨特咨各省市府、省财政厅查照办理，并令各省印花烟酒税局至六月底止停止征收。兹分录咨令原文如下：

咨各省市政府

财部昨咨各省市政府、各财政厅、财政局云：案查烟酒牌照税本属营业性质，民国二十年六月，奉国民政府公布营业税法，于第二条规定"中央征收之烟酒牌照税，除由中央留十分之一外，其余应拨归各省市，作为地方收入"，历经本部直辖之各省印花烟酒税局照章稽征，分别解拨在案。此次本部召开全国财政会议，对于各省市减轻田赋附加、废除苛捐杂税后抵补方法，因恐地方财力不足，经大会决议，将烟酒牌照税全部划归地方，由地方征收，以期增加收入。并据该会议秘书处将议决案呈请核办前来，本部复加查核，此项烟酒牌照税按照营业税法之规定，本应由中央征收，惟既有前项情形，本部为调剂地方财政起见，应准改归地方自办，藉便稽征。现定自本年七月一日起实行划出，即请贵省市政府转饬财政厅（局）遵照中央法令章则接续征收。至所需春、夏、秋、冬四季烟酒两类整卖或零卖牌照，仍归本部印制，并饬该厅（局）开列详细数目，备具印刷工本，呈部领用，以归一律，而便稽考。除分别咨令各省市政府、财政厅于二十一年度开始之日起接收开办，暨通令各省印花烟酒税局转饬所属各分局关于稽征烟酒牌照税事项依限结束，并呈报行政院转呈国民政府核准备案外，相应检同烟酒营业牌照税暂行章程暨施行细则各一份，咨请贵省市政府查照办理，仍希见复为荷。至接收后办理情形及如何减轻人民负担，并请饬厅局切实办理，随时报部，以凭查核。

令各烟酒税局

又训令各省印花烟酒税局云：案查烟酒牌照税本属营业税性质，民国二十年六月，奉国民政府公布营业税法，于第二条规定"中央征收之烟酒牌照税，除由中央留十分之一外，其余应拨归各省市，作为地方收入"，历经照办在案。此次本部召集全国财政会议，对于各省市减轻田赋附加、废除苛捐杂税后抵补方法，因恐地方财力不足，经大会决议，将烟酒牌照税全部划归地方，由地方征收，以期增加收入。并据该会议秘书处将议决案呈请核办前来，本部复加查核，此项烟酒牌照税，按照营业税法之规定，本应由中央征收，惟既有前项情形，本部为调剂地方财政起见，应准改归地方自办，藉便稽征。现定自本年七月一日起实行划出，交由各省市政府依照中央法令章则接续征收。应由该局电令所属各分局关于稽征烟酒牌照税事项限于本年六月三十日一律截止，所有本年秋季牌照税绝对不得再征。其各分局用余牌照，应责成分别种类张数，造具清册，缴由该局汇齐呈缴来部，不许遗留在外，以杜流弊，违者即以交案不清议处。除通令各省印花烟酒税局依限结束暨分别咨令各省政府、财政厅于二十三年度开始之日起接收开办，并呈报行政院转呈国民政府核准备案外，合行令仰该局即便遵照办理，并布告商民一体周知，仍将遵办情形具报查核。此令。

（1934 年 6 月 23 日，第 13 版）

财部令印花烟酒税局

——商民仍须遵例贴花，印花作抵系行政改革，
条例税率仍毫无变更

财政部以全国财政会议议决废除各省苛捐杂税，裁减田赋附加，而以印花烟酒局之收入作为抵补各省裁减田赋附加后地方收入之不足，业已咨请各省市政府自七月一日起接收办理，并令饬各省市财政厅及印花烟酒税局于六月三十日以内结束在案。惟总务行政纵有改革，而商民仍须遵例贴花，不得迟疑观望。昨又令饬本市印花烟酒税局遵照，其原文云：查此次全国财政会议，于废除田赋附加，地方费用不足，由中央另筹抵补案内，关于拟将国税项下之印花收入提成拨充各级地方政府，作为裁减田赋附加抵补之用一项，现已由部着手筹备，以便依照原案，由部统收分拨。至将来对于印花税务，无论有何改革，纯属行政问题，要于条例税率，初无变更，商民何得藉词观望？应由该局通饬所属晓谕商民，勿滋误会，仍应遵照贴花，以免查获处罚，自干咎戾，仰即遵照。此令。

（1934 年 6 月 25 日，第 12 版）

烟酒牌照税划归地方征收

——部令印花烟酒局依限结束

〔南京〕财部为调剂地方财政，定七月一日起将烟酒牌照税全部划出，由地方征收，已令各省财厅局于是日接收开办，并令各省印花烟酒局依期结束稽征烟酒牌照税事项。至所需之牌照，仍归财部印制，以资一律。豫许昌、禹县、襄县、安阳、泉石等十二熏烟区内熏烟业行营业牌照，则改归郑州统税管理所兼办，以便整顿税收，审查熏烟业行资格。（二十七日中央社电）

（1934 年 6 月 29 日，第 7 版）

苏省接办烟酒牌照税

〔镇江〕烟酒牌照税一日起归省接办，财厅已派科长任祖芬赴京点领苏省牌照数额，为七万五千张，年可收税六七十万，以此款抵补废除苛杂用。苏二批废除苛杂正令县详报中，恐各县巧易名目，无补于民，将于最近期内派专员赴各县详查。（三十日专电）

（1934 年 7 月 1 日，第 12 版）

市财政局今日接收烟酒牌照税

——税款由四稽征处经收

自全国财政会议决定烟酒牌照税划归地方政府征（收）后，本市财政局已奉令于七月一日实行接办，并指定市南稽征处（南市毛家巷二十九号）、市北稽征处（闸北大统路一一零号）、市西稽征处（劳勃生路五零一号）、市东稽征处（浦东春江码头七号）等四处经征。兹探录该局布告如下：案奉市政府第一零零五二号训令内开：以准财政部咨，烟酒牌照税自本年七月一日起改归地方自办，饬局遵照中央法令章则接续征收。至所需春、夏、秋、冬四季烟酒两类整卖或零卖牌照，仍归部颁，以归一律，而便稽考。附发章程及施行细则下局等因。奉此，本局自应遵照部章，自本年七月一日（秋季）起接续征收。查商店营业，时有变迁，征税原则，首贵公平。本市接办伊始，务使该业负担税款切合章程，以免枉纵。凡请领本秋季牌照者，不论新店旧店，均应按照细则第一条之规定，详细列表，填具申请书，呈报该管经征机关，查明相符，再行填给牌照。本市是项牌照税，由本局东、南、西、北四稽征处经征，各商店可查明征收房捐之稽征处，前往缴税领照。至营业表等，可向稽征处索取填用。除分别函令呈报外，合行出示布告，仰该业商人一体遵照。此布。

（1934 年 7 月 1 日，第 15 版）

苏烟酒牌照税

——决定官督商办

〔南京〕苏烟酒牌照税划归省办后，省府决定官督商办，核定全省比额为七十六万元。在财部经收时，每年拨给苏省二十五万元，除经费八万元，净缴六十八万元，如有溢，以半数做奖金。闻已由烟酒同业公会承包。（九日专电）

（1934 年 7 月 10 日，第 3 版）

烟酒牌照税限期报领执照

——逾期照部章处分

烟酒牌照税于七月一日起划归地方政府征收后，本市征收此项税款，系由财政局指定东、南、西、北四稽征处经征，曾经该局布告周知。闻部章规定每年分四季换领新照，并以季首之一日至十日为换照时期，不得逾限。如有逾限尚未换领新照者，由经征机关警告之。自警告日起，满十日仍不请换新照者，除责令缴税换照外，并照章处以每季应纳税额十分之一以上至十分之二以下之罚金。现在秋季领照之期业已届满，据财政局消息，各烟酒业商人前向稽征处报领执照者颇为踊跃，但因属接办之始，商人未及周知，一时未往换照者亦不乏人。局方决定出示晓谕，限期报请换照，逾限不报者，定照部章罚办。又闻市财政局接办烟酒牌照税后，所有牌照等级及应征税额悉照财政部颁发之烟酒营业牌照税暂行章程及施行细则办理。此项章则，全国划一施行，本市自不能例外，但除照额征税外，不收任何手续费。至以前领照商人或有因营业扩充须改领别种执照者，则须随时报请更正。

(1934 年 7 月 12 日，第 10 版)

烟酒牌照税种类

——朦报必须查明纠正

中央社云：本市征收烟酒牌照税，昨据市财政局负责人谈话云：财政部颁发之烟酒牌照税暂行章程及施行细则等，均属施行已久，本市接办后，必须遵照部章办理。至何种商店应领何项牌照，章程内均有明白规定。倘以前或有朦报营业种类，希图减轻税款者（例如属于甲级营业，而以乙级营业朦报领照），自须查明纠正，以昭公允。盖纳税应以负担公平为原则，其有取巧瞒报，不予纠正，殊非事理之平。又查部颁章则，（所规定）营业种类及牌照税额，至为允当。此次中央毅然以烟酒牌照税划归地方征收，诚具有以地方收入发展地方事业之善意。烟酒两项均属消耗品，以经营消耗品为业者，已享有特种营业权，更应对市政设施尽其相当义务，照章纳税。日前报载烟酒业种种情形，或属该业中少数人不明权利义务所致云，并探录部章规定之烟酒业营业牌照种类税率如左：

（一）烟类营业牌照分整卖、零卖两种，凡以烟类大宗批发与零卖商人者，为整卖营业，计分三级：（甲）卷烟厂商之分公司及经理分销处，每季一百元；（乙）趸批卖买之烟草行，每季四十元；（丙）经理各种烟类批发店，每季二十元。凡贩卖烟类零售消费者为零卖营业，计分五级：（甲）开设店肆经售一切烟类者，每季十二元；（乙）他种商店大部份兼营一切烟类者，每季八元；（丙）他种商店兼售一切烟类者，每季四元；（丁）设摊零卖烟类者，每季二元；（戊）零售烟类之负贩者，每季五角。

（二）酒类营业牌照分整卖、零卖两种。凡以酒类大宗批发与零卖商人者，为整卖营业，计分三级：（甲）每年批发在二千担以上者，每季三十二元；（乙）每年批发在一千担以上者，每季二十四元；（丙）每年批发在一千担以下者，每季十六元。凡以酒类零星售与消费者，为零卖营业，计分四级：（甲）开设店肆贩卖一切酒类者，每季八元；（乙）他种商店兼售一切酒类者，每季四元；（丙）零售酒类之设摊者，每季二元；（丁）零售酒类之负贩者，每季五角。

（三）洋酒类营业牌照分整卖、零卖两种，整卖营业计分两级：（甲）各机制酒厂进口商酒厂分公司及独家经理等，每季纳税银五十元；（乙）各代理及批发洋酒类商店，每季十元。零售营业，计分两级：（甲）各酒楼旅馆及酒吧等类，每季十元；（乙）各零售洋酒类商店，或兼售整卖零卖者，应分别领照，各按定额纳税。

（1934 年 7 月 13 日，第 11 版）

松江·烟酒牌照税变更征收

烟酒牌照税向归财部征收，自财政会议决裁撤各省市县苛捐杂税，藉苏民困，一面以烟酒牌照税移归各省市征收，作为抵补取消苛杂之款，牌照仍由财部印制颁发，通咨各省转饬财厅遵照在案。兹县府奉财厅训令，以烟酒牌照税业于七月一日起移归本省直接征收，并委派顾葆羽为局长、潘象鑫为副局长，饬属协助进行。闻本县应征税额，由平湖人朱某包办之说，刻尚未来松云。

（1934 年 8 月 1 日，第 12 版）

烟酒牌照税
——市财局决照章征收

中央社云：本市征收烟酒牌照税一项，因连日烟酒业商人赴各稽征处报领执照者过于拥挤，财局为便利不及报领者起见，经颁发报告，展限七天，截至八月七日为止。倘逾期仍不报领执照，则照章罚办。关于依照部章征税一节，财局态度极为坚决。据该局负责人谈：此项税款必须照章征收，绝不能迁就减收，其理由已迭在各报发表，本可无庸多赘。惟一般烟酒业商人，多以照章征税，增加负担为言，殊不知以前虚报等级，少纳税款，系属不合法行为，不能援以为例。现仅照章纠正，自非增税可比。即就退一步言，凡经此次纠正税额之商店，每季税款虽或较前多纳数元，但因此而稍增烟酒售价，则其多纳之税款，未尝不能取偿于购用者。若谓增加售价，影响营业，在各该业本身立场，当然以此为口实。第烟酒非同普通物品，以烟酒为业者，不能比拟于普通商业。诚以烟酒系富于麻醉性之物，其售价愈低廉，则购用者愈众，遗害社会亦愈甚。设使以税重而增价，则向之多用者因而少用，少用者因而勿用，酗酒吸烟之人日渐减少，宁非国家、社会之福（贱价烟酒，麻醉性愈烈，如果售价增高，则贫苦者无力购用，因而戒除嗜好，于个人健康、经济均有裨益）？是以征收烟酒牌照税，系寓取缔之意，不能稍有瞻徇。况依照部定章则办理，更何得要求减征？溯自本市接办以来，各商店报领执照，经复查相符，填发执照者，已达千余张。除一部份尚未复查完竣外，其所报不符者，使尽量纠正。照章补缴税款，每季不过多收二三千元，每年亦只万元左右，于市库本无多大补助。若以为照章征税，纯系谋收入之增加，则大误特误矣。再论本市年支卫生治安等费，为数极巨，倘市民酗酒吸烟者日多，影响其个人健康经济，并减少生产能率，即于本市卫生治安用款，亦必因而间接增加支出。查每年烟酒牌照税仅数万元，以之应付此种相因而生之支出，犹恐不足。故政府为谋大多数市民之幸福计，深愿市民少酗酒、少吸烟，并不希望烟酒牌照税之递减云。

（1934 年 8 月 3 日，第 12 版）

市财政局征收烟酒牌照之反响

——烟兑小店反对倍额征收，公会开会筹商救济办法

上海市财政局接收烟酒牌照税，坚决照章征收，而烟兑业类多夫妻小店，兼卖烟酒，营业细微，近且比邻皆是，彼此竞争售价，以致获利不易。兹据该业公会负责人云：各稽征处之调查征收，待遇殊颇不平。在市

县交界之四乡，如江湾、吴淞、真如、漕河泾、法华、曹家渡、龙华等处，双间店面烟酒营业较大者，每户仅收两元，最大之酱园只收八元。如本市城内外及浦东烂泥渡等各小店，每季向纳二元及四元之店，均须倍额缴款，以致群情愤激，莫不称痛叫苦。连日有南市、浦东、徐家汇及曹家渡一部份，均自具函盖章，书明地址门牌，将夏季旧照及秋季之临时收据纷纷附送至烟兑公会沪南办事处，作坚决之请求，不达目的不止。该处定明日下午二时，召集各路办事职员，开会讨论救济方针，并分函各职员云：兹据会员安澜路达民、大生弄源利、车站路余泰、老白渡街丁瑞泰等先后来函数百家，佥云：秋季牌照自归财局接收后，初则令行登记，次则调查等级，再则限期领照。因限期局促，而被拥挤轧出，未及如期申请登记领照者，甚至旧照、税款均被扒窃遗失，继则被加逾期罚金及倍额征收，而增之数倍者甚众。敝店等资本营业，均不胜于一般设摊负贩者，近且邻比皆是，获利不易，每季勉纳二元尚难维持，值此百业萧条之中，无堪倍额巨税。为特将旧照及临时收据备函附送，仰祈贵会转送市商会，呈请当局秉承孙总理革命意旨，扶助弱小民族，顾念民生艰困，对于烟兑小商，应请加以体恤，迅赐解决，俾安营业，得维生活。伏思贵会为同业之领导，定能曲体时艰，烦祈据情转达，谅当局断不致留难小商。如再不惜商艰，惟有坚决一致，坐以待毙等情到处。据此，查本案关系全市烟酒两业，兹事体大，本处未便擅行，理合邀请各职员筹商救济方针，报请执委员办理。并请即日召集烟酒业十一公团代表会议，以收集思广益之效，庶几税商两获裨益。本处为防止同业误会，避免纠纷扩大计，特订于本星四（即八月十六）日下午二时议订办法，以便转报。届时务请台端准时莅临，尚有其他要案待商。除分函外，合行专函奉达，即希查照为荷云。

（1934 年 8 月 15 日，第 13 版）

菜馆售酒

——准领乙级烟酒牌照，市财政局函复商会查照

上海市财政局昨函市商会云：案准贵会第六二号公函，以据酒菜馆业

同业公会函称华界会员醉鸿楼、大庆馆等领照留难，转请照烟酒牌照税章第三条第二项零售乙级领照等由。准此，查本局曾据同业公会呈请醉鸿楼应按酒类零售乙级缴税领照等情，业经饬据市南稽征处复查，该楼尚合所请规定，已指令照办并批示在案，准函前由。除令知市南稽征处将大庆馆请领牌照一节，切实查明，遵章给照外，相应函复，即希查照云云。

（1934 年 8 月 17 日，第 12 版）

常州·烟酒牌照税在常设四区分局

江苏全省烟酒牌照税稽征局规定武进、无锡、江阴、宜兴四县列入第四区，分局长为赵骞，区分局设在常州，全区比额总数为十三万二千二百二十四元。赵分局长奉委，业于二十日来常，暂设局址于孙府弄六号。所有四县稽征所所长已分别委定：武进为朱邃谷，比额五万元有零；无锡为朱瑾，比额四万八千元；江阴为郑廷圭，比额一万七千元有零；宜兴比额与江阴同，所长人选尚在物色中。并闻分局及武进分所均定于今（二十一）日开征，已布告周知。

（1934 年 8 月 22 日，第 11 版）

上宝印花税局函烟酒业秋季牌照须贴印花

——毋稍隐漏以符法则

本市烟酒业各公会昨接江苏上宝印花局第六四号公函内开：径启者：案奉江苏印花烟酒税局训令第八七五号内开：案准上海市政府第三五零零号函开：案准来函，以烟酒牌照印花应责成经征机关代为征贴，请转饬办理等由。准此，经令据本市财政局呈复称"查此案经上宝印花局分局以前由函请查照办理到局，本局当以本市秋季烟酒牌照税业经开征，关于牌照上应贴印花，曾由本局在牌照上加盖戳记（印花由各商自行购贴）在案。此时如由本局代为补贴，事实上殊感困难，一俟本年开始征收时，再行照办"等语，函复该分局在卷。奉令前因，除令行各稽征处遵照办理外，理合具文呈复，报请鉴核等情到府，准函前由，相应函复等由。准此，查此案前奉部令核准照办，业经分别函令知照在案。兹准前由，合行令仰遵照，转饬该管区内各烟酒商号，将所领秋季烟酒牌照，务须照章购贴印花，以维税政。此令。等因。奉此，除遵照外，相应函达，即希贵会查照转知各烟酒商号，遵将所领秋季烟酒牌照，须照章购贴印花，毋稍隐漏，以符法则，而维国税，至深盼荷云云。

（1934 年 9 月 3 日，第 14 版）

平湖·奉令禁酿酒酱

县政府奉省令开：奉军事委员长南昌行营训令：据师长冯兴贤代电，本年各省水旱成灾，请令禁止酿制酒酿糖醋不急之物，以裕民食等情，饬即妥为办理云云。闻将斟酌地方情形，限制酿制。

（1934 年 9 月 22 日，第 8 版）

财部整理烟酒税收

〔南京〕财部为整理税收，稽察各省烟酒产销状况，特通令各省印花烟酒税局，嗣后各省稽征分局所有烟酒征收底册凡遇交替，务须列入交代，以免隐匿舞弊。（二十二日中央社电）

（1934 年 9 月 23 日，第 3 版）

苏浙皖区统税局公告第五号

火酒定于二十四年一月一日改办统税，凡国内所设火酒厂，无论内地或租界，均应向所在地统税机关申请登记产制，火酒应先购贴印花，完税出厂。其在统税未实行前进口或出厂之火酒未经报征洋酒类税者，亦应报请查验贴花，方准销售，如违处罚。凡火酒厂家及经售商号均应遵照办理，如有未明手续，即来局询问，以便告知，而免错误。此布。中华民国二十三年十二月日。

（1935 年 1 月 1 日，第 15 版）

常州·烟酒牌照税分局长扣留

武宜锡阴四县烟酒牌照税分局长赵骞（即朱鉴，又名锦章）被省局派员谢任涛等于八日在常站查见，即带至县府扣留。据闻扣留原因为选被控告化名顶替，违法苛征，并欠解税款。现秋季税六千余元已交与厅□，朱请求保释，省局须呈请财厅核示。

（1935 年 1 月 11 日，第 9 版）

烟酒牌照税章程

——财部修正公布

〔南京〕财部自烟酒营业牌照税划归地方后，原有章程不便实行，顷特修正公布施行，全文共十二条，规定未领牌照而营业者除补领外，并处以每季应纳税额一倍以上十倍以下之罚金。又规定营业牌照分烟、酒及洋酒三种，年分四季具领，其种类税率：烟类牌照由五角至一百元；酒类由五角至三十二元；洋酒类由五元至五十元。（十一日中央社电）

（1935 年 1 月 12 日，第 3 版）

财部公布重订烟酒牌照税

——共分烟酒及洋酒类三种，每年四季具领违者重惩

中国社云：财部近以烟酒营业牌照税暂行章程业经重订，特于日前公布实行，其营业牌照分烟类、酒类、洋酒类三种，年分四季具领，探志其种类税率如下：

烟酒牌照

（一）烟类营业牌照，分整卖、零卖两种，凡以烟类大宗批发，于零卖商人者为整卖营业，计分三级：（甲）卷烟厂商之分公司，及经理分销处，每季纳税银一百元；（乙）迳批卖买之烟草行，每季纳税银四十元；

（丙）经理各种烟类批发店，每季纳税银二十元；（乙）他种商店，大部份兼营一切烟类者，每季纳税银八元；（丙）他种商店兼售一切烟类者，每季纳税银四元；（丁）设摊零卖烟类者，每季纳税银二元；（戊）零售烟类之负贩者，每季纳税银五角。

酒类牌照

（二）酒类营业牌照，分整卖、零卖两种，凡以酒类大宗批发与零卖商人者，为整卖营业，计分三种：（甲）每年批发满二四万市斤以上者，每季纳税银卅二元；（乙）每年批发满十二万市斤，至未满二十四万市斤，每季纳税银二十四元；（丙）每年批发满二万四千斤至未满十二万市斤者，每季纳税银一十六元。凡以酒类零星售于消费者，为零卖营业，计分三级：（甲）开设店肆贩卖一切酒类者，每季纳税银八元；（乙）他种商店兼售一切酒类者，每季纳税银四元；（丙）零售酒类之负贩者，每季纳税银五角。

洋酒牌照

（三）洋酒类营业牌照，分整卖、零卖二种，整卖营业，计分两级：（甲）各机制酒厂、进口商、酒厂分公司及独家经理等每季纳税银五十元；（乙）各代理及批发洋酒类商店，每季纳税银十五元。零售营业计分两级：（甲）各酒楼旅馆及酒吧等类，每季纳税银十元；（乙）各零售洋酒类商店，每季纳税银五元。

（1935 年 1 月 13 日，第 12 版）

鲁烟酒税局召开全省税务会议

〔济南〕烟酒税局定二十日召集在省各分局长开税务会议，建（设）厅长张鸿烈由京来电，财部司长高秉坖允财部设法协助鲁烟叶发展。（十八日专电）

（1935 年 1 月 19 日，第 8 版）

常州·四县烟酒牌照税局长易人

武宜锡阴四县烟酒牌照税稽征分局长朱锦章前被省局为欠解税款等问题，扣押县府，转解镇江讯究，迄未释放。新任分局长黄启粹以办理不易，又呈请辞职。现由省局委任本局稽核课长张尚林〔朴〕兼代局长，张局长奉委，于二十五日晚间莅常到局接收，即日正式任职，并赁小河沿唐姓楼屋为局址。至四县稽征所长，无锡决定为俞蕴清，宜兴为徐佑祥，江阴及武进尚未确定，武进大致将由分局兼办。至省局局长顾葆羽、副局长丁芝嵋，前莅常调查朱、黄两前分局长征税等情形，亦于二十五日晚间离常返镇。

（1935 年 1 月 27 日，第 10 版）

江苏省武宜锡阴烟酒牌照税稽征分局

通告第一号

案奉江苏全省烟酒牌照税稽征局委令第十六号，内开：令稽核课课长张尚朴，兹委任该员兼代武宜锡阴稽征分局长。此令。等因。奉此，遵于本月二十六日接铃视事，并租定武进县城内小河沿金宅为局址，即日开始办公。除分别呈报函令外，合行通告，仰本区各县烟酒业商一体知照。特此通告。

通告第二号

查本局自经此次改组，所有各县稽征所所长均经分别改委，武进县稽征所由本局长自行兼任办理，并委任杨轶欧为无锡县稽征所所长，吴汉扬为江阴县稽征所所长，宜兴县稽征所所长正在遴委中。除分别委任并呈请省局加委外，合行通告，仰本区各县烟酒业商一体知照。特此通告。

通告第三号

案查牌照税各季缴款日期均经规定，不得逾期。乃本区因种种关系，致春季税款未能依期征收。现在本局既已改组就绪，自应着手办理。兹为体恤各烟酒业商起见，凡在二月三日以前缴纳春季税款者，概免加收逾期罚金；二月三日以后，即行依照章程第八条第一项办理，决不姑宽，以遵税章，而期整顿。仰各一体知照，毋得自误。特此通告。

（1935 年 1 月 29 日，第 4 版）

苏浙皖区统税局公告第六号

案查销售租界火酒，禁止私运华界或内地侵销，其印花另画四横线，其驻厂员租界火酒印花验戳，亦另用圆式以示区别，而便查验，经局呈由税务署转呈财政部备案在案。嗣后倘有以营销租界火酒私运华界或内地侵销情事，立即扣留罚办。仰各火酒厂商、经售火酒商号及转运或他种营业应用火酒之商人一体知照。此布。中华民国二十四年二月　日。

（1935 年 2 月 7 日，第 9 版）

苏浙皖区统税局公告第七号

案奉税署规定火酒改装办法：（一）国制已征统税、贴足印花出厂之火酒，如在当地改装销售，不加限制；所有运销外埠之国制火酒，应于未出厂前装置适合容器，再行贴花出厂，嗣后不得再行改装。（二）舶来火酒分甲乙两项：（甲）报运地点须经过海关者，商人遵照海关成例，先向海关申请，一面将原装牌号数量、领贴印花号码、关税税单报请统税机关登记，俟海关派员验明并发给派司之后，即凭派司请领运照。经统税机关查核相符，在原送海关派司上盖用验戳，并于运照内加盖"已完统税改装出运"戳记，交商连同海关派司一并报请海关验放。（乙）报运地点无须经过海关者，商人应径向统税机关报请，派员验明，眼同改装，并将原贴印花予以铲除。原查验员查验无讹，出具改装查验报告单一纸，交由商人持凭请领运照，其运照内应盖戳记与甲项同等因。奉此，除分行外，特登《申》、《新》两报公告，仰各火酒厂商、经售商号及转运或他种营业应用火酒之商人一体遵照办理。此布。中华民国二十四年二月七日。

（1935 年 2 月 11 日，第 7 版）

上宝太嘉川烟酒牌照税稽征分局启事

案奉江苏全省烟酒牌照税稽征局局长顾副局长丁第三十四号委令，内开：兹委该员为上宝太嘉川烟酒牌照税稽征分局局长。此令。等因。奉此，遵于本月十五日接收视事，所有各烟酒业商应缴税款径向本局缴纳，填给牌照。倘有希图取巧、串同稽征员、不按税级征税、掣给低级牌照等项，一经查出，仍应向各该业商按级征税，决不姑容。各该业商幸勿私利，致贻后悔，毋谓言之不预也。局长王志良特启。

（1935 年 2 月 15 日，第 7 版）

赣省准征烟酒牙税

〔南京〕中央通令废除苛捐杂税，对烟酒商规定：已纳牌照税，免征营业税。赣省以未办营业税，特令烟酒行完纳牙税。该省烟酒商以牙税为中央规定撤废苛杂税之一，联合呼吁政府派员向赣省府调查，以赣省情形特殊，准予征收烟酒牙税，惟不得再征牌照税，俟新颁之营业税普及，即将牙税停征。（二十二日专电）

（1935 年 2 月 23 日，第 9 版）

苏烟酒牌照税局三区局由财厅自办

〔镇江〕省烟酒牌照税局以镇、扬、丹、金、溧、武、宜、锡、澄、苏、吴、昆、常三区局办事棘手，请由财厅自办。财厅已准请，将由各该区营税局长兼理，收入归总比额下核算，其他各局无变动。（二十六日专电）

（1935 年 2 月 27 日，第 6 版）

闽烟酒税局长免职

〔南京〕福建印花烟酒税局长左权经财部免职，遗缺派该局副局长王

光辉代理。（一日专电）

（1935 年 3 月 2 日，第 7 版）

扬州·烟酒税委兼查印花

江都印花归并邮政局代售后，关于抽查检查事宜，尚未奉令规定负责办法。现江都烟酒税稽征所丁主任已奉到省局训令，派兼江都县抽查印花税委员，准于施行抽查，遴员执行职务。昨（廿七）丁以职权瞬届现定之抽查检查时期，特函达县商会，请转知各业遵照。

（1935 年 3 月 2 日，第 10 版）

苏浙皖区统税局公告第八号

查火酒改装运销，前奉税务署规定办法，业经登报公告。兹奉税务署训令，关于舶来火酒改装办法，为力求简捷起见，所有前订甲、乙两种办法应废止。嗣后凡舶来火酒，应于进口未纳统税前呈准海关运入加工关栈，改装后再按改装状态及当时价值完纳进口税，再征统税，贴花销售等因。自应遵照办理，再登报公告，仰各火酒厂商、经售商号及转运或他种营业应用火酒之商人一体知照。此布。中华民国二十四年三月一日。

（1935 年 3 月 5 日，第 4 版）

财部规定农隙酿酒限制办法

〔南京〕财部规定农隙酿酒限制办法，专以冬季一季为限，除家酿自食，仍照章以一百斤为限，如无直接买卖行为者，得免牌照税，通年酿酒者，即以酒商论，通咨查照。（九日专电）

（1935 年 3 月 10 日，第 3 版）

扬州·高宝设烟酒税分局

本省烟酒牌照税自镇扬（镇江、扬中）、武宜（武进、宜兴）、溧金

（溧阳、金坛）三区分局由财厅收回，并入各该县营业税局兼办后，现悉省局为指挥便利、易于整理起见，已将各该区分局一律扩充。并闻江、仪、高、宝四县，现已改组两分局，江仪局长仍由秦懋勋充任，高宝局长则另委陈某接充。关于本县春季牌照税，一俟改组成立，即行开始征收云。

（1935 年 3 月 11 日，第 9 版）

川烟酒税局长陈家栋就职视事

〔重庆〕中央新任四川烟酒税局长陈家栋一日就职视事。（二日专电）

（1935 年 4 月 3 日，第 8 版）

镇江·各县烟酒牌照税苏财厅收回自办

烟酒牌照税自财部划归各省经办后，浙省设局委办，成绩最佳。皖省由营业税局兼办，亦著成效。苏省于上年七月接办后，即由顾宝羽用上宝苏宁等地烟酒公会名义以七十六万承包苏省全年税额，每年应实缴税款六十八万元，分四季按月缴纳，设总局于镇江，各区设分局，复转包于人。办理半年，各分局亏款潜逃者有之，迄不解款者有之，浮收税款抗不移交者亦有之。总局于八个月内呈解财厅之款仅十三万余元，尚不足一季额数。财厅恐长此迁延，纠纷愈多，而愈难整顿，乃于上月毅然将江南各县先行收回，委由各该县营业税局兼办，一面派员分赴各县调查，如有办理不善而内容复杂者，虽值包办未终，亦令营业税局接收，对各区积欠税款，则严令追还。现除第二、第六两区仍由顾宝羽承包外，其余各县均由财厅收回，令由营业税局兼办。

（1935 年 4 月 10 日，第 10 版）

扬州·烟酒税局赶办结束

江都烟酒牌照税局因奉令归并江都营业税局兼办，兹悉该局前遵照省令，将钤记及牌照移交后，现已赶办结束。关于春季税款，已奉到厅令饬造册具报，一面将春季已征之税款携赴省局结算。闻该局秦局长奉令后，除分令各乡区稽征员赶紧结束春季税款外，刻已星夜清理一切手续，俾早结束。

（1935 年 4 月 20 日，第 10 版）

财部修正烟酒牌照税章程

〔南京〕财部顷将烟酒牌照税章程修正公布，除洋酒类整卖乙级更定每季纳十五元外，余均仍旧。财部并电各省市府，向部换发部颁洋酒整卖乙级牌照。（二十三日中央社电）

（1935 年 4 月 24 日，第 7 版）

六合·烟酒牌照税局局长易人

本县浦六烟酒牌照税局局长王曙亭承包税额亏折甚巨，顷闻省局以整顿各县税收起见，一概革除包税手续，改由省局直接派人办理。日前省局委陈钺来六接办，陈氏业于昨日（二十五日）正式接篆视事。

（1935 年 4 月 29 日，第 7 版）

财部整理闽烟酒税

〔南京〕财部据史剑寒条陈整理福建烟酒税收一案称：该省烟酒税历年收额太少，国家每年损失二十万以上，各分局及稽征局历年积弊，仅私提规费一项，总计每月至少提出四五千元，国家直接损失年有五八万之巨。财部以原呈所称整理各节，不为无见，令闽印花税局长察酌情形，速拟整理办法，积极补救。其各属征收烟酒税款，务须一律遵章发给部颁各项证明，绝对不得私行制发条据，以杜侵蚀税额。该局长随时严密考察，所属经征员司如敢阳奉阴违，应即从严法办。原呈所称私提规费一节，此种恶习，有干法纪，该局长现当整理伊始，对于以前种种积弊，均须痛予

涤除。（六日专电）

（1935 年 5 月 7 日，第 6 版）

财部税务署整顿烟酒税

〔南京〕财部税务署呈准召集苏、浙、皖、赣、鄂、豫、闽、鲁、冀、湘等省印花烟酒税局长□会讨论烟酒税整顿办法，已电各局长就各该省情形比额支配，妥为规划，备具议案，于本月二十日来署出席。（十一日专电）

（1935 年 6 月 12 日，第 6 版）

税务署电召烟酒税局局长来沪会议
——出席者计苏浙皖等十省会商整顿烟酒税收问题

本月二十日起会期共两天

华东社云：财政部税务署顷分电苏、浙、皖、赣、鄂、豫、闽、鲁、冀、湘等十省印花烟酒税局局长，饬即于本月二十日前来沪会商整顿印花烟酒税税收问题。记者特于昨晨走访该署总务科陈科长，承告详情如次：

定期开会

财政部税务署署长吴启鼎氏以印花烟酒税为国家重要收入之一，自莅任以来，虽迭加整顿，但迄今仍无起色。且本年度各局表报截止三月底止，能照财政部规定征足者，十余省中仅一二省，甚至有短收只报解三四成者。故为力图弥补起见，特呈准财部召集各省印花烟酒税局长来沪开会，讨论整顿具体办法。会议日期为本月二十日上午九时起，会期共两天，二十一日下午闭幕。会议地点，即假汉口路江海关大厦该署议事厅。

出席局长

指定出席是会之各省印花烟酒税局正副局长，计有江苏（正）盛升颐、（副）薛福田，浙江（正）赵锡恩、（副）黄祖培，安徽（正）荆灵心，湖北（正）李荣凯、（副）杨铎，湖南（正）唐彦、（副）易鼎，江西（正）荆有岩、（副）潘林衍，河南（正）渠达成、（副）卢廷干，福建（正）王光辉，山东（正）李宗弼、（副）傅正舜，河北（正）丁春膏、（副）徐铣。

讨论范围

据税务署总务科陈科长语记者：本署因年来烟酒税收锐减，且值此库帑支绌，需用孔殷之际，亟应改弦更张，力图弥补，因有是会之召集。至于讨论范围，事先并无一定议案。因此会系会商以后如何整顿，方可增加收入问题，故俟各地局长到署后，即于二十日起开始会商，届时采取各局长临时意见，共拟一具体办法，再照议决之办法，各自进行，力加整顿云。

（1935 年 6 月 13 日，第 9 版）

浙省整顿烟酒税

〔杭州〕浙烟酒局以税收短绌，定十八日召各分局长到省开会，商整顿方针。（十三日专电）

〔杭州〕赵锡恩十九日赴沪出席十省烟酒会议。（十三日专电）

（1935 年 6 月 14 日，第 4 版）

财部税务署召集烟酒印花税局长会议

——十省税局正副局长出席，整顿税收会期预定五日

中央社云：财政部税务署为整顿全国印花烟酒税收，在沪召集各省烟酒印花税局长会议，于昨晨九时在江海关五楼浚浦局会议室举行开会仪式，会期定五日，于二十四日晨行闭会式，孔财长并将出席训话。兹将各情志后：

出席局长

各省烟酒印花税局局长会议于昨晨九时举行开会式，各省局长出席

379

者，计安徽（正）荆虚心，福建（正）王光辉，江西（正）荆有岩，河南（正）梁达成，湖北（副）杨铎，山东（副）傅正舜，浙江（正）赵晋卿、（副）黄祖培，江苏（正）盛升颐、（副）薛福田，湖南（正）唐彦，河北（正）丁春膏等。税务署出席者计署长吴启鼎，秘书董仲鼎、周介春，科长方鹓先、江永一、洪毅、陈浚，视察唐适等，共二十九人。

吴氏致词

会议由署长吴启鼎主席，领导行礼如仪后，即致开会词云：烟酒两税，相沿已久，积习较深。年来锐意整顿，二十一、二十二两年度税收日增，成较渐著，方冀荡秽涤瑕，蒸蒸日上。迨二十三年度，各局呈报税收，截至本年三月止，照比征足者十之一二，其余类未及额，甚者仅达三四成，短绌之巨，曩昔罕觏。税制未易，盈绌迥殊，弛张之故，宁岂无因，自非详究症结，亟图补救，势将日即疲敝，而莫之或挽，此召集斯会之本指也。整理之道，不外两端，一曰"仍旧进行"，一曰"改弦更张"，要在因事以制宜，始克循序而渐进。冀鲁等省之公卖费税，苏浙等省之定额税特税，征收给据证，输运验单照，税款有比额，报解具定程，立法未尝不密，制度未尝不严。徒以历久相沿，势成积重，税蠹猾胥，朋比因缘，弁髦部章，藐玩功令，弊窦重重，莫可究诘。斯宁税制之疵瑕，毋亦奉行有未力，宜如何重申定章，严禁轶越，绳人无恕，藩篱斯立，此仍旧章而应厉遵守者一也。赋课以单纯平允为原则，土烟土酒现行诸税，无论因袭成规，或改行新制，各地参差互异，原属权宜过渡之计。种类日繁，产销屡易，宜于昔者或不合于今，利于此者或不适于彼，根本整顿，良不可缓。第完全改革，事或未遑，操之过骤，转生阻碍，宜如何择要举办，树之风声，此筹革新而应采渐进者又一也。孰者宜因，孰者宜革，所望各抒谠见，制为方案，不随不激，可言可行。圭臬既具，轨辙足循，榷政前途，庶其有豸。抑更有进者，徒法不能以自行，有治法尤贵有治人。试以历年税事之隆窳，制度之递嬗，收数之短长，排比而斟量之，则盛替盈朒之故，可深长思矣。诸君扬历中外，学术渊粹，资验阅深，会事既毕，携议决以归，率其寮属，相勖而力行之。已足比者，不以自封，更薪进展；未及额者，严其督责，务求增溢。通力合作，弘济时艰，则斯会之集，庶乎其不虚焉。

大会提案

大会提案计三十二件，依其性质，分类如下：

（甲）分局征收制度及组织：（一）切实厘定比额，厉行考成案（税务署提案一）；（二）烟酒税务拟实行包办制度，以期税额有着案（福建局提案）；（三）拟请酌照选委办法，固定比额，限制征解，以裕税收案（湖北局提案）；（四）鲁省烟酒费税比额应按旺淡月分配案（山东局提案）；（五）划区设局，以资整理案（湖南局提案）；（六）自二十四年度开始起，仍将邓县、淅川等县土烟税划归本局征收，以清权限而资整顿案（河南局提案）；（七）拟订各省局造具分各局比额及实解数目表，请督饬员司提前造送案（税务署提案七）。

（乙）税务征收办法及证照：（一）何种酒类可以改为一道征收案（税务署提案四）；（二）鲁省烟酒税费应并名征收案（山东局提案）；（三）划一烟酒价格，以维商业而裕税收案（山东局提案）；（四）拟具整理征收烟酒税办法，以裕税源案（湖南局提案）；（五）拟举办皖省烟酒商登记案（安徽局提案）；（六）完税烟叶制成非卷烟用之烟丝，拟予分别征税案（税务署提案五）；（七）土烟叶特税，拟改就烟丝征税案（福建局提案）；（八）拟从新规定皖省土烟叶税率案（安徽局提案）；（九）土烟叶特税定额完税照，及零斤完税证拟于下年度内施行案（税务署提案六）；（十）土烟应改用定额税照，以便稽核案（江西局提案）；（十一）请改订完税证样式案（江苏局提案）；（十二）略陈酒税短收情形，拟请改办统税或实行专卖制度案（上海绍酒公会提请）。

（丙）分局经费及奖励：（一）请增加烟酒税各分局经费案（江苏局提议）；（二）各分局超征烟酒税额，拟于应支一六提成经费之外，再用累进提支，以示鼓励案（福建局提案）；（三）拟请由部署规定烟酒稽征分局长及土烟特税分局长全年征收超比嘉奖办法，以资鼓励案（河南局提案）；（四）拟请增加各区烟酒分局经费，核实填给证照，以利进行案（河北局提案）。

（丁）缉私及稽查：（一）特设稽查，厉行实贴土酒完税证、土烟印照等，防杜各分局互相流用案，附协助稽查印花办法（税务署提案二）；
（二）认真查办控案（税务署提案三）；（三）请各省协助缉私案（江苏局提案）；（四）拟请由部咨请各省政府，将县长协助税收机关之职责，列入县长考成案（河南局提案）；（五）拟请编练税警，以祛积弊而利稽征案（湖北局提案）。

（戊）修正罚则：（一）请修改土酒定额税罚则案（江苏局提案）；（二）更改罚金提奖规则，以利税收案（山东局提案）。

（己）改良种植及酿造：（一）拟请由部酌派农事技术专家分赴产烟区域，以谋一切之改善案（湖北局提案）；（二）由官商合组机关，贷款农村，改良烟种，并借款供给酿商、烟商垫购酿料、烟叶，以利产制案（浙江局提案）。

分组审查

昨晨大会尚未讨论议案，惟由主席将议案目录宣读后，当决议分两组审查提案：第一组审查（甲）分局征收制度及组织、（乙）税务征收办法及征照、（丙）分局经费及奖励等提案廿三件；第二组审查（丁）缉私及稽查、（戊）修正罚则、（己）改良种植及酿造等提案九件。并将根据税务署之提案，合并审查后，再提大会讨论。

会议日程

会期定为五日，昨晨举行开会式后，今日（二十一日）午前后分别举行小组会议审查提案；明日（二十二日）上午举行大会讨论提案；二十三日星期日休会；二十四日上午举行闭会式，财政部长孔祥熙氏将出席会议并致训词云。

（1935 年 6 月 21 日，第 9 版）

烟酒税局长会议昨日审查提案

——提今晨大会讨论，财孔昨莅会致词

税务署各省印花烟酒税局局长会议昨日举行小组委员会审查提案，定

今晨召开大会提出讨论，财长孔祥熙氏特于昨午莅会训话。兹录各情如次：

两组审查

审查委员会计分两组：第一组审查人员为赵锡恩、盛升颐、荆有岩、荆虚心、黄祖培、薛福田、杨铎、董仲鼎、洪毅、江永一、方鹓先、李嘉临、郭愚山、徐志钧，指定由赵锡恩主席，审查（甲）（乙）（丙）三项提案；第二组审查人员为丁春膏、王光辉、唐彦、渠达成、傅正舜、周介春、唐适、陈浚、卢宗谦、徐㩵叔、程鹭予、徐养正等，指定由丁春膏主席，审查（丁）（戊）（己）三项各提案。

财长莅会

两组于昨晨九时起同时举行会议，第一组在关务署国定税则委员会会客室，第二组在税务署会客室。至十一时四十分，财长孔祥熙莅会，乃由税务署长吴启鼎招待，当通知两小组委会暂停审查，并会集第二组议场该署会客室，由孔部长训话，至一时许始散。午后二时半，两组继续开会，先后于五时许审查完竣散会。今晨九时起，则召开大会讨论各提案。

召集训话

孔部长致训词云：此次召集各省印花烟酒局长举行烟酒税会议宗旨，已由吴署长于开会时说明。余今日之来，并非演说，系来听取各局长之税收状况报告，及对于今后改善办法，有何贡献。当此国难时期，诸位皆智识阶级，爱国心当然很富，况又负有国家征榷的责任，在此时期，自必竭力整顿，以裕国库。财政是国家的命脉，皆仰给于税款，其来源皆取之于民，但不可以伤民。现在重要收入，全恃关税、盐税及统税。考其成绩，统税管理较易，税源集中，办理以来，历年均有进步，收数日增，但印花、烟酒两税，积弊既深，扫除不易，虽归并税署管辖，仍无成效可言。上年印花改托邮局代售后，收入已较良好，而烟酒两项，则依然如故，考其原因，不外延办理者因循误及主管者督饬不严。要之，任局长者，负国家之重任，非仅洁身自好，即可了事，应事切实整理，并随时注意僚属有无营私舞弊情事，倘有不肖之徒，即应实行惩处。余对僚属，向来以诚，无故不事撤换。各局长应奋发精神，竭力整顿，以断然手段，清除积弊，以求裕国便民。且欲谈实业经济以及国防建设等事，皆非财莫举。值此国家多难时期，各局长当能共体斯旨，竭诚尽力，以纾国难。凡能公忠任事者，前途自未可限量，如敷衍塞责，以及营私舞弊者，则虽本部长之知交亦不能曲宥，希望大家注意云。

（1935 年 6 月 22 日，第 9 版）

烟酒税会议昨开大会通过各提案

——厉行奖惩请财部改良烟产，明日闭幕财孔将再往训话

新声社云：财政部税务署召各省印花烟酒税局长来沪举行烟酒税会议，昨晨开讨论大会通过提案，今日星期休息，明晨行闭幕式，届时财政部长孔祥熙决再莅会训话。兹志详情如下：

昨日大会

昨日上午九时，在江海关五楼浚浦局会议室举行大会，各省局长赵晋卿、荆虚心、王光辉、荆有岩、渠达成、杨铎、傅正舜、黄祖培、盛升颐、薛福田、唐彦、丁春膏暨税务署长吴启鼎，秘书董仲鼎、周介春，视察唐适，科长方鹓先、江永一、洪毅、陈浚等均出席，由吴署长主席，先由审查提案之第一组主席赵晋卿、第二组主席丁春膏报告审查经过，继即分别讨论，至下午一时三十分始散。

通过各案

整理烟酒税务会议大会议决案：（一）切实厘定比额，厉行考成案。（二）拟请实行奖惩互用，以资整顿税收案。以上两案，合并讨论。（决议）照原案通过，惟核订预算范围，改为以近三年度各省分局实征数为经，以最近各地产销实况及现行征收制度为纬。（三）烟酒税务拟实行包办制度，以期税额有着案。㉔拟请酌照选委办法，固定比额，限制征解，以裕税收案。以上两案，合并讨论。（决议）保留。（四）鲁省烟酒费税比

额应按旺淡月分配案。（五）划区设局，以资整理案。（六）自二十二
[四]年度开始起，仍将邓县、淅川等县土烟税划归豫局征收，以清权限
而资整顿案。以上三案，（决议）由原提案省份项目呈请核办。（七）拟订
各省局造具各分局比额及实解数目表，请督饬员司提前造送案。（决议）
照案通过。（八）何种酒类可以改为一道征收案。（决议）原则通过，先从
江苏泰兴、泰县，苏州横泾等处土烧，湖北汉汾，浙江绍酒，先行试办，
由署拟定办法，定期施行。（九）鲁省烟酒税费应并名征收案。（十）划一
烟酒价格，以维商业而裕税收案。（十一）拟具整理征收烟酒税办法，以
裕税源案。以上三案，（决议）由原提案省份专案呈请核办。（十二）拟举
办皖省烟酒商登记案。（决议）烟酒商登记，土酒定额税章程本有规定，
自可由各省局遵章切实办理，毋庸另设机关。（十三）完税烟叶制成非卷
烟用之烟丝，拟予分别征税案。（十四）土烟叶特税，拟改就烟丝征税案。
以上两案，（决议）由税务署发交各省局核议。（十五）拟从新规定皖省土
烟叶税率案。（决议）由原提案省份专案呈请核办。（十六）土烟特税定额
完税照，及零斤完税证拟于下年度内施行案。（十七）土烟应改用定额税
照，以便稽核案。以上两案，（决议）由税务署将原案交各省局核议，再
为施行。（十八）请改定完税证式样案。（决议）原则通过，请税务署斟酌
修改。（十九）拟请禁止酒精充作饮料，以维酿户生计案。（决议）照原提
案通过，由部呈请行政院交各主管机关核议办法。（二十）请增加各分局
经费案。（二十一）拟请增加各区烟酒分局经费，核实填给证照，以利进
行案。以上两案，合并讨论。（决议）原则自具理由，但际此国库支绌，
应暂从缓议。（二十二）各分局超征烟酒税额，拟于应支一六提成经费之
外，再用累进提支，以示鼓励案。（二十三）拟请由部署规定烟酒稽征分
局长及土烟特税分局长全年征收超比嘉奖办法，以资鼓励案。以上两案，
合并讨论。（决议）超比给奖，以省局总预算为标准。现在分局经费既感
困难，为责令省局认真整顿起见，凡省局征解税额超过部定比额者，每届
年度终了，其超额部分除经费□案支给外，拟请署呈部，准予提二成奖励
金交由主管省局通筹分配，以资鼓励。（二十四）特设稽查，厉行实贴土
酒完税证、土烟印照，并防杜各分局互相流用案。（决议）此案系属目前
切要之图，可照原案办理。（二十五）认真查办控案。（决议）控案一方关

系商民权利，一方关系税政良窳，自应切实彻查。且迩来商民控案往往分呈监察院、行政院，尤应认真查办，以便由部据实答复。是案可照原提案办理，惟控告手续拟请援照行营颁布办法办理。（二十六）请各省协助缉私案。（决议）各省烟酒税局同属国税机关，原无分彼此，自应通力合作，随时协助接洽，以资联络，而杜偷漏，拟请财政部通令各局查照办理。（二十七）拟请由部咨请各省政府，将县长协助税收机关之职员［责］，列入县长考成案。（二十八）请将地方官对于烟酒征收协助得力者，明订奖励办法暨漏税处罚条例，早日颁行案。以上两案，合并讨论。（决议）县长协助定入考成及明订奖励办法，拟请财政部咨商内政部办理。（二十九）拟请编练税警，以祛积弊而利稽征案。（决议）巡缉情形，各省不同，税务署正在筹拟整个缉私办法，拟编统一税警。至湖北局拟编税警一案，可由鄂局专案呈报部署核办。（三十）拟将烟酒牌照税遵章实行抽查、复查，以重税收案。（决议）各省印烟局抽查、复查牌照税，系烟酒营业牌照税暂行章程及施行细则之规定，自应遵照定章办理。惟应请由部先行咨请各省省政府令饬财政厅将各县征收牌照税底册抄送来部，以便令发各局抽查。而复查一节，可请财政部咨行各省政府饬厅遵章办理。（三十一）请修改土酒定额税罚则案。（决议）原提案第一、第二、第四、第五四项，照原案呈请财政部于修正章则时酌量采纳。第三项商人缴验运照不符，应查明故意者，应照章罚办，如系无心错误，自可免议。原章程罚则中所载货证或运照及改运证明单不符之规定，包括较广，似难取消。第六项他省运入漏税之烟酒应行补税处罚办法，苏省土酒定额税施行细则第二十九条规定至为明晰，各省自可订入各省细则中。至漏纳产税并漏销税者，自应分别照补。惟处罚只能并科，不能分别处罚。第七项原提案范围似觉太广，各省如遇漏税案为章程所未规定者，似可酌提办法，随时专案呈案核办，并由部通令各省局援照办理。（二［三］十三）更改罚金规则，以利税收案。（决议）土酒定额税稽征章程第三十七条规定：没收变价，一半解库，一半分作十成，线人得四成；罚金全数分作十成，线人得四成。充赏较优，鲁省及其他未办定额税各省均可援照办理，拟请财政部通令遵办。（三十四）拟请由部酌派农事技术专家分赴产烟区域，以谋一切之改善案。（决议）建议财政部酌办。（三十五）由官商合组机关，贷款农村，改良烟种，并借款供给酿商、烟商垫购酿料、烟叶，以利产制案。（决议）建议财政部交由各省局酌拟意见，呈复核办。

明晨开幕

税务署暨各省局长所提之各案经昨日大会通过后，即分别实施。今日为星期休息，卷烟缉私会委员邬挺生等定今日上午十二时联合宴请各省局长。明日上午九时，在江海关五楼浚浦局会议室行闭幕式，届时由财政部长孔祥熙莅会致训话。俟闭幕后，各省局长即各返任。

（1935 年 6 月 23 日，第 10 版）

烟酒税会议昨日闭幕

——孔部长吴署长均莅场致训

税务署各省印花烟酒税局局长会议昨晨闭会式原定在江海关五楼浚浦局议事室举行，十时许，各省局长赵锡恩、盛升颐、丁春膏等，及税务署长吴启鼎暨该署秘书科长等二十九人先后到会。闭会式秩序：一、全体肃立；二、向党国旗及总理遗像行最敬礼；三、主席恭读总理遗嘱；四、静默；五、财政部长致训词；六、署长致训词；七、各省局长致答词。旋经吴署长赴中央银行向孔财长请示，嘱改在中央银行三楼议事厅举行，当由吴署长招待前往。仪式自十一时半开始，至一时许始散。兹将孔部长及吴署长之训词，及各省局长答词录后：

部长训词

孔部长致训词云：本日为大会闭幕之日，诸位即将各返任所，兹特师临别赠言之义，提出数点，希望诸位仰体时艰，加以深切之注意。诸位受政府之任命，绾理省局权政，责任至为重大。须知吾人服务，第一要对得住国家，第二要对得住良心。现在国家多难，应竭力整顿，以裕税收。要知道一省局长，不特自己要清廉，要检束，而对于所用的人，亦要负责，所用的人有一点错，就是自己错处。迭接蒋委员长函电，对于各地税收机关舞弊情形，常有提及。在此清剿时期，省区多隶行营管辖，如果查明，

387

随时可以法办，不要因僚属舞弊而累及本身，故须以洁身自爱为第一要义。印花、烟酒两税，印花现已改归邮局代售，积弊既除，各局只须切实抽资，销数自能日有起色。至烟酒是嗜好品，各国税率多是很重，且因设厂制造，容易管理。中国实业不发达，烟酒产制，向极散漫，南方尤甚，稽征上易于发生流弊。处此状况之下，应如何将税务整顿起来，全国之大，各省情形不同，即一省内各地，亦许有不同。如何整顿，如何增加税收，如何兴利，如何除弊，要□因地制宜，预定计划，并预先将自己撇开，居第三者地位，做事方易收效。盖国家设官任职，重在公务，我人服务，应以国家为前提，不当视为个人私产，在职一日，即应尽一日之责任。凡有兴利除弊的意见，应尽量供献。自私自利，固应彻底革除，即请托情面等等，尤当一律杜绝。以前大都官官相护，所以政治不上轨道，今已处于非常时期，我们总要大家振作精神，努力救国，国家方有办法。财政为庶政之母，任何建设，非财莫举。办理税务，不论大小，只要利国便商，均应注重。泰山不择土壤，江海不择细流，皆由聚积而成。目前各省，往往以地面辽阔，预算不敷，要求增加经费，不知事无一成不变，果能因时制宜，支配得当，并非没有办法。此次会议，尚能通力合作，希望大家回局以后，根据决议各点，各就经验，统筹进行，期于国税、商情均有裨益，是所厚望。

署长致词

继由税务署长吴启鼎致闭会词云：此次会议，诸君不辞劳瘁，跋涉远来，奋发忠诚，弥深钦纫。烟酒两税之积习，商民营业之困顿，亟待整理之本旨，业于开会词中略具梗□。并蒙部长亲临训示，谆谆策励，剀切详明，闻命悚惶，益矢自勉，想诸君当具同感也。此次会议，提案共达二十余件，类能实事求是，不尚放言高论。与会各省，南暨衡湘，朔达燕蓟，东及闽江，西逮鄂渚，济济一堂，从容商榷，条例井然，迅速竣事。各省实际困难，既克达于中央，部署办事棘手，复能宣之各省；而省与省之间，税事利弊，又得相与阐述，沟通情感，泯灭畛域，互具开诚之忱，乃获协恭之雅，此深有感于诸君之能通力合作也。议决各案，一俟呈部核定，即可分别实施。抑政贵力行，事重实践，我国夙习，崇尚浮文，责实循名，每多间左。此次议决诸事，皆诸君本其学识经验，制成方案，一经核定，所望切实力行，一一见诸事实，不徒托之空言。部以之责署，署以之责省局，省局以之责分局，层层约束，悬的以赴，奖惩盈绌，黜除臧否，一衷于法，勿稍假借。庶坐言贵能起行，成效不难立观。内以副部长期望之殷，外以拯商民颠连之域，斯则每以自勉，亦维相勖于诸君子之能群策群力，共底于成也。

局长答词

浙江局长赵锡恩、江苏局长盛升颐相继致答词，大意谓：此次会议得部长两次训示，署长详为指导，得益甚多。回任后，对于大会议决各案，自当切实奉行，以人格道德为后盾，以裕国便商为目标，不避艰难，不辞劳怨，努力去做，使国家财政得有裨益。惟局长等才识有限，尚乞随时指导鞭策，实所厚幸云。

(1935 年 6 月 25 日，第 9 版)

苏财厅自办烟酒牌照税

〔镇江〕全省烟酒牌照税至七月一日起已由财厅收回自办，各县由营业税局代征，税额照旧。（四日专电）

(1935 年 7 月 5 日，第 9 版)

财部嘉勉川烟酒印花税局长

〔南京〕财部以川烟酒印花税经现任局长陈家栋整顿，日有起色，各须附加已自七月一日起一律停征办理，得宜特电嘉勉，并嘱此后关于公卖费、烟酒税仍应照章切实整理，俾裕收入。（廿三日中央社电）

(1935 年 7 月 24 日，第 8 版)

财部不准烟酒商免填营业表

〔南京〕沪商会前呈财部，请令沪财局换领烟酒商牌照仍照旧例，免填上季营业状况，以便商情一案。财部以烟酒商每季营业状况报告表专为考核各商营业状况，各省市皆一律照办，沪市未便独异，已批示不准。（二十五日中央社电）

（1935 年 8 月 26 日，第 9 版）

中央再令湘省停征烟酒附税

〔南京〕湘省府征烟酒附加税，中央前曾令饬于六月底前取消。现据报仍在征收，已再令湘烟酒印花局切实商承省府，明定停征限期。（十三日中央社电）

（1935 年 9 月 14 日，第 8 版）

河北烟酒税拟仍改归商人承包

〔南京〕河北烟酒税向由商人包征包解，财部前令取消包征制，收回由局自征。该省烟酒税各区局虽遵照七月一日实行，但以征收困难，拟仍改归商人承包，昨将困难情形呈报财部核示备案。（十八日专电）

（1935 年 9 月 19 日，第 7 版）

荆竹斋真除芜烟酒税局长

据财部息：安徽印花烟酒税局副局长荆竹斋氏奉令兼代局长，已数月于兹，锐意整顿，成绩颇佳，业已奉财部简命，真除局长，同时并发表邹棶为该局副局长，闻邹氏日内将赴芜履新。

（1935 年 10 月 3 日，第 13 版）

财部更动各地烟酒税局长

〔南京〕财部派陆文澜、于家麟代理福建印花烟酒税局正、副局长，调李荣凯代江西印花烟酒税局长，荆有岩代湖北印花烟酒税局长，荆圣

心、邹栬代安徽印花烟酒局正、副局长。（五日专电）

（1935 年 10 月 6 日，第 9 版）

财政部批示

——烟酒牌照无须贴花

上海市商会前为烟酒营业牌照是否贴花，电请财政部核示。昨奉财政部税字第七三四零号批示云：呈悉。查烟酒营业牌照系官署征收税捐所发之凭证，照印花税法第三条之规定，自可毋庸贴花，仰即知照。此批。

（1935 年 10 月 8 日，第 10 版）

闽印花烟酒局会计主任

——邵继岳将赴闽履新

财政部令邵继岳任闽全省印花烟酒局会计主任，邵氏于日前晋京面谒孔部长及各司长请示一切，现已公毕，昨晨返沪，略为整理私事，即行赴任履新。

（1935 年 10 月 18 日，第 10 版）

无锡·烟酒牌照无庸贴花

本邑酒酱店业公会常委许汝舟、烟兑业公会常委石清麟前因新印花税法第三条，对于官署征收税捐所发之凭证可免贴印花，特呈请财政部通令免贴。昨日接奉财部批令，略云：查烟酒牌照依照新印花税法第三条第二项目，可无庸贴花，准予通令转饬所属一体遵行。

（1935 年 10 月 20 日，第 10 版）

粤印花烟酒税局裁撤

〔香港〕粤印花烟酒税局一日裁撤，交粤桂闽区统税局接管。（一日专电）

（1935 年 12 月 2 日，第 9 版）

财部调动冀察鲁税收机关人员

〔南京〕孔祥熙七日晨由沪抵京，当出席政院例会。孔为调整冀察鲁各省国税收入计，对在冀察鲁各省之中央税收机关人员，略有调动。计派刘金镛代冀晋察绥区统税局长，费起鹤副；戈定远代长芦盐运使；纪亮代察印花烟酒税局长；柴春森代鲁豫区统税局长；另调原鲁豫区统税局长唐襄代金陵关监督；原金陵关监督贾桂林代冀印花烟酒税局长；至原任长芦盐运使曾仰丰，则调部候用。（七日中央社电）

（1936 年 1 月 8 日，第 5 版）

财部抽查烟酒牌照税

〔南京〕财部拟实行抽查各省烟酒牌照税，通令各省市财政机关遵照牌照税施行细则规定，依式造册，送部审核。（十一日中央社电）

（1936 年 1 月 12 日，第 6 版）

统税局长盛升颐日内到局履新

新任苏浙皖区统税局长盛升颐氏，系由江苏印花烟酒税局长调任。盛氏在烟酒税局长任内，整顿税收不遗余力，推行税政时，与商民相见以诚，故舆情翕服。现孔财长以苏浙皖区统税亟待整顿，以裕税收，特调任盛氏为局长，俾得展其长才，上裕国税，下利商民。盛氏奉委后，已赶办移交，日内即到视事云。

（1936 年 1 月 14 日，第 11 版）

江苏印花烟酒税局

—— 乔晋梁局长今日视事

江苏印花烟酒税局长盛升颐调任苏浙皖区统税局长后，遗缺由财部调特务秘书乔晋梁继任。乔氏奉令后，已定今日下午到局视事。按，乔晋梁，字辅三，毕业美国欧柏林及密歇根大学，得硕士学位，曾任山西铭贤学校校长、山西保晋矿务公司董事长、山西绥靖公署顾问。民国二十二年秋应财孔电召来沪，任中央造币厂审查委员会秘书长。去年十二月，财部派为特务秘书，极为财孔所倚重云。

（1936 年 1 月 16 日，第 13 版）

两局长昨分别接事

江苏烟酒印花税局长盛升颐调任苏浙皖区统税局长，遗缺由财部派乔晋梁继任。昨日分别接事，税务署长吴启鼎前往训话，两氏亲友道贺者甚多。兹将接事情形分志如下：

盛氏接事

苏浙皖区统税局长盛升颐于昨晨十时到局接事，当召集全局职员举行就职典礼于该局礼堂。行礼如仪后，首由吴启鼎致训，略谓：统税系国家至要税收，希望切实整顿，以裕国家收入。继由盛局长致词云：本人才浅，奉派主持税务，自当遵照署长训词，按照既定步骤，与诸位共同努力。继即分头接收案卷等。

乔氏接事

烟酒印花税局长乔晋梁于午后四时到局，由盛前局长介绍与各职员晤面，并举行就职仪式后，分别由吴署长致训、盛局长致词、乔局长答词，至五时许礼毕。乔氏旋即召集职员谈话，次询局务，并勉策努力。因时已晏，改于今日起点收卷宗等。闻该局职员，昨晚在八仙桥青年会公宴，欢送盛前局长云。

（1936 年 1 月 17 日，第 9 版）

浙征烟酒附加税

〔南京〕财部顷咨浙省府，于二十五年会计年度开始日起征收烟酒附

加税。（三十一日中央社电）

（1936 年 2 月 1 日，第 12 版）

樊光调任浙印烟税局长

〔南京〕财部二十八日准浙印花烟酒税局长赵锡恩辞职，调杭州关监督樊光继任。晋印花烟酒税局长张天枢调部，遗缺派林景代。（二十八日中央社电）

（1936 年 2 月 29 日，第 5 版）

江苏省政府布告

查江苏省烟酒牌照税划归省办后，依照定章，逐渐整理。早经改归各营业税局直接向各商户征收，绝无再行招商包办，亦无另行派员设局情事。据报有人假冒江苏烟酒牌照税局名目，在上海设立机关，捏造宣传，骗取保证金。似此冒称公务员，伪立机关，诈欺取财，实属胆大妄为。除严拿究办外，合行布告，仰烟酒商人等悉，勿受诈欺，自取损失为要。此布。廿五年二月廿八日。总办钟思。

（1936 年 3 月 1 日，第 6 版）

财部更调税务人员

〔南京〕财部十四日令：调芜关监督赵世楷继杭关监督，遗缺派李鸿文代。又令：皖印花烟酒税局长荆虚心另候任用，遗缺调财部总视察赵守钰代。（十四日中央社电）

（1936 年 3 月 15 日，第 8 版）

福州·闽省整顿烟酒税

闽省烟酒税积弊甚深，近自印花烟酒税局长陆文澜、副局长史家麟接事后，着手整顿，已著成效。近以办理加征抽筋烟税，系奉部署核准，日前被浙省烟商向财政部控告，经财部派视察员陈国梁来闽调查，闻所控非实，刻已离闽返京复命。

（1936 年 3 月 28 日，第 9 版）

吕秀文兼代察印烟税局长

〔南京〕财部四日令：察印花烟酒税局长纪亮另候任用，遗缺派张虎关监督吕秀文暂行兼代。（四日中央社电）

（1936 年 4 月 5 日，第 3 版）

任免事项

【上略】

财政部孔部长呈本部：湘鄂赣统税局长谢奋程、鄂印花烟酒税局长韦颂冠呈请辞职；浙印花烟酒税局长吴启鼎、冀印花烟酒税局长丁春膏另有任用；鲁豫统税局长潘耀宗、闽印花烟酒税局长黄侠毅、湘印花烟酒税局长罗霆另有任用，请均免本职；并请任命丁春膏为湘鄂赣区统税局长、柴春霖为鲁豫区统税局长、樊光为浙印花烟酒税局长、陆文澜为闽印花烟酒税局长、荆有岩为鄂印花烟酒税局长、唐彦为湘印花烟酒税局长、高槐为晋印花烟酒税局长案。（七日中央社电）

（1936 年 4 月 8 日，第 5 版）

张多关监督之更调

〔南京〕财部发表：张多关监督陆秀文调任察区印花烟酒税局长，张多关遗缺派郭肇峰代理。（八日专电）

（1936 年 4 月 9 日，第 4 版）

浙西烧酒捐局长易人

浙西烧酒捐局长现由省局遴委蒋鲁堂充任。蒋奉委后，已于前日到嘉，至局接事，内部人员之更易者在半数以上。

（1936 年 4 月 9 日，第 8 版）

统一税收机构

——湘赣等五省改设税务局，税务局长人选均已内定

〔南京〕财部税署所属税收机关原分税局、印花烟酒税局及矿产税征收专员，孔财长为调整其组织，业经呈准行政院统一其机构，改设为税收局，负责办理统税、印花、烟酒、矿产各税之征榷事宜。惟以事属创举，决自七月一日起先在湘、赣、鄂、豫、川五省试办，其余各省仍照现制，并将上述五省划为湘赣区、鄂豫区及四川区，三区税务局长人选均已内定，大都就原有五省中之税务人员调元。三区税务局成立后，在三区内原有之湘鄂赣区统税局、统税管理所、印烟税局及矿产税征收专员均将一律撤销，另依税务局组织办法另行改组。（二十日中央社电）

（1936 年 6 月 21 日，第 6 版）

财部公布税务局所暂行章程

——定期七月一日起施行

〔南京〕各区税务局暂行章程十二条及各分区税务管理所暂行章程十八条，均经财部二十二日以部令公布。区税务局暂行章程内容，首谓财部税务署为统一组织，办理统税、烟酒税、矿产税及将来开办之他种货物税暨抽查印花税事务。特将全国划为若干税务区，每区设一区税务局，并由税务署察酌各地税务情形，呈经财部核准，次第设立。凡未经设区税务局省份，暂仍由各该省原设机关办理。次规定区税务局设局长一人，简任，下设四课，并得设巡察员、驻厂办事员、驻场办事员、驻矿办事员。其辖

境内由税务署呈准财部，择要设分区税务管理所及税务公所。末规定该章程自七月一日起施行。各分区税务管理所暂行章程系规定税务管理所以税收多寡、事务简繁，分特等及一、二、三、四等，如所设所长一人，特等简任，余荐任，其下分股办事，亦定七月一日施行。（二十二日中央社电）

〔南京〕财部二十二日以部令发表荆有岩为鄂豫区税务局长、丁春膏为湘赣区税务局长、汪家洙为四川区税务局长、渠达成等二十一人为汉口等廿一分区税务管理所所长。此外因杭州、宜昌两关监督赵世楷、吴天放呈辞照准，另派唐彦、徐祖善分别继任。又闻印花烟酒税局长陆文澜另候任用，调闽硝磺局长黄懿范继，递遗黄缺派陈亮代。（廿二日中央社电）

〔南京〕财部二十二日正式公布云：查本部税务署主管之各项统税、烟酒税、矿产税向系分设机关，各别稽征，组织既甚分歧，指挥尤不划一，以致稽察难周，易滋流弊。迭经切实整顿，虽亦间获效果，迄乏显著成绩。揆其症结，实缘于是，自非根本改革，难收彻底整理之功。本部有鉴于此，为经拟具划一各省税务机关及改革土烟酒税办法大纲，提经行政院第二六二决会议议决照准，自应遵照次第举办。兹经本部核定，先就湘、赣、鄂、豫、川五省自二十五年度开始起实行，并划定湘赣为一区、鄂豫为一区、四川为一区。除鲁豫区统税局原辖之河南一省现已划归鄂豫区管辖，该统税局应暂改为山东区统税局外，即将各该区所辖之湘、赣、鄂、豫、川五省境内原有各项统税、烟酒税、矿产税各机关分别裁并改组。每区各设一区税务局，专司督征事宜，并察酌情形，于该五省划定区域，分设分区税务管理所及税务分所，专司稽征事务。除由本部分别订定暂行章程公布施行，并呈报行政院转呈备案暨分别布告咨令外，合行公布。此令。部长孔祥熙。（二十二日中央社电）

（1936 年 6 月 23 日，第 6 版）

调整国税

——鄂豫区税务局成立，鄂省设三管理所十二分所，
烟酒矿业统税等统一征收

〔汉口通信〕财部以税务署主管之各项统税、烟酒税、矿产税向系分

设机关，各别稽征，组织既甚纷歧，指挥尤不划一，以致稽察难周，易滋流弊。迭经切实整顿，迄乏显著成绩，非根本改革，难收彻底整理之功。爰拟具划一各省税务机关及改革土烟酒税办法大纲，先就湘、赣、鄂、豫、川五省自二十五年度开始实行，并划定湘赣为一区、鄂豫为一区、四川为一区。除鲁豫区管辖之统税局改为山东区统税局外，各该区所辖之湘、赣、鄂、豫、川五省境内原有各项统税、烟酒税、矿产税各机关分别裁并改组。每区各设一区税务局，专司督征事宜，并察酌情形，于该五省划定区域，分设分区税务管理所及税务分所，专司稽征事务。局长人选业经部令发表，新任鄂豫区税务局长荆有岩前日由京抵汉，定七月一日就烟酒印花局原址组织成立，内部除前三课外，另置会计课，共四课。此外设驻厂、驻场、驻矿办事员若干人，又巡察员四人至六人，此项人员，均由部委。鄂省方面，分设东、西、北三管理所，十二分所。鄂北管理所长为前烟酒印花税局副局长杨铎，驻老河口；鄂东管理所长为河南印花烟酒局长渠成达，驻汉口；鄂西管理所长为前湖北矿税处桂专员，驻宜昌。管理所下之十二分所，部令即可全部发表。至原有烟酒区局及各县稽征所，一律裁撤。但各县新任人员未到达以前，仍由原任区局长及各稽征所主任暂行负责维持。（六月三十日）

（1936 年 7 月 2 日，第 11 版）

江苏烟酒印花税局

——淮徐海各局长发表

江苏烟酒印花税局自乔晋梁局长到任后，切实整顿，力清宿弊。七月一日为年度开始之日，省局对全省各分局人选已经分别考查，择其为人忠实干练，对税务确有整顿办法及决心者，以次于近日发表。刻悉昨日发表各局长如下：铜沛局长郑飞卿、邳宿睢局长叶镇西、丰萧砀局长徐大镕、泗沭局长罗曜熙、高宝淮淮涟局长周湘、东灌赣局长唐蔚云。以上各局长，于奉到委任后，刻在请领公函、训令、税证等件，即将分别赴任履新，预料江苏烟酒税务，必有一番新气象云。

（1936 年 7 月 7 日，第 14 版）

京市财政整顿情形

——各项税捐较前增收

【上略】

烟酒牌照税自二十三年度改归京市府接办后，乃于二十四年夏季派员切实调查，分别照章纠正。本年春季饬令各烟酒税户嗣后应按季据实填报营业状况，以资考核，而杜取巧。经此次整理后，违章营业者日见减少，税收顿呈起色。

【下略】

（1936 年 7 月 29 日，第 8 版）

粤烟酒印花局成立

〔广州〕粤烟酒印花税局十二日成立，局长汪宗洙谈：今后依照财部颁布条例征收印花税。（十二日中央社电）

（1936 年 8 月 13 日，第 8 版）

津烟酒税收入锐减

〔天津〕津烟酒税受走私影响，税收由一月迄今，减收十七万元，租界内售烟酒商均漏税，无法查缉。（三十一日专电）

（1936 年 11 月 1 日，第 4 版）

民国二十三年会计年度及该期以后财政情形报告[*]

征收统税之物品，现有卷烟、棉纱、麦粉、火柴、水泥、熏烟、啤酒、矿产、火酒等九种。火酒前归普通酒类征税，自二十四年一月一日起改办统税，并妥订税率，期使火酒事业发展，俾税收得以增加。至于汽水之征税，现亦正在计划改办统税。自熏烟叶改办统税以来，税收激增。惜因产烟区域管理尚未严密，私运私销所在多有，以致各该地手工私制卷烟盛行，难于查缉，妨害正当商人营业，影响国家税收甚巨。为谋根本整理起见，已拟具烟叶统制办法，使政府统制烟叶之分配，呈经行政院令准照办，正在着手筹备进行。至原有各税之整理，亦在继续进行。如年来外洋私制冒牌漏税进口火柴，充斥市面，为杜绝走私计，拟于二十五年度内改行火柴按包贴花，以期便利查缉。至川、湘两省矿税，经与两省政府商洽，已收回由财政部直接征收。

又土酒产销，零星散漫，各省税率不一，虽迭经整顿，仍未能彻底改革。兹拟先就产多销广之江苏烧酒、浙江绍酒、山西汾酒，克期取消现行复杂税率，改办一道征收，以期统一。同时对于其他已经着手改良之计划，再加奋勉，逐渐推进，以求尽善。

税务行政向对各种税收分设机关专管，难收彻底整理之效。现自二十五年度起，已决定将同一区域内所在统税、矿税及烟酒税各机关分别裁并改组，将全国各省市划分为若干区，各设一区税务局为督征机关，其下分设税务管理所、税务分所专司稽征事务。但为逐渐实施起见，自二十五年十月一日起，先于豫、赣、湘、鄂、川五省先行试办。其余未行改组各省，则仍由税务署责令切实整理，并派遣督察稽查。至改良办法，自当体察情形，随时推行，以期统一。

【下略】

(1936 年 11 月 2 日，第 15 版)

财部增编缉私队防止烟酒漏税

——训练就绪分发各省

财政部税务署鉴于近日卷烟、火柴、土酒、麦粉等走私漏税之风极盛，特令饬监务稽核所加编缉私队，积极训练，业已竣事。兹悉该缉私队共分四大队，现已决定分驻苏、浙、皖、豫、鲁五省，藉谋走私风之减杀云。

(1937 年 3 月 17 日，第 13 版)

冀察政会令饬整顿税收

〔北平〕冀察政会近以冀、察两省印花烟酒税收减少甚巨，二十五日

特令两省印花烟酒税局切实整顿,俾裕税收。(二十五日中央社电)

(1937 年 3 月 26 日,第 3 版)

财政部苏浙皖区统税局公告(字第二十一号)

据密报"现有本市少数不肖酒商,拟私行贿赂所属稽查,以大批火酒掺充土酒运销"等情。查火酒充烧充斥市场,不仅有损国税,抑且扰乱正当酒业,妨害酿户生计。本局自奉令查禁以来,迭经恪遵定章,严查罚办,并诫饬所属,不容稍有瞻徇。兹据前情,除密派干员,严加侦察,并分行外,合行公告本市酒商人等一体知悉,须知火酒充烧,有干例禁,私行贿赂,与受同科。尔等如有前项情事,务各痛加悔改,免罹法网。倘敢故违,一经本局查实,或被密报,定将双方移送法院,从严究办,并将贿银全部充赏,以示鼓励,而资整饬,其各知照!此布。中华民国二十六年三月廿五日。

(1937 年 3 月 27 日,第 7 版)

财部密切保护国家税收

——电粤当局保护

〔重庆〕自抗战发动以还,各省军队对于各项国税机关及收入均能力予保护维持,扫数解归国库。现值粤省军兴,所有战区邻近各地各项国税收入,尤赖粤省当局设法保护。兹闻财部方面,曾电请余主任、吴主席严令所属各地驻军,对于粤省各地国税,如盐税、统税、禁烟烟酒等项国税机关,务须一体加以保护。如有强占或接收国税机关及攫取国税税款情事,必随时电请蒋委员长从严惩办云。(九日电)

(1938 年 11 月 10 日,第 3 版)

财政部设法征收沦陷区税收

大通社云:财政部税务司近为整顿税收,对后方川、滇、黔、贵、

401

陕、甘等各省之统税、印花烟酒等税，积极设法计划整饬，以增加抗战时期之税收。并闻对于沦陷区域内尚未受日军蹂躏各地，如浙西各县及苏州、无锡、常熟等地，亦将设法征收。

（1938 年 11 月 21 日，第 10 版）

中国政府调整战时财政

—— 整顿各项税收推行直接良税，谨慎法币发行采用发行公债

中国政府为调整抗战时期之财政，竭力整顿各项税收，推行直接良税，并采用发行公债之最好办法。至于法币之发行，决秉过去谨慎政策办理，抗战年余，增发不满三万万元，现金准备反见提高。兹志详情如下：

整顿税收

【中略】

（三）烟酒税：将各种土酒照旧税率加征五成，土烟叶税照旧，惟土烟丝每净重一百斤征税二元零七分半。

【下略】

（1939 年 1 月 9 日，第 9 版）

江苏印花税局通电

—— 拒贴伪印花，务本爱国真忱以维国税

国民政府财政部江苏印花烟酒税局昨分电全国商会联合会及上海市商会云：案奉财政部灰渝税一字电开：据报伪江苏省印花烟酒税处已印就伪印花税票，定于一月一日在苏省及上海郊外战区强迫商民购贴，伪文告已各处张贴等情，合行电仰该局长设法抵制具报等因。奉此，除通饬所属各分局一体注意，设法抑制外，相应电请贵会查照转知各商民务本爱国真忱，拒绝贴用该项伪花，以维国税。财务部江苏印花烟酒税局。支。印。

（1939 年 1 月 14 日，第 13 版）

伪组织争夺烟酒税

——商民遭受重征，深感不胜痛苦

〔无锡通讯〕江南各县被日军侵占后，即由伪组织举办各项"税务"。其如由伪省府开往烟酒税由伪财政厅不论牌照、定额各税，一律设局征收。而烟酒商□在伪省局纳税之货，如运往上海、杭州、安徽各地，仍须向所谓"苏浙皖统税局"再征税银。因浙、皖两省均由伪税务总局统一管辖，而非伪省厅征收也。而沦陷各区伪统税局并分别设立所谓"苏浙皖统税分局某某区印花烟酒分局"，与伪省府设立之江苏省某某烟酒税局□互相收税，各自为政，并制止伪省府征收烟酒税。而伪省府财厅亦一再令行各县伪分局，制止"印花烟酒税分局"征收，并称已奉伪行政院命令。如此尔争我夺，致烟酒商民一货两税，乃不胜其苦也。

（1939 年 11 月 13 日，第 7 版）

粮食会议闭幕

——粮管局长卢作孚领导行礼，对各省粮食行政表示满意

【上略】

（重庆）粮食增产计划，业经行政院通过，其大要如下：

【中略】

（三）将内地十五省划分为六区，每区由农林部派高级指导一名，负责推动。据当局估计，本年度约可增产米麦三二八五一一五零石。同时，政府将督促各省严厉禁止酿酒，藉以减少粮食消耗。（二十五日哈瓦斯电）

【下略】

（1941 年 2 月 26 日，第 4 版）

农林会议决案着手实行

〔重庆〕全国农林行政会议所通过之各项决议，已由农林部着手施行，

俾使四川、湖南、湖北、广西、广东、贵州、浙江、福建、江西、安徽、云南、河南、陕西、甘肃、新疆十五省增加农产。惟在距离前线过近之各区，暂不进行，以免农产落于日军之手。按之该计划规定：

【中略】

此外，并当禁止以米麦饲牲畜，或以米、麦、粟、高粱制酒。（十五日哈瓦斯电）

（1941 年 3 月 22 日，第 6 版）

财政部设专卖局

〔重庆〕财政部依照八中全会决议，拟设立专卖局，专事经营盐、糖、烟、酒及火柴五项重要物品之专卖事宜。局长一职，已内定为寿景伟，刻正积极筹备，俾于最短期内成立。关于专卖主旨，闻将为调节供求，平衡市价，而非着眼于财政收益云。（九日哈瓦斯社电）

（1941 年 4 月 10 日，第 4 版）

盐糖烟酒等实行专卖

〔重庆〕中政府根据八中全会之决议，顷正式宣布政府专卖筹备委员会之成立，凡盐、糖、烟、酒与其他奢侈品，皆将由政府专卖。财长孔祥熙将兼任筹备会主席委员，而陈光甫与王正廷副之，专卖局长将属前茶叶公司经理寿景伟。（十二日路透社电）

（1941 年 4 月 14 日，第 4 版）

货物统税从价征收

——筹办专卖制度，租税重心移归直接税，
下半年起田赋征实物

财政部为调整战时税率起见，酌量提高奢侈品及卷烟烟酒等税税率，扩大统税范围，以裕税收。对于卷烟、熏叶烟、洋酒、啤酒、饮料品、火

酒、酒精、火柴、糖类、水泥、棉纱、麦粉等十类，以前向多从量征收，间有一部分采用从价征收，或从量兼采从价征收者，今已一律改按从价征收，则同一货物各地售价不同，先调查各地售价，设置估价机构，以及改制纳税凭证。顷已颁布货物统税暂行条例，实行从价征收统税，以适应战时物价之趋势，□增裕税收，而济国用。

试行专卖

并为调剂社会供求，制止囤积居奇，决定筹办货物专卖制度，以增进税收而平抑物价，决定先从（一）卷烟、（二）糖类、（三）火柴、（四）酒类、（五）茶叶、（六）食盐试办，以树立战时经济政策，实行民生主义，奠定战后财政之基础。顷已设立国家专卖事业设计委员会，从事研究筹划，定明年一月一日起实行。

【下略】

（1941 年 10 月 17 日，第 7 版）

卷烟棉纱等统税一律从价征收

——自百分之八十至二点五有差

财政部为整顿货物统税以裕税收后，特颁布货物统税暂行条例，指定税务署所属税务机关征收。兹录其条例原文如后：

十类统税

第一条　本条例所载之货物，不论在国内产制或自国外输入，除另有规定外，均应依本条例分别征收统税。

第二条　货物统税为国家税，由财政部税务署所属税务机关征收之。

第三条　征收统税之货物分列如左：（一）卷烟，凡用卷烟纸卷成之纸卷烟，暨用烟叶制成之雪茄烟，及其仿照洋式之烟类均属之；（二）熏烟叶；（三）洋酒、啤酒；（四）火酒，凡普通酒精、改性酒精、动力酒精及木酒精（淡椰子酒及杂醇酒在内）均属之；（五）饮料品，凡汽水、果子露汁及蒸馏水等均属之；（六）火柴，凡属硫化磷火柴、安全火柴均属之；（七）糖类，凡红糖、白糖、桔糖、冰糖、方糖、块糖、糖精及其他糖类，经财政部核定者均属之；（八）水泥；（九）棉纱，凡机制本色棉纱、下脚棉纱及其他各类棉纱均属之；（十）麦粉，凡机制或用□力推动之半机制麦粉及麸皮均属之。

税率一览

第四条　货物统税税率分别规定如左：（一）卷烟从价征收百分之八十；（二）熏叶烟从价征收百分之二十五；（三）洋酒、啤酒从价征收百分之六十；（四）饮料品从价征收百分之二十；（五）火酒、普通酒精从价征收百分之二十，改性酒精及木酒精百分之十，动力酒精百分之五；（六）火柴从价征收百分之二十；（七）糖类从价征收百分之十五；（八）水泥从价征收百分之十五；（九）棉纱从价征收百分之三点五；（十）麦粉从价征收百分之二点五。

税价根据

第五条　凡从价征收之统税实物，应以出产地附近市场每六个月内平均之批发价格为完税价格之计算根据。前项平均批发价格包括：（甲）该货完税价格；（乙）原纳统税之数，即该货物税价格应征税率之数；（丙）由出产地运达附近市场所需费用，定为完税价格百分之十五。

第六条　各种统税货物售价之调查，物价指数之编制以及完税价格之评定、修订等项，由税务署设置评价委员会办理，其办法由财政部定之。前项评价委员会应由财政部酌聘关系之主管人员充任评价委员。

（1941 年 10 月 12 日，第 9 版）

渝糖盐等物由政府公卖

〔重庆〕财政部本日宣布：已完成准备由政府专责糖、盐、烟、酒、茶及火柴等六项物品，以增加战事税款。（十二日合众电）

（1941 年 11 月 13 日，第 4 版）

苏浙皖各税局长人选派定

〔南京十二日中央社电〕财政部为调整税务机构起见，将原有苏浙皖税务总局撤消，于苏、浙、皖三省各设税务局及印花烟酒税局，所有各局处长人选，已由部派定。计江苏省税务局局长蒋叔和、副局长吴启坤，江苏印花烟酒税局局长董修甲、副局长潘良佐；浙江省税务局局长朱少臣、副局长岑振如，浙江省印花烟酒税局局长喻潜霖、副局长徐兆良；安徽省税务局局长鲍震、副局长樊发源，安徽省印花烟酒税局局长陈无畏、副局长余祥森。并设税务查缉处，派邵以力为处长，蒋定一为副处长。并闻各局处将于三十二年一月一日起正式成立，开始办公。

（1942 年 12 月 13 日，第 3 版）

三省税务总局办理结束

——本月份税收照常进行

财政部为调整税务机构，业经据由财部税务署邵署长拟呈办法，提经行政院会议通过，自明年一月一日起将原有苏浙皖税务总局撤销，同日于苏、浙、皖三省各设立税务局及印花烟酒税局，并在税务署内设税务查缉处，所有各局处长人选，业已由部派定发表。苏浙皖税务总局奉令后，即经召集各主要重要职员开会，决定办理结束事宜。兹悉该局近各科办理结束工作颇为紧张，并严饬各地区分局处限于本月底一律结束竣事，以便如期于一月一日办理移交手续。闻本月内各地征税情形仍旧进行，各工厂商民均能依法纳税。

（1942 年 12 月 18 日，第 4 版）

三省税务局暨查缉处组织规程制定公布

〔南京二十九日中央社电〕财政部以苏、浙、皖三省统税事宜至为繁多，为便利征收起见，特将税务总局撤消，另行设立江苏、浙江、安徽三省税务局，并设立江苏、浙江、安徽三省印花烟酒税局，同时并设立各县支局，分别负责办理各该省区以内统税及印花烟酒税等征收事宜，所各该省局局长亦已明令发表。闻财部方面业已将上述各该省税务局及印花烟酒税局组织规程制定公布，以便开始组织成立。

〔南京二十九日中央社电〕财政部对于税务方面积极推进，以前对于查缉偷税事宜，均由财部直辖之中央税警总团担任，现以中央税警总团对于查缉私盐等事宜颇为重要，难免有不周之处，特决定组织各省税务查缉处，负责协助各省税务局及印花烟酒税局查缉漏税情事。闻该部现已将组织规程等明令公布，业已正式组织成立，开始工作。

（1942 年 12 月 30 日，第 3 版）

三省税务机构改组

—— 明日在沪交替，即将划分区域征收各税

财政部为调整统税机关行政机构，加强税政效率起见，经由财政部税务署拟具计划，呈由财政部提经行政会议通过，将苏浙皖税务总局取消，改为苏、浙、皖三省各设税局及印花烟酒税局，同时并设税务查缉处，定于明（元旦）日实行改组成立，所有各局局长人选亦经委定发表。至于苏浙皖税务总局结束事宜，大致业已准备就绪，准于明日办理移交手续。各局新任局长于是日办理接收，并在税务署内宣誓就职，举行简单仪式。是日，税务署长邵式军亲自主持，召集各局局长训话。兹将各情分志如下：

改组税务机关名称

此次改组之苏浙皖税务总局及所属各地机关名称，计苏浙皖税务总局上海第一、第二、第五、第六、第七、第八、第九各统税管理区；苏吴区（苏州）、常锡区（无锡）、通海区（南通）、镇扬区（镇江）、昆太区（昆山）、宁浦区（南京）、武宜区（常州）、泰东区（扬州）以及杭州、嘉兴区、湖州区、芜湖区、蚌埠区各税务分局；上海、泰州、绍兴、安庆、大通等地之查验所；上海租界卷烟查缉办事处；南京矿产税专员办事处；江苏、浙江、安徽各省印花烟酒税处；上海特区印花税处；糖类、化装品

类临时特税处。

新设税局地址名称

江苏省税务局及印花烟酒税局设上海（原有税务总局地址）；浙江省税务局及印花烟酒税局局址设在杭州；安徽省税务局及印花烟酒税局则设在芜湖；税务查缉处设在税务署内。至于苏、浙、皖三省六局所属各区税务机关地址、名称及划分区域，俟六局成立后即行决定。闻六局一处内部重要科长人选，定明日发表。

（1942 年 12 月 31 日，第 4 版）

税务总局今日移交

苏浙皖税务总局奉令取消后，即饬科着手起办结束事宜，现已全部就绪，定今（一日）办理移交，新任名单如下：江苏省税务局局长蒋叔和、副局长吴启坤，江苏印花烟酒税局局长董修甲、副局长潘良佐；浙江省税务局局长朱少臣、副局长岑振如，浙江省印花烟酒税局局长喻潜霖、副局长徐北良；安徽省税务局局长鲍震、副局长樊发源，安徽省印花烟酒税局局长陈无畏、副局长金平林；税务查缉处处长邵以力、副处长蒋定一。闻三省六局内部各分设四科，办理一切税政事宜。

（1943 年 1 月 1 日，第 4 版）

财政部税务署布告（税一字第四号）

案查本署为刷新机构、增加行政效能起见，经将苏浙皖税务总局改组为分省设置税务局及印花烟酒税局，并将该局辖属之上海查验所及租界卷烟查缉办事处暨各地查验所同时撤销，改组为税务查缉处，业经呈奉核准，于卅二年一月一日分别成立，开始办公。所有苏浙皖税务总局原设之分支机关亦经重行划区，同时调整，分别隶属各该局处管辖。嗣后关于统税、矿产税之征收事宜，除上海区仍照向例由本署直接征收外，其余特税及浙皖地区统税，概由各省税务局及其所属分支机关办理。印花烟酒税之征收事宜，则由各省印花烟酒税局及其所属分支机关办理。各项税类之查缉事宜，统由税务查缉处及其所属分支机关办理，俾专责成。除呈报并分别函令外，合行布告各该商人一体周知。此布。中华民国三十一年十二月三十一日。署长邵式军，副署长蒋大炜。

（1943 年 1 月 5 日，第 3 版）

三省税务机构改组

——划区设立分局，沪区统税矿税由署征收，各地酌设支局及稽查处

财政部税务署为刷新机构，增加行政效能起见，经将苏浙皖税务总局改组为分省设置税务局及印花烟酒税局，并将该局辖属之上海查验所及租界卷烟查缉办事处暨各地查验所同时撤销，改组为税务查缉处，业经呈奉财政部，于本年一月一日分别成立，开始办公。所有苏浙皖税务总局原设立分支机关亦经重行划区，同时调整，分别隶属各该局管辖。兹悉嗣后关于统税、矿产税之征收事宜，除上海区仍照向例由税务署直接征收外，其余特税及浙皖地区统税，概由各省税务局及其所属分支机关办理。印花烟酒税之征收事宜，则由各省印花烟酒税局及其所属分支机关办理。各项税类之查缉事宜，统由税务查缉处及其所属分支机关办理，俾专责成。

六局一处组织机构

六局一处内部组织□构，计财政部税务查缉处，办理统税、印花烟酒税、矿产税及临时特税之查验、缉私、补征事宜；江苏、浙江、安徽之税务局各设四课；江苏、浙江、安徽三省印花烟酒税局各设三课。（一）税务局以下划分区域，设区税务分局；（二）印花烟酒税局以下划分区域，设区印花烟酒税稽征分局；（三）税务查缉处以下划分区域，设分处及稽查处。兹将六局一处属区机关名称志如下：

江苏区

江苏省税务局所属各区税务分局，计上海区、南通区、昆山区、苏州

区、武进区、无锡区、镇江区、江宁区、泰州区、淮阴区、兴化区、靖江区等十二区税务分局。印花烟酒税局所属各区印花酒税稽征分局，计上海区、苏州区、南通区、无锡区、镇江区、泰州区、江宁区、武进区、昆山区、靖江区、松江区、南汇区、宝应区、兴化区等十四区。

浙江区

浙江省税务局所属各区税务分局，计杭州区、绍兴区、嘉兴区、湖州区等四区。印花烟酒税局所属各区印花烟酒税稽征分局，计杭州区、湖州区、萧山区、嘉兴区、绍兴区等五区。

安徽区

安徽省税务局所属各区税务分局，计芜湖区、大通区、安庆区、蚌埠区、庐州区等五区。印花烟酒税局所属各区印花烟酒税稽征分局，计芜湖区、蚌埠区、大通区、庐州区、滁州区、安庆区等六区。

查缉处

税务查缉处所属各区分处，现经发表成立者，计苏州分处、无锡分处、镇江分处、南通分处等四处，尚有芜湖、嘉兴、杭州、蚌埠等四处，在最短期内即可次第设立。至于各局处所属各区分处之下，则酌情设置支局及稽查处。

(1943 年 1 月 5 日，第 5 版)

税务署划定税政职权

——组评价、设计、审理三委会

财政部税务署为调整税政机构、增强行政效能，将苏浙皖税务总局取消，于本年一月一日起改为各省设置税务局及印花烟酒税局后，关于各项统税、特税及印花烟酒税征收事宜，均已依照组织暂行章程划分清楚，通饬所属各局处遵照办理。据中央社记者向财政部税务署负责人探悉，苏浙皖税务总局撤销，各省分设六局一处后，统税税政均已完全恢复事变以前之组织，所有前总局所办理之整个行政，均纳归税务署办理，计：（一）上海区统税、矿产税征收事宜，由税务署办理；（二）关于上海区商号、商标登记，由署办理；（三）关于退税、免税事项，由署审核办理；（四）关于进出口货之黄报单核验，除特税由各省税务局核验盖戳外，其余各种统税、烟酒（税）、矿产税，均由署核验盖戳；（五）关于改运、分运事项，除卷烟部份由署办理外，其余均由各省局办理。闻税务署最近将组织评价、设计、审理等三委员会，办理进出口货品之评价，税务研究之推进及违章之审理事宜。

（1943 年 1 月 6 日，第 5 版）

酒类配给统制即将开始

酒类配给统制已由有关系各方面拟定具体办法，在目下全盘统制之际，为谋酒类需给平衡起见，此事实有刻不容缓之势。而权威方面观察，日本酒及啤酒统制配给组合业已完全告成，则其余各种酒类及果汁统制配给组合之设立，实有早日完成之趋势。闻此事不日即将开始办公。

（1943 年 2 月 2 日，第 6 版）

新订烟酒牌照税率

——财局通令税收机关遵办

沪市财政局顷通令市属各区税收机关遵照，自本年度起，关于征收烟酒牌照税税率，重行订定征收。兹探志新税率如次：

烟酒营业牌照

整卖，甲等三百元，卷烟厂商之分公司及经理分销处属之；乙等八十元，迄批卖买之烟草行属之；丙等四十元，经理各种烟类批发者属之。零卖，甲等二十四元，开设店肆营业一切烟类者属之；乙等六十元，他种商店兼营一切烟类者属之；丙等八元，他种商店小部份兼营一切烟类者属之；丁等四元，设摊零售烟类者属之；戊等一元，零售烟类负贩者属之。

酒类营业牌照

整卖，甲等六十四元，每年批发在二千石以上者属之；乙等四十八元，每年批发在一千石以上者属之；丙等三十二元，每年批发在一千石以下者属之。零卖，甲等十六元，设酒肆贩卖一切酒类者属之；乙等八元，他种商兼营一切酒类者属之；丙等四元，零售酒类之设摊者属之；丁等一元，零售酒类之负贩者属之。

洋酒营业牌照

整卖，甲等一百元，各机制厂、进口商、酒厂、分公司及独家经理者属之；乙等二十元，各代理店及批发洋酒类商店属之。零卖，甲等二十元，酒楼旅馆及酒吧间等类属之；乙等十元，各零售洋酒类商店属之。

（1943 年 2 月 24 日，第 5 版）

重庆政权之苛捐杂税（一）

——增税名目繁多　结果未达预期数额

金彦

〔澳门通讯〕重庆政权拖战结果，财政金融上已至无法支持之地步。但尚图以增税方法，作最后挣扎，结果实收税额往往未如预期所得，开源仍无办法。兹将增税情形，分述如次：

【中略】

三　提高烟酒税率

烟酒二项在税收上之地位，仅次于关、盐、统三种，为良好税源。二十六年十月十三日公布《土酒加征与举办土烟丝税办法》，将土酒税率提高五成，而土烟丝税则规定每净重一百斤征国币二元另七分五厘。二十六年度烟酒税预算原列二千四百七十六万七千五百二十四元，实收一千四百四十五万五千四百三十八元，约合预算之半数。二十七年度预算一千另五十二万三千三百二十一元，实收八百六十二万五千六百三十六元。二十八年预算一千七百三十一万三千三百三十四元，实收一千八百三十四万五千

413

八百七十三元，超过预算约百分之六。二十九年预算一千六百五十万元，实收再增至二千四百三十九万三千四百七十七元。三十年度一至六月份计收八百六十九万二千另另三元。

【下略】

（1943 年 3 月 30 日，第 3 版）

烟酒从价征税

——各种酒价已估定

财政部税务署江苏省烟酒印花税局对酒类之从价征税，遵照国府最高国防会议议决，征税百分之廿五征收，并将各项酒类均加以估价，计绍酒每市担四百元，仿绍每市担二百四十元，土黄酒每市担一百八十元，色酒每市担一千元，土烧酒每市担五百元，着令各酒业公会转饬各业会员遵照纳税在案。而粱烧业公会以土烧酒一项之估价过巨，未便照纳，故进请财政部税务署、江苏省烟酒印花税局等各主管机关，请求救济而加变更，并曾推派代表请愿。经税务署批令，着该业公会将产地之成本及售价等制表详报该署，以便派员调查属实后，再行核定。该业公会已据实呈报，听候核办。

（1943 年 4 月 23 日，第 4 版）

第八区公署为财务处取消烟酒商号执照捐公告（财字第四号）

查本区烟酒商号原领月捐、执照费，业经奉市政府令自十月份停止征收，本区界内各该商号应改向市财政局烟酒营业牌照税领照，以凭营业。特此公告。兼署长陈公博。

（1943 年 11 月 6 日，第 3 版）

上海特别市财政局公告（财二字）（五二号）

案查烟酒营业牌照税一项，原系国税，划归地方政府办理，历经本市征收有案。此次奉市政府令饬，统一征收，所有第八区区内各烟酒商号，业经调查完竣，定于本年冬季起开始征收。除分行外，合亟公告周知。中华民国卅二年十一月六日。局长袁厚之。

（1943 年 11 月 6 日，第 3 版）

上海特别市财政局烟酒营业牌照税稽征处通告第二号

查本处奉令自本年冬季起开征第八区烟酒营业牌照税，合亟通告，仰该区内经营烟酒业、洋酒业商号在本年十一月十五日以前，携带该号书柬及本年份营业执照暨最近月捐收据前来第八区灵宝路（旧名吕班路）一七七弄九号本处领取申请书，依式填送，俾便调查，核发牌照，以凭营业。切勿因循贻误，致干罚究。特此通告。中华民国三十二年十一月六日。

（1943 年 11 月 6 日，第 3 版）

烟酒二成附税本月起废止

——八区烟酒税统一征收

〔中央社讯〕财政部税务署为调整税政，增裕国库起见，自将各种统税、特税由从量征税逐次改为从价征税后，税收日见起色，同时并将各种不必要税捐及与法令抵触者予以废止。兹悉江苏省印花烟酒税局近奉部令，以土烟土酒税现既统一征收，对于现行征收之土烟土酒二成省附税自应予以废除，着令自本年十一月一日起实行废除。闻该局奉令后，业已分别令饬所属遵照办理，并布告各商人等一体知照。

八区限期填表申请

本市第八区于前法租界法公董局管辖时，原有烟酒牌照税查验所之设立，而自租界接收后，由上海区酒类酿售业公会等呈请当局予以撤销，业经市府当局认无设立之必要，故已令饬第八区公署将该查验所撤销在案。惟烟酒牌照税一项，原系国税，划归地方政府办理，历经本市征收，现由市府令饬市财政局统一征收，故所有第八区内各烟酒商号业经该局调查完

415

竣，定于本年冬季起开始征收。至为便利该区商民，故特设烟酒牌照税稽征处于八区灵宝路（旧吕班路）一七七弄九号，限期于本月十五日以前，各经营烟酒业、洋酒业商号携带各该号书束及本年份营业执照暨最近月捐收据至该处领取申请书，依式填送，俾便调查，核发执照。按，是项牌照税原领月捐、执照费，已改为□捐。

（1943 年 11 月 7 日，第 3 版）

财政部江苏税务局公告（苏税二字第 23 号）

案奉财政部税务署税癸六字第一六九一号训令，火酒、啤酒改为从价征税，汽水改为饮料品税（包括汽水、果子露等一并从价征税）暨洋酒等税提高税率一案，业奉财政部转奉行政院第一九○次会议决议通过，饬自三十三年一月一日起实行，检发新印估价税率表一份，令仰遵照到局。除分别函令外，合行登报公告，仰中外商民人等一体周知。特此公告。中华民国三十二年十二月十一日。

（1944 年 1 月 1 日，第 9 版）

土烟土酒一律改从价征税

〔中央社讯〕财政部税务署为调整税政，充裕国库起见，现正积极调整各种税率，提高估价，特饬各属税务机关自三十三年一月一日起将火酒、啤酒改为从价征税，汽水改为饮料品税（包括汽水、果子露等一并从价征税）暨洋酒等税提高税率，及土烟、熏烟估价提高。此案并呈经行政院核准通过，公布施行。

（1944 年 1 月 5 日，第 3 版）

江海关为改订火酒等项统税税率布告第一七一三号

案查火酒等项统税税率业经政府改订，兹将该项新税率照录于后，仰各商民人等一体周知。此布。

火酒等项统税税率表

税　别	新订税率
普通火酒税	从价征百分之五十
改性火酒税	从价征百分之二十五
雪茄烟税	从价征百分之五十

中华民国三十三年三月三日。监督李建南，海关长黑泽二郎。

（1944 年 3 月 4 日，第 2 版）

江海关为奉令规定已完统税烟酒税或矿产税之货物免征转口税布告第一七二六号

兹奉令规定自本年八月七日起，凡已完统税、烟酒税或矿产税之货物，一律凭完税单照免征转口税。合行布告，仰各商民人等一体知悉。特此布告。中华民国三十三年八月六日。

海关长黑泽二郎。

（1944 年 8 月 6 日，第 3 版）

已完统税货物免征转口税

——关务署呈准财部备案

关于应完统税、烟酒税或矿产税之货物，海关方面向凭完税单照查验放行，但征免转口税向不一律。故由海关总税务司呈向关务署建议，将凡已完纳各该税之货物，概予免征转口税。此案业由财部据该署呈请鉴核，刻已指令准予备案，并转行知照。原文如次：案据关务署七月三日呈称：案据海关总税务司岸本广吉呈称：窃查关于应完统税、烟酒税或矿产税之货物，海关方面向凭完税单照查验放行，但征免转口税向不一律。兹拟请将凡已完纳各该税之货物，概予免征转口税，谨将理由胪陈如左：（一）统税货物，查已完统税货物，如麸皮、麦粉、卷烟、熏烟叶、水泥、火柴、火酒、棉纱及其直接织成品等，均经先后奉令免征转口税。惟啤酒一项，各酒厂出品，除奉命特准免税者外，其余虽已完纳统税，仍须照缴转口税，待遇殊不一致，为求课税平允及关务归于简易起见，似应予以改善。凡属已完统税之啤酒，概予验凭完税单照免征转口税。（二）烟酒税（土烟业特税、土酒定额税及洋酒类税）货物，查已完烟酒税货物，如土酒、土烟叶及烟丝等均经奉令免征转口税。惟洋酒一项，其免征转口税范围仅以特准各酒厂出品为限，似亦有失平允。此项烟酒税货物（包括土烟叶特税、土酒定额税及洋酒类税），其免征转口税办法，似应与统税货物一律办理，验凭已完烟酒税单照免征转口税。（三）矿产税货物，查应完矿产税货物，前曾选奉令发各矿矿名税额表，下署凡表列各矿产品，如持有已完矿产税单，照海关向系遵照钧署二十四年九月二十七日则字第一八一一五号训令之规定，免征转口税，其他矿产品似亦应一律验凭已完矿产税单照免征转口税。所有拟议，凡已完统税、烟酒税或矿产税货物，概予免征转口税。各缘由是否有当，理合将啤酒、洋酒特准免税及矿产税各案缮具清单一纸，并抄同原令一并备文，呈请鉴核等情，附清单一纸，抄令文十四件。据此，查已完统税、烟酒税或矿产税之货物，对于免征转口税办法向不一律，各方时起争执误会。此次规定统一办法，俾成定案，使各有所遵循，查核尚无不合。除指令照准外，理合抄同原、附各件备文呈请鉴核等情到部，除指令准予备案外，合行令仰知照，并转行知照。

(1944 年 8 月 26 日，第 3 版)

免征转口税办法已咨行华北

关务署据海关总税务司呈，为关于已完统税、烟酒税或矿产税货物概予免征转口税一案，经该署呈请财政部转呈行政院，咨行华北政委会饬属一体遵照。闻财部业已转呈行政院咨行华北政委会，饬属遵办，并于本年七月六日训令该署知照，并希有关各商一体知照。

(1944 年 10 月 20 日，第 2 版)

税务署调整烟酒税率

财政部税务署为适合战时体制之税政，自逐步调整各种统税、特税税率以来，税收较前锐增。兹以土烟、土酒、熏烟叶三项税率亦应加以调整，现已定于本月三日起，将以上之土烟、土酒、熏烟叶三项税率照原定估价一律增加二倍，仿绍于二倍外另增二百元。该署已通饬江苏、浙江、安徽三省印花烟酒税局遵照办理。

（1944 年 11 月 6 日，第 3 版）

本市市区印花月销千万元

江苏印花烟酒税局负责人员声称：本市区印花税自去年七月十五日财政部公布修正非常时期印花税法实施以来，经局方积极推进，复经税务署督率，查缉处之认真调查，本市各大厂商、公司行栈均尚能明了印花为重要国税，所有簿册单据及发票等尚能实贴印花。惟规模较小之商店，常以计数单代发票，故意不贴印花者为数尚多。闻局方正在设法加以纠正，故每月销额已达七八百万元之多，比较过去月销仅四五十万元，自不可相提并论。将来倘能继续改进，其销数当更有可观。

（1945 年 2 月 6 日，第 3 版）

调整火酒税

财政部税务署为调整税政，对于各种统税货品估价，分别照现行市价重行核估。兹悉现已将普通火酒估价定为每百公升一千一百五十元，从价征税百分之五十；改性火酒估价定为每公升一千元，从价征税百分之二十五。又饮料品甲级每瓶估价定为一百七十元，乙级每瓶为一百三十元，均从价征税百分之二十。以上各项估价定于即日起实行。

（1945 年 3 月 16 日，第 2 版）

财政局停征烟酒牌照税

本市财政局为整顿税政起见，定自四月一日起将旧市区及旧八区区域内所征烟酒营业牌照税予以停征，该局烟酒营业牌照税稽征处亦将同予裁撤。

（1945 年 4 月 1 日，第 2 版）

烟酒牌照税率增加表

——国府明令公布

〔南京九日中央社电〕国民政府令（三十四年六月七日），兹修正烟酒牌照税税率增加表公布之。此令。现征税率之改定率依照下表：

烟类营业牌照

整卖甲等二百元，一千一百元，卷烟厂商之分公司及经理分销处属之；全整卖乙等八十元，四百四十八元，趸批卖买之烟草行属之；全整卖丙等四十元，二百四十元，经理各种烟类批发者属之；全零卖甲等二十四元，一百四十元，开设店肆营业一切烟类者属之；全零卖乙等十六元，九十六元，他种商店大部份兼营一切烟类者属之；全零卖丙等八元，四十八元，他种商店小部份兼营一切烟类者属之；全零卖丁等四元，二十四元，设摊零售一切烟类者属之；全零卖戊等一元，六元，零售烟类负贩者属之。

酒类营业牌照

整卖甲等六十四元，三百零四元，每年批发在二千石以上者属之；全整卖乙等四十八元，二百八十八元，每年批发在一千石以上者属之；全整卖丙等三十二元，一百九十二元，每年批发在一千石以下者属之；全零卖甲等十六元，九十六元，开设酒肆贩卖一切酒类者属之；全零卖乙等八元，四十八元，他种商店兼售一切酒类者属之；全零卖丙等四元，二十四元，零售酒类之设摊者属之；全零卖丁等一元，六元，零售酒类之负贩者属之。

洋酒类营业牌照

整卖甲等一百元，六百元，各机制厂、进口商品厂、分公司及经理者属之；全整卖乙等二十元，一百八十元，各代理及批发洋酒类商店属之；

全零卖甲等二十元，一百二十元，各酒吧间及旅馆业类等类属之；全零卖乙等十元，六十元，各零售洋酒类商店属之。

（1945 年 6 月 10 日，第 1 版）

印花税局禁漏贴印花

江苏印花烟酒税局以市各商号对于日常门市交易不开发还，漏贴印花，甚或开发票而不贴印花，相习成风，比比皆是，前曾一再劝告商民务须遵章实贴印花，不得玩忽，以重国税而免处罚。惟自本年四月十五日，本市市政府财政局规定填用特税发票以后，各商号每多曲解，以为填给顾客特税发票，可以不贴印花。更有填用注财政局盖印之自制双联单发票，既不交给顾客，亦不实贴印花，以为备作查对特税之用。种种取巧漏税，不一而足，殊属非是，自应亟予纠正。爰特再警告各商号，无论填用财政局规定之特税发票，或自制之门售双联单发票，均须遵章实贴印花，绝对不得遗漏。如再故违，或故意不开发票，一经查获，定予移送法院，按照最近国防会议通过之漏税罚则，科以五百倍之严重罚锾。

（1945 年 6 月 24 日，第 2 版）

财政部上海货物税局公告第四号

查已税土酒应贴之印照业已奉颁到局，各酒商领有本局所发完税照，尚未领得印照者，应于五日内携带原完税照来局登记，以凭核办，逾期概不受理。特此公告。中华民国三十四年十二月十三日。兼局长方东。

（1945 年 12 月 13 日，第 4 版）

财政部上海货物税局公告沪税字第七号

查部颁收复区货物税稽征办法概要通则第二条规定，在未开征前已出行销市面之棉纱、糖类、洋啤酒、土酒等，不论在沦陷期内有无被敌伪课征，概应准其在卅四年年底以前就地销售完竣，免予补税，但报运外销者，仍应照章补征，业经遵照办理在案。兹查年度届终，所有本市各纱布商、糖商、洋啤酒及土酒商未能依限销售完竣之棉纱、糖类、洋酒、啤酒及土酒，自应照章补税。仰各该商将截至本年十二月卅一日止之上项存货种类、数量及堆存地点于三十五年一月十日以前列表（可向本局第二、第三科或各该业同业公会索取）送局，申报办理补税手续，逾期不报，或所报不实，一经查有未税货件，即按漏税处罚。除分函各该业同业公会转饬遵办外，特此公告。中华民国三十四年十二月廿九日。兼局长方东。

(1945 年 12 月 30 日，第 3 版)

财政部上海货物税局公告沪税字第三八号

查国产酒类改制药酒或色酒者，照章应先将改制之名称、数量连同商标式样报请当地稽征机关核准登记，经派员验明原酒货照相符，方准监视改制。兹查本市各酒类商及国药肆等大都未能照章办理，殊属不合。特再公告，希各酒商及国药肆等于本月底以前一律依限来局办理登记手续，嗣后并应于改制前持同原完税照或分运照报请派员验明，铲花监制，以符规定。如再逾限不为登记之申请或擅自改制者，除照国产烟酒类税条例处罚外，仍应补行登记，幸勿延误为要。特此公告。

(1946 年 9 月 10 日，第 10 版)

台省专卖局撤销

——改制为"烟酒公卖局" 贸易局改制在策划中

〔中央社台北廿四日电〕省府廿三日例会正式通过撤销台省专卖局案，该局经营之专卖品原有火柴、樟脑、香烟及酒四种，会中决定改制为"台省烟酒公卖局"，并规定公卖品仅为烟及酒两种。原有之烟叶、烟品及酒业三个公司，改以股东代表资格施行管理。火柴部分另设火柴股份有限公司，鼓励人民参加经营。樟脑公司则改归建厅管理。过去颁布之烟酒专卖规则，并将一律改为公卖规则，尽量减少强制性之规定。原有专卖局之各分局及各办事处，一律改为公卖局之营业所。今后缉私烟私酒事宜，改由警察机关执行。公卖局长人选尚未发表。台省贸易局改制问题仍在策划中，闻下周可望决定。

（1947 年 5 月 25 日，第 2 版）

修正国产烟酒类税条例

——立院七月三日例会通过

第一条　凡国内产制之烟类酒类，除应征货物税者另有规定外，依本条例征烟酒类税。

第二条　烟酒类税为国家税，由财政部税务署所属货物税机关征收之。

第三条　烟酒类税税率规定如左：（一）烟类税分烟叶、烟丝两种，烟叶税按照产区核定完税价格，征收百分之五十，烟丝征收百分之三十；（二）酒类税按照产区核定完税价格，征收百分之八十。前项第一款刨丝之烟叶，仍应先纳烟叶税。

第四条　国产烟酒类之完税价格，应以出产地附近市场每三个月内平均批发价格作为完税价格之计算根据，但市场实际批价超过或低于完税价格所依据之平均批价四分之一时，财政部得随时为适当之调整前项平均批发价格，包括：（甲）该项完税价格；（乙）原纳税款，即该类完税价格应征税率之数；（丙）由产地运达附近市场所需费用，定为完税价格百分之十五。完税价格之计算公式如左：产地附近市场之平均批发价格 × 100 ÷（100 ＋烟酒类税率之数 ＋由产地至附近场所需费用，即 15）＝核定完税价格。征收国产烟酒类税之货品，为便利稽征，财政部得斟酌情形，采行分类分级课征。

第五条　烟酒售价之调查，物价指数之编制以及完税价格之评定、修定等项，由税务署评价委员会办理之。

第六条　已纳烟酒类税之烟类酒类行销国内，地方政府一律不得重征任何捐税。

第七条　烟酒类税之征收，视其产制情形，分为左列三种：（一）大规模产制厂或集中产区，应由各该管货物税分局派员驻厂或驻场征收；（二）不便派员驻厂或驻场者，烟丝与酒类应由该管货物税分局查定产额，按月征收，烟叶应由商人报请产地货物税机关依法征收；（三）固定于冬季酿制之酒类，得视其产额分期征收。前项驻厂或驻场征收之标准及冬季酿制酒类征收之分期，由财政部核定之。

第八条　烟酒类税以财政部税务署颁发之完税照为完税凭证，并于包件上或容器封口处实贴印照，但零星门售之烟丝及散装零星门沽之酒，不能实贴印照者，只发给完税照。

第九条　凡经营烟类酒类之商人暨经纪人，概应报请当地稽征机关转请货物税机关核准登记，并由局汇报税务署备查。

第十条　烟酒商及货物持有人，有左列行为之一者，由主管征收机关没入其货件，并送法院，处以比照所漏税额十倍以下罚锾，其触犯刑事部分，应依刑法处断：（一）私制烟酒者；（二）以未税烟酒私售私运者；（三）购买未完税烟叶，私自刨丝出售者；（四）购买未完税酒类，私自提炼酒精，或改制其他饮料者；（五）运销货件并无照证，或货照不符，经税务机关查系漏税者；（六）以高价烟酒类冒充低价烟酒类者；（七）烟叶抽出烟筋未经报明，或以烟叶夹入烟筋者；（八）将完税照或分运照、印照、改装证、改制证改窜或重用者；（九）印照或改装证、改制证不实贴于包件或容器上者；（十）伪造完税照、分运照、印照、改装证、改制证或机关戳记及使用者。前项漏税货物如已出售，不能没入者，除依法处罚，并追缴货价外，仍应责令补税。

第十一条　烟酒商及货物持有人，有左列行为之一者，处五千元以下之罚款：（一）未遵规定手续报告，或报告不实者；（二）运销完税之烟酒，不报请查验者；（三）完税之烟酒，分运或改运他处，未经换领分运照者；（四）运输完税之烟酒，中途销售，未经报请当地稽征机关核准者；（五）未遵规定办理登记及停业时不报请注销登记者。

第十二条　代客买卖营业之经纪人，须将双方买卖数量报请当地货物税机关查核。如隐匿不报告，或报告不实者，处五千元以下之罚锾。再犯者除处罚外，得视情节轻重，由货物税机关送由地方主管机关取消其经纪人资格。

第十三条　刨制烟丝者，如有购入未税烟叶，刨制成丝，而烟丝已经纳税者，得专就烟叶部份处罚。如烟丝亦未纳税，应就烟叶、烟丝各别处罚。

第十四条　查定产量征收之烟丝与酒类及核定分期缴税之酒类，应纳税款必须于当月或分期内缴清，逾期不缴者，主管征收机关得移送法院，依欠税时或裁定时较高之税额追缴，并依左列规定处罚之：（一）逾限一个月以上者，按追缴税额处以百分之十五罚锾；（二）逾限二个月以上者，按追缴税额处以百分之三十罚锾。

第十五条　本条例之追缴罚锾及停止营业，由法院以裁定行之。对于前项裁定，得于五日内抗告，但不得再抗告。法院得酌定期限，命令受罚人缴纳罚锾及应追缴之金额，逾限不缴者，强制执行之。

第十六条　关于烟酒类之稽征、登记及查验规则，由财政部拟订，呈请行政院核定之。

第十七条　本条例自公布日施行。

（1947 年 7 月 4 日，第 2 版）

地方新增自卫武力费

——中央决统筹拨发，提高国产烟酒类税抵付

〔本报南京廿七日电〕地方新增自卫武力经费，廿七日国务会议曾作讨论，决议全数由中央统筹拨发，不另由地方筹措。兹探悉中央对该项经费来源之增开办法，主要在于增税，提高国产烟酒类税收以充之，并修正国产烟酒类税条例草案第二条条文，先付实施。同时，议定烟酒类税税率如次：甲、烟类税分烟叶、烟丝两种，烟叶按照产区核定完税价格，征收百分之六十，烟丝为百分之四十；乙、酒类税按照产区核定税价格征收百分之百。总计甲、乙两项增税数额，在五个月内约计可增收四千亿元左右。

【下略】

（1948 年 2 月 28 日，第 1 版）

国产烟酒类税修正条例公布

〔中央社南京十五日电〕国府令：（一）兹修正国产烟酒类税条例第十五条条文公布之。此令。修正国产烟酒类税条例第十五条条文：第十五条，本条例之追缴罚□没入及停止营业，由法院以裁定行之。对于前项裁定货物税机关及被裁定人，均得于五日内抗告，但不得再抗告。法院得酌定期限命令受罚人缴纳罚锾及应追缴之金额，逾期不缴者，强制执行之，受罚人依法宣告破产时，欠税应优先清偿。

【下略】

(1948 年 5 月 16 日，第 2 版)

台烟酒公卖局长报告业务

〔本报台北十七日电〕省新闻处今举行记者招待会，由烟酒公卖局长蔡玄甫报告业务。蔡氏首指出为维护省库财政，故烟酒仍保留专卖制度，卅六年度盈余缴库为十一亿余元，占省库收入百分之廿五，本年上半年预定缴二十亿，相信颇有把握。本年产量为卷烟卅二亿枝，烟丝六十万公斤，雪茄廿四万枝，酒类四十一万余公石，而耕种烟叶面积为五千五百余亩。蔡氏未述其配售对象，乃为转卖商，致被抬价暴利，人民未能受实益，该局正在防止中。

(1948 年 5 月 18 日，第 2 版)

国产烟酒税稽征规则

—— 行政院公布施行，大厂改为派员驻厂征收

〔本报南京十二日电〕国产烟酒税条例自经国府公布后，其稽征规则经由财部拟订，已呈奉政院核准公布施行。稽征规则共六十八条，其较前改进者，过去系采查定征收办法，现除小厂仍实行查定征收外，大厂则改为驻厂征收，每厂中均设有驻厂专员负责征收事宜。稽征办法中规定国产

烟酒制造商、贩卖商、代客买卖之行栈经纪人均应按照规定，由当地稽征机关核准登记，发给登记证方准营业。

（1948 年 6 月 13 日，第 1 版）

货物烟酒类税条文明令修正

〔本报南京卅日电〕总统卅日令：（一）修正货物税第三、四、五条条文公布之；（二）修正国产烟酒类税条例第四条条文公布之。

货物税条例第三条、第四条、第五条修正条文

第三条　征收货物税之货物分别如左：（一）卷烟，凡用卷烟纸卷成之纸卷烟，与用烟叶制成之雪茄烟，及其他洋式烟类均属之；（二）熏烟叶；（三）洋酒、啤酒，凡国内制造之洋式酒类，除火酒外均属之；（四）火柴，凡硫化磷火柴、安全火柴均属之；（五）糖类，凡红糖、白糖、桔糖、冰糖、方糖、块糖、糖精均属之；（六）棉纱，凡机制本色棉纱、烧茸棉纱、下脚棉纱、人造棉所制棉纱及其他各类棉纱均属之；（七）毛纱、毛线，凡毛纱、毛线及掺杂他种织维之毛纱、毛线均属之；（八）皮统；（九）水泥；（十）饮料品，凡汽水、果子露汁、果子露水均属之；（十一）锡箔及迷信用纸，凡各种锡箔及迷信用纸均属之；（十二）化妆品，凡发腊〔蜡〕、发油、香粉、胭脂、剃须皂、唇膏、香水、指甲油、画眉笔均属之。

第四条　货物税税率如左：（一）卷烟从价征收百分之一百二十；（二）熏烟叶从价征收百分之三十；（三）洋酒、啤酒从价征收百分之一百二十；（四）火柴从价征收百分之二十；（五）糖类从价征收百分之二十五；（六）棉纱从价征收百分之十；（七）毛纱、毛线从价征收百分之十五；（八）皮统从价征收百分之十五；（九）水泥从价征收百分之十五；（十）饮料品从价征收百分之三十；（十一）锡箔及迷信用纸从价征收百分之六十；（十二）化妆品从价征收百分之四十五。

第五条　课征货物税之货物，应以出产地附近市场每一个月平均之批发价格为完税价格之计算根据。前项平均批发价格，包括：（甲）该货完税价格；（乙）原纳货物税之数，即该货物完税价格应征税率之数；（丙）由出

产地运达附近市场所需费用，定为完税价格百分之十。完税价格之计算公式如左：产地附近市场之平均批发价格×100 + （100 + 该货物税率之数 + 由产地至附近市场所需费用，即 10） = 核定之完税价格。凡由政府机关议价之货物，得以议价为完税价格之计算根据，并依前项规定办理。征收货物税之货物，为便利稽征计，财政部得斟酌情形，采行分级征税，其分级计算办法，由财政部定之。

国产烟酒类税条例第四条修正条文

第四条　国产烟酒类之完税价格，应以出产地附近市场每一个月内平均批发价格为完税价格之计算根据。前项平均批发价格，包括：（甲）该项完税价格；（乙）原纳税款，即该类完税价格应征税率之数，（丙）由产地运达附近市场所需费用，定为完税价格百分之十五。完税价格之计算公式如左：产地附近市场之平均批发价格×100 + （100 + 烟酒类税率之数 + 由产地至附近市场所需费用，即 15） = 核定完税价格。征收国产烟酒类税之货品，为便利稽征，财政部得斟酌情形，采行分类分级课征。

（1948 年 7 月 31 日，第 1 版）

卷烟洋酒税率改定百分之廿，饮料品百分之卅

上海货物税局奉国税署电，卷烟、洋啤酒税率改定为百分之二十，饮料品税率改定为百分之三十，当于今日起实施。

（1948 年 8 月 2 日，第 4 版）

粮部电各省市

——粮食消费节约严加实施

〔中央社南京十一日电〕粮食部息：粮部以粮食消费节约亟须加强实施，除已分电各省市府严禁以主要粮食酿酒外，顷又电令各省市田粮处暨社会局，饬即遵照各该省市节约粮食消费办法，严切执行。闻该项电令规定精白食米及头等、特等面粉均一律禁止碾制，对于各碾米厂暨面粉厂并

应严密监督，如有违犯规定者，当依法惩处。

（1948 年 8 月 12 日，第 2 版）

国产烟酒税类稽征办法改进

〔本报南京十六日电〕国产烟酒类税稽征办法，财部近曾加以修正改进。兹探悉该办法如左：

甲、确立国产烟酒类税范围，对于国产烟酒之类别、产制过程详加说明，并尽量列举各地习用之酒类名称，俾国产烟酒类税之范围得最明确之解释。

乙、改进登记方法，详细规定登记手续，划一登记书表，并修正登记限额，如配合各地生产实情，由各区局或直辖局察酌辖区产销情形，重新拟订刨烟丝商、酒类制造商申请最低产量设备资源事项，呈报财部核准施行。

丙、改进稽征方法：（一）推进驻厂征收；（二）改进查定手续；（三）改进改制酒类征税方法；（四）加强考核刨烟丝所用原料烟叶；（五）改善运输烟叶、烟梗凭证办法；（六）规定酿具容积简易计算方法。

丁、规定退税手续，六月九日修正稽征规则内增列退税一章，对于烟酒出口外销及重征之退税手续，一一详予规定，并令饬各局嗣后遇有商人报请退税时，应即查遵照办理。

戊、划一章则。

（1948 年 8 月 17 日，第 2 版）

烟酒等税额改征

——所加税款准商人加入货价发售

〔本报南京一日电〕自改革币制后，政府为增加税收，平衡预算，经公布整理财政补充办法，规定对于货物税、国产烟酒类税及矿产税之征收，一律作三十七年八月十九日之市场批发价格减除该期实际税额后，以其余额为完税价格，依法定税率征收之。依照此项新核税办法核定之税额，业经政院提交经济管制委会议决，先将卷烟、熏烟叶、锡箔、洋啤酒、国产酒类、烟叶、烟丝七种于十月一日实施改征。惟此项增加之税款

429

（新税额较八月份税额所加之数额），准商人加入货价发售，但不得额外增加（如卷烟平均约照八月十九日批价加百分之七十六，熏烟叶百分之十九，纸箔百分之四十，啤酒百分之七十二，洋酒百分之四十五，土酒百分之七十，土烟叶百分之三十七，土烟丝百分之廿五）。良以此项物品均属奢侈消耗品，而其税负依该税性质，原应转嫁于消费者负担，以免征及产制商成本，违悖租税原理。而政府在力求平衡收支、增加岁入之中，仅就奢侈消耗品部份先予实施，亦与节约消费、勤俭建国、顾念民生之旨相符。当兹戡建大业积极推进之际，国人当能了解政府调整各该货物税额之意义，一致拥护，踊跃输将。

（1948 年 10 月 2 日，第 1 版）

翁院长电蒋督导员指示

——烟酒等外概不加税，严查旅客限带物品出境

〔本报讯〕翁院长文灏昨日亲自用长途电话与蒋经国洽商沪市经管工作，并作两项重要指示：（一）中央决定除烟酒等物品业已加税者外，其余各物概不加税；（二）自今日起，本市出境旅客在海陆空三方面均将加强检查，携带物品以一人所需之必需品为限，过此者予以没收。此项办法之目的，在防止单帮走漏本市物资。又经管当局对目前竞购物资现象，虽严予限制，但认为无碍大局。发言人表示：只要工厂不停工，日用品来源充裕，竞购物资可谓庸人自扰。至于奢侈品之抢购，更与民生无关。又讯：蒋经国于昨日上午九时，特偕张师赴申新九厂实地视察，并与负责人洽谈原料之供应问题。

（1948 年 10 月 6 日，第 4 版）

泰兴稽征所主任吕鉴铭舞弊被控

——侵吞税款六万金元

〔本报泰兴卅日电〕据悉财部江阴国税局泰兴稽征所主任吕鉴铭，此次调整酒税时，利用时机，秘密分购税证、税花，填写乡区驻场所昆芦市

天星桥等处票照，提前填写日期，希图掩饰。舞弊数量计土酒三千余担，侵蚀税款六万金元左右，分装大小民船廿余只，抢先装运出境。此项消息透露后，满城风雨。现该邑常慕筠、丁炳坤等已分呈政府当局请予缉究。

（1948 年 10 月 31 日，第 6 版）

江阴国税稽征局泰兴稽征所主任中饱私囊[*]

〔本报讯〕财政部江阴国税稽征局泰兴稽征所主任吕鉴铭于此次调整酒税时，利用时机，秘密分购税证、税花，填写乡区票照，倒填月日，希图掩饰罪行，中饱私囊，舞弊数字竟达六万金元之巨。兹闻邑绅周某鉴于戡乱期间国事未定之际，竟敢朋串侵蚀，与匪套换食粮，实足破坏国策，已先后密呈当局，请即严予撤究。

（1948 年 11 月 10 日，第 5 版）

货物税烟酒税罚锾数额提高
——政院通过修正条文

〔本报南京五日电〕货物税条例及国产烟酒类税条例内所定罚锾数额甚低，财部特拟具有关条文之修正文，呈送政院，五日政务会议中已提出讨论通过，即送立院完成立法手续，共修正各点为：

【中略】

（二）国产烟酒类税条例第十一条第一项原文为"烟酒商及货物持有人，有左列行为之一者，处五百万元以下罚锾"，修正文将"五百万元"改为"金圆券五百元"。

（1949 年 1 月 6 日，第 2 版）

直接货物两税改按指数计算
——政务会通过实施办法

〔本报南京廿日电〕财金改革案关于直接、货物两税原拟采取之税元制度，经改为按各地生活指数计算，其实施办法业经廿日晚九时举行之政务会议中通过。兹悉该项办法共包括以下数要点：

（一）土烟、土酒及熏烟税，规定自七月一日起划归地方征收。

【下略】

（1949 年 4 月 21 日，第 2 版）